北大社普通高等教育“十三五”数字化建设规划教材

新编大学物理实验

主　编　文晓艳　李小强

副主编　王　丰　田　勇

李　鹏　代　青

内 容 简 介

本书是根据教育部颁发的《理工科类大学物理实验课程教学基本要求》《高等学校基础课实验教学示范中心建设标准》和《高等学校课程思政建设指导纲要》，结合当前物理实验教学改革的最新要求，并融入思政教育元素编写而成的. 全书分为 6 章，即测量误差与不确定度、物理实验中的基本测量方法和常用物理量的测量、基础实验、近代与综合性实验、设计性与应用性实验、研究性实验. 书中列出了 40 个实验项目，内容覆盖了力学、热学、声学、光学、电磁学和近代物理等分支学科领域.

本书可作为高等理工院校各专业不同层次的物理实验教材或教学参考书，也可供其他相关教学、研究和技术人员参考.

前　言

“大学物理实验”是面向理工科各专业本科生的重要基础课程之一，其目的是系统训练理工科各专业本科生的实验方法和实验技能. 该课程有利于培养学生的观察能力，以及发现、分析和解决问题的能力，有助于提升学生的科学思维能力和创新精神，对人才培养有着不可替代的作用.

教材是教学工作中的要素之一，教材建设是课程建设的核心，是教学改革和教学创新的重大举措，高质量的教材是提高教学质量的基本要素，是在教学中融入思政元素、开展思政教育的基础. 编写和使用合适教材的出发点：一是能够符合时代科技发展和知识更新的要求，二是能够实现课程的教学要求，三是能够提高教与学的效果和质量，四是能够实现思政教育的基本目标.

为积极响应党的二十大报告关于“实施科教兴国战略，强化现代化建设人才支撑”的重大部署，本书以“加快建设教育强国、科技强国、人才强国”为目标指引，以“坚持教育优先发展”“实现高水平科技自立自强”“坚持人才引领驱动”为战略方针，根据教育部颁发的《理工科类大学物理实验课程教学基本要求》《高等学校基础课实验教学示范中心建设标准》和《高等学校课程思政建设指导纲要》，结合当前物理实验教学改革的最新要求，并融入思政教育元素编写而成. 全书采用了基础实验、近代与综合性实验、设计性与应用性实验、研究性实验的架构. 书中列出了 40 个实验项目，可根据不同的教学对象和不同专业类别的教学需要，选排和选做部分实验项目. 在内容安排上，本书充分考虑到理工科有关专业的特点及基础课教学的需要，内容涉及面广、实用性强. 有些实验是以验证“大学物理”课程中的部分公式、理论为目的，有些实验又是以培养能力、开拓思路、提高综合素质为目的. 书中的基础实验主要以学习和掌握实验的基本知识和技能为目标，通过实验教学使学生掌握常规仪器、仪表的调整和使用，学会对实验数据进行科学合理的处理及分析，掌握撰写实验报告的规范和技巧，形成基本的科学实验素质. 为反映最新科技成果，跟上时代步伐，瞄准新原理、新技术、新方法、新材料，突出创新思维、创新方法、创新能力的培养，本书特别增加近代的、综合性较强的以及具有较强创新理念的设计性和应用性实验，使学生在进行基础训练的同时，了解更多的现代测量新技术、新方法，为今后从事科研工作打下基础，同时也有利于开拓眼界.

本书的出版是长年辛勤耕耘在实验教学第一线的、教学经验丰富的教师和实验技术人员共同劳动的成果. 参加本教材编写的（按姓氏笔画排序）有：王丰、文晓艳、邓玉荣、龙作友、田勇、代青、刘思思、江德宝、李鹏、李小强、杨耀辉、吴刚、里霖、何小风、何长英、冷春江、宋佩君、陈水波、陈长鹏、陈永菊、陈志宏、赵黎、高明向、唐琳、黄勇、彭莉、蔡欣. 沈辉、蔡晓龙、苏梓涵、邹杰提供了版式和装帧设计方案，在此表示感谢.

由于编者水平和条件所限，书中难免有不妥或疏漏之处，敬请广大师生提出建议并指正.

编　者

目 录

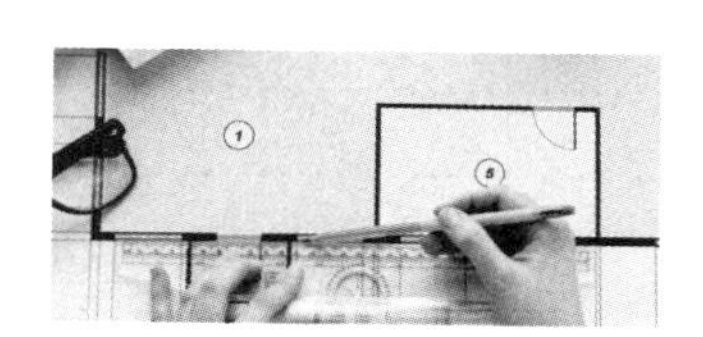

MEDIA

绪论

一、物理实验的地位和作用

物理学是研究物质的运动规律、结构及相互作用的学科，是自然科学中最重要、最活跃的带头学科之一. 物理学在科学技术的发展中有着独特的作用，历史上每次重大的技术革命都起源于物理学的发展. 牛顿力学、热力学、分子物理学的发展，使人类进入了蒸汽机时代；电磁学理论的重大突破性发展，使人类进入了电气时代，电力得到广泛应用，无线电通信得以实现；20 世纪初，由于一些重要的实验发现，诞生了相对论和量子理论，奠定了近代物理学的基础，使 20 世纪成为物理学史上最富有创造性的年代. 近代物理学所揭示的新的概念和事实令人振奋，完全改变了世界的面貌，促进了原子能、计算机、激光的广泛应用. 历史上这 3 次由物理学发展引导的技术革命，相继延展了人类的感觉器官、效应器官、思维器官，使人类逐步从繁重的体力劳动和脑力劳动中解放出来. 物理学的成就表明，物理学已成为一切自然科学的基础. 物理学的基本原理隐藏于物质世界的方方面面，渗透在自然科学的所有学科，应用于工程技术的各个领域. 物理学的发展哺育着近代高新技术的成长和发展，而高新技术的发展，又不断推动着实验物理研究的手段、方法和装备的发展，大大改变着人类认识物质世界的深度和广度.

从本质上说，物理学是一门实验科学，物理实验是物理学的重要组成部分. 所有物理概念的确立、物理规律的发现、物理理论的建立都有赖于实验，并接受实验的检验. 因此，物理学绝不能脱离物理实验结果的验证. 在物理学史上，用实验澄清科学概念以及判断科学假设和预见的事件不胜枚举. 16 世纪前，人们一直认为物体下落的速度与其重量成正比，伽利略经过多年的潜心研究，在物理实验的基础上建立了自由落体定律，从而推翻了统治欧洲长达两千年的这一错误观念；在电磁学的发展过程中，如果没有法拉第等实验科学家进行电磁学的实验研究，发现电磁感应定律等一系列实验规律，麦克斯韦就不可能建立麦克斯韦方程组. 在 1864 年确定了经典电磁学理论后，麦克斯韦预言了电磁波的存在，但在当时并没有得到人们的普遍承认与重视. 直到 1888 年，赫兹通过实验证实了电磁波的存在，麦克斯韦理论才被公认为科学的真理.

物理实验对现代物理学中的各个学科和应用技术的发展也起着决定性的作用. 例如，1908 年，荷兰莱盾低温实验室将氦液化，发现在超低温条件下物质具有超导性、抗磁性和超流性. 近年来，超导体材料和超导体技术的研究得到了蓬勃发展，为无能耗储电、输电及制造高效能电气元件等创造了极其有利的条件. 激光虽然源于爱因斯坦在 1916 年提出的受激辐射原理，但它主要是在实验中产生和发展起来的. 目前，激光技术已广泛应用于测距、机械加工、医疗手术和一些新式武器上.

实验—理论—实验，是一个经过科学史证明的科研准则，至今仍不失其重大意义. 物理实验是现代科学理论持续发展的必要保证. 任何物理理论都是相对正确的，每向前发展一步都必须经受新实验的考验. 例如，李政道和杨振宁以 κ 介子衰变实验事实为根据，提出了弱相互作用过程中存在宇称不守恒的假设,他们建议用β衰变实验来验证自己提出的理论.这个实验由吴健雄等在1957年完成,在这个基础上才初步建立了弱相互作用的理论.

丁肇中教授在诺贝尔奖颁奖仪式上说:"中国有句古话,'劳心者治人,劳力者治于人',这种落后的思想对发展中国家的青年有很大害处.由于这种思想的影响,很多学生都倾向于理论研究而避免实验工作,我希望由于我这次得奖能够唤起发展中国家学生们的兴趣,注意实验工作的重要性."当代最为人们注目的诺贝尔奖的宗旨是将奖颁给具有最重要发现或发明的人.因此,诺贝尔物理学奖标志着物理学中划时代的里程碑级的重大发现和发明.从1901年第一次授奖至今,以实验物理学方面的伟大发明或发现而获得诺贝尔物理学奖的物理学家占总获奖人数的三分之二以上,这足以说明实验研究在物理学中所处的重要地位.

科学技术的迅猛发展,要求高等工科院校培养的科技人才必须具备坚实的物理基础、出色的科学实验能力和勇于开拓的创新精神.物理理论和实验课程在培养学生这些基本素质和能力方面具有不可替代的重要作用.物理实验是物理基础教学的一个重要组成部分,同时又是学生进入大学后接受系统实验方法和实验技能训练的开端,是对学生进行科学实验基本训练的重要基础.这门课程内涵丰富,所覆盖的知识面和包含的信息量及对学生进行的基本训练是其他课程的实验环节所不能比拟的;它对培养学生的观察能力,以及发现、分析和解决问题的能力,提升学生的实验技能、科学思维和创新精神具有重要的奠基作用.学好物理实验课程对于高等工科院校的学生是十分重要的.

二、物理实验课的任务

大学物理实验课是在中学物理实验的基础上,按照循序渐进的原则,让学生通过学习物理实验的知识和方法,得到实验技能的训练,从而初步了解科学实验的主要过程与基本方法,为今后的学习和工作奠定良好的实验基础.它立足于实验教学,凝练思政教育元素,注重培养学生的自主学习能力,提升综合素质,体现自我价值.大学物理实验课的具体任务如下.

(1) 通过对实验现象的观察、分析和对物理量的测量,学习物理实验的知识,加深对物理学原理的理解.

(2) 培养和提高学生的科学实验能力,其中包括:

自学能力——能够自行阅读实验教材或资料,做好实验前的准备.

动手能力——能够借助教材或仪器说明书正确使用常用仪器并完成实验操作.

分析能力——能够运用物理学理论对实验现象进行初步分析判断.

表达能力——能够正确记录和处理实验数据,绘制曲线,说明实验结果,撰写合格的实验报告.

设计能力——能够完成简单的设计性实验.

(3) 培养和提高学生的科学实验素养.要求学生具有理论联系实际和实事求是的科学作风,严肃认真的科学态度,主动研究的探索精神和遵守纪律、爱护公共财产的优良品德.

三、物理实验课的基本程序

物理实验教学过程一般包括预习、课堂操作和撰写实验报告三个环节.

1. 预习

实验课前认真阅读教材或相关资料,明确实验目的,掌握实验原理、测试方法及实验步骤,了解仪器功能和操作方法,在线上考核评阅系统中完成相关预习题和内容.

另外,在自备的实验数据记录本上画好数据记录表格,有时数据记录表格需自拟,或参考教材自行绘制.

课前预习是能否独立且顺利地进行实验的关键,应认真完成.

2. 课堂操作

学生进入实验室后应认真遵守实验室规则. 首先对照仪器实物,认识并熟悉主要仪器及其使用方法,然后井井有条地布置好仪器. 在仪器调试正常后,严格按实验步骤进行测试并采集数据. 注意细心地观察实验现象,认真研究实验中的问题. 如测试中仪器发生故障或发现异常现象,应及时请教教师,不可随意处理. 要把重点放在实验能力的培养上,而不是仅仅测出几个数据,完成任务了事.

要严肃地对待测试数据,并将其忠实地记录在课前准备好的数据记录表格中,每个数据都应符合有效数字的要求. 经教师检查不合格的数据,不得涂抹,应轻轻划上一道,在重新测量之后,另起一行记录. 要将全部数据交教师检查并在记录纸上签字. 离开实验室之前,应先切断电源,再整理好仪器,并将室内收拾整洁. 课堂操作至此才全部结束.

3. 撰写实验报告

课后,在报告纸上撰写实验报告. 实验报告主要包括以下栏目:

实验目的 —— 简单明确地写出实验的目的、要求.

实验原理 —— 简要地叙述实验原理,写出主要公式,画上主要示意图、电路图或光路图.

实验内容 —— 简要地写出实验内容和操作步骤.

数据记录 —— 设计合理的表格,将测得的数据整理后填入表格之中.

数据处理 —— 按实验要求计算待测量的量值和不确定度. 报告上的计算过程应包括公式 → 代入数据 → 结果三个步骤,其他中间计算过程不写在报告上. 最后写出实验结果表达式. 作图法处理数据时要符合作图规则,图线要规矩、美观.

小结或讨论 —— 可以解答讨论思考题,也可以写上对实验现象的分析、对实验结果及主要误差因素的简要分析、对实验关键问题的研究体会,以及实验的收获和建议等.

整篇实验报告应做到简明、工整、重点突出、作图规范、表格清晰.

四、实验室规则

为了优质地完成物理实验课的任务,取得良好的学习效果,学生应认真遵守实验室规则:

(1) 上课时必须带来课前准备好的数据记录表格,经教师检查后方可进行实验,否则不能随堂参加实验.

(2) 遵守课堂纪律,保持实验室的安静和整洁.

(3) 使用电源时,须经教师检查线路并确认无误后才能接通电源.

(4) 爱护仪器,实验中按仪器说明书使用,违反使用说明造成仪器损坏的应照章赔偿. 公用工具用完后立即放归原处.

(5) 完成实验后,将数据提交给教师审查、签字,然后将仪器整理还原,将桌面和凳子收拾整齐,方能离开实验室.

(6) 实验报告应在实验完成后的 3 天内集体送交实验室.

(7) 只有完成教学计划规定的所有实验项目,才能参加实验课期末考核.

五、物理实验教学资源平台

《新编大学物理实验》在线测试平台

https://www.sanwenonline.com/login.html?redirect=L2V4YW0uaHRtbA==

第1章 测量误差与不确定度

测量是人类认识和改造客观世界必不可少的重要手段，研究物理现象、了解物质特性、验证物理规律都要进行测量，测量是物理实验的基础．然而，任何测量过程都会出现不可避免的测量误差，它存在于一切科学实验和各种测量活动中．测量误差的分析，以及测量结果的合理表征，是测量必须关注的基本问题，它在科学实验和生产实践中占有极其重要的地位，是提高测量准确度，获取可靠消息的重要手段．因此，了解和掌握误差理论及数据处理方法，是物理实验课程乃至今后进行科学实验的基础．由于这部分包含的内容较多，其理论基础——概率论与数理统计又较复杂，本章仅简要介绍这方面的初步知识．

1.1 测　　量

1.1.1 测量的定义

测量就是将待测物理量与选作计量标准的同类物理量（标准量）进行比较并确定待测物理量对标准量的倍数的过程，其中倍数值称为待测物理量的数值，而标准量称为单位. 通常，物理量的测量值由数值和单位两部分组成. 一个完整的测量必须包含测量对象、测量单位、测量方法和测量准确度等要素.

1.1.2 测量的分类

根据测量结果获取方式的不同，测量可以分为直接测量和间接测量两类.

（1）直接测量. 从测量仪器（或量具）上直接读出被测物理量的量值，这种测量方式称为直接测量. 例如，用米尺测物体的长度、用天平称物体的质量、用电压表测电压、用秒表测时间等都属于直接测量. 直接测量中的被测物理量称为直接测量量.

（2）间接测量. 不能由测量仪器直接读数，需要先由直接测量获得相关数据，再利用已知的函数关系经过运算才能得到待测物理量的量值，这种测量方式就是间接测量. 例如，测量矩形的面积，必须先直接测量其长和宽，再利用面积公式计算出面积. 间接测量中的被测物理量称为间接测量量，上例中的矩形面积就是间接测量量.

根据测量条件是否发生变化，测量可以分为等精度测量和不等精度测量两类.

（1）等精度测量. 在相同条件下对某一物理量进行一系列测量，这种测量方式称为等精度测量. 例如，同一操作者在同样的环境中在同一仪器上采用同样的测量方法对同一物理量进行多次测量，没有任何理由认为某个测量值比另一个测量值更为准确，即每次测量的可靠程度都相同，这种测量就是等精度测量.

（2）不等精度测量. 在不同条件下对某一物理量进行一系列测量，这种测量方式称为不等精度测量. 例如，在不同的环境中，或由不同操作者，或在不同的仪器上，或采用不同的测量方法等对同一物理量进行多次测量，其测量结果的可靠程度也不会相同，这种测量属于不等精度测量.

不等精度测量的数据处理比较复杂，一般情况下不会采用. 在物理实验中，绝大多数实验都采用等精度测量，所以本章主要介绍等精度测量的数据处理方法.

1.2 误　　差

1.2.1 误差的基本概念

1. 真值

真值是指在一定的条件下，被测物理量所具有的客观真实量值. 显然，真值是一个理想的概念，一般是无法得到的.

由于真值的不可知性，人们在长期的生产实践和科学研究中归纳出以下几种真值的替代值：

(1) 理论真值:理论设计值、公理值、理论公式计算值.

(2) 计量约定值:权威的计量组织或机构规定的各种基本常量值、基本单位标准值.

(3) 标准器件值:准确度等级高一级的标准器件或仪表的示值可视为低一级器件或仪表的相对标准值.

(4) 算术平均值:指多次测量的平均结果. 当测量次数趋于无穷时,修正过的被测物理量的算术平均值趋于真值.

2. 绝对误差与相对误差

对任一物理量进行测量,其测量值与真值之间总存在一定的差异,这种差异称为测量误差,简称误差. 误差按其表示形式可分为绝对误差和相对误差,其计算公式分别为

$$\text{绝对误差} = \text{测量值} - \text{真值},$$

$$\text{相对误差} = \frac{\text{绝对误差}}{\text{真值}} \times 100\%.$$

绝对误差和相对误差均反映单次测量结果与物理量真值之间的差异,对物理量 x 进行 n 次测量,测量值为 $x_i(i = 1,2,\cdots,n)$,则第 i 次测量的绝对误差和相对误差可用数学式分别表示为

$$\delta_i = x_i - x_0, \tag{1-2-1}$$

$$E_i = \frac{\delta_i}{x_0} \times 100\%, \tag{1-2-2}$$

式中 x_0 表示被测物理量的真值.

1.2.2 误差的分类及处理

误差按其产生的原因和性质特点可分为系统误差和随机误差.

1. 系统误差

在相同的条件下多次测量同一物理量时,误差的绝对值和符号保持恒定;或者在条件改变时,误差按某一确定规律变化,这类误差称为系统误差,其特点是具有确定性. 系统误差的来源有以下几个方面:

(1) 仪器误差:由于仪器本身的缺陷或没有按规定条件使用仪器而造成的误差,如仪器的刻度不准,零点不准,仪器未调整好,以及外界环境(光线、温度、湿度、电磁场等)对测量仪器产生了影响而造成的误差.

(2) 理论误差(又称方法误差):由于测量所依据的理论公式本身的近似性,或实验条件不能达到理论公式所规定的要求,再或是实验方法本身不完善而造成的误差. 例如,伏安法测电阻时没有考虑电表内阻对实验结果的影响.

(3) 个人误差:由于操作者个人感官和运动器官的反应或习惯不同而产生的误差,它因人而异,并与操作者当时的精神状态有关.

系统误差按其确定性的程度可分为已定系统误差和未定系统误差. 前者是误差的变化规律已确知的系统误差;后者则是误差的变化规律未确知的系统误差,但一般情况下可估计出它存在的大致范围,仪器误差就属于此类.

分析任何一种系统误差产生的原因,并设法加以校正,就能减小系统误差对实验的影响. 但完全发现和减少实际存在的系统误差是比较困难的. 在实际工作中,需要对整个实验所依据的原理、方法、测量步骤、使用的仪器和仪表等可能引起系统误差的因素进行详尽分析,并通过校准仪器,改进实验装置,完善实验方法,或对测量结果进行理论上的修正来尽可能地减小系统误差. 显然,不论哪一种系统误差,根据其特点可知,不可能通过多次测量来减小或消除.

2. 随机误差

(1) 定义. 在相同的条件下多次测量同一物理量,误差的绝对值和符号以不可预知的方式变化,但总体来说又服从一定统计规律的误差,称为随机误差,又称偶然误差,其特点是具有随机性. 这种误差来源于实验中各种偶然因素微小而随机的变动,例如,测量过程中环境条件的微小变动,观察者判断、估计读数上的微小变动,测量仪器指示数值的微小变动和被测对象自身的微小变动等. 显然,随机误差不能用修正或采取某种技术措施的办法来消除,但可通过多次测量使其减小,并能用统计的方法对其大小进行估算.

(2) 随机误差的分布. 在等精度测量中,当测量次数 $n \to \infty$ 时,随机误差 δ_i 变成连续型随机变量 $\delta = x$(测量值) $- x_0$(真值). 可以证明,大多数情况下的随机误差 δ 都服从正态分布,又称高斯分布. 它满足的概率密度分布函数为

$$f(\delta) = \frac{1}{\sqrt{2\pi}\sigma} \mathrm{e}^{-\frac{1}{2}\left(\frac{\delta}{\sigma}\right)^2}, \qquad (1-2-3)$$

此时

$$x_0 = \lim_{n \to \infty} \frac{1}{n} \sum_{i=1}^{n} x_i, \qquad (1-2-4)$$

即无限多次测量值的算术平均值就是真值.

正态分布曲线如图 1-2-1 所示.

由图 1-2-1 可知,服从正态分布的随机误差具有如下特性:

① 单峰性:绝对值小的误差出现的概率比绝对值大的误差出现的概率大.

② 对称性:绝对值相等的正误差和负误差出现的概率相等.

③ 有界性:绝对值很大的误差出现的概率几乎为零,即误差的绝对值不会超过某一个界限.

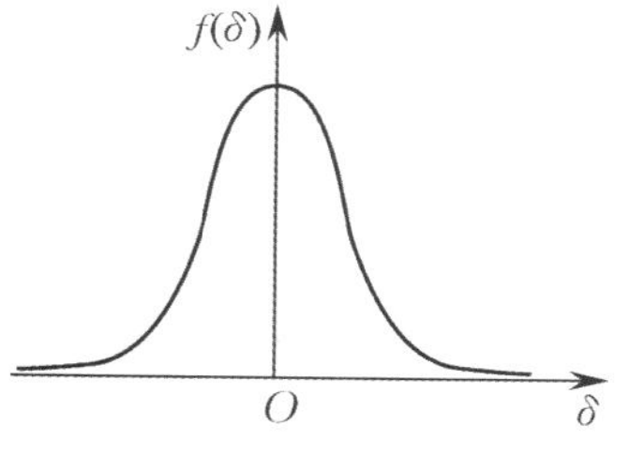

图 1-2-1 正态分布曲线

由概率论知识可知,误差落在区间$(-\infty, +\infty)$内是必然的,概率为 1,用数学公式表示为

$$P(-\infty, +\infty) = \int_{-\infty}^{+\infty} f(\delta) \mathrm{d}\delta = 1, \qquad (1-2-5)$$

即概率密度分布曲线下的总面积等于 1.

(3) 标准误差. 式(1-2-3) 中的 σ 为正态分布的特征量,称为正态分布的标准误差,亦称方均根误差,它在数值上等于概率密度分布曲线拐点处的横坐标值,其数学表达式为

$$\sigma = \lim_{n \to \infty} \sqrt{\frac{\sum_{i=1}^{n} (x_i - x_0)^2}{n}}. \qquad (1-2-6)$$

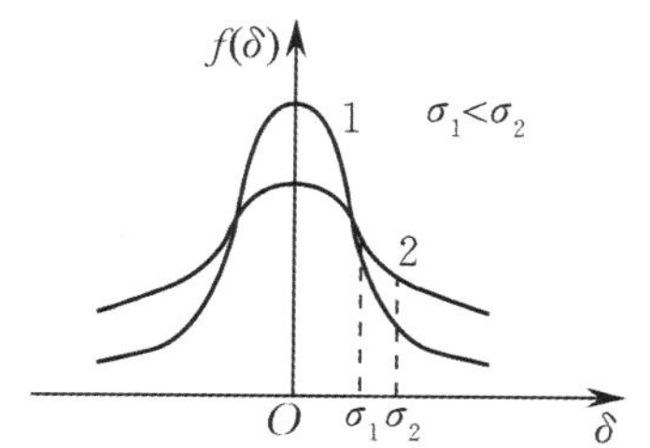

图 1-2-2 不同 σ 值所对应的正态分布曲线

由式(1-2-3) 可知,当 $\delta = 0$ 时,$f(0) = \frac{1}{\sqrt{2\pi}\sigma}$,因此 σ 越小,$f(0)$ 的值越大. 由于概率密度分布曲线下的总面积等于 1,所以正态分布曲线的形状取决于 σ 的大小,如图 1-2-2 所示.

σ 值小,正态分布曲线又高又陡,说明绝对值小的误差出现的机会多,测量值的重复性好,即随机误差的离散程度小;反之,σ 值大,正态分布曲线则低而平坦,说明测量值的重复性差,离散程度大. 由此可知,标准误差反映了测量值的离散程度. 标准误差 σ 与各测量值的随机误差 δ 有着完全不同的含

义. δ 是实在的误差值，而 σ 并不是一个具体的误差值，它只反映在一定的条件下等精度测量随机误差的概率分布情况，只有统计性质的意义，是一个统计特征值.

还可以从另一个角度理解标准误差 σ 的物理意义. 由概率密度分布函数可知，测量值的随机误差落在区间$(\delta,\delta+\mathrm{d}\delta)$内的概率为 $f(\delta)\mathrm{d}\delta$，而测量值的误差落在区间$(-\sigma,+\sigma)$内的概率为

$$P(-\sigma,+\sigma)=\int_{-\sigma}^{+\sigma}f(\delta)\mathrm{d}\delta=\int_{-\sigma}^{+\sigma}\frac{1}{\sqrt{2\pi}\sigma}\mathrm{e}^{-\frac{1}{2}\left(\frac{\delta}{\sigma}\right)^2}\mathrm{d}\delta=68.3\%. \tag{1-2-7}$$

换言之，式(1-2-7)表明，在所测得的全部数据中，将有 68.3% 的数据的随机误差落在区间$(-\sigma,+\sigma)$内；或者说，其中任一数据的随机误差 δ 落在区间$(-\sigma,+\sigma)$内的概率为 68.3%. 当然，区间$(x_0-\sigma,x_0+\sigma)$内包含真值的概率也为 68.3%，这就提供了一个用概率来表达测量误差的方法. 区间$(x_0-\sigma,x_0+\sigma)$称为置信区间，在给定置信区间内包含真值的概率(68.3%)称为置信概率. 可见，标准误差具有统计性质.

在相同的条件下对同一物理量进行重复测量，其任意一次测量值的随机误差落在区间$(-2\sigma,+2\sigma)$和$(-3\sigma,+3\sigma)$内的概率分别为

$$P(-2\sigma,+2\sigma)=\int_{-2\sigma}^{+2\sigma}f(\delta)\mathrm{d}\delta=\int_{-2\sigma}^{+2\sigma}\frac{1}{\sqrt{2\pi}\sigma}\mathrm{e}^{-\frac{1}{2}\left(\frac{\delta}{\sigma}\right)^2}\mathrm{d}\delta=95.4\%, \tag{1-2-8}$$

$$P(-3\sigma,+3\sigma)=\int_{-3\sigma}^{+3\sigma}f(\delta)\mathrm{d}\delta=\int_{-3\sigma}^{+3\sigma}\frac{1}{\sqrt{2\pi}\sigma}\mathrm{e}^{-\frac{1}{2}\left(\frac{\delta}{\sigma}\right)^2}\mathrm{d}\delta=99.7\%, \tag{1-2-9}$$

即在置信区间$(x_0-2\sigma,x_0+2\sigma)$和$(x_0-3\sigma,x_0+3\sigma)$内包含真值的概率(置信概率)分别为 95.4% 和 99.7%.

式(1-2-9)表明，绝对值大于 3σ 的误差出现的概率不超过 3‰，所以 $\pm3\sigma$ 称为极限误差.

(4) 标准偏差. 在实际测量中，测量次数 n 总是有限的，不可能是无限的，这时的算术平均值不是真值，因此标准误差只有理论上的价值，对标准误差的实际处理只能进行估算.

对于一组测量值 $x_i(i=1,2,\cdots,n)$，n 为有限值，其算术平均值 $\overline{x}$ 虽不是真值，但却是真值 x_0 的最佳估计值，实际中总是用测量值的算术平均值代替真值. 为了与误差加以区别，将测量值 x_i 与算术平均值 $\overline{x}$ 的差值称为偏差，用 v_i 表示，即

$$v_i=x_i-\overline{x}. \tag{1-2-10}$$

应用数理统计理论，可以得到对偏差进行估计的公式为

$$S_x=\sqrt{\frac{1}{n-1}\sum_{i=1}^{n}v_i^2}=\sqrt{\frac{\sum_{i=1}^{n}(x_i-\overline{x})^2}{n-1}}. \tag{1-2-11}$$

式(1-2-11)称为贝塞尔公式，S_x 称为单次测量的标准偏差，或测量列的标准偏差. 如同 $\overline{x}$ 是 x_0 的最佳估计值一样，S_x 是 σ 的最佳估计值.

(5) 算术平均值的标准偏差. 标准偏差 S_x 表示的是取得 $\overline{x}$ 的一组数据的离散性，如果在完全相同的条件下对同一被测量进行多组重复的系列测量，由于随机误差的影响，测量列的算术平均值不同，这说明算术平均值本身也具有离散性. 为了评定算术平均值的离散性，需引入算术平均值的标准偏差(亦称测量列的算术平均值的标准偏差)$S_{\overline{x}}$，误差理论给出的算术平均值的标准偏差公式为

$$S_{\overline{x}}=\frac{S_x}{\sqrt{n}}=\sqrt{\frac{1}{n(n-1)}\sum_{i=1}^{n}(x_i-\overline{x})^2}. \tag{1-2-12}$$

(6) t 分布. 根据误差理论，当测量次数 n 很少时(如 $n<10$)，随机误差分布将明显偏离正态分布，这时测量值的随机误差将遵从 t 分布，也称学生分布. 较之正态分布曲线，t 分布曲线比较平坦，如

图1-2-3所示. 当测量次数 $n\to\infty$ 时,t 分布过渡到正态分布.

在有限次测量的情况下,要保持同样的置信概率,显然要扩大置信区间,即在 S_x 和 $S_{\bar{x}}$ 的公式的基础上再乘以一个大于1的因子 t_P,t_P 与测量次数 n 有关,也与置信概率 P 有关. 表1-2-1给出了 t_P 因子与测量次数 n、置信概率 P 的对应关系.

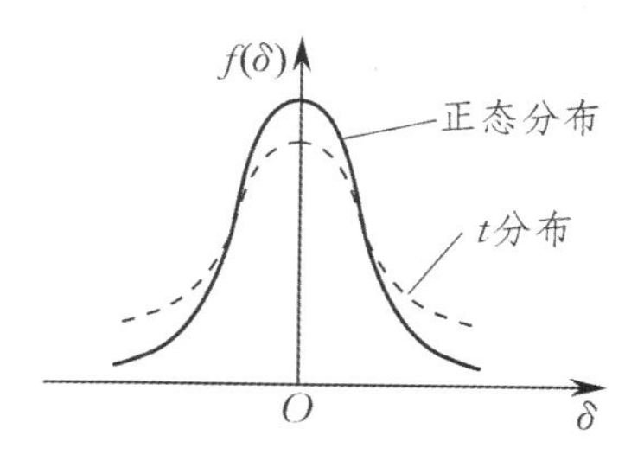

图1-2-3　t 分布曲线与正态分布曲线的比较

表1-2-1　t_P 因子与测量次数 n、置信概率 P 的对应关系

测量次数 n	2	3	4	5	6	7	8	9	10	20	∞
$t_P(P=0.683)$	1.84	1.32	1.20	1.14	1.11	1.09	1.08	1.07	1.06	1.03	1.00
$t_P(P=0.954)$	12.71	4.30	3.18	2.78	2.57	2.45	2.36	2.31	2.26	2.09	1.96
$t_P(P=0.997)$	63.66	9.92	5.84	4.60	4.03	3.71	3.50	3.36	3.25	2.86	2.58

由表1-2-1可见,当置信概率 P 取68.3%时,t_P 因子随测量次数 n 的增加而趋向于1,当 $n>6$ 以后,t_P 因子与1的偏离并不大,故在进行误差估算时,当 $n\geqslant 6$ 时,若置信概率取68.3%,可以不加修正.

注意,上面在讨论系统误差和随机误差时是分别进行的,也就是在没有随机误差的情况下研究系统误差,以及在系统误差可以不考虑的情况下研究随机误差. 实际上对任何一次测量,既存在着系统误差,又存在着随机误差,只有一种误差的测量是不存在的. 当然,也存在一些测量因以系统误差为主(或以随机误差为主),而忽略另一种误差的存在.

1.2.3　测量的精密度、正确度、准确度

对测量结果做总体评定时,一般将系统误差和随机误差联系起来. 精密度、正确度和准确度均用于评定测量结果的好坏,但是这些概念的含义不同,使用时应加以区别.

(1) 精密度表示测量数据的密集程度. 它反映随机误差的大小,与系统误差无关. 若各测量值之间的差异较小,即数据集中,离散程度小,亦即随机误差小,这意味着测量精密度较高;反之,若各次测量值彼此差异较大,精密度也就较低.

(2) 正确度表示测量值或实验结果接近真值的程度. 它反映系统误差的大小,与随机误差无关. 测量值越接近真值,系统误差越小,正确度越高;反之,系统误差越大,正确度越低.

(3) 准确度又称精确度,是对测量结果中系统误差和随机误差的综合描述,反映了测量值既不偏离真值,又不离散的程度. 对于测量结果来说,精密度高,正确度不一定高;而正确度高,精密度也不一定高;只有精密度和正确度都高时,准确度才高,两者之一低或两者都低,准确度皆低.

现在以子弹着靶点的分布为例说明3个"度"之间的区别. 在图1-2-4中,(a) 表示子弹着靶点比较密集,但偏离靶心较远,说明随机误差小但系统误差大,即精密度高但正确度较差;(b) 表示子弹着靶点比较分散,但没有明显的固定偏向,说明系统误差小但随机误差大,即正确度高但精密度较差;(c) 表示子弹着靶点比较集中,且都接近靶心,说明随机误差和系统误差都小,即精密度和正确度都很高,亦即准确度高.

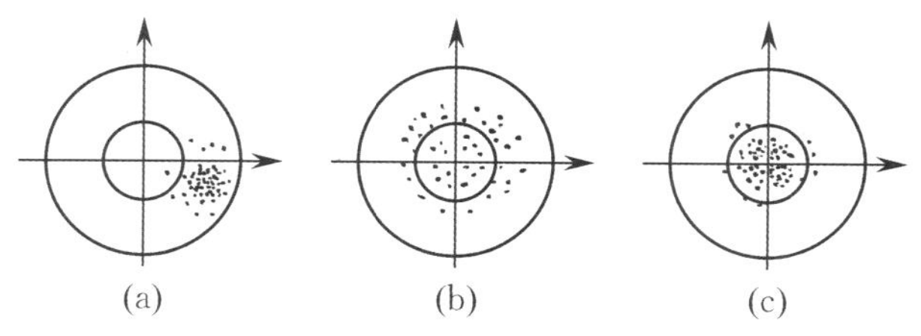

图1-2-4　子弹着靶点分布图

1.3 测量的不确定度

由于测量误差是普遍存在且不可避免的,因而对测量结果进行评价,提供测量结果的可靠程度是十分必要的.无质量评价的测量结果是毫无意义的.过去人们习惯于用误差来评定测量质量.然而,误差是测量结果与被测物理量真值之差,被测物理量真值在多数情况下是未知的,这使得基于误差的测量结果评定既不完备,也难以操作,因而受到广泛质疑.因此,国际上越来越多的地区现已不用误差来评价测量质量,而是用不确定度来对测量结果进行评价.

1.3.1 不确定度的概念

实验不确定度,又称测量不确定度,简称不确定度,是与测量结果相关的一个用于合理地表征测量结果离散性的参数.其含义是,测量结果由于误差的存在而不能确定的程度.它是对被测量真值在某一范围内的一个评定.

“不能确定的程度”是通过“置信区间”和“置信概率”来表达的.如果不确定度为 u,根据其含义可知,误(偏)差将以一定的概率出现在区间$(-u,+u)$之中,或者表示被测量 x 的真值以一定的概率落在置信区间$(\overline{x}-u,\overline{x}+u)$之中.显然,在相同置信概率的条件下,不确定度越小,其测量结果的可靠程度越高,即测量质量和使用价值也越高;反之,不确定度越大,其测量结果的可靠程度越低,即测量质量和使用价值也越低.由此可见,测量结果的可靠程度在很大程度上取决于其不确定度的大小,用不确定度来评价测量结果的质量比误差评价更合适.因此,在给出测量结果时,必须附加不确定度的说明,只有这样测量才是完整和有意义的.

1.3.2 不确定度的分类

不确定度表示测量结果的可靠程度.按其数值的来源和评定方法,不确定度可分为 A,B 两类.

(1) A 类不确定度.用统计方法估计出的不确定度,也称统计不确定度,用 $u_A(x)$ 表示.

(2) B 类不确定度.用非统计方法估计出的不确定度,又称非统计不确定度,用 $u_B(x)$ 表示.

A 类不确定度和 B 类不确定度均能用标准差进行评定,所以有时亦分别称为 A 类标准不确定度和 B 类标准不确定度.

将不确定度分为 A,B 两类的目的,仅仅在于说明计算不确定度的两种不同途径,并非它们在本质上有什么区别.它们都基于某种概率分布,都能够用标准差定量地表达.因此,不能将它们混淆为随机误差和系统误差,简单地将A类不确定度对应于随机误差导致的不确定度,把B类不确定度对应于系统误差导致的不确定度的做法是不妥的.

1.3.3 直接测量量不确定度的评定

1. A 类不确定度的计算

在重复性条件或复现性条件下对被测物理量 x 进行了 n 次测量,测得 n 个测量值 $x_i(i=1,2,\cdots,n)$,被测物理量 x 真值的最佳估计值是取 n 次独立测量值的算术平均值

$$\overline{x}=\frac{1}{n}\sum_{i=1}^{n}x_i, \tag{1-3-1}$$

其 A 类不确定度可用测量列的算术平均值的标准偏差来表示,即

$$u_A = S_{\overline{x}} = \frac{S_x}{\sqrt{n}} = \sqrt{\frac{1}{n(n-1)}\sum_{i=1}^{n}(x_i - \overline{x})^2}, \tag{1-3-2}$$

式中 n 为测量次数，一般要求 $n \geqslant 6$.

2. B 类不确定度的估算

(1) 用近似标准差估算. B类不确定度是用不同于统计方法的其他方法计算的. 在物理实验中，一般采用等价标准差法. 使用该方法时，首先要估计一个误差极限值 Δ，然后确定误差分布规律，利用关系式

$$\Delta = Cu_B \tag{1-3-3}$$

就可算出近似标准差，式中 u_B 就是用近似标准差表示的 B 类不确定度，C 为置信系数，其值由误差分布规律决定：对于均匀分布，$C = \sqrt{3}$；对于三角分布，$C = \sqrt{6}$；对于正态分布，$C = 3$.

在物理实验中，若 B 类不确定度只包括仪器误差 $\Delta_仪$，并将其近似视为估计误差极限值 Δ，即 $\Delta = \Delta_仪$，且将误差分布视作均匀分布，则有

$$u_B = \frac{\Delta_仪}{\sqrt{3}}. \tag{1-3-4}$$

下面对式(1-3-4) 的来历做一简要说明.

均匀分布曲线如图 1-3-1 所示，误差的概率密度分布函数为

$$f(\delta) = \begin{cases} a, & |\delta| \leqslant \Delta_仪, \\ 0, & |\delta| > \Delta_仪. \end{cases} \tag{1-3-5}$$

由概率密度分布函数的归一性 $\int_{-\infty}^{+\infty} f(\delta)\mathrm{d}\delta = 1$，可得 $a = \frac{1}{2\Delta_仪}$.

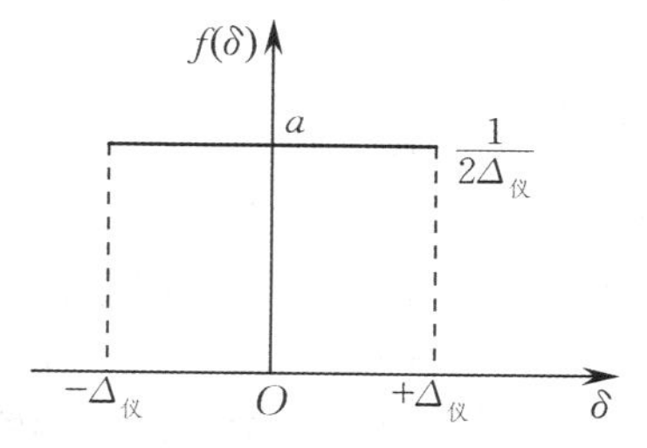

图 1-3-1　均匀分布曲线

由此可得到等价标准差满足

$$u_B^2 = \int_{-\infty}^{+\infty} \delta^2 f(\delta)\mathrm{d}\delta = \int_{-\Delta_仪}^{+\Delta_仪} \delta^2 \frac{1}{2\Delta_仪}\mathrm{d}\delta = \frac{\Delta_仪^2}{3}, \tag{1-3-6}$$

等式两边开方后即为式(1-3-4).

(2) 仪器误差 $\Delta_仪$. 实验中所用的仪器不可能是绝对准确的，它会给测量结果带来一定的误差，这种误差称为仪器误差. 仪器误差的来源有很多，与仪器的原理、结构和使用环境等有关. 在物理实验中，仪器误差 $\Delta_仪$ 是指在正确使用仪器的条件下，仪器的示值和被测物理量真值之间可能产生的最大误差，亦称仪器的最大允许误差. 通常仪器出厂时要在检定书中或仪器上注明仪器误差，标注方式有以下两种：

① 在仪器上直接标出或用准确度表示仪器的仪器误差. 例如，准确度为 0.05 mm 的游标卡尺，其仪器误差就是 0.05 mm. 此外，仪器误差通常可以在仪器说明书或技术标准中查到，表 1-3-1 列出了几种常用仪器的技术指标及仪器误差.

② 给出仪器的准确度等级，然后算出仪器误差，如电学仪表的仪器误差与仪表的准确度等级有关. 电学仪表的准确度等级分为 7 级：0.1，0.2，0.5，1.0，1.5，2.5，5.0. 由仪表的准确度等级与所用量程可以推算出仪器误差

$$\Delta_仪 = 量程 \times \frac{准确度等级}{100}. \tag{1-3-7}$$

电学仪表的准确度等级通常都刻写在度盘上，使用时应记下以便计算 $\Delta_仪$.

表 1-3-1　常用仪器的技术指标及仪器误差

仪器	量程	分度值	仪器误差
钢直尺	150 mm 500 mm 1000 mm	1 mm 1 mm 1 mm	±0.10 mm ±0.15 mm ±0.20 mm
钢卷尺	1 m 2 m	1 mm 1 mm	±0.8 mm ±1.2 mm
游标卡尺	125 mm	0.02 mm 0.05 mm	±0.02 mm ±0.05 mm
螺旋测微器(千分尺)	0 ～ 25 mm	0.01 mm	±0.004 mm
七级天平 (物理天平)	500 g	0.05 g	±0.08 g(满量程) ±0.06 g$\left(\frac{1}{2}\right.$ 量程$\left.\right)$ ±0.04 g$\left(\frac{1}{3}\right.$ 量程$\left.\right)$
普通温度计 (水银或有机溶剂)	0 ～ 100 ℃	1 ℃	±1 ℃

如果未注明仪器误差或仪器误差不清楚,通常做以下规定:对于能连续读数(能对分度值下一位进行估计)的仪器,取分度值的一半作为仪器误差,如米尺、螺旋测微器、读数显微镜等;对于不能连续读数的仪器就以分度值作为仪器误差,如游标类仪器、数字式仪表等.

应当说明,仪器误差是指所制造的同型号同规格的所有仪器中可能产生的最大误差,并不表明每一台仪器的每个测量值都有如此大的误差.它既包括仪器在设计、加工、装配过程中乃至材料选择中的缺欠所造成的系统误差,也包括正常使用过程中测量环境和仪器性能随机涨落的影响.

(3) 根据实际情况估计误差极限值.由于误差来源的不同,相应的B类不确定度可能就不止一个.例如,在用拉伸法测定金属丝的弹性模量实验中,用卷尺测量金属丝原长时,除卷尺的仪器误差,其相应的B类不确定度为 $u_{B1}=\frac{\Delta_{仪}}{\sqrt{3}}$ 外,还有测量时因卷尺不能准确地对准金属丝两端所产生的误差 $\Delta_{估}$,其相应的B类不确定度为 $u_{B2}=\frac{\Delta_{估}}{\sqrt{3}}$,式中 $\Delta_{估}$ 就是通过实际情况估计的.在该情形下,测量量的B类不确定度为 $u_B=\sqrt{u_{B1}^2+u_{B2}^2}$.

3. 合成不确定度的评定

一个测量结果,一般情况下存在A类不确定度和B类不确定度,总的不确定度应该由两个不确定度共同决定.由于两者是相互独立的,可以采用方和根法则进行合成,合成后的总不确定度称为合成不确定度,用 u_C 表示,即

$$u_C=\sqrt{u_A^2+u_B^2}. \tag{1-3-8}$$

例 1-3-1　用50分度游标卡尺(仪器误差为0.02 mm)测一圆环的宽度 w,其数据(单位:cm)如下:15.272,15.276,15.268,15.274,15.270,15.274,15.268,15.274,15.272,求 w 的合成不确定度 u_C.

解　计算圆环宽度 w 的算术平均值,可得

$$\overline{w}=\frac{15.272+15.276+15.268+15.274+15.270+15.274+15.268+15.274+15.272}{9}\text{ cm}$$
$$=15.272\text{ cm}.$$

在计算合成不确定度 u_C 前,要先分别计算A类不确定度和B类不确定度.

通过式(1-3-2)计算 w 的A类不确定度,将测量数据代入式(1-3-2)可得

$$u_A = S_{\overline{w}} = \sqrt{\frac{1}{9(9-1)}\sum_{i=1}^{9}(w_i-\overline{w})^2} = 0.000\,95\ \text{cm}.$$

B类不确定度由式(1-3-4)计算:

$$u_B = \frac{\Delta_{仪}}{\sqrt{3}} = \frac{0.002}{\sqrt{3}}\ \text{cm} = 0.001\,2\ \text{cm}.$$

合成不确定度由式(1-3-8)计算:

$$u_C = \sqrt{u_A^2+u_B^2} = \sqrt{0.000\,95^2+0.001\,2^2}\ \text{cm} = 0.001\,6\ \text{cm}.$$

4. 单次测量不确定度的评定

单次测量不存在采用统计方法计算的A类不确定度. 因此,单次测量的合成不确定度就等于B类不确定度.

1.3.4 间接测量量不确定度的评定

间接测量往往是通过直接测量量与被测量之间的函数关系计算出被测量. 间接测量结果的不确定度,即函数的不确定度,是由所有相关的各自独立的直接测量量的不确定度共同决定的. 由直接测量量的不确定度计算间接测量量的不确定度称为不确定度的传递.

设间接测量量 y 与直接测量量 $x_1,x_2,\cdots,x_N$ 有函数关系

$$y = f(x_1,x_2,\cdots,x_N), \tag{1-3-9}$$

式中 $x_1,x_2,\cdots,x_N$ 相互独立. 对式(1-3-9)全微分后有

$$\mathrm{d}y = \frac{\partial f}{\partial x_1}\mathrm{d}x_1 + \frac{\partial f}{\partial x_2}\mathrm{d}x_2 + \cdots + \frac{\partial f}{\partial x_N}\mathrm{d}x_N = \sum_{i=1}^{N}\frac{\partial f}{\partial x_i}\mathrm{d}x_i. \tag{1-3-10}$$

若对式(1-3-9)取对数后再进行全微分,则有

$$\frac{\mathrm{d}y}{y} = \frac{\partial \ln f}{\partial x_1}\mathrm{d}x_1 + \frac{\partial \ln f}{\partial x_2}\mathrm{d}x_2 + \cdots + \frac{\partial \ln f}{\partial x_N}\mathrm{d}x_N = \sum_{i=1}^{N}\frac{\partial \ln f}{\partial x_i}\mathrm{d}x_i. \tag{1-3-11}$$

不确定度都是微小量,与微分式中的增量相当. 只要把微分式中的增量 $\mathrm{d}y,\mathrm{d}x_1,\mathrm{d}x_2,\cdots,\mathrm{d}x_N$ 换成相应的不确定度 $u_C(y),u_C(x_1),u_C(x_2),\cdots,u_C(x_N)$,再采用某种合成方式合成就可以得到不确定度的传递公式.

合成方式有很多种,其中最合理、最能满足评定工作的合成方式是方和根合成. 如果各直接测量量的不确定度相互独立,那么用方和根合成的不确定度传递公式为

$$\begin{aligned} u_C(y) &= \sqrt{\left[\frac{\partial f}{\partial x_1}u_C(x_1)\right]^2 + \left[\frac{\partial f}{\partial x_2}u_C(x_2)\right]^2 + \cdots + \left[\frac{\partial f}{\partial x_N}u_C(x_N)\right]^2} \\ &= \sqrt{\sum_{i=1}^{N}\left[\frac{\partial f}{\partial x_i}u_C(x_i)\right]^2}, \end{aligned} \tag{1-3-12}$$

$$\begin{aligned} u_{rel}(y) = \frac{u_C(y)}{\overline{y}} &= \sqrt{\left[\frac{\partial \ln f}{\partial x_1}u_C(x_1)\right]^2 + \left[\frac{\partial \ln f}{\partial x_2}u_C(x_2)\right]^2 + \cdots + \left[\frac{\partial \ln f}{\partial x_N}u_C(x_N)\right]^2} \\ &= \sqrt{\sum_{i=1}^{N}\left[\frac{\partial \ln f}{\partial x_i}u_C(x_i)\right]^2}. \end{aligned} \tag{1-3-13}$$

式(1-3-12)和(1-3-13)分别称为间接测量量的合成不确定度和合成相对不确定度. 各直接测量量不确定度前面的系数称为不确定度的传递系数,反映了各自对间接测量量不确定度的影响程度. 常见函数的不确定度传递公式见表1-3-2.

对于和、差运算的函数关系，直接用式(1-3-12)求合成不确定度 $u_C(y)$ 较为方便；对于积、商运算的函数关系，先用式(1-3-13)求出合成相对不确定度 $u_{rel}(y)$，再求合成不确定度 $u_C(y)$ 较方便.

表 1-3-2　常用函数的不确定度传递公式

函数表达式	不确定度传递公式
$y=x_1\pm x_2$	$u_C(y)=\sqrt{u_C^2(x_1)+u_C^2(x_2)}$
$y=x_1\cdot x_2$	$u_{rel}(y)=\dfrac{u_C(y)}{\overline{y}}=\sqrt{\left[\dfrac{u_C(x_1)}{\overline{x}_1}\right]^2+\left[\dfrac{u_C(x_2)}{\overline{x}_2}\right]^2}$
$y=\dfrac{x_1}{x_2}$	$u_{rel}(y)=\dfrac{u_C(y)}{\overline{y}}=\sqrt{\left[\dfrac{u_C(x_1)}{\overline{x}_1}\right]^2+\left[\dfrac{u_C(x_2)}{\overline{x}_2}\right]^2}$
$y=\dfrac{x_1^k\cdot x_2^n}{x_3^m}$	$u_{rel}(y)=\dfrac{u_C(y)}{\overline{y}}=\sqrt{\left[k\dfrac{u_C(x_1)}{\overline{x}_1}\right]^2+\left[n\dfrac{u_C(x_2)}{\overline{x}_2}\right]^2+\left[m\dfrac{u_C(x_3)}{\overline{x}_3}\right]^2}$
$y=kx$	$u_C(y)=ku_C(x)$
$y=k\sqrt[n]{x}$	$u_{rel}(y)=\dfrac{u_C(y)}{\overline{y}}=\dfrac{1}{n}\dfrac{u_C(x)}{\overline{x}}$
$y=\sin x$	$u_C(y)=\lvert\cos\overline{x}\rvert u_C(x)$
$y=\ln x$	$u_{rel}(y)=\dfrac{u_C(y)}{\overline{y}}=\dfrac{u_C(x)}{\overline{x}}$

例 1-3-2　圆柱体的体积公式为 $V=\dfrac{1}{4}\pi d^2h$. 设已经测得 $d=\overline{d}\pm u_C(d)$，$h=\overline{h}\pm u_C(h)$，写出体积的合成相对不确定度表达式.

解　根据式(1-3-13)，可得体积的合成相对不确定度表达式为

$$u_{rel}(V)=\frac{u_C(V)}{\overline{V}}=\sqrt{\left[\frac{2u_C(d)}{\overline{d}}\right]^2+\left[\frac{u_C(h)}{\overline{h}}\right]^2}.$$

1.3.5　扩展不确定度

将合成不确定度 $u_C(y)$ 乘以一个包含因子(也称置信因子)k，即得扩展不确定度

$$U(y)=ku_C(y). \tag{1-3-14}$$

误差服从正态分布的测量，一般 k 取 1,2 或 3，它们对应的置信概率分别为 0.683，0.954 和 0.997. 在不确定度分析时一般取 k 为 1，便于分析和计算(因为所有不确定度分量都是在置信概率为 0.683 的前提下计算出来的). 最终测量结果的不确定度常取 k 为 3，此时置信概率接近于 1，可满足大多数的工程计量中对测量的高效性和可靠性的需要. 在物理实验中，通常取 k 为 2，对应的置信概率为 0.954.

1.3.6　测量结果的表示

一个完整的测量结果一般应包括两部分内容：一部分是被测量的最佳估计值，一般由算术平均值给出；另一部分就是有关不确定度的信息.

一般采用扩展不确定度报告测量结果，其表达式为

$$y=\overline{y}\pm U(y)=\overline{y}\pm ku_C(y)\quad(k=1,2\text{ 或 }3). \tag{1-3-15}$$

其物理意义为：当 k 分别等于 1,2 或 3 时，真值在 $\overline{y}-U(y)\sim\overline{y}+U(y)$ 范围内的概率分别为 0.683，0.954 或 0.997.

例1-3-3 用单摆测重力加速度的公式为 $g=\dfrac{4\pi^2L}{T^2}$. 现用最小读数为0.01 s的电子秒表测量周期 T 5次，其周期的测量值(单位:s)为2.001,2.004,1.997,1.998,2.000；用Ⅱ级钢卷尺测摆长 L 一次，$L=100.00$ cm. 试求重力加速度 g 及其合成不确定度 $u_C(g)$，并写出结果表达式(注意，周期值是通过测量100个周期获得的，每测100个周期要按两次表，按表时超前或滞后造成的最大误差为0.5 s；Ⅱ级钢卷尺测量长度 L(单位:m)的仪器误差为 $(0.3+0.2L)$mm，由于钢卷尺很难与摆的两端正好对齐，在单次测量时引入的误差极限为2 mm).

解 (1) 计算直接测量量的最佳估计值. T 的最佳估计值为

$$\overline{T}=\frac{1}{5}\sum_{i=1}^{5}T_i=\frac{2.001+2.004+1.997+1.998+2.000}{5}\ \text{s}=2.000\ \text{s}.$$

L 的最佳估计值：L 是单次测量，故 $L=1.0000$ m.

(2) 计算 g 的最佳估计值：

$$\overline{g}=\frac{4\pi^2L}{\overline{T}^2}=\frac{4\times3.1416^2\times1.0000}{2.000^2}\ \text{m/s}^2=9.8697\ \text{m/s}^2.$$

(3) 计算摆长 L 的不确定度. 摆长只测了一次，只考虑B类不确定度. 钢卷尺的仪器误差 $\Delta_{仪}(L)=(0.3+0.2\times1)$ mm $=0.5$ mm，相应的不确定度为

$$u_{B1}(L)=\frac{\Delta_{仪}(L)}{\sqrt{3}}=\frac{0.5}{\sqrt{3}}\ \text{mm}=0.29\ \text{mm}.$$

测量时钢卷尺不能对准 L 两端造成的误差为 $\Delta_{估}(L)=2$ mm，相应的不确定度为

$$u_{B2}(L)=\frac{\Delta_{估}(L)}{\sqrt{3}}=\frac{2}{\sqrt{3}}\ \text{mm}=1.2\ \text{mm}.$$

L 的合成不确定度为

$$u_C(L)=\sqrt{u_{B1}^2(L)+u_{B2}^2(L)}=\sqrt{0.29^2+1.2^2}\ \text{mm}=1.3\ \text{mm}.$$

L 的相对不确定度为

$$u_{rel}(L)=\frac{u_C(L)}{L}=\frac{1.3}{1000}=0.13\%.$$

(4) 计算周期 T 的不确定度. T 的A类不确定度为

$$u_A(T)=S(\overline{T})=\sqrt{\frac{\sum_{i=1}^{5}(T_i-\overline{T})^2}{5\times(5-1)}}=0.0013\ \text{s}.$$

T 的B类不确定度有两个分量，一个与仪器误差 $\Delta_{仪}(T)$ 对应，一个与按表时超前或滞后造成的误差 $\Delta_{估}(T)$ 对应，分别为

$$u_{B1}(T)=\frac{\dfrac{\Delta_{仪}}{100}}{\sqrt{3}}=\frac{\dfrac{0.01}{100}}{\sqrt{3}}\ \text{s}=0.000058\ \text{s},$$

$$u_{B2}(T)=\frac{\dfrac{\Delta_{估}}{100}}{\sqrt{3}}=\frac{\dfrac{0.5}{100}}{\sqrt{3}}\ \text{s}=0.0029\ \text{s}.$$

注意，若仅是对时间进行测量，则 $u_{B1}(t)=\dfrac{\Delta_{仪}}{\sqrt{3}}$，$u_{B2}(t)=\dfrac{\Delta_{估}}{\sqrt{3}}$，但这里是对100个周期所对应的时间做测量，因而 $u_{B1}(T)$ 和 $u_{B2}(T)$ 两式中出现因子100.

因此，T 的B类不确定度为

$$u_B(T)=\sqrt{u_{B1}^2(T)+u_{B2}^2(T)}.$$

T 的合成不确定度为

$$u_C(T)=\sqrt{u_A^2(T)+u_B^2(T)}=\sqrt{u_A^2(T)+u_{B1}^2(T)+u_{B2}^2(T)}.$$

因 $u_{B1}(T)\ll u_{B2}(T)$，可略去 $u_{B1}(T)$，故 T 的合成不确定度为

$$u_C(T)=\sqrt{u_A^2(T)+u_{B2}^2(T)}=\sqrt{0.0013^2+0.0029^2}\ \text{s}=0.0032\ \text{s}.$$

T 的相对不确定度为

$$u_{rel}(T)=\frac{u_C(T)}{\overline{T}}=\frac{0.0032}{2.000}=0.16\%.$$

(5) 计算间接测量量 g 的不确定度. 由于 g，L 和 T 的关系是乘除关系，用式(1-3-13)所表达的相对不确定度传递公式较为简单，有

$$u_{rel}(g)=\frac{u_C(g)}{\overline{g}}=\sqrt{\left[\frac{u_C(L)}{L}\right]^2+\left[\frac{2u_C(T)}{\overline{T}}\right]^2}$$
$$=\sqrt{(0.13\%)^2+(2\times0.16\%)^2}=0.35\%,$$
$$u_C(g)=\overline{g}\,u_{rel}(g)=9.8697\times0.35\%\ \text{m/s}^2=0.035\ \text{m/s}^2.$$

取 $k=2$，扩展不确定度为

$$U=ku_C(g)=2\times0.035\ \text{m/s}^2=0.070\ \text{m/s}^2.$$

(6) 写出结果表达式：

$$g=(9.870\pm0.070)\ \text{m/s}^2\quad(k=2)$$

或

$$g=(9.87\pm0.07)\ \text{m/s}^2\quad(k=2).$$

1.4 测量结果的有效数字

测量结果都是用包含误差的一组数据表示出来的. 在表示测量结果时，究竟取几位数字呢？显然，位数过少，会降低原测量结果的准确度；相反，位数过多，超出测量所能达到的准确度，则会因数据的多余位数造成虚假的准确度，这样容易在评定结果时产生误解. 因此，记录、计算测量数据及表示测量结果时，对数据的位数有严格的要求，它应能大致反映出误差或不确定度的大小.

1.4.1 有效数字的概念

在测量结果的数字表示中，由若干位可靠数字加一位可疑数字，便组成了有效数字. 例如，用量程为 300 mm 的毫米分度钢直尺测量某长度，正确的读法除了确切地读出有刻度线的位数之外，还应估读一位，即读到 1/10 mm. 如测得某长度为 34.7 mm，这表明 34 是根据钢直尺刻度线读出的，是准确和可靠的，故称为可靠数字；而最后的 7 是估读的，不是十分准确和可靠的，故称为可疑数字，但它又是有意义的，不能舍去. 可靠数字和可疑数字都是有效数字，所以该长度的测量结果 34.7 mm 为 3 位有效数字. 若记为 34.70 mm 则是错误的，这一种记法把数字“0”当作估读数字，不符合测量仪器实际的准确度. 同样的道理，若用该钢直尺测得某长度正好是 35 mm，应当记为 35.0 mm，因为 35 是准确数字，而“0”是估读数字.

表示有效数字时，要注意以下几点：

(1) 数字“0”的有效性. 在数字中间和末位出现的“0”都是有效数字，如 12.04 mm，20.50 mm^2，

1.000 A 的有效数字位数都是4位.

既然数字末位的0是有效的,那么就不能在数字末位后随便加0或减0,否则其物理意义将发生变化.实际上,一个测量量的数值与数学上的一个数的意义是不同的.在数学中,2.85 cm = 2.850 cm = 2.850 0 cm,而对于测量量,2.85 cm ≠ 2.850 cm ≠ 2.850 0 cm,因为它们的误差所在位不同,即准确度不同.如果用"0"来表示小数点的位置,则第一个非零数字之前的"0"不算有效数字,如21.5 mm,0.021 5 m,0.000 021 5 km都是3位有效数字,且这三个量相等.由此可见,有效数字的位数与小数点的位置无关,移动小数点位置变换单位时,有效数字的位数不变.

(2) 使用科学记数法.如果一个数值很大而有效数字位数又不多,数字的大小与有效数字的表示就会发生矛盾.例如,测量一电阻,其电阻值约为200 000 Ω,有效数字却只有3位,为了正确表示出其有效数字和数量级,应采用科学记数法,即表示成2.00×10^{5} Ω.又如,0.000 633 mm有3位有效数字,可表示为6.33×10^{-4} mm.

1.4.2 测量数据的有效数字

对于测量数据有效数字的确定,实际上就是如何在测量仪器上对直接测量量进行读数的问题.

测量仪器的读数规则如下:

(1) 游标类量具,有效数字最后一位为游标分度值;

(2) 数字式仪表直接读取其数显值;

(3) 具有步进式标度盘的仪表一般应直接读其示值;

(4) 米尺、螺旋测微器、指针式仪表等刻度式仪器,要根据实验条件和操作者的判别能力进行估读,一般要估读到分度值的1/2 ~ 1/10.

1.4.3 测量结果的有效数字

1.测量结果不确定度的有效数字

在测量结果的表示中,测量结果的不确定度的有效数字最多不超过2位.当保留2位有效数字时,按"不为零即进位原则"进行取舍;当保留1位有效数字时,按"1/3法则"进行取舍,即

(1) 若舍去部分的数值大于或等于保留末位的1/3,则末位加1;

(2) 若舍去部分的数值小于保留末位的1/3,则末位不变.

例如,计算出扩展不确定度U为0.324 mm,若保留2位有效数字,则按上述"不为零即进位原则",结果为$U=0.33$ mm;若保留1位有效数字,则根据"1/3法则",由于舍去部分为0.024,保留末位为0.1,$0.024<0.1/3$,故末位不变,结果为$U=0.3$ mm.

但是作为中间计算结果,直接测量量的不确定度可以取3位有效数字或者不加取舍,以避免积累舍入误差.

2.测量结果的有效数字

测量结果的最佳估计值的有效数字,是根据其最后一位和不确定度的末位对齐的原则确定的.多余的数字,按"四舍六入五凑偶规则"进行取舍,即当保留数字末位后的第一个数小于5则舍,大于5则入,等于5则把保留数字的末位凑为偶数.例如,3.655 4取4位有效数字是3.655,取3位有效数字是3.66,取2位有效数字是3.6.又如,由测量值算出圆柱体体积为$V=5\,836.250\,1\ \mathrm{mm}^3$,扩展不确定度为$U=4.2\ \mathrm{mm}^3$.由于$V$的最后一位应与$U$的末位对齐,则$V=5\,836.2\ \mathrm{mm}^3$.

1.4.4 有效数字的运算法则

物理实验中所进行的测量大多是间接测量,因此需要通过一系列的数学运算才能得到最终的测量

结果，原则上任何测量数据的运算结果也应由有效数字组成，仍然满足有效数字的定义.

1. 有效数字的四则运算法则

(1) 加减运算. 在加减运算中，结果有效数字的最后一位，与参加运算的各数据中末位数位数最高的那一位一致. 如：

$$\begin{array}{r} 13.\overline{8} \\ +\quad 4.73\overline{2} \\ \hline 18.\overline{5}\overline{3}\overline{2} \end{array}$$

$$13.8+4.732=18.5$$

算式中加了上划线的数字是可疑数字.

(2) 乘除运算. 在乘除运算中，结果的有效数字位数应与参与运算的有效数字位数最少的相同. 但是，在乘法运算中，如果相乘的两个数据的最高位相乘的积大于或等于 10，其积的有效数字位数应比参与运算的有效数字位数最少的多一位；在除法运算中，若被除数的有效数字位数小于或等于除数的有效数字位数，并且它的最高位的数小于除数的最高位的数，则商的有效数字位数应比被除数少一位.

2. 有效数字的乘方和开方的运算法则

乘方和开方运算结果的有效数字位数与它们底的有效数字位数相同. 如 $100^2=1.00\times10^4$，$\sqrt{100}=10.0$ 等.

3. 有效数字的函数运算法则

(1) 三角函数运算. 通常三角函数运算结果的有效数字位数由角度的有效数字位数决定. 一般当角度精确至 $1'$ 时，三角函数运算结果可以取 5 位有效数字；当角度精确至 $1''$ 时，三角函数运算结果可以取 6 位有效数字；当角度精确至 $0.1''$ 时，三角函数运算结果可以取 7 位有效数字；当角度精确至 $0.01''$ 时，三角函数运算结果可以取 8 位有效数字；依此类推.

(2) 指数函数运算. 指数函数运算结果的有效数字位数与该指数小数点后的位数相同(包括小数点后的零). 例如 $10^{2.25}=1.8\times10^2$；又如 $e^{0.0032}=1.003$.

(3) 对数函数运算. x 的常用对数为 $\lg x$，其运算结果的有效数字位数确定的方法是：其小数点后数值(尾数) 的位数与 x(真数) 的有效数字位数相同，例如，$\lg 2.893=0.4613$. 自然对数运算结果的有效数字位数与真数的有效数字位数相同，例如，$\ln 2.893=1.062$.

4. 自然数与常数

运算公式中的常数(如 π，e 等) 和系数(如纯数 2)，可以认为其有效数字位数是无限多的. 在运算过程中，它们所取的有效数字位数应与参与运算的有效数字位数最少的相同或多一位. 例如，利用公式 $L=2\pi r$ 求圆的周长，当半径的测量结果为 $r=2.35\times10^{-2}$ m 时，π 应取 3.142 或 3.14；当 $r=2.353\times10^{-2}$ m 时，π 应取 3.1416 或 3.142.

1.5 常用的数据处理方法

科学实验的目的是为了获得可靠的结果或找出物理量之间的关系(规律)，要得到这些，除实验本身外，还必须对实验测量过程中收集到的大量数据进行正确的处理. 所谓数据处理，就是用简明而严格的方法把实验数据所代表的事物的内在规律提炼出来. 它是指从获得数据到得出结论的整个加工过程，包括数据记录、数据整理、计算、分析等环节，是物理实验的重要组成部分. 数据处理方法较多，这里只介绍几种常用的数据处理方法.

1.5.1 列表法

在记录和处理数据时，将实验中测量的数据、计算过程中的数据和最终结果等以一定的格式和顺序列成表格的方法称为列表法. 通过列表法既可将紊乱的数据有序化，又能简单而明确地表示有关物理量之间的对应关系，便于对比检查测量数据与运算结果是否合理，以减少或避免错误，同时有助于及时发现问题和分析问题，从中找出规律性的联系和经验公式等.

用列表法记录和处理数据时的具体要求如下：

(1) 表格力求简单明了，分类清楚，便于显示有关物理量之间的关系.

(2) 表格中各物理量应写明单位，单位写在标题栏内，一般不写在每个数字的后面.

(3) 表格中的数据要正确地表示被测量的有效数字.

(4) 表格应提供必要的说明和参数，包括表格名称、主要测量仪器的规格（型号、量程、准确度等级或仪器误差等）、有关环境参数等.

例如，在测量电阻的伏安特性实验中，记录数据如表 1－5－1 所示.

表 1－5－1　测量电阻伏安特性的数据记录表

测量次数	1	2	3	4	5	6	7	8	9	10	11
U/V	0.0	1.0	2.0	3.0	4.0	5.0	6.0	7.0	8.0	9.0	10.0
I/mA	0.0	2.0	4.0	6.1	7.9	9.7	11.8	13.8	16.0	17.9	19.9

1.5.2 作图法

在坐标纸上将一系列实验数据之间的关系或变化情况用图线直观地表示出来的方法称为作图法. 作图法可直观、形象地将物理量之间的关系清楚地表示出来，它是研究物理量之间变化规律，揭示对应的函数关系，求出经验公式的最常用的方法之一. 在一定条件下，通过内插和外延，还能在图线上直接得出实验测量范围以内和以外除由测量得到的数据以外的其他数据. 此外，作图法亦可帮助实验人员发现实验数据中的个别错误数据，并可对系统误差进行分析.

在物理实验中，图线通常是由列表所得的数值在坐标纸上画成. 应用作图法时，应遵从如下规则：

(1) 选用合适的坐标纸与坐标分度值. 作图一定要用坐标纸，在决定了作图参量后，根据具体情况选用直角坐标纸、对数坐标纸或其他坐标纸. 坐标分度值的选取要符合测量值的准确度，即能反映出测量值的有效数字位数. 一般以图纸上一小格或两小格对应数据中可靠数字的最后一位，以保证由图中读取的有效数字位数不少于测量数据的有效数字位数，即不降低数据的准确度. 分度时应使各个点的坐标值都能迅速方便地从图中读出，一般一大格（10 小格）代表 1，2，5，10 个单位较好，而不采用一大格代表 3，6，7，9 个单位. 也不应该用 3，6，7，9 个小格代表一个单位，否则不仅标实验点和读数不方便，也容易出错. 两轴的比例可以不同. 坐标范围应恰好包括全部测量值，并略有富余，一般图面不要小于 $10\times10\ \mathrm{cm}^2$. 最小坐标值不必都从零开始，以便作出的图线大体上能充满全图，布局美观合理. 原点处的坐标值，一般可选取略小于数据最小值的整数.

(2) 标明坐标轴. 以横轴代表自变量，纵轴代表因变量；用粗实线在坐标纸上描出坐标轴，在轴的末端须画出方向、注明物理量的名称、符号、单位；在轴上每隔一定间距标明该物理量的数值，不要将实验数据标在坐标轴上. 若数据特别大或特别小，可以提出乘积因子，如提出 10^3 或 10^{-3} 放在坐标轴物理量单位前.

(3) 标实验点. 实验点可用“+”“×”“⊙”“△”等符号中的一种标明，不要仅用“•”标示实验点. 同一条图线上的数据用同一种符号，若图上有两条图线，应用两种不同符号以示区别.

(4) 连成图线. 使用直尺、曲线板等工具，按实验点的总趋势连成光滑的曲线. 由于存在测量误差，且各点误差不同，不可强求曲线通过每一个实验点，但应尽量使曲线两侧的实验点靠近图线，且分布大体均匀.

(5) 写出图线名称. 在图纸下方或空白位置写出图线的名称，必要时还可写出某些说明.

根据表 1-5-1 中的数据可作出电阻的伏安特性曲线，如图 1-5-1 所示.

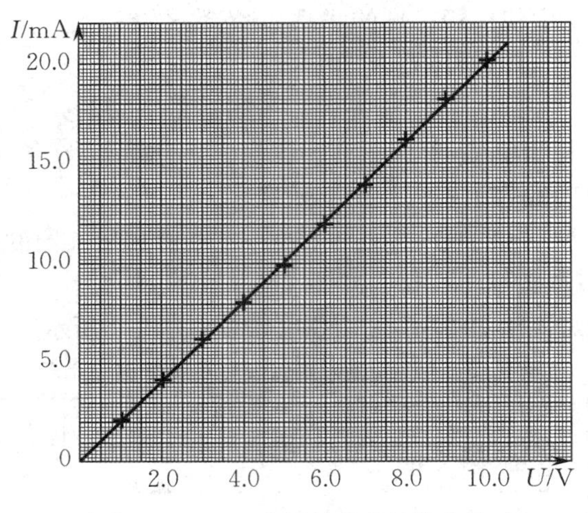

图 1-5-1　电阻的伏安特性曲线

1.5.3　用最小二乘法求经验方程

由一组实验数据找出一条最佳的拟合直线(或曲线)常用的方法是最小二乘法，由此得到的变量之间的相关函数称为回归方程. 这里只讨论用最小二乘法求直线方程的问题，即直线拟合问题(也称为一元线性回归).

设某实验测得的一元线性函数的数据为

$$X: x_1, x_2, \cdots, x_n;\quad Y: y_1, y_2, \cdots, y_n.$$

假定 X 是可控制的物理量，测量误差很小，主要误差都出现在变量 Y 的测量上.

通常从中任取两组实验数据，或者从描点作出的图线上取两点的坐标值就可得出直线方程，然而直线方程与实际函数可能偏离很大. 直线拟合的任务就是用数学分析的方法从这些观测到的数据中求出一个最佳直线方程 $y = ax + b$，这一条最佳直线虽然不一定能通过每一个实验点，但是它以最接近这些实验点的方式穿过它们.

显然，对应于每一个 x_i，测量值 y_i 和由最佳直线方程得到的值 y'_i 之间存在着偏差 δy_i，称为测量值 y_i 的偏差：

$$\delta y_i = y_i - y'_i = y_i - (ax_i + b)\quad (i = 1, 2, \cdots, n). \tag{1-5-1}$$

最小二乘法的原理表述如下：如果各测量值的误差是独立的且服从同一正态分布，那么当 y_i 的偏差 δy_i 的平方和为最小时，即得到最佳直线方程. 根据这一原理，即可确定常数 a 和 b.

以 m 表示 δy_i 的平方和，即

$$m = \sum_{i=1}^{n} (\delta y_i)^2 = \sum_{i=1}^{n} (y_i - ax_i - b)^2, \tag{1-5-2}$$

式中 x_i 与 y_i 都是测量值，是已知量，只有 a 和 b 是未知量.

按极值条件，使 m 为最小的 a 与 b 必须满足以下方程：

$$\frac{\partial m}{\partial a}=0, \tag{1-5-3}$$

$$\frac{\partial m}{\partial b}=0, \tag{1-5-4}$$

由此可得

$$\begin{cases}\dfrac{\partial m}{\partial a}=-2\sum\limits_{i=1}^{n}(y_i-ax_i-b)x_i=0,\\[2ex] \dfrac{\partial m}{\partial b}=-2\sum\limits_{i=1}^{n}(y_i-ax_i-b)=0,\end{cases} \tag{1-5-5}$$

即

$$\begin{cases}\sum\limits_{i=1}^{n}x_iy_i-a\sum\limits_{i=1}^{n}x_i^2-b\sum\limits_{i=1}^{n}x_i=0,\\[2ex] \sum\limits_{i=1}^{n}y_i-a\sum\limits_{i=1}^{n}x_i-nb=0.\end{cases} \tag{1-5-6}$$

若以 $\overline{x},\overline{x^2},\overline{y},\overline{xy}$ 分别表示 x_i,x_i^2,y_i,x_iy_i 的平均值，则

$$\begin{cases}\overline{xy}-a\overline{x^2}-b\overline{x}=0,\\ \overline{y}-a\overline{x}-b=0.\end{cases} \tag{1-5-7}$$

方程组(1-5-7)的解为

$$\begin{cases}a=\dfrac{\overline{x}\cdot\overline{y}-\overline{xy}}{\overline{x}^2-\overline{x^2}},\\[2ex] b=\dfrac{\overline{x}\cdot\overline{xy}-\overline{y}\cdot\overline{x^2}}{\overline{x}^2-\overline{x^2}}\end{cases} \tag{1-5-8}$$

或

$$\begin{cases}a=\dfrac{\overline{x}\cdot\overline{y}-\overline{xy}}{\overline{x}^2-\overline{x^2}},\\[2ex] b=\overline{y}-a\overline{x}.\end{cases} \tag{1-5-9}$$

将得到的 a,b 代入设定的直线方程，即得到最佳直线方程 $y=ax+b$.

用这种方法计算的 a 和 b 对于这一组测量值而言是“最佳的”，但并不是没有误差，其不确定度的计算比较复杂，这里不做介绍. 一般说来，一列测量值的 δy_i 大(实验点相对直线的偏离大)，那么由这列数据求出的 a 和 b 的误差也大，由此求出的经验公式的可靠程度就低. 若一列测量值的 δy_i 小，那么由这列数据求出的 a 和 b 的误差就小，由此求出的经验公式的可靠程度就高.

注意，用最小二乘法计算 a 和 b 时，不宜用有效数字的运算法则计算中间过程，否则会引入较大的计算误差，建议用计算器进行计算. 确定 a 和 b 有效数字位数的可靠方法是计算 a 和 b 的不确定度.

例 1-5-1 在冲击电流计测电容实验中，标尺读数 d_i 与电容数值 C_i 是线性关系，试利用5组测量值求出 C 与 d 的函数表达式.

解 设 C 与 d 的函数表达式为

$$C=ad+b. \tag{1-5-10}$$

根据最小二乘法原理，由式(1-5-9)可得

$$\begin{cases}a=\dfrac{\overline{d}\cdot\overline{C}-\overline{dC}}{\overline{d}^2-\overline{d^2}},\\[2ex] b=\overline{C}-a\overline{d}.\end{cases} \tag{1-5-11}$$

5组测量值及式(1-5-11)中间计算值如表1-5-2所示.

表 1-5-2　5 组测量值及式(1-5-11)中间计算值

序号	$C_i/\mu F$	d_i/cm	$d_iC_i/(\mu F \cdot cm)$	d_i^2/cm^2
1	0.050 0	2.51	0.125 5	6.300
2	0.100 0	5.04	0.504 0	25.402
3	0.200 0	10.09	2.018 0	101.808
4	0.250 0	12.64	3.160 0	159.770
5	0.350 0	17.64	6.174 0	311.170
平均值	0.190 0	9.584	2.396 3	120.890

将表中数据代入式(1-5-11),可得

$$a = \frac{9.584 \times 0.190\,0 - 2.396\,3}{9.584^2 - 120.890}\ \mu F/cm = 0.019\,8\ \mu F/cm,$$

$$b = (0.190\,0 - 0.019\,8 \times 9.584)\ \mu F = 2.368 \times 10^{-4}\ \mu F.$$

将 a,b 的值代入式(1-5-10),可得

$$C = 0.019\,8d + 2.368 \times 10^{-4},$$

式中 d 的单位为 cm,C 的单位为 μF.

某些非线性曲线可以通过数学变换改写为直线. 例如,函数 $y = bx^a$,取对数后可得 $\ln y = a\ln x + \ln b$,设 $y' = \ln y$,$x' = \ln x$,则有 $y' = ax' + \ln b$,此时 x' 与 y' 之间就是线性关系. 因此,求线性关系的最小二乘法原则上可以间接用于求非线性关系.

1.5.4　逐差法

在物理实验或测量中,经常遇到一类通过自变量等间隔变化来获取测量数据的问题. 处理这类问题常用的数据处理方法是逐差法. 所谓逐差法,就是把测量数据中的因变量进行逐项相减或按顺序分为两组进行对应项相减,然后将所得差值作为因变量的(等精度)多次测量值进行数据处理的方法.

物理实验中,一般用一次逐差,即因变量与自变量之间是线性关系.

下面通过一具体例子说明逐差法处理数据的过程.

例 1-5-2　弹性模量实验数据如表 1-5-3 所示.

表 1-5-3　负载与标尺刻度变化值之间的关系

i	1	2	3	4	5	6	7	8
m_i/kg	0.000	0.500	1.000	1.500	2.000	2.500	3.000	3.500
r_i/mm	89.2	100.8	111.8	123.4	134.6	146.8	158.2	170.0
$\Delta r = (r_{i+1} - r_i)/mm$	11.6	11.0	11.6	11.2	12.2	11.4	11.8	—
$\Delta m = (m_{i+1} - m_i)/kg$	0.500	0.500	0.500	0.500	0.500	0.500	0.500	—
$\Delta r_4 = (r_{i+4} - r_i)/mm$	45.4	46.0	46.4	46.6	—	—	—	—
$\Delta m_4 = (m_{i+4} - m_i)/kg$	2.000	2.000	2.000	2.000	—	—	—	—

已知每次加砝码的质量为(0.500±0.005)kg,标尺的仪器误差为 $\Delta_{仪}(r) = 0.3$ mm,求标尺读数与砝码质量之间的线性比例系数 a.

解　第一种逐差法:如果将测量数据按逐项相减,所得结果如表 1-5-3 中的第 4 行和第 5 行所示,由此可判断 Δr 基本相等,表明标尺刻度变化值与加载的砝码质量之间存在线性关系 $\Delta r = a\Delta m$.

此外,逐项相减使原在不同砝码质量下测得的标尺刻度变化值变为在相同砝码质量下多次(等精度)测量的标尺刻度变化值.

当求每次加载 0.500 kg 砝码标尺刻度变化值的平均值时，由逐项相减的结果可得

$$\begin{aligned}\overline{\Delta r} &= \frac{\sum_{i=1}^{7}(r_{i+1}-r_i)}{7}\\ &= \frac{(r_2-r_1)+(r_3-r_2)+(r_4-r_3)+(r_5-r_4)+(r_6-r_5)+(r_7-r_6)+(r_8-r_7)}{7}\\ &= \frac{r_8-r_1}{7} = \frac{170.0-89.2}{7}\ \mathrm{mm} = 11.5\ \mathrm{mm}.\end{aligned}$$

由上式可知，只有首尾两次测量起作用，失去了多次测量的意义. 因此，逐项逐差的方法不宜用来求平均值，一般可用它来验证函数表达式.

第二种逐差法：如果将测量数据按顺序分为两组，其中 1～4 为一组，5～8 为另一组，实行对应项相减，所得结果如表 1-5-3 中的第 6 行和第 7 行所示，它也是使原在不同砝码质量下测得的标尺刻度变化值变为在相同砝码质量下多次测量的标尺刻度变化值. 不同的是，相同的砝码质量不再是 0.500 kg，而是 2.000 kg. 在这种情况下，尽管自变量仍是等间距变化，但在计算每次加载 2.000 kg 砝码标尺刻度变化值的平均值时不会使中间测量值相互抵消，从而起到多次测量的效果.

按第二种逐差法，有

$$\overline{\Delta m_4} = 2.000\ \mathrm{kg},$$

$$\overline{\Delta r_4} = 46.1\ \mathrm{mm},$$

$$\bar{a} = \frac{\overline{\Delta r_4}}{\overline{\Delta m_4}} = \frac{46.1}{2.000}\ \mathrm{mm/kg} = 23.05\ \mathrm{mm/kg}.$$

在确定逐差法的不确定度时，可将两个数据的差作为直接测量量进行相关计算，Δr_4 的 A 类不确定度为

$$u_{\mathrm{A}}(\Delta r_4) = 1.20\sqrt{\frac{\sum_{i=1}^{4}(\Delta r_{4(i)}-\overline{\Delta r_4})^2}{4(4-1)}} = 0.32\ \mathrm{mm},$$

式中的因子 1.20 是由于此处测量次数 $n=4<6$ 而根据表 1-2-1 得到的修正常数. Δm_4 的 A 类不确定度为

$$u_{\mathrm{A}}(\Delta m) = 0.$$

Δr_4 和 Δm_4 的 B 类不确定度分别为

$$u_{\mathrm{B}}(\Delta r_4) = \frac{\Delta_{仪}(r)}{\sqrt{3}} = \frac{0.3}{\sqrt{3}}\ \mathrm{mm} = 0.18\ \mathrm{mm},$$

$$u_{\mathrm{B}}(\Delta m_4) = \frac{\Delta_{仪}(m)}{\sqrt{3}} = \frac{0.005}{\sqrt{3}}\ \mathrm{kg} = 0.0029\ \mathrm{kg},$$

因此 Δr_4 和 Δm_4 的合成不确定度分别为

$$u_{\mathrm{C}}(\Delta r_4) = \sqrt{u_{\mathrm{A}}^2(\Delta r_4)+u_{\mathrm{B}}^2(\Delta r_4)} = \sqrt{0.32^2+0.18^2}\ \mathrm{mm} = 0.37\ \mathrm{mm},$$

$$u_{\mathrm{C}}(\Delta m_4) = \sqrt{u_{\mathrm{A}}^2(\Delta m_4)+u_{\mathrm{B}}^2(\Delta m_4)} = \sqrt{0^2+0.0029^2}\ \mathrm{kg} = 0.0029\ \mathrm{kg}.$$

由传递公式有

$$u_{\mathrm{rel}}(a) = \frac{u_{\mathrm{C}}(a)}{\bar{a}} = \sqrt{\left[\frac{u_{\mathrm{C}}(\Delta r_4)}{\overline{\Delta r_4}}\right]^2+\left[\frac{u_{\mathrm{C}}(\Delta m_4)}{\overline{\Delta m_4}}\right]^2} = 0.82\%,$$

$$u_{\mathrm{C}}(a) = 23.05\times 0.82\%\ \mathrm{mm/kg} = 0.19\ \mathrm{mm/kg},$$

扩展不确定度($k=2$)为

$$U(a) = ku_{\mathrm{C}}(a) = 2\times u_{\mathrm{C}}(a) = 0.38\ \mathrm{mm/kg}.$$

因此，线性比例系数 a 的测量结果为

$$a=(23.05\pm0.38)\ \text{mm/kg}\quad(k=2).$$

由例 1-5-2 可知，逐差法提高了实验数据的利用率，减小了随机误差的影响，因此是一种常用的数据处理方法.

严格地讲，以上介绍的一次逐差法适用于一次多项式的系数求解，要求自变量等间隔变化. 有时在物理实验中可能会遇到用二次逐差法、三次逐差法求解二次多项式、三次多项式的系数等，可参考有关书籍做进一步的了解.

练习题 ▶▶▶

1. 如题 1 表所示，用不同的仪器各测量出一个数值，此时只用仪器误差计算不确定度. 假设各仪器的误差都服从均匀分布，试分别求出测量值的不确定度、相对不确定度和结果表达式(用标准不确定度表示).

题 1 表　不同仪器测量值的数据记录表

仪器	最小刻度	测量值	不确定度	相对不确定度	结果表达式
米尺	1 mm	5.30 mm			
弹簧秤	1 g	134.5 g			
测角器	1°	59.4°			
安培计	1 级表，量程为 5 A	3.32 A			

2. 用米尺测量一物体的长度，测得的数据分别为 98.98 cm，98.96 cm，98.97 cm，99.00 cm，98.95 cm，98.97 cm，98.99 cm，98.95 cm. 试求测量结果的最佳估计值、A 类不确定度、B 类不确定度、合成不确定度、扩展不确定度，并报告测量结果.

3. 用米尺测量正方形的边长 a，测得的数据分别为 2.01 cm，2.04 cm，2.00 cm，1.98 cm，1.97 cm，2.03 cm，1.99 cm，2.02 cm，1.98 cm，2.01 cm. 试分别求出正方形的周长和面积的最佳估计值、不确定度、相对不确定度，并写出结果表达式.

4. 一铝圆柱体，测得其半径为 $R=(2.040\pm0.004)$cm，高为 $h=(4.120\pm0.004)$cm，质量为 $m=(149.10\pm0.05)$g. 试计算铝的密度 ρ 的最佳估计值、不确定度、相对不确定度，并写出结果表达式.

5. 单位变换：

① $m=(6.875\pm0.001)\text{kg}=(\qquad\qquad)\text{g}=(\qquad\qquad)\text{mg}$；

② $L=(8.54\pm0.02)\text{cm}=(\qquad\qquad)\text{mm}=(\qquad\qquad)\text{m}$；

③ $\rho=(1.293\pm0.005)\text{mg/cm}^3=(\qquad\qquad)\text{kg/m}^3$.

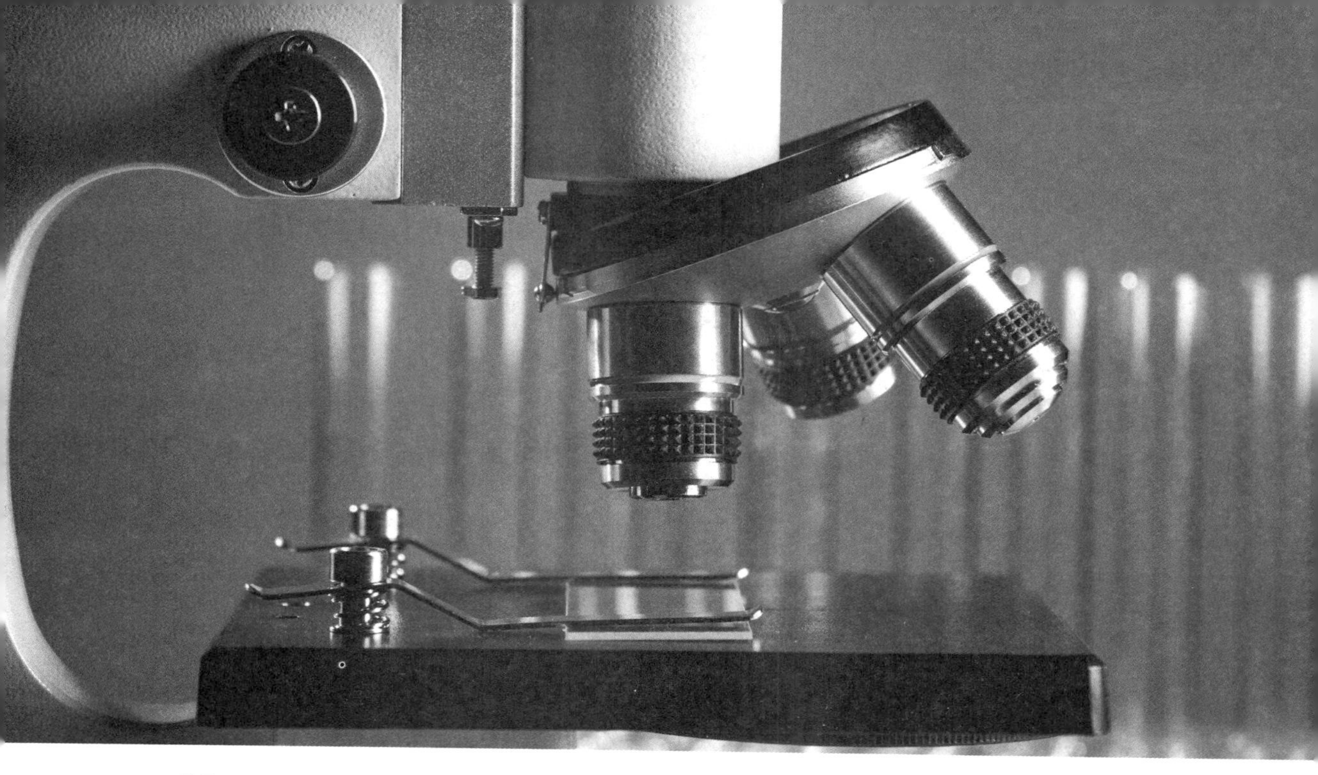

第 2 章　物理实验中的基本测量方法和常用物理量的测量

物理学本质上是一门实验科学，物理实验是探索物理规律、形成物理理论的基础，而几乎所有的物理实验都含有对物理量的测量. 在物理实验中，把具有共性的测量方法叫作基本测量方法，这些基本测量方法不但对物理学的发展起到了巨大的推动作用，而且由于其具有基本性和通用性，在科学实验与工程实践的各个领域得到了广泛应用.

基本测量方法的分类有许多种. 按照被测物理量获取方法的不同可分为直接测量法、间接测量法和组合测量法；根据测量过程中被测物理量是否随时间变化可分为静态测量法和动态测量法；根据测量数据是否为被测物理量的量值可分为绝对测量和相对测量；按照测量技术的不同可分为比较法、模拟法、放大法、补偿法、干涉法、转换法和示波法等. 本章将介绍按测量技术分类的几种测量方法，同时对常用物理量的测量做简要介绍.

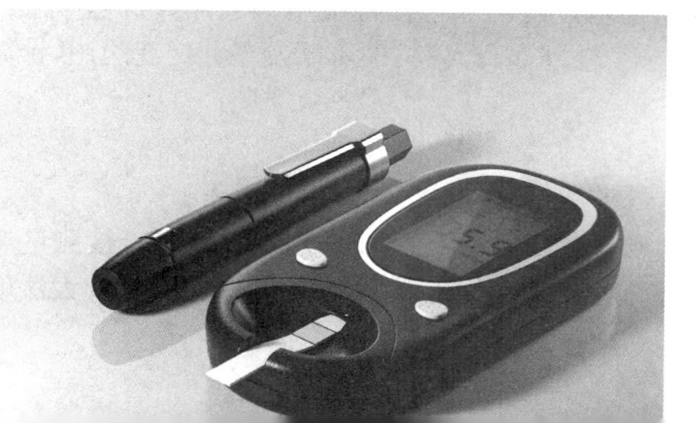

2.1 物理实验中的基本测量方法

2.1.1 比较法

比较法是物理实验中最普遍、最基本、最常用的测量方法. 比较法就是把被测物理量与选作计量标准单位的同类物理量进行比较并得到比值的过程,这个比值称为测量的读数,读数带上单位记录下来便是测量数据.

比较法可分为直接比较法和间接比较法.

直接比较法是将被测物理量与同类物理量的标准量具直接进行比较,直接读数得到测量数据. 例如,用米尺测量长度,用秒表测量时间,用分光计测量角度等.

但是,多数物理量难于制成标准量具,无法通过直接比较法测出,在这种情形下需要利用物理量之间的函数关系,借助于一些中间量,或将被测物理量进行某种变换后再与同类物理量的标准量具进行比较,从而间接实现比较测量,该方法称为间接比较法. 例如,用惠斯通电桥测电阻,用李萨如图形测量交流电信号的频率等.

2.1.2 模拟法

模拟法是利用自然界中某些现象或过程的相似性,依据相似性原理,设计与被测原型有物理或数学相似的模型,然后通过对模型的测量间接测得被测原型的数据或了解研究被测原型的性质及规律的方法. 通过模拟法可使一些难于直接进行测量的特殊的研究对象(如过于庞大或微小、十分危险、变化缓慢)得以进行测量研究. 模拟法还可使自然现象重现,使十分抽象的物理理论具体化,可进行单因素或多因素的交叉实验,可加速或减缓物理过程. 利用模拟法可以节省时间和物力,提高实验效率.

模拟法可分为物理模拟法和数学模拟法.

物理模拟法是在模拟的过程中保持物理本质不变的方法. 在物理模拟法中,必须具备几何相似或动力学相似(亦称物理相似)的条件. 几何相似条件要求模型的几何尺寸与被测原型的几何尺寸成比例地缩小或放大,即在形状上模型与被测原型完全相似;动力学相似条件要求模型与被测原型遵从同样的物理规律,具有同样的动力学特性.

数学模拟法是利用与被测原型物理现象或过程的本质完全不同,但满足相同数学方程的模型对被测原型进行研究的方法. 数学模拟法又称类比法,它既不满足几何相似条件,也不满足物理相似条件,被测原型和模型在物理规律的形式和实质上均毫无共同之处,只是它们遵从了相同的数学规律. 例如,在模拟法描绘静电场的实验中,就是用稳恒电流场的等势线来模拟静电场的等势线. 这是因为电磁场理论指出,静电场和稳恒电流场具有相同的数学方程式,而直接对静电场进行测量是十分困难的,因为任何测量仪器的引入都将明显地改变静电场的原有状态.

在计算机迅速发展的今天,采用适当的数学模型还可以将一个物理系统用一个计算机程序来代替,进而在计算机上进行实验,这种方法称为计算机模拟法. 随着计算机的不断发展和广泛应用,计算机模拟法将使物理实验的面貌发生很大的变化.

2.1.3 放大法

在物理量的测量过程中,有时由于被测物理量(或其改变量)微小,会出现难以对其直接测量或直接测量会造成很大误差的情形,此时可以借助一些方法将被测物理量放大后再进行测量. 放大法就是指将被测物理量进行放大然后进行测量的方法.放大法是常用的基本测量方法之一,它分为累积放大法、机械放大法、光学放大法和电学放大法.

(1) 累积放大法.在物理实验中经常会遇到对某些物理量单次测量可能会产生较大误差的情形,如测量单摆的周期、等厚干涉相邻明纹的间隔、纸张的厚度等,此时可将这些物理量累积放大若干倍后再进行测量,从而有效地减小误差.例如,如果用秒表来测量单摆的周期,通常不是测单摆运动一个周期的时间,而是测单摆运动 50 ～ 100 个周期的时间;在等厚干涉实验中,往往测几十条明纹之间的间距等.

(2) 机械放大法.利用机械部件之间的几何关系,使标准单位量在测量过程中得到放大的方法称为机械放大法.游标卡尺与螺旋测微器都是利用机械放大法进行精密测量的典型例子.

(3) 光学放大法.常见的光学放大仪器有放大镜、显微镜和望远镜等.一般的光学放大法有两种,一种是被测物通过光学放大仪器形成放大的像,以增大视角便于观察.例如,常用的测微目镜、读数显微镜等,这些仪器在观察中只起放大视角的作用,并非把实际物体尺度加以变化,所以并不增加误差;另一种是通过测量放大后的物理量,间接测得本身极小的物理量.光杠杆就是一种常见的光学放大系统,它可以测长度的微小变化量.

光学放大法具有稳定性好、受环境干扰小、灵敏度高等特点.

(4) 电学放大法.电信号的放大是物理实验中最常用的技术之一,包括电压放大、电流放大、功率放大等.例如,普遍使用的三极管就是对微小电流进行放大,示波器中也包含了电压放大电路.由于电信号放大技术成熟且易于实现,电学放大法的应用相当广泛.当前把电信号放大几个至十几个数量级已不再是难事,所以在非电学量的测量中,也常将非电学量转换为电学量放大后再进行测量,这已成为科学研究与工程技术中常用的测量方法之一.但是,对电信号放大通常会伴随着对噪声的等效放大,该方法对信噪比没有改善甚至会有所降低.因此,电信号放大技术通常与提高信号信噪比技术结合使用.在使用电学放大法时,除了提高物理量本身的量值以外,还要注意提高信噪比或测量的灵敏度.

2.1.4 补偿法

在物理测量中,通过一个标准的物理量产生与待测物理量等量或相同的效应,用于补偿(或抵消)待测物理量的作用,使测量系统处于补偿状态(平衡状态),而处于补偿状态的测量系统,待测物理量与标准物理量之间有确定的关系,由此可测得待测物理量.这种方法称为补偿法或平衡测量法.

补偿法可用于测量,也可用于修正系统误差.

(1) 补偿法用于测量.常见的测力仪器,如弹簧秤,就是采用补偿法所制作的最简单的测量装置,它通过人为施力于其上使之与待测力达到平衡,也就是对待测力补偿从而求得待测力.物理实验中电桥应用非常广泛,种类也很多,它是利用电压补偿原理,通过指零装置 —— 灵敏电流计来显示待测电阻(电压) 与补偿电阻(电压) 的比较结果.补偿测量系统通常包含补偿装置和指零装置两部分.补偿装置产生补偿效应,并获得设计规定的测量准确度.指零装置是一个比较系统,用于显示待测量与补偿量的比较结果.

(2) 补偿法用于修正系统误差.在测量中由于各种不合理因素的制约,往往存在着无法消除的系统误差,利用补偿法引入相同的效应可以补偿那些无法消除的系统误差.例如,在原有电路中串联电流表或并联电压表来测量原有电路中的电流或电压,都将改变原电路的结构,使测量结果与原电路中的实际数值不相符,而通过补偿法可减少这种系统误差.又如,在光学实验中为防止由于光学元件的引入而影响光路的光程,需要在光路中人为地适当安置某些补偿元件来抵消这类影响,迈克耳孙干涉仪中的补偿板就是起补偿光程作用的补偿元件.

2.1.5 干涉法

无论是声波、水波还是光波，只要满足相干条件，均能产生干涉现象. 应用相干波干涉时所遵循的物理规律，通过对干涉图样的观测间接测量有关物理量的方法，称为干涉法. 例如，在等厚干涉实验中，借助干涉图样可测量微小厚度、微小直径、平凸透镜的曲率半径等物理量；在迈克耳孙干涉仪实验中，通过对干涉条纹的计量，可准确地测定光波的波长、透明介质的折射率、薄膜的厚度、微小的位移等物理量；利用干涉法还可以检查工件表面的平整度、球面度、光洁度，以及精确地测量长度、厚度、角度、形变、应力等. 干涉法已形成一个科学分支，称为干涉计量学.

2.1.6 转换法

转换法是根据物理量之间的各种效应、物理原理和定量函数关系，利用变换的思想进行测量的方法，它是物理实验中最富有启发性和开创性的一面. 转换法不仅常用于物理实验测量中，在工农业生产、交通运输、国防军事、遥测遥感、航天和空间技术等各个领域也都有着十分广泛的应用.

转换法中应用最多的是非电学量电测法和非光学量光测法.

由于电学量的易测性、易处理性和高测量准确度，因此通常将待测物理量通过各种传感器或敏感器件转换成电学量进行测量，常用的转换有热电转换(热电偶、半导体热敏元件等)、压电转换(压电陶瓷等)、光电转换(光电管、光电池等)、磁电转换(霍尔元件、磁记录元件、磁阻效应等).

由于光学量的测量具有灵敏度高、无损伤、不用接触被测物体和即时性等优点，将非光学量转换为光学量进行测量的非光学量光测法在科学技术中得到了广泛的应用. 例如，用光纤传感器测量温度、压力、形变、电容等.

在应用转换法进行测量时，传感器往往是最关键的器件，它是现代检测、控制等仪器设备的重要组成部分. 由于电子技术的不断进步、计算机技术的快速发展，传感器在现代科技与工程实践中的重要地位越来越突出，已成为一门新兴的科学技术.

2.1.7 示波法

通过示波器将人眼看不见的电信号在示波管的荧光屏上形成直观、清晰可见的图像，然后进行测量的方法称为示波法. 将此法与各类传感器结合，就可以对各种非电学量进行测量.

上述几种基本测量方法，在物理实验和工程测量中都已得到广泛的应用. 实际上，在物理实验中，各种测量方法往往相互配合、互相补充，来完成各种物理量的测量. 因此，在进行实验时，应认真思考、仔细分析、不断总结，逐步积累丰富的实验知识与技能，并在科学实验中给予灵活运用.

2.2 常用物理量的测量

2.2.1 长度的测量

长度是基本物理量之一. 在国际单位制中，长度的基本单位是米，用符号“m”表示. 当真空中光的速度 c 以单位 m/s 表示时，将其固定数值取为 299 792 458 来定义米，其中秒用铯 133 原子基态未干扰时的超精细能级跃迁的频率 $\Delta\nu_{\mathrm{Cs}}$ 来定义.

长度测量仪器的选取一般取决于测量的范围及测量的准确度. 就测量范围来说，小尺度的测量仪器有读数显微镜、螺旋测微器(千分尺)、游标卡尺等，稍大尺度的测量仪器有板尺、卷尺，更大尺度的测量仪器有工程上使用的远红外测距仪、卫星定位器等.

物理实验中常用的长度测量仪器有米尺、游标卡尺、螺旋测微器、读数显微镜等.一般的长度测量仪器上都有指示不同量值的刻度线,相邻两刻度线所代表的量值之差称为分度值,仪器的最大测量范围称为量程.选用仪器时应注意仪器的量程和分度值.使用仪器时,首先要校准好仪器,以避免系统误差.测量时,除了正确读出分度值的整数倍以外,还必须在一个分度内进行估读(如估读到1/10,1/5或1/2个分度),应该强调的是必须估读到最小分度的下一位.

下面介绍几种常用的长度测量仪器.

(1) 米尺.米尺的种类较多,有量程为30 cm,1 m的直尺,有量程为1.5 m,2 m,3 m的卷尺,材质上又分为钢尺、木尺、塑料尺等,可根据测量范围进行选择.

(2) 游标卡尺.游标卡尺是比米尺精密的长度测量工具,它利用游标,把主尺上估读的数值准确地读取出来,游标卡尺的结构如图2-2-1所示.主尺7是钢制的毫米分度尺,主尺头上附有量刃1和量爪3.游标6是套在主尺上的一个滑框,其上有相应的量刃2和量爪4以及尾尺8.利用游标卡尺的量爪3,4可以测量物体长度和外径,利用量刃1,2可以测量内径,利用尾尺8可以测量深度.

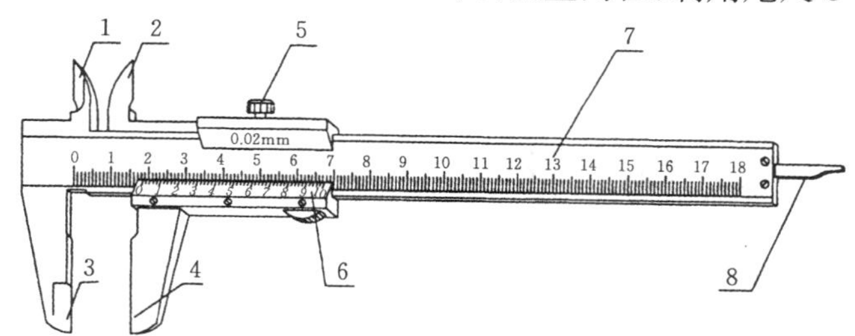

1,2— 量刃;3,4— 量爪;5— 游标锁定螺钉;6— 游标;7— 主尺;8— 尾尺

图2-2-1 游标卡尺

游标卡尺的分度特点是游标上n个分格的总长与主尺上$n-1$个分格的总长相等.设主尺上的分度值为a,游标上的分度值为b,则有

$$nb=(n-1)a.$$

游标卡尺的分度值为主尺与游标分度值的差,即

$$a-b=a/n.$$

以50分度游标卡尺为例,当量爪3,4合拢时,游标零线刚好对准主尺的零线,游标上的第50个分格正好对准主尺上的49 mm处,如图2-2-2(a)所示.该游标卡尺的分度值为$\frac{1}{50}$ mm $=0.02$ mm.若在两量爪之间放一张厚度为0.02 mm的薄片,那么游标就向右移动0.02 mm,这时游标上的第一根刻度线与主尺上的第一刻度线对齐,其他线都不对齐.若在两量爪之间放一张厚度为0.04 mm的薄片,游标上的第二根刻度线就会与主尺上的第二根刻度线对齐,其他线也都不对齐.依此类推,当薄片厚度小于1 mm,游标上的第k根刻度线与主尺上的某条刻度线对齐时,表示量爪之间的距离为0.02 mm的k倍.

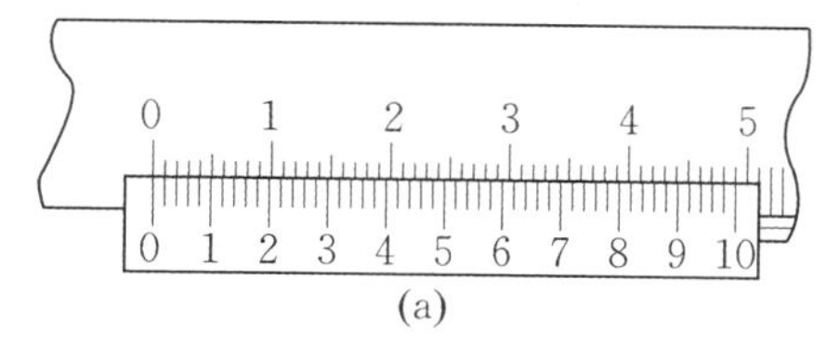

(a)

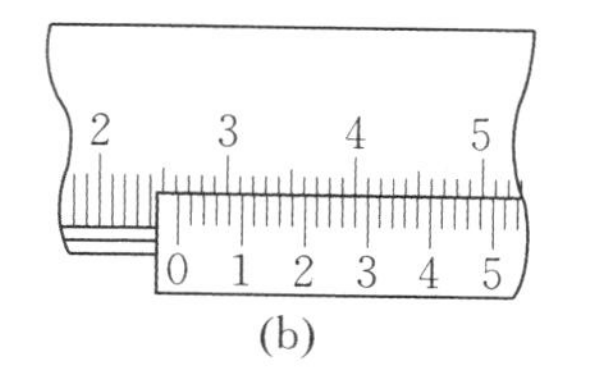

(b)

图2-2-2 游标的刻度

如图2-2-2(b)所示,待测物体的长度L等于主尺上的零线到游标上的零线之间的距离,即

$L = L_0 + \Delta L$，式中毫米以上的整数部分 L_0 可直接从主尺上读出，$L_0 = 26$ mm；同时因游标上的第12根刻度线正好与主尺上的某一根刻度线对齐，故不足1 mm的小数部分 ΔL 应从游标上读出，$\Delta L = 12 \times 0.02$ mm $= 0.24$ mm. 所以，待测物体的长度为 $L = 26.24$ mm.

游标卡尺的一般读数公式为

$$L = L_0 + k \times \frac{a}{n}.$$

但实际读数时不必数出刻度线数 k，因为游标上每5格标上了一个数，用以直接表示读数值，例如，对于50分度游标卡尺，游标上第15格标有“3”，它表示该格与主尺上某根刻度线对齐时，$\Delta L = 0.30$ mm.

(3) 螺旋测微器. 螺旋测微器又称千分尺，是比游标卡尺更精密的长度测量仪器. 实验室常用的螺旋测微器外形如图2-2-3所示，其量程为25 mm，分度值为0.01 mm，仪器误差为0.004 mm.

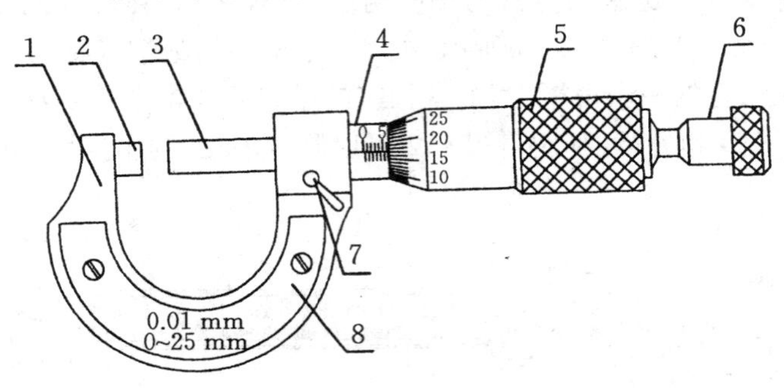

1— 尺架；2— 测砧；3— 测微螺杆；4— 螺母套管；5— 微分套筒；6— 棘轮；7— 锁紧装置；8— 绝热板

图2-2-3　螺旋测微器外形图

螺旋测微器的主要部分是测微螺杆3和套在螺杆上的螺母套管4以及紧固在螺杆上的微分套筒5. 螺母套管上的主尺有两排刻线，分别为毫米刻线和半毫米刻线. 微分套筒圆周上刻有50个等分格，当它旋转一周时测微螺杆前进或后退一个螺距(0.5 mm)，所以螺旋测微器的分度值为 $\frac{0.5}{50}$ mm，即0.01 mm.

读数方法：

① 测量前后都应检查零点，记下零点读数，以便对测量值进行零点修正，顺着微分套筒刻度序列方向的值记为正值，反之为负值. 如图2-2-4所示，此时零点读数为 -0.002 mm.

② 读数时，先从主尺读出刻度值，0.5 mm以下部分从微分套筒上读出，并估读到0.001 mm位.

③ 注意主尺上的半毫米刻线是否露出套筒边缘. 如图2-2-5所示，此时读数应为6.672 mm.

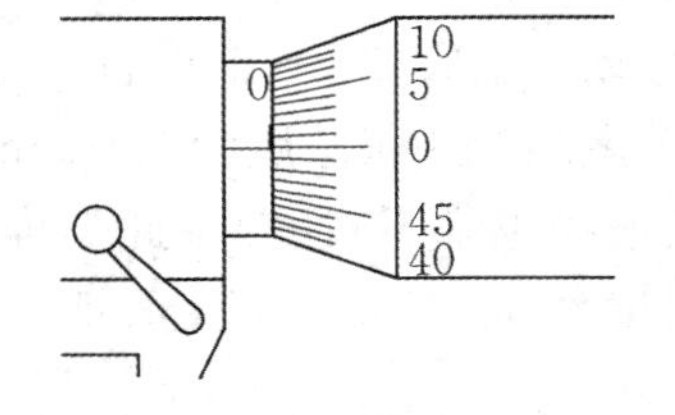

图2-2-4　零点读数为 -0.002 mm

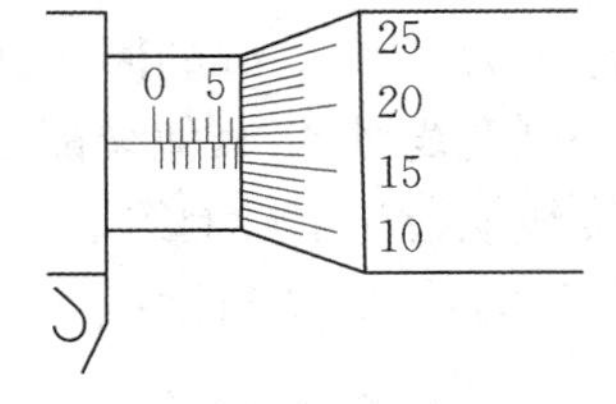

图2-2-5　螺旋测微器读数为 6.672 mm

使用注意事项：

① 手应握在螺旋测微器的绝热板部分，被测工件也尽量少用手接触，以免因热胀影响测量准确度.

② 测量时须用棘轮. 测量者转动测微螺杆时对被测工件施加力的大小，会直接影响测量准确度，为此，在结构上加一棘轮作为保护装置. 当测微螺杆端面将要接触到被测工件时就应轻轻旋转棘轮推动测微螺杆前进，直至测微螺杆接触到被测工件时它就会自己打滑，并发出“嗒嗒”声，此时即应停止旋转棘轮，进行读数.

③ 用毕还原仪器时，应将测微螺杆退回几转，与测砧之间留出空隙，以免因热胀使测微螺杆变形.

(4) 读数显微镜. 读数显微镜是精密的长度测量仪器，它将显微镜和螺旋测微装置结合起来，用于测量一些微小长度或无法接触测量的物体的长度，如毛细管的内径、狭缝的宽度等. 读数显微镜的型号很多，这里以JCD－Ⅱ型为例，其量程为50 mm，分度值为0.01 mm. 图2－2－6所示为JCD－Ⅱ型读数显微镜的外形图.

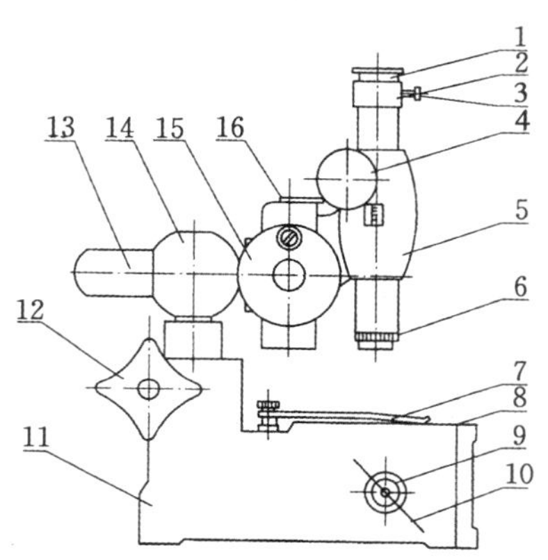

1— 目镜；2— 锁紧圈；3— 锁紧螺钉；4— 调焦手轮；5— 镜筒支架；6— 物镜；7— 弹簧压片；8— 台面玻璃；9— 旋转手轮；10— 反光镜；11— 底座；12— 旋手；13— 方轴；14— 接头轴；15— 测微鼓轮；16— 标尺

图2－2－6　JCD－Ⅱ型读数显微镜外形图

目镜1用锁紧圈2和锁紧螺钉3紧固于镜筒内，物镜6用丝扣拧入镜筒内，镜筒可用调焦手轮4调节，使其上下移动而调焦. 测量架上的方轴13可插入接头轴14的十字孔中，接头轴可在底座11内旋转、升降. 弹簧压片7插入底座孔中，用来固定待测工件. 反光镜10可通过旋转手轮9进行转动.

显微镜与测微螺杆上的螺母套管相连，旋转测微鼓轮15，就转动了测微螺杆，从而带动显微镜左右移动. 测微螺杆的螺距为1 mm，测微鼓轮圆周上刻有100个分格，分度值为0.01 mm. 读数显微镜的读数方法类似于螺旋测微器，毫米以上的读数从标尺16上读取，毫米以下的读数从测微鼓轮上读取. 如图2－2－7所示，标尺读数为29 mm，测微鼓轮读数为0.726 mm，则读数显微镜的读数为29.726 mm.

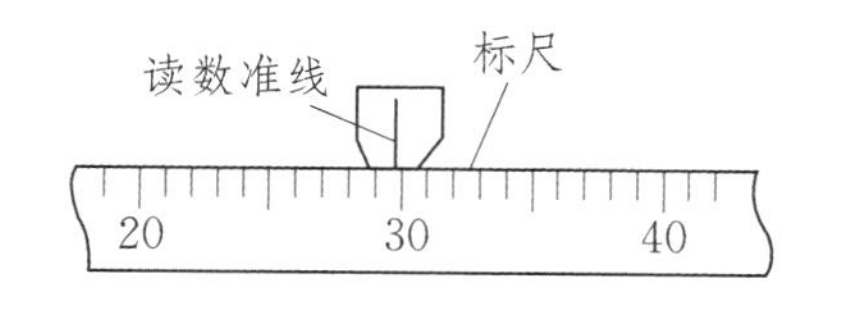

(a) 标尺读数为29 mm

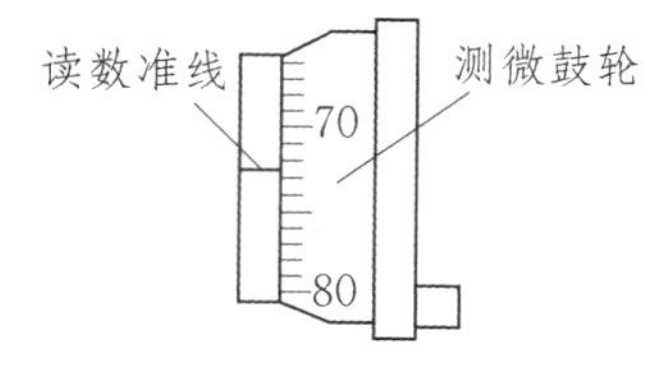

(b) 测微鼓轮读数为0.726 mm

图2－2－7　读数显微镜的读数装置

由于螺纹配合存在间隙，螺杆(由测微鼓轮带动)由正转到反转时必有空转，反之亦然. 这种空转会造成读数误差，故测量过程中必须避免空回，应使测微鼓轮始终朝同一方向旋转时读数.

使用步骤：

① 利用底座上附的反光镜，使显微镜有明亮的视场.

② 调节目镜：调节目镜看清叉丝，调节叉丝方向，使其中的横丝平行于读数标尺，即平行于镜筒移动方向.

③ 调节物镜：先从外部观察，降低物镜使待测工件的中心处于物镜中心的下方，并尽量与物镜靠近. 然后通过目镜观察，并通过调焦手轮使镜筒缓慢升高，直至待测工件清晰地成像于叉丝平面.

④ 消除视差：当眼睛上下或左右少许移动时，叉丝和待测工件的像之间不应有相对移动，否则表

示存在视差，说明它们不在同一平面内. 此时要反复调节目镜和物镜，直至视差消除.

⑤ 读数：先让叉丝对准待测工件上的一点（或一条线），记下读数，注意这个读数反映的只是该点的坐标. 转动测微鼓轮，使叉丝对准待测工件上的另一点，记下读数，这两点之间的距离就是两次读数之间的差值. 读数时一定要防止空回.

测量显微镜的构造和工作原理与读数显微镜基本相同，但它的载物台除了能做横向移动外，还能做纵向移动以及转动. 纵向移动的装置和读数方法与螺旋测微器相同，转动的角度可通过度盘上的刻度（和游标）读出.

（5）光学测量装置. 光学测量装置大致可以分为两类：一类是由光杠杆和自准直望远镜等组成的测量装置，另一类是利用光的干涉或衍射现象组成的测量装置.

① 由光杠杆和自准直望远镜等组成的测量装置. 该装置用于测量物体微小长度变化量，可用于测定物体的线膨胀率和弹性模量等. 该装置由望远镜、米尺、反射镜等构成，又称为光杠杆放大装置.

② 利用光的干涉和衍射现象组成的测量装置. 该装置可用于测量物体的长度或直径，例如，劈尖干涉装置测量细丝直径，迈克耳孙干涉仪测量光的波长及薄膜厚度等，这些测量的准确度均比较高. 例如，激光干涉比长仪的测量准确度可达 $10^{-7}\sim10^{-8}$ m，即测量误差可小于$\pm0.25\ \mu$m.

（6）激光测距仪（光电测量装置）. 激光测距仪的基本原理是通过测量光在待测距离上往返的时间来测量距离，即

$$L=\frac{1}{2}ct,$$

式中 L 为待测距离，c 为光速，t 为光在待测距离上往返的时间.

采用不同的激光光源可组成不同的测距仪，按测程区分，大致可以分为以下三类：

① 短程激光测距仪. 该激光测距仪测程一般在 5 km 以内，适用于工程方面的测量.

② 中长程激光测距仪. 该激光测距仪测程一般在 5 km 到几十千米，适用于通信、遥感、大地控制等方面的距离测量.

③ 远程激光测距仪. 该激光测距仪测程一般在几十千米以上，适用于航空、航天等方面的距离测量. 例如，用于测量导弹、人造卫星、月球等空间目标的距离.

按检测时间的不同，激光测距仪又可分为以下两类：

① 脉冲激光测距仪. 该激光测距仪在工作时向待测目标发射一个光脉冲，经待测目标反射后，其目标反射信号进入测距仪的接收系统，通过测得其发射和接收光脉冲的时差，计算测距仪到待测目标的距离. 脉冲激光测距仪的测量误差一般在米的量级，广泛用于工程的测量. 另外，对月球、人造卫星、远程火箭的跟踪测距也都使用脉冲激光测距仪.

② 相位激光测距仪. 该激光测距仪通过测量连续调制光波在待测距离上往返传播所发生的相位移，以代替测定时间，从而求得光波所走的距离 L. 其测距方程为

$$L=\frac{1}{2}c\left(\frac{\varphi}{2\pi f}\right),$$

式中 φ 为相位移，f 为调制光波的频率. 这种仪器的测量误差一般在厘米的量级，因而在大地控制测量和工程测量中得到了广泛的应用.

2.2.2 时间的测量

常用的时间测量仪器有以下几种.

（1）秒表. 秒表也称停表，大体上可分为机械秒表和电子秒表. 早期的秒表都为机械秒表，现在电子秒表以价格低廉、走时准确、多功能以及维护简单等优势逐步取代机械秒表.

机械秒表有各种规格，它们的构造和使用方法略有不同. 一般的机械秒表有两个指针，长针是秒针，短针是分针. 以图 2-2-8 所示的 3 s 机械秒表为例，长针转一圈为 3 s，对应的分度值为 0.01 s. 长针转一圈，短针走一小格，短针转一圈为 2 min. 实际读数是将分针指示的时间加上秒针指示的时间. 秒表上端有柄头，用以旋紧发条及控制秒表的走动和停止. 在柄头上稍用力一按，指针开始走动，秒表开始计时；在柄头上再按一下，秒表停止计时；按第三下，秒表归零.

电子秒表是数字显示秒表，它是一种计时比较准确的电子仪器. 电子秒表的机芯全部由电子元件组成，利用石英晶体振荡器的振荡频率作为时间基准，经过分频、计数、译码，最后由液晶显示器显示所测量的时间. 电子秒表一般配有如图 2-2-9 所示的 4 个按钮. 功能按钮用来进行秒表、时钟等功能的转换；调整按钮用来进行启动、停止以及日期、闹铃等的设置；选择按钮用来选择分段计时、累计计时等功能；复零、设置按钮用来进行归零等操作. 一般电子秒表的分辨力为 0.01 s.

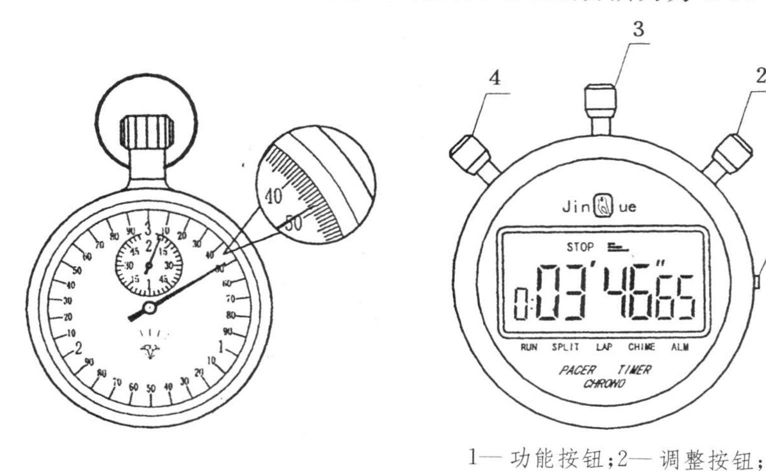

1— 功能按钮；2— 调整按钮；
3— 选择按钮；4— 复零、设置按钮

图 2-2-8 3 s 机械秒表　　图 2-2-9 电子秒表

(2) 原子钟. 显示时间或者频率准确度最高的时间测量仪器是原子钟. 目前，铯原子钟的准确度已达 10^{-14} s 数量级，我国的长波授时台用的氢原子钟的稳定度已接近 10^{-15}，相当于 300 万年才差 1 s. 原子钟的工作原理是利用分子或原子能级之间的跃迁，产生高准确度和高稳定度的周期振荡，输出一定的参考频率，控制石英晶体振荡器，使它锁定在一定频率上，由受控的石英晶体振荡器输出高稳定度的频率信号，再经放大、分频、门控电路等到数显电路，显出时间或频率.

2.2.3 质量的测量

物体质量的测量是科研及实验中一个重要的测量，目前常用的质量测量仪器大多数是以杠杆定律为基础设计的. 在物理实验中，常用物理天平来称量物体的质量.

图 2-2-10 所示为物理天平的构造图. 横梁 1 上装有 3 个刀口，中间刀口向下，置于支柱 2 顶端的刀承上，两侧等臂刀口朝上，各挂一个秤盘. 横梁下固定了一根指针 3，当横梁摆动时，指针尖端就在支柱下面的标尺 5 前摆动，指针停留位置对应横梁的平衡位置. 天平支柱下面有一个制动旋钮 6，通过旋转它可以使横梁上升或下降，当横梁下降时，制动架 7 就会把横梁托住，避免刀口磕碰磨损. 横梁两端有平衡螺母 9，用于天平空载时调节平衡. 横梁上有游码 4，分度值为 20 mg，移动游码可以称量 1 g 以下的质量. 在天平底座上位于支柱后部有一水准器，用于检查支柱是否处于竖直状态.

使用注意事项：

① 称量前，应检查天平各部件安装是否正确. 调节底脚螺钉，使水准器中的气泡居中.

② 天平空载时调准零点. 将游码移到横梁左端零线上，支起横梁，观察指针是否停在零位或是否在零位两边对称摆动. 如天平不平衡可调节平衡螺母.

③ 称物时，被称物体放在左盘，砝码放在右盘. 拿砝码时须用镊子，严禁用手. 天平的起动和制动操作要绝对平稳，在初阶段不必全起，只要能判断出哪边重，则立即制动. 取放物体、砝码和移动游码、调节平衡螺母时，都应使横梁处于制动位置.

④ 称量完毕，立即将横梁制动，并将砝码放回盒中，同时核实砝码数.

⑤ 天平和砝码均要预防锈蚀，不得接触高温物体、液体及有腐蚀性的化学药品.

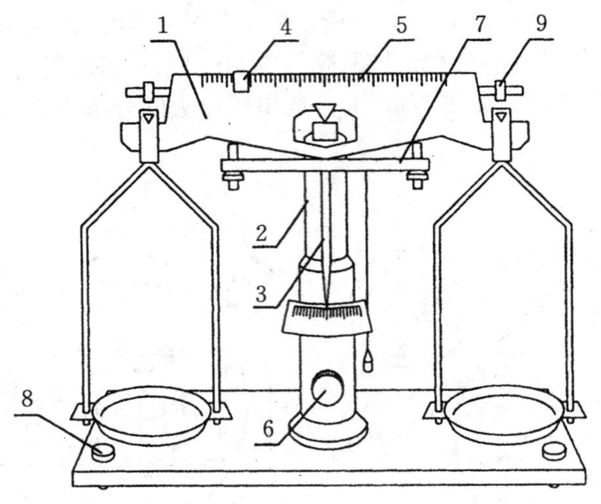

1— 横梁；2— 支柱；3— 指针；4— 游码；5— 标尺；
6— 制动旋钮；7— 制动架；8— 底脚螺钉；9— 平衡螺母

图 2-2-10 物理天平

2.2.4 角度的测量

角度具有基本量和导出量的特性. 在有关转动的运动中，它具有基本性，表现为基本量；在另外一些情况下，它又具有导出量的性质. 因此，国际单位制中把角度定为辅助量.

在国际单位制中，角度的单位是弧度，用“rad”表示. 其定义为弧长等于半径的弧所对的圆心角为 1 弧度，记作 1 rad. 以弧度为单位时，圆周角是无理数，故实验上不能直接测量弧度. 实际测量中采用的是度、分、秒的角度制，但在进行理论计算时，必须以弧度为单位.

角度的常用测量方法有比较法、干涉法和转换测量法等. 常用的测量仪器有量角器、测角仪、分光计等. 分光计的测量准确度可以达到 $1'$ 或更高. 分光计的构造和使用方法将在实验 3.5 进行介绍.

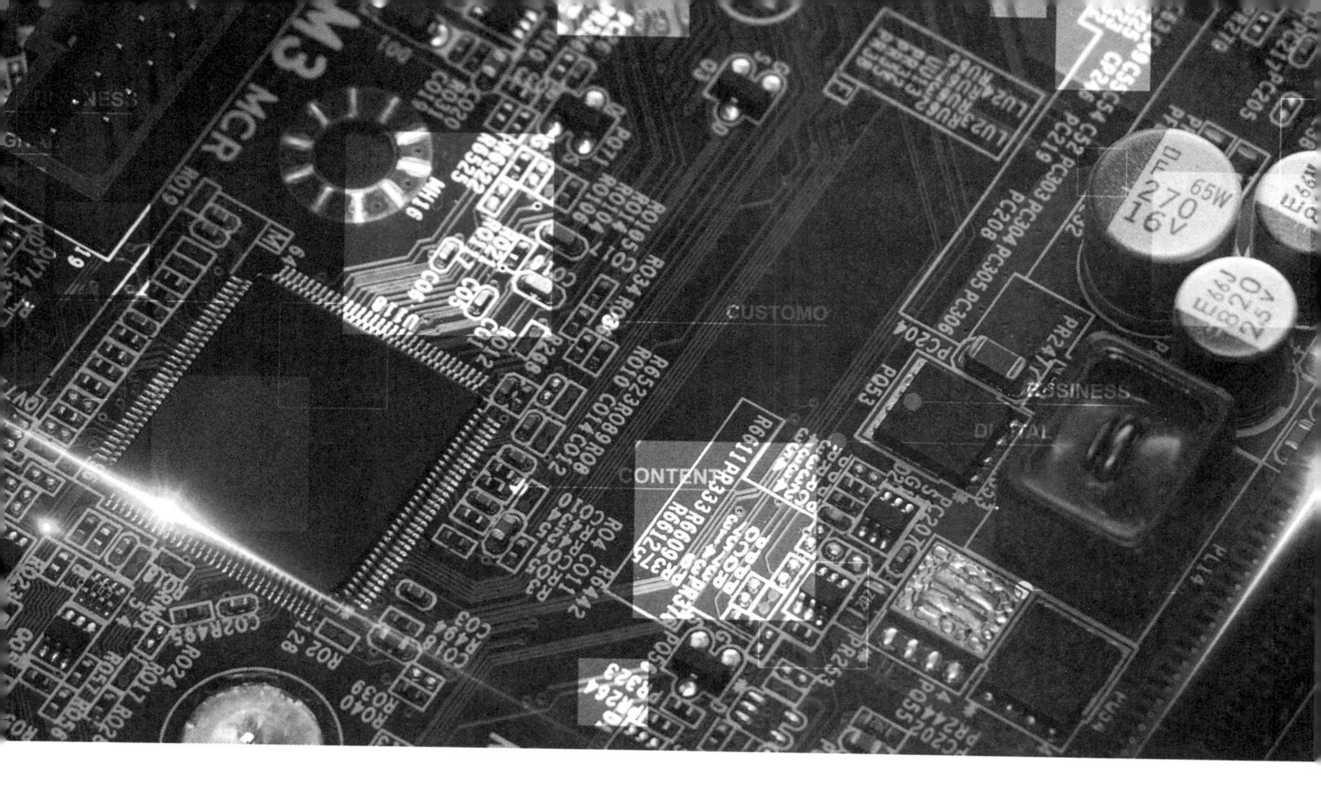

第3章 基础实验

3.1 测定刚体的转动惯量

引言

刚体转动惯性的量度称为转动惯量，它是研究和描述刚体转动规律的一个重要物理量，不仅取决于刚体的质量，而且与刚体的形状、质量分布以及转轴的位置有关. 对于质量分布均匀、具有规则几何形状的刚体，可以通过数学方法计算出它对定轴的转动惯量. 但在工程实践中，我们碰到的刚体大多是质量分布不均匀且形状复杂的，其转动惯量的理论计算极为复杂，通常采用实验方法来测定.

转动惯量不能直接测量，必须进行参量转换，即设计一种装置，使待测刚体以一定的形式运动，其运动规律必须与转动惯量有联系，其他各物理量可以直接或以一定方法测定. 对于不同形状的刚体，设计不同的测量方法和仪器，常用的仪器有三线摆、扭摆、复摆以及各种特制的转动惯量测定仪等. 本节介绍用转动惯量实验仪及三线摆测定刚体的转动惯量. 为了便于比较转动惯量的测量值与理论计算值，实验中仍采用质量分布均匀、形状规则的刚体.

3.1.1 用转动惯量实验仪测定刚体的转动惯量

实验目的

(1) 学习用恒力矩转动法测定刚体转动惯量的原理和方法.

(2) 观测刚体的转动惯量随质量、质量分布及转动轴线的不同而改变的情况，验证平行轴定理.

(3) 学会使用智能计数计时器(或通用电脑式毫秒计) 测量时间.

实验原理

1. 转动惯量实验仪

转动惯量实验仪主要由圆形载物台(转盘)、绕线塔轮、遮光棒、光电门和滑轮等组成，如图 3-1-1 所示. 绕线塔轮通过特制的轴承安装在主轴上，使转动时的摩擦力矩很小，遮光棒固定在载物台边缘，光电门固定在底座圆周直径的两端. 绕线塔轮有 5 个不同的半径，分别为 1.5 cm，2.0 cm，2.5 cm，3.0 cm，3.5 cm，共 5 挡，可与大约 5 g 的砝码托及 1 个 5 g，4 个 10 g 的砝码组合，以改变转动系统所受外力矩(细线的拉力矩). 载物台用螺钉与绕线塔轮连接在一起，随塔轮转动. 配备的被测试样有一个圆盘、一个圆环和两个相同的圆柱体.

为了便于将转动惯量的测量值与理论计算值进行比较. 圆柱体试样可插入载物台上的不同孔中(见图 3-1-2)，这些孔在载物台相互垂直的两直径上，离中心的距离分别为 4.5 cm，6.0 cm，7.5 cm，9.0 cm，10.5 cm. 改变圆柱体的位置可以改变包括圆柱体在内的转动系统的转动惯量，便于验证平行轴定理. 铝制滑轮的转动惯量与载物台相比可忽略不计. 一只光电门作测量，一只备用，可通过智能计数计时器上的按钮切换.

图3-1-1　转动惯量实验仪

图3-1-2　载物台(转盘)

2. 转动惯量的测量

根据刚体的转动定律

$$M = I\beta, \tag{3-1-1}$$

只要测出刚体转动时所受的总合外力矩 M 及该力矩作用下刚体转动的角加速度 β,就可算出该刚体的转动惯量 I.

设以某初角速度转动的空载物台的转动惯量为 I_1. 未加砝码时,在摩擦力矩 M_μ 的作用下,载物台将以角加速度 β_1 做匀减速圆周运动,则有

$$-M_\mu = I_1\beta_1. \tag{3-1-2}$$

将质量为 m 的砝码用细绳绕在半径为 R 的绕线塔轮上并让砝码下落,系统在恒外力矩作用下做匀加速圆周运动. 若砝码的加速度为 a,则细绳给载物台的力矩为 $M_{\mathrm{T}} = (mg - ma)R$. 若此时载物台的角加速度为 β_2,则有 $a = R\beta_2$,所以细绳给载物台的力矩为 $M_{\mathrm{T}} = m(g - R\beta_2)R$. 此时有

$$m(g - R\beta_2)R - M_\mu = I_1\beta_2. \tag{3-1-3}$$

将式(3-1-2)代入(3-1-3),消去 M_μ 可得

$$I_1 = \frac{m(g - R\beta_2)R}{\beta_2 - \beta_1}. \tag{3-1-4}$$

同理,若在载物台加上被测试样后系统的转动惯量为 I_2,加砝码前、后的角加速度分别为 β_3 和 β_4,则有

$$I_2 = \frac{m(g - R\beta_4)R}{\beta_4 - \beta_3}. \tag{3-1-5}$$

由转动惯量的叠加原理可知,被测试样的转动惯量为

$$I = I_2 - I_1.$$

3. 角加速度的测量

本实验采用智能计数计时器(使用方法见附录1)或通用电脑式毫秒计记录遮挡次数和相应的时间. 固定在载物台圆周边缘相差 π 角的两遮光棒,当载物台转动半圈时,遮挡一次固定在底座上的光电门,即产生一个计数光电脉冲,智能计数计时器记录遮挡次数 k 和相应的时间 t. 若从第一次挡光($k = 0, t = 0$)开始计起,则对于初角速度为 ω_0 的匀变速转动中测量得到的任意两组数据(k_m, t_m),(k_n, t_n),相应的角位移 θ_m,θ_n 分别为

$$\theta_m = k_m\pi = \omega_0 t_m + \frac{1}{2}\beta t_m^2, \tag{3-1-6}$$

$$\theta_n = k_n\pi = \omega_0 t_n + \frac{1}{2}\beta t_n^2. \tag{3-1-7}$$

联立式(3－1－6)和(3－1－7)消去ω_0,可得

$$\beta=\frac{2\pi(k_n t_m-k_m t_n)}{t_n^2 t_m-t_m^2 t_n}. \tag{3-1-8}$$

4. 验证平行轴定理

设质量为m的刚体对通过质心的轴的转动惯量为I_C,当轴平行移动距离x后(见图3－1－3),刚体对"新"轴的转动惯量为I,I与I_C之间满足下列关系:

$$I=I_C+mx^2. \tag{3-1-9}$$

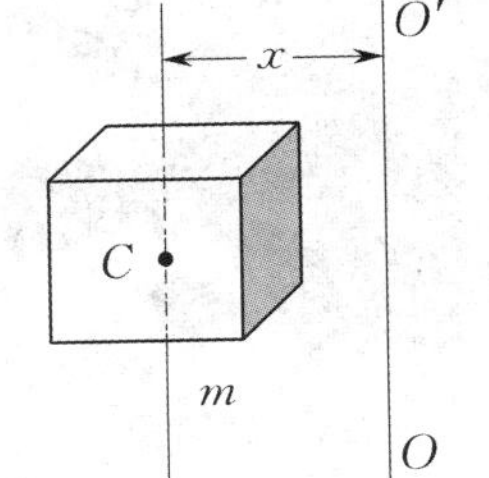

图3－1－3　平行轴定理示意图

实验中若测得此关系,则验证了平行轴定理.

5. 待测试样转动惯量的理论公式

设待测圆盘(柱)的质量为m、半径为r(直径为d),则圆盘(柱)对几何中心轴的转动惯量的理论公式为

$$I=\frac{1}{2}mr^2=\frac{1}{8}md^2. \tag{3-1-10}$$

若待测圆环的质量为m,内、外半径分别为$r_{内}$,$r_{外}$(内、外直径分别为$d_{内}$,$d_{外}$),则圆环对几何中心轴的转动惯量的理论公式为

$$I=\frac{1}{2}m(r_{内}^2+r_{外}^2)=\frac{1}{8}m(d_{内}^2+d_{外}^2). \tag{3-1-11}$$

实验仪器

ZKY－ZS型(或JM－2型)转动惯量实验仪及附件,ZK－TD智能计数计时器或HMS－2通用电脑式毫秒计,水准仪,砝码,细绳等.

实验内容

1. 实验准备

(1) 将水准仪放置在载物台中央,调节调平螺钉,使载物台水平.调整固定在载物台底面边缘的滑轮支架上的滑轮高度及方位,使滑轮槽与选取的绕线塔轮槽等高,且其方位相互垂直(见图3－1－1).

(2) 用数据线将智能计数计时器(或通用电脑式毫秒计)中的一个通道(输入端)与转动惯量实验仪其中一个光电门相连(只接通一路).

2. 测量空载物台的转动惯量$I_{台}$(即I_1)

(1) 开启智能计数计时器(或通用电脑式毫秒计),选择"计时 1－2 多脉冲"模式.

(2) 用手轻轻拨动载物台,使其有一初始转速并在摩擦力矩作用下做匀减速圆周运动.

(3) 按确定/暂停按钮进行测量,载物台转动6～8圈后按确定/暂停按钮停止测量.

(4) 查阅数据,并将与遮挡次数$k_1,k_2,\cdots,k_8$对应的时间$t_1,t_2,\cdots,t_8$记入表3－1－1.采用逐差法处理数据,将第1和第5组、第2和第6组……分别组成4组,用式(3－1－8)计算对应各组的β_1值,然后求其平均值作为β_1的测量值.

(5) 选择塔轮半径R及砝码质量m,将一端打结的细绳沿塔轮上开的细缝塞入,并且不重叠地密绕于所选定半径的绕线塔轮上,细绳另一端通过滑轮后连接砝码托上的挂钩,用手将载物台稳住.

(6) 释放载物台,使其在细绳拉力产生的恒力矩作用下做匀加速圆周运动.

(7) 选择"计时 1－2 多脉冲"模式,重复步骤(3).

(8) 重复步骤(4)计算β_2的测量值.

(9) 由式(3－1－4)即可算出空载物台的转动惯量I_1的测量值.

3. 测量载物台加圆盘的转动惯量 $I_{台+盘}$(即 I_2)

将圆盘放置在载物台上，按照测 I_1 的方法测 $I_{台+盘}$，将数据填入表 3-1-1，重复步骤(4)～(8)计算 β_3,β_4 的测量值.由式(3-1-5)即可算出台加盘的转动惯量 $I_{台+盘}$ 的测量值.

4. 测量载物台加圆环的转动惯量 $I_{台+环}$(即 I_2)

取下圆盘,将圆环放置在载物台上,按照上述方法测 $I_{台+环}$,将数据填入表 3-1-1,按步骤 3 的方法即可算出台加环的转动惯量 $I_{台+环}$ 的测量值.

5. 测量载物台加圆柱体的转动惯量 $I_{台+柱}$(以验证平行轴定理)

取下圆环,将两个相同的圆柱体对称地插入载物台上与中心距离为 x 的圆孔中,用上述方法测量并计算台加柱的转动惯量 $I_{台+柱}$ 的测量值.改变 x 再测一组.

表 3-1-1　时间数据记录表

刚体	砝码	$k_1=1$	$k_2=2$	$k_3=3$	$k_4=4$	$k_5=5$	$k_6=6$	$k_7=7$	$k_8=8$	$\bar{\beta}/s^{-2}$	$I/(kg\cdot m^2)$
		t_1/s	t_2/s	t_3/s	t_4/s	t_5/s	t_6/s	t_7/s	t_8/s		
空台	无									$\bar{\beta}_1=$	$I_{台}=$
	有									$\bar{\beta}_2=$	
台+盘	无									$\bar{\beta}_3=$	$I_{台+盘}=$
	有									$\bar{\beta}_4=$	
台+环	无									$\bar{\beta}_3=$	$I_{台+环}=$
	有									$\bar{\beta}_4=$	
台+柱	$x_1=$　无									$\bar{\beta}_3=$	$I_{1台+柱}=$
	有									$\bar{\beta}_4=$	
	$x_2=$　无									$\bar{\beta}_3=$	$I_{2台+柱}=$
	有									$\bar{\beta}_4=$	

注:$\bar{\beta}=\frac{1}{4}\sum_{i=1}^{4}\beta_i$,式中 $\beta_i=\frac{2\pi(k_i t_{i+4}-k_{i+4}t_i)}{t_i^2 t_{i+4}-t_{i+4}^2 t_i}(i=1,2,3,4)$.

6. 其他有关参数测量

按表 3-1-2 所示,对其他有关参数进行测量,并记入表中.

表 3-1-2　其他测量数据记录表

砝码的质量 m/g		绕线塔轮半径 R/cm		—	—
圆盘的质量 $m_{盘}/g$		圆盘的直径 $d_{盘}/cm$	24	—	—
圆环的质量 $m_{环}/g$		圆环的内径 $d_{内}/cm$	21	圆环的外径 $d_{外}/cm$	24
圆柱体的质量 $m_{柱}/g$		圆柱体的直径 $d_{柱}/cm$	3	—	—

数据处理

(1) 计算空载物台、圆盘、圆环转动惯量的测量值,将 $I_{盘}$,$I_{环}$ 与理论值 $I_{盘理}$,$I_{环理}$ 进行比较,并计算相对误差.

用逐差法根据表 3-1-1 中的测量数据和式(3-1-8)分别计算空载物台、载物台+圆盘、载物台+圆环的角加速度 $\bar{\beta}$,然后根据式(3-1-4)或(3-1-5)求出它们的转动惯量,进而求出圆盘和圆环的转动惯量,再根据式(3-1-10)和(3-1-11)求出它们的转动惯量理论值,并比较理论值与测量值,计算相对误差 E.

圆盘的转动惯量：$I_{盘}=I_{台+盘}-I_{台}=$ ＿＿＿＿＿＿，$I_{盘理}=\frac{1}{8}m_{盘}d_{盘}^2=$ ＿＿＿＿＿＿.

相对误差：$E_{r盘}=\frac{|I_{盘}-I_{盘理}|}{I_{盘理}}\times 100\%=$ ＿＿＿＿＿＿.

圆环的转动惯量：$I_{环}=I_{台+环}-I_{台}=$ ＿＿＿＿＿＿，$I_{环理}=\frac{1}{8}m_{环}(d_{外}^2+d_{内}^2)=$ ＿＿＿＿＿＿；

相对误差：$E_{r环}=\frac{|I_{环}-I_{环理}|}{I_{环理}}\times 100\%=$ ＿＿＿＿＿＿.

(2) 计算单个圆柱体对"新"轴的转动惯量的测量值，并将测量值与理论值进行比较，验证平行轴定理.

单个圆柱体（与载物台中心距离为 x_1）的转动惯量：$I_1=\frac{1}{2}(I_{1台+柱}-I_{台})=$ ＿＿＿＿＿＿，

$I_{1理}=\frac{1}{8}m_{柱}d_{柱}^2+m_{柱}x_1^2=$ ＿＿＿＿＿＿；

相对误差：$E_{r1}=$ ＿＿＿＿＿＿.

单个圆柱体（与载物台中心距离为 x_2）的转动惯量：$I_2=\frac{1}{2}(I_{2台+柱}-I_{台})=$ ＿＿＿＿＿＿.

$I_{2理}=\frac{1}{8}m_{柱}d_{柱}^2+m_{柱}x_2^2=$ ＿＿＿＿＿＿；

相对误差：$E_{r2}=$ ＿＿＿＿＿＿.

如果圆柱体转动惯量的测量值对于理论值的相对误差很小，则验证了式(3-1-9)的正确性. 如果验证失败，分析失败的原因.

注意事项

(1) 水平泡容易损坏，注意不要摔坏.

(2) 必须使滑轮的凹槽和绕线塔轮槽在同一水平面上.

(3) 释放砝码时，必须使砝码处于基本静止的铅直状态.

(4) 释放砝码时，遮光棒必须在光电门内，当系统转动时，不能有磕碰现象.

预习思考题

(1) 总结本实验所要求满足的条件，说明它们在实验中是如何实现的.

(2) 为什么要保证细绳水平及与载物台转轴垂直?

3.1.2 用三线摆测定刚体的转动惯量

实验目的

(1) 学会用三线摆测定刚体的转动惯量.

(2) 学会用累积放大法测量摆动的周期.

(3) 验证平行轴定理.

实验原理

1. 测定刚体的转动惯量

如图 3-1-4 所示为三线摆实验仪的实物照片. 上、下圆盘均处于水平，悬挂在横梁上. 三个对称分布的等长悬线将两圆盘相连. 上圆盘固定，下圆盘可绕中心轴 OO' 做扭摆运动. 当下圆盘转动角度很小，且略去空气阻力时，下圆盘的扭摆运动可近似看作简谐振动. 根据能量守恒定律和刚体转动定律均可以导出下圆盘对中心轴 OO' 的转动惯量为(见附录2)

$$I_0 = \frac{m_0 gRr}{4\pi^2 H_0} T_0^2, \tag{3-1-12}$$

式中 m_0 为下圆盘的质量；r,R 分别为上、下圆盘悬点离各自圆盘中心的距离；H_0 为平衡时上、下圆盘之间的垂直距离；T_0 为下圆盘做简谐运动的周期；g 为重力加速度.

将质量为 m_1 的待测刚体放在下圆盘上，并使待测刚体的转轴与 OO' 轴重合. 测出此时下圆盘的运动周期 T_{01} 和上、下圆盘之间的垂直距离 H. 同理，可求得待测刚体和下圆盘对中心轴 OO' 的总转动惯量为

图3-1-4　三线摆实验仪

$$I_{01} = \frac{(m_0 + m_1) gRr}{4\pi^2 H} T_{01}^2. \tag{3-1-13}$$

如不计因重量变化而引起的悬线伸长，则有 $H \approx H_0$. 那么，待测刚体对中心轴 OO' 的转动惯量为

$$I_1 = I_{01} - I_0 = \frac{gRr}{4\pi^2 H_0}[(m_0 + m_1) T_{01}^2 - m_0 T_0^2]. \tag{3-1-14}$$

因此，通过长度、质量和时间的测量，便可求出刚体对中心轴的转动惯量.

2. 验证平行轴定理

用三线摆还可以验证平行轴定理.

实验中将质量均为 m_2、半径为 r_2、形状和质量分布完全相同的两个圆柱体对称地放置在下圆盘上(下圆盘有对称的两个小孔). 按前面所述方法，测出此时下圆盘的运动周期 T_{02}，则可求出单个圆柱体对中心轴 OO' 的转动惯量为

$$I_2 = \frac{1}{2}\left[\frac{(m_0 + 2m_2) gRr}{4\pi^2 H_0} T_{02}^2 - I_0\right]. \tag{3-1-15}$$

因为圆柱体对其质心轴的转动惯量 $I_C = \frac{1}{2} m_2 r_2^2$，所以，如果测出圆柱体中心与下圆盘中心之间的距离 x 以及圆柱体的半径 r_2，则由平行轴定理可求得圆柱体对中心轴 OO' 的转动惯量的理论值为

$$I_2' = I_C + m_2 x^2 = \frac{1}{2} m_2 r_2^2 + m_2 x^2. \tag{3-1-16}$$

比较 I_2' 与 I_2 的大小，若两数值接近，即验证了平行轴定理.

实验仪器

三线摆实验仪，DHTC-3B 多功能计时器(使用方法见附录3)或 FB213A 型数显计时计数毫秒仪，米尺，游标卡尺.

实验内容

1. 调整三线摆装置

(1) 观察上圆盘上的水准器，调节底板上的3个调节螺钉，使上圆盘处于水平状态.

(2) 观察下圆盘上的水准器，调节上圆盘上的3个悬线长度调节螺钉，把下圆盘调到水平状态，此时三悬线必然等长，调好后固定悬线长度调节螺钉.

(3) 适当调整光电传感器的安装位置，使下圆盘边上的挡光杆能自由往返通过光电门.

2. 测量运动周期 T_0 和 T_{01}，T_{02}

(1) 接通计时器的电源，把光电接收装置与计时器连接. 预置20个振动周期对应的测试次数，设置完成后计时器会自动保持设置值，直到再次改变设置为止.

(2) 测量运动周期 T_0：首先使下圆盘在水平面内处于静止状态，然后拨动上圆盘的转动手柄，将上圆盘转过一个小角度(5° 左右)，使其带动下圆盘绕中心轴 OO' 做微小扭摆运动. 经过若干周期，待运动稳定后，启动计时器计时，直到完成 20 个周期的时间测量后，计时器自动停止计时并自动保存数据. 重复测量 6 次，将数据记入表 3-1-3.

注意，每开始一次测量时，要先按计时器的返回键，使计时器进入计时状态.

(3) 测定运动周期 T_{01}：将圆环放在下圆盘上，使两者的中心轴线相重叠，测量此时下圆盘运动 20 个周期所用的时间，重复测量 6 次，将数据记入表 3-1-3.

(4) 测定运动周期 T_{02}：将两个圆柱体对称放置在下圆盘上，测量此时下圆盘运动 20 个周期所用的时间，重复测量 6 次，将数据记入表 3-1-3.

表 3-1-3　累积放大法测周期数据记录表

	次数	下圆盘	下圆盘＋圆环	下圆盘＋两个圆柱体
运动 20 个周期所需的时间 t/s	1			
	2			
	3			
	4			
	5			
	6			
	平均值			
运动 1 个周期所需的时间 $(t/20)$/s		T_0 =	T_{01} =	T_{02} =

3. 测量圆环内、外直径和圆柱体直径

用游标卡尺测量圆环内、外直径和圆柱体直径各 6 次，将数据记入表 3-1-4.

表 3-1-4　相关直径多次测量数据记录表

单位：mm

测量次数	1	2	3	4	5	6	平均值
圆环内直径 $2r_{内}$							$\bar{r}_{内}$ =
圆环外直径 $2r_{外}$							$\bar{r}_{外}$ =
圆柱体直径 $2r_2$							$\bar{r}_2$ =

4. 单次测量数据

用米尺分别测出上、下圆盘三悬点之间的距离 a 和 b，然后算出悬点到圆盘中心的距离 r 和 R(等边三角形外接圆半径). 测量上、下圆盘的垂直距离 H_0，放置圆柱体两孔中心间距 $2x$，记录各刚体的质量. 将数据记录于表 3-1-5.

表 3-1-5　单次测量数据记录表

上圆盘悬孔间距 a/mm		下圆盘悬孔间距 b/mm		上、下圆盘之间垂直距离 H_0/mm	
上圆盘悬孔与圆盘中心间距 r/mm		下圆盘悬孔与圆盘中心间距 R/mm		圆柱体两孔中心间距 $2x$/mm	
下圆盘质量 m_0/g		圆环质量 m_1/g		圆柱体质量 m_2/g	

注：① 重力加速度 $g = 9\ 794\ \text{mm/s}^2$.

② 下圆盘、圆环和圆柱体的质量可以直接从各自钢印标称读取.

③ 表中 R 和 r 通过公式 $r=\frac{\sqrt{3}}{3}a$，$R=\frac{\sqrt{3}}{3}b$ 计算得到.

数据处理

(1) 将测量数据代入相应公式计算下圆盘、圆环、圆柱体转动惯量的测量值.

① 根据式(3-1-12)计算下圆盘的转动惯量 I_0.

② 根据式(3-1-14)计算圆环的转动惯量 I_1.

③ 根据式(3-1-15)计算圆柱体的转动惯量 I_2.

(2) 用测量数据计算圆环、圆柱体转动惯量的理论值.

① 根据式(3-1-11)计算圆环的转动惯量 I_1'.

② 根据式(3-1-16)计算圆柱体的转动惯量 I_2'.

(3) 将测量值与理论值进行比较，求圆环、圆柱体转动惯量的测量值对于理论值的相对误差. 如果圆柱体转动惯量的测量值对于理论值的相对误差很小，则验证了式(3-1-16)的正确性. 如果验证失败，分析失败的原因.

讨论思考题

(1) 用三线摆测量刚体的转动惯量时，为什么必须保持下圆盘水平？

(2) 在测量过程中，如下圆盘出现晃动，对运动周期的测量有影响吗？如有影响，应如何避免？

(3) 下圆盘放上待测刚体后，其运动周期是否一定比空盘时的运动周期大？为什么？

(4) 测量圆环的转动惯量时，若圆环的中心轴与下圆盘的中心轴不重合，对实验结果有何影响？

(5) 如何利用三线摆测定任意形状的刚体绕某轴的转动惯量？

(6) 三线摆在摆动中受空气阻尼，振幅越来越小，它的周期是否会变化？对测量结果影响大吗？为什么？

拓展阅读

[1] 胡协凡，王静. 转动惯量测试仪的误差分析及改进测量方法的探讨[J]. 物理实验，1987，7(2)：86-87.

[2] 徐朋，刘军，张萍. 三线摆测转动惯量的不确定度分析[J]. 大连大学学报，1999，20(2)：19-21，29.

[3] 杨建新. 旋转带电球体的转动惯量[J]. 大学物理，1998，17(10)：10-12，18.

附录1

智能计数计时器(简称 TD)简介及技术指标

图 3-1-5 所示为智能计数计时器的面板图.

(1) 主要技术指标.

时间分辨力(最小显示位)为 0.000 1 s，误差为 0.004%，最大功耗为 0.3 W.

(2) 智能计数计时器简介.

智能计数计时器(见图 3-1-6)配备一个+9 V稳压直流电源，有：122×32 点阵图形 LCD；3 个操作按钮(模式选择 / 查询下翻按钮、项目选择 / 查询上翻按钮、确定 / 暂停按钮)；4 个信号源输入端(两个 4 孔输入端是一组，两个 3 孔输入端是另一组，4 孔的 A 通道同 3 孔的 A 通道同属同一通道，不管接哪个效果一样，同样，4 孔的B通道和3孔的B通道同属同一通道，见图 3-1-7).

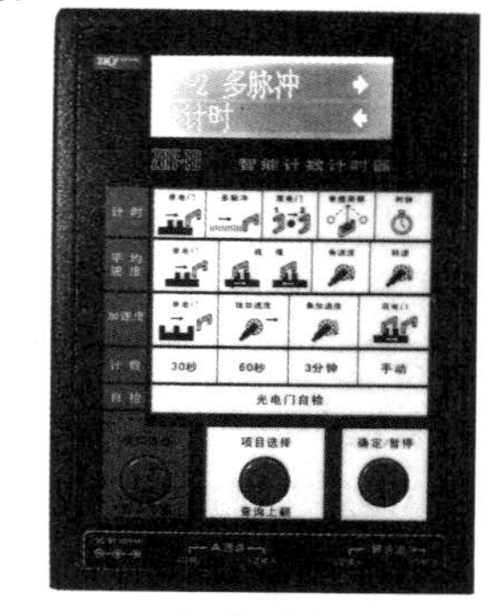

图 3-1-5 智能计数计时器面板图

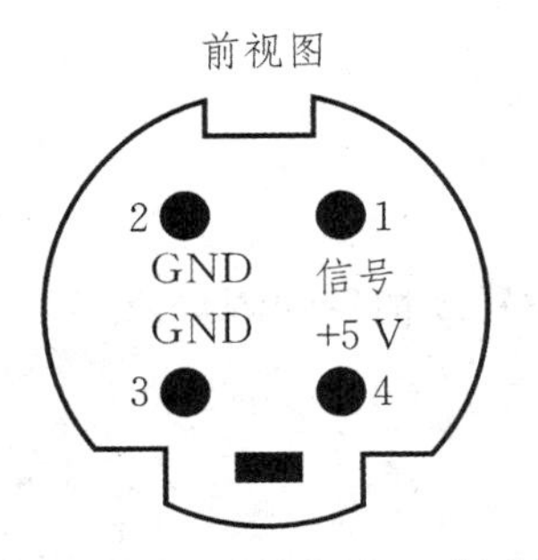

图 3-1-6　4 孔输入端(主板座子)

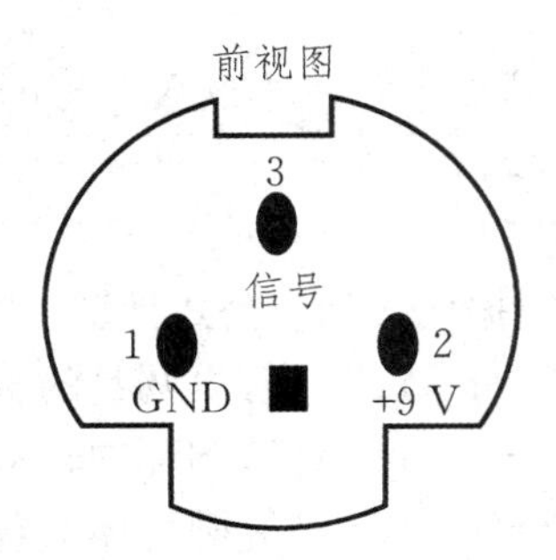

图 3-1-7　3 孔输入端(主板座子)

注意:① 有 A,B 两通道,每通道都各有两个不同的插件(分别为电源+5 V 的光电门 4 芯和电源+9 V 的光电门 3 芯),同一通道不同插件的关系是互斥的,禁止同时接插同一通道的不同插件.

② 本实验只备有 4 孔信号连接线,所以只需连接 4 孔的信号源输入端.

③ A,B 通道可以互换,如为单电门时,使用 A 通道或 B 通道都可以,但是尽量避免同时插 A,B 两通道,以免互相干扰.

④ 如果光电门被遮挡时输出的信号端是高电平,则仪器测量的是脉冲的上升沿之间的时间间隔. 如果光电门被遮挡时输出的信号端是低电平,则仪器测量的是脉冲的下降沿之间的时间间隔.

(3) 模式种类及功能:智能计数计时器共有 5 种测试项目,本实验只用"计时"模式,图 3-1-8 和图 3-1-9 所示为其测试项目图解.

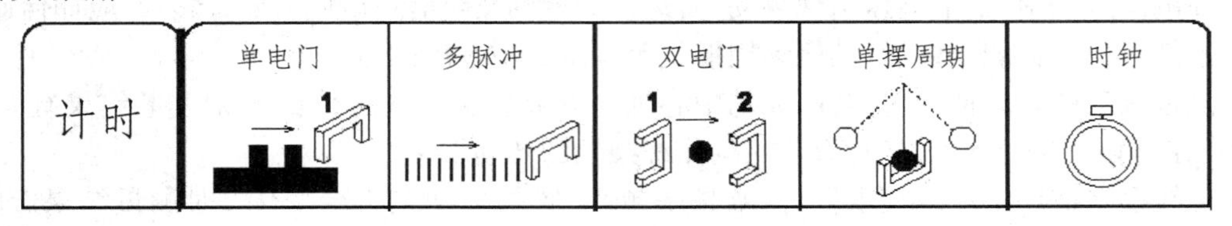

图 3-1-8　"计时"模式下的测试项目图解

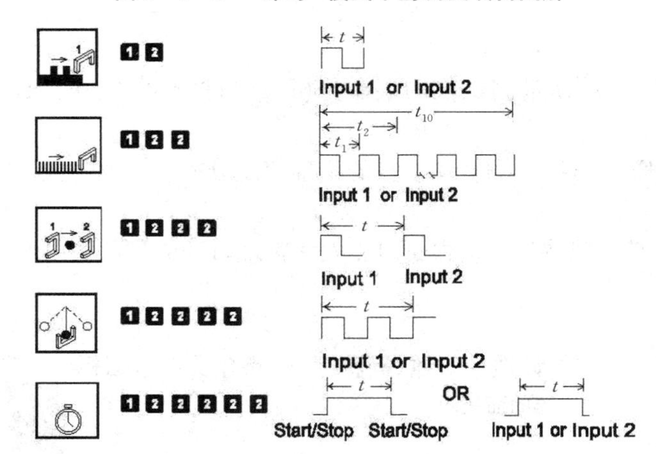

图 3-1-9　测试项目测量功能图解

1-1 单电门:测量单电门连续两脉冲的间距时间.

1-2 多脉冲:测量单电门连续脉冲的间距时间,可测量 99 个脉冲的间距时间.

1-3 双电门:测量两个光电门各自发出单脉冲之间的间距时间.

1-4 单摆周期:测量单电门第三脉冲到第一脉冲的间距时间.

1-5 时钟:类似跑表,按下确定则开始计时.

注意,本实验只用"计时"模式,而且测试项目名称和序号下只选择"1-2 多脉冲"选项.

(4) 智能计数计时器的操作.

仪器通电开机后显示操作界面,操作如下:

① 下行为测试模式名称和序号:按模式选择/查询按钮可选择测试模式.本实验只用到计时测试模式,即"1 计时"(第一个显示的即为此模式,可不按模式选择/查询按钮).

② 上行为测试项目名称和序号:按项目选择/查询按钮可选择测试项目.本实验在计时测试模式即在"1 计时⇦"模式下,按项目选择/查询按钮选择"1-2 多脉冲⇨".

③ 测量操作及步骤:选择好测试项目后,按确定/暂停按钮,仪器显示屏将显示"选 A 通道测量⇔",然后通过按模式选择/查询按钮或项目选择/查询按钮进行 A 或 B 通道的选择,选择好后再次按下确定/暂停按钮即可开始测量,测量过程中仪器显示屏将显示"测量中 * * * * *",测量完成后再次按下确定/暂停按钮,仪器显示屏将自动显示测量值.

④ 数据查阅和记录:测试项目的数据可按模式选择/查询按钮或项目选择/查询按钮进行查阅和记录,再次按下确定/暂停按钮退回到测试项目选择界面.如未测量完成就按下确定/暂停按钮,则测量停止,将根据已测量到的内容进行显示,再次按下确定/暂停按钮将退回到测试项目选择界面.

附录2

三线摆测量转动惯量公式的推导

如图 3-1-10 所示,当下圆盘做扭摆运动,且摆角 θ 很小时,其运动是简谐振动,运动方程为

$$\theta=\theta_0\sin\frac{2\pi}{T}t. \tag{3-1-17}$$

当下圆盘离开平衡位置最远时,其重心升高 h,根据机械能守恒定律,有

$$\frac{1}{2}I\omega_0^2=mgh,$$

即

$$I=\frac{2mgh}{\omega_0^2}. \tag{3-1-18}$$

而 $\omega=\frac{d\theta}{dt}=\frac{2\pi\theta_0}{T}\cos\frac{2\pi}{T}t$,当 $t=0$ 时,

$$\omega_0=\frac{2\pi\theta_0}{T}. \tag{3-1-19}$$

将式(3-1-19)代入(3-1-18),可得

$$I=\frac{mgh}{2\pi^2\theta_0^2}T^2. \tag{3-1-20}$$

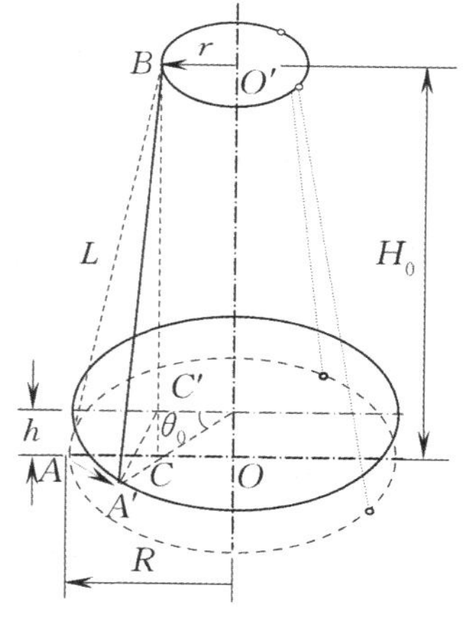

图 3-1-10　三线摆测量原理

从图中的几何关系,得

$$(H_0-h)^2+R^2+r^2-2Rr\cos\theta_0=L^2=H_0^2+(R-r)^2,$$

化简可得

$$H_0h-\frac{h^2}{2}=Rr(1-\cos\theta_0),$$

略去$\frac{h^2}{2}$,且取 $1-\cos\theta_0\approx\frac{\theta_0^2}{2}$,上式可简写为

$$h=\frac{Rr\theta_0^2}{2H_0}.$$

将上式代入式(3-1-20),可得

$$I=\frac{mgRr}{4\pi^2H_0}T^2. \tag{3-1-21}$$

当下圆盘未放待测刚体时,有

$$I_0=\frac{m_0gRr}{4\pi^2H_0}T_0^2,$$

此即式(3-1-12).

附录3

DHTC－3B 多功能计时器

图 3－1－11 所示为 DHTC－3B 多功能计时器的面板图.

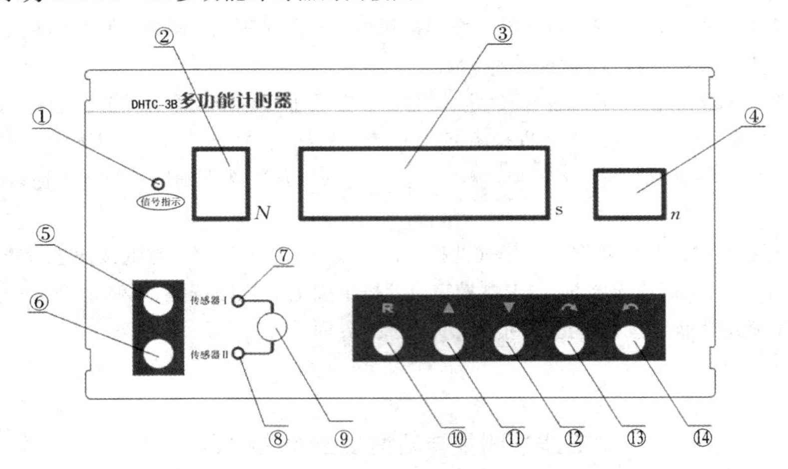

图 3－1－11　多功能计时器面板图

①— 信号指示灯：当传感器接收到触发信号后会闪烁一下.

②— 数据组数编号显示窗：N 从 0 ～ 9，共计 10 组.

③— 计时时间显示窗：单位为 s，自动量程切换.

④— 测试次数 n 设定显示窗：单传感器模式下，启动测试，当传感器接收到触发信号后开始计时，此显示窗将动态显示触发次数，当计满 n 次后，测试完成，显示测试总时间 t；双传感器模式下，n 默认为 2，启动测试，此显示窗显示为"0"，当传感器 Ⅰ 触发后，此显示窗显示为"1"并开始计时，当传感器 Ⅱ 触发后，此显示窗显示为"2"，结束计时.

⑤，⑥— 传感器 Ⅰ 和传感器 Ⅱ 接口.

⑦，⑧— 传感器工作状态指示灯.

⑨— 传感器切换功能键：按此键可切换传感器 Ⅰ 工作模式、传感器 Ⅱ 工作模式和双传感器工作模式.

⑩— 系统复位键：按此键后将返回仪器开机上电状态，保存的数据将被清零.

⑪，⑫— 上翻、下翻键：可用来设定测试次数 n 或查看数据组数 N.

⑬— 开始键：按此键可启动计时功能.

⑭— 返回键：按此键可返回测试预备状态.

操作说明：

开机直接进入实验状态界面，开机状态默认为单传感器模式，对应的传感器工作状态指示灯将被点亮，测试次数 n 在单传感器模式下为初始化值 60 次.

(1) 按传感器切换功能键可以切换传感器，相应的传感器工作状态指示灯点亮；可以选择传感器 Ⅰ 工作模式、传感器 Ⅱ 工作模式或双传感器工作模式.

(2) 按上翻、下翻键可以更改测试次数.

(3) 在单传感器模式下开始实验：按下开始键，遮光棒首次通过光电门（传感器接收到信号），开始计时（此刻测试次数显示为 00），直到次数到达设定值停止计时，自动保存这组数据，并显示数据组数编号为 0；按返回键准备继续测量，再按开始键测量，得到编号为 1 的第 2 组数据 …… 直至完成最后一组（编号为 9）测量数据，自动进入查询状态；按上翻、下翻键，可以查询 0 ～ 9 共 10 组实验数据，包括数据组数编号及对应计时时间.

(4) 按系统复位键初始化仪器. 重复上述实验操作，可继续完成第 2 个、第 3 个 …… 测量项目.

(5) 计时范围为 00.000 ～ 999.99 s，超出量程显示"——". 可以自动保存 10 组实验数据，即从 0 ～ 9 组. 每次实验做完，组数 N 自动加 1，当存满 10 组后，再从 0 组开始覆盖前面的数据.

(6) 当传感器被切换为双传感器工作模式时（传感器工作状态指示灯 Ⅰ 和 Ⅱ 均被点亮），测试次数 n 默认为 2 次，一般不做调整;在双传感器工作模式下,按开始键启动测试,当传感器 Ⅰ 被触发后开始计时,当传感器 Ⅱ 被触发后停止计时,计时时间显示窗将显示测试的时间间隔,该功能可用于测量物体经过两个传感器之间的时间间隔.

3.2 用拉伸法测定金属丝的弹性模量

引言

力作用于物体所引起的效果之一是使受力物体发生形变,物体的形变可分为弹性形变和塑性形变. 固体材料的弹性形变又可分为纵向弹性形变、切向弹性形变、扭转弹性形变、弯曲弹性形变,对于纵向弹性形变可以引入弹性模量来描述材料抵抗形变的能力. 弹性模量是表征固体材料性质的一个重要的物理量,是工程设计上选用材料时常需涉及的重要参数之一,一般只与材料的性质和温度有关,与其几何形状无关.

实验测定弹性模量的方法很多,如拉伸法、弯曲法和振动法等,前两种方法属于静态法,后一种方法属于动态法. 本实验采用拉伸法测定金属丝的弹性模量.

实验目的

(1) 了解弹性模量的物理意义并学会用拉伸法测定金属丝的弹性模量.

(2) 掌握用光杠杆法测量微小伸长量的原理.

(3) 学会用逐差法处理实验数据.

实验原理

1. 弹性模量的定义

设金属丝的原长为 L,横截面积为 S,沿金属丝长度方向施加力 F 后,其长度改变 ΔL. 定义金属丝单位横截面积上受到的垂直作用力 $\sigma = F/S$ 为正应力,金属丝的相对伸长量 $\varepsilon = \Delta L/L$ 为线应变. 实验结果指出,在弹性范围内,由胡克定律可知金属丝的正应力与线应变成正比,即

$$\sigma = E\varepsilon \tag{3-2-1}$$

或

$$\frac{F}{S} = E\frac{\Delta L}{L}, \tag{3-2-2}$$

式中比例系数 E 即为金属丝的弹性模量(单位:Pa 或 N/m^2),它表征材料本身的性质,E 越大的材料,要使它发生一定的相对形变所需要的正应力也越大.

由式(3-2-2)可知

$$E = \frac{F/S}{\Delta L/L}. \tag{3-2-3}$$

对于直径为 d 的圆柱形金属丝,其弹性模量可表示为

$$E = \frac{F/S}{\Delta L/L} = \frac{mg\Big/\left(\frac{1}{4}\pi d^2\right)}{\Delta L/L} = \frac{4mgL}{\pi d^2 \Delta L}, \tag{3-2-4}$$

式中 L 可用卷尺进行测量,d 可用螺旋测微器进行测量,F 可由实验中数字拉力计上显示的质量 m 求出,即 $F = mg$(g 为重力加速度),而 ΔL 是一个微小伸长量,本实验采用光杠杆法测量 ΔL.

2. 光杠杆法

光杠杆法利用反射镜转动将微小角位移放大成较大的线位移后进行测量. 实验中利用光杠杆组件实现放大测量功能. 光杠杆组件包括反射镜、与反射镜连动的动足、标尺、望远镜等,其放大原理如图 3-2-1 所示. 开始时,望远镜对齐反射镜中心位置,反射镜法线与水平方向成一夹角,此时望远镜中恰能看到标尺刻度 x_1 的像. 动足足尖放置在夹紧金属丝的夹头的表面上,当金属丝受力后,产生微小伸长量 ΔL,与反射镜连动的动足足尖下降,从而带动反射镜转动相应的角度 θ. 根据光的反射定律可知,在出射光线(进入望远镜的光线) 不变的情况下,入射光线转动了 2θ,此时望远镜中看到的标尺刻度为 x_2.

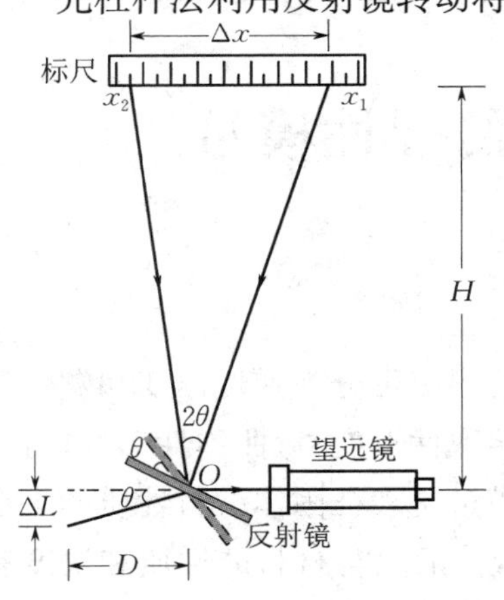

图 3-2-1 光杠杆放大原理图

由于 $D \gg \Delta L$,θ 甚至 2θ 会很小. 从图 3-2-1 的几何关系中可以看出,当 2θ 很小时,有 $\Delta L \approx D\theta$,$\Delta x \approx 2\theta H$,故有

$$\Delta x = \frac{2H}{D}\Delta L, \tag{3-2-5}$$

式中 $2H/D$ 称为光杠杆的放大倍数,H 为反射镜中心与标尺的垂直距离. 因 $H \gg D$,这样便把微小伸长量 ΔL 放大成较大的容易测量的位移 Δx. 将式(3-2-5) 代入式(3-2-4) 可得

$$E = \frac{8mgLH}{\pi d^2 D}\frac{1}{\Delta x}. \tag{3-2-6}$$

显然,可以通过测量式(3-2-6) 右边的各参量得到被测金属丝的弹性模量,式(3-2-6) 中的各物理量的单位取国际单位制(SI).

实验仪器

近距转镜弹性模量仪(见图 3-2-2),主要由实验架、光杠杆组件、数字拉力计、长度测量工具(包括卷尺、游标卡尺、螺旋测微器) 等组成.

(1) 实验架.

实验架是测量待测金属丝弹性模量的平台. 金属丝一端穿过横梁被上夹头夹紧,另一端被下夹头夹紧,并与拉力传感器相连,拉力传感器再经螺栓穿过下台板与施力螺母相连. 施力螺母采用旋转加力方式,加力简单、直观、稳定. 拉力传感器输出拉力信号,通过数字拉力计显示金属丝受到的拉力值. 实验架含有最大加力限制功能,最大实际加力不应超过 13.00 kg.

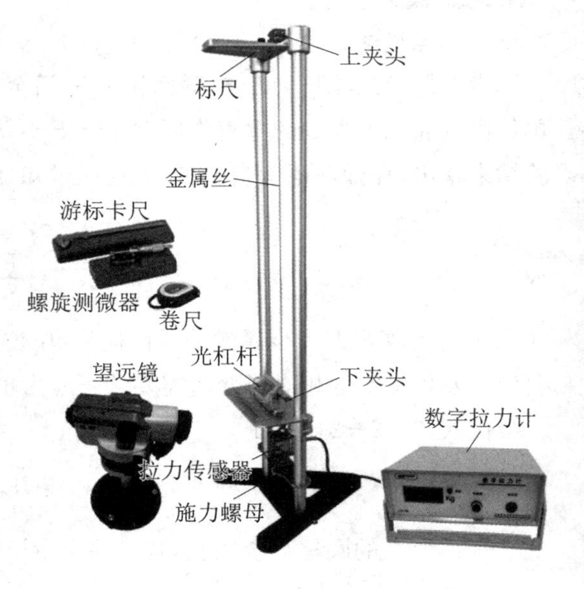

图 3-2-2 近距转镜弹性模量仪

(2) 光杠杆组件.

光杠杆结构如图 3-2-3 所示. 图中 a,b,c 分别为三个尖状足,a,b 为前足,c 为后足(或称动足),实验中 a,b 不动,c 随着金属丝伸长或缩短而向下或向上移动,锁紧螺钉用于固定反射镜的角度. 三个足构成一个三角形,后足 c 至两前足 a,b 连线的垂线长度 D 称为光杠杆常量(与图 3-2-1 中的 D 相同),可根据需求改变 D 的大小.

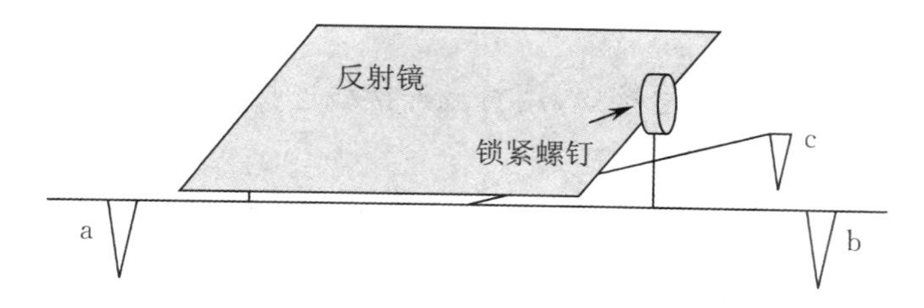

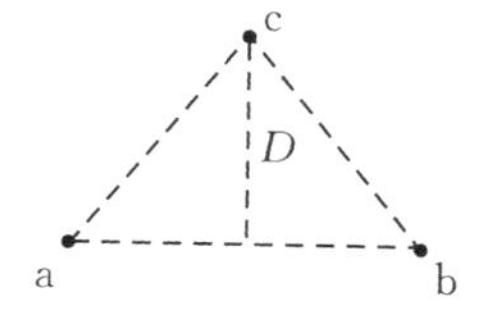

图 3-2-3　光杠杆结构示意图

本实验所用的望远镜如图 3-2-4 所示.

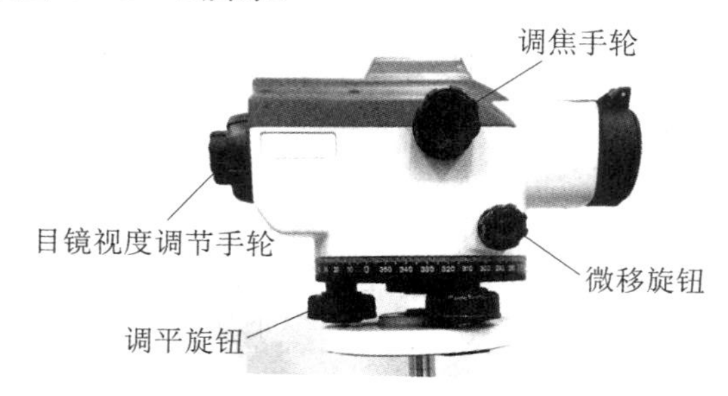

图 3-2-4　望远镜

(3) 数字拉力计.

电源:AC(220 ± 22) V,50 Hz;

显示范围:0 ～± 19.99 kg(三位半数码显示);

分辨力:0.001 kg.

数字拉力计的面板如图 3-2-5 所示,该仪器具有显示清零功能(短按清零按钮显示清零). 含有直流电源输出接口,输出直流电,用于给背光源供电.

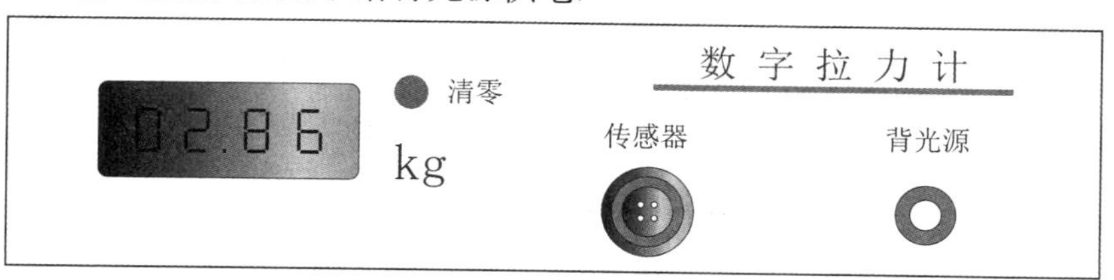

图 3-2-5　数字拉力计面板图

(4) 长度测量工具.

实验中需用到的长度测量工具及其相关参数、用途如表 3-2-1 所示.

表 3-2-1　长度测量工具及其相关参数、用途

量具名称	量程 /mm	分辨力 /mm	仪器误差 /mm	用于测量
标尺	80.0	1	0.5	Δx
卷尺	3 000.0	1	0.8	L
游标卡尺	150.00	0.02	0.02	D
螺旋测微器	25.000	0.01	0.004	d

实验内容

实验前应保证上、下夹头均夹紧金属丝,防止金属丝在受力过程中与夹头发生相对滑移.

1. 实验准备

(1) 将拉力传感器信号线接入数字拉力计信号接口，用直流连接线连接数字拉力计电源输出孔和标尺背光源电源插孔.

(2) 打开数字拉力计电源开关，预热 10 min. 背光源应被点亮，标尺刻度清晰可见. 数字拉力计面板上显示此时加到金属丝上的力.

2. 单次测量量的测量

(1) 旋松光杠杆动足上的锁紧螺钉，调节光杠杆动足至适当长度，使两前足置于台板上的同一凹槽中. 将动足足尖放在金属丝下夹头的上表面上，使其尽量靠近(不贴靠) 金属丝，且动足足尖在金属丝正前方，然后将动足上的锁紧螺钉锁紧. 用三足尖在平板纸上压出三个浅浅的痕迹，通过画线的方式作出后足至两前足连线的垂线(其长度即光杠杆常量 D)，然后用游标卡尺测量 D，并将实验数据记入表 3-2-2. 光杠杆还原于台板上时注意按要求放置.

(2) 旋转施力螺母，先使数字拉力计示数小于 2.5 kg，然后由小到大(避免回转) 给金属丝施加一定的预拉力 $m_0=(3.00\pm0.02)$kg，将金属丝原本存在弯折的地方拉直.

(3) 用卷尺测量金属丝的原长 L，卷尺的始端放在金属丝上夹头的下表面，另一端对齐下夹头的上表面，将实验数据记入表 3-2-2.

(4) 用卷尺测量反射镜中心到标尺的垂直距离 H，卷尺的始端放在标尺板的上表面，另一端对齐反射镜中心，将实验数据记入表 3-2-2.

表 3-2-2　单次测量数据记录表

D/mm	L/mm	H/mm

3. 金属丝直径的测量

用螺旋测微器测量不同位置、不同方向的金属丝直径视值 $d_{视i}$(至少 6 处)，注意测量前记下螺旋测微器的零点读数 d_0. 将实验数据记入表 3-2-3.

表 3-2-3　金属丝直径测量数据记录表

螺旋测微器零点读数 $d_0=$ ________ mm

测量次数 i	1	2	3	4	5	6	平均值
直径视值 $d_{视i}$/mm							

4. 光杠杆组件的调整和测量

(1) 移动望远镜使其正对实验架台板(望远镜前沿距反射镜中心不宜太近)，调整望远镜的高度使其与光杠杆大致等高，调节望远镜的调平旋钮使其光轴大致水平，并正对反射镜中心，然后仔细调节反射镜的角度，直到从望远镜中能看到标尺背光源发出的明亮的光.

(2) 调节望远镜的目镜视度调节手轮，使“十” 字分划线清晰可见. 调节望远镜的调焦手轮，使视野中标尺的像清晰可见，且标尺像与分划线无视差. 调节望远镜的调平旋钮，使分划线横线与标尺刻度线平行后再次调节调焦手轮，使视野中标尺的像清晰可见.

(3) 再次仔细调节反射镜的角度，使“十” 字分划线横线对齐 $\leqslant 2.0$ cm 的标尺刻度线(避免实验做到最后超出标尺量程). 旋转望远镜的微移旋钮，使“十” 字分划线竖线对齐标尺中心.

注意，下面步骤中不能再调节望远镜，并尽量保证实验桌不要有震动，以确保望远镜稳定. 加力和减力过程，施力螺母不能回转.

(4) 点击数字拉力计上的清零按钮，记录此时标尺对齐“十” 字分划线横线的刻度 x_1.

(5) 缓慢旋转施力螺母，逐渐增大金属丝的拉力，每隔(1.00 ± 0.02)kg 记录一次标尺的刻度 x_i^+，加力至实验设置的最大值，数据记录后再加 0.5 kg 左右（不超过 1.0 kg，不用记录数据）. 然后反向旋转施力螺母，逐渐减小金属丝的拉力，每隔(1.00 ± 0.02)kg 记录一次标尺的刻度 x_i^-，直到拉力为(0.00 ± 0.02)kg. 将数据记入表 3-2-4.

表 3-2-4　加、减力时标尺刻度与对应拉力的测量数据记录表

序号 i	1	2	3	4	5	6	7	8	9	10
拉力视值 m_i/kg	0.00									
加力时标尺刻度 x_i^+/mm										
减力时标尺刻度 x_i^-/mm										
平均标尺刻度 $x_i=\frac{x_i^+ + x_i^-}{2}\Big/$mm										
标尺刻度改变量 $\Delta x_i=(x_{i+5}-x_i)$/mm						—	—	—	—	—

(6) 实验完成后，旋松施力螺母，使金属丝自由伸长，并关闭数字拉力计.

数据处理

(1) 完成表 3-2-2 中各量不确定度的计算.

(2) 计算表3-2-3中金属丝直径视值的平均值$\overline{d}_{视}$，并根据$\overline{d}=\overline{d}_{视}-d_0$计算金属丝的平均直径. 计算金属丝直径的不确定度.

(3) 用逐差法处理表 3-2-4 中的数据，计算 Δx 的平均值及不确定度.

(4) 计算金属丝的弹性模量及其不确定度.

(5) 写出测量结果表达式.

注意事项

(1) 该实验需测量微小伸长量，实验时应避免实验桌震动.

(2) 施加的力勿超过实验规定的最大加力值.

(3) 严禁改变限位螺母位置，避免最大拉力限制功能失效.

(4) 光学元件表面应使用软毛刷、镜头纸擦拭，切勿用手触摸.

(5) 光学元件属易碎件，请勿用硬物触碰或从高处跌落.

(6) 严禁使用望远镜观察强光源，如太阳等，避免人眼灼伤.

(7) 实验完毕后，应旋松施力螺母，使金属丝自由伸长，并关闭数字拉力计.

预习思考题

(1) 光杠杆应怎样放置？反射镜的方向应调到什么状态？

(2) 望远镜应怎样调节？

讨论思考题

如何提高光杠杆的灵敏度？灵敏度是否越高越好？

拓展阅读

[1]　罗凤柏. 伸长法测杨氏模量实验的改进[J]. 物理实验，1996，16(1)：29.

[2]　王洪彬，王丽南，郎成. 传感技术在拉伸法测杨氏模量中的应用[J]. 大学物理实验，2003，

16(2):52－54.

[3] 车东伟,姜山,张汉武,等.静态拉伸法测金属丝杨氏模量实验探究[J].大学物理实验,2013,26(2):33－35.

3.3 莫尔效应及光栅传感实验

引言

18世纪,法国人莫尔发现了一种现象,当两层被称作莫尔丝绸的料子叠在一起时,将产生复杂的水波状图案,如果莫尔丝绸之间发生了相对移动,那么图案也随之晃动,这种图案当时被称为莫尔条纹.一般来说,任何具有一定排列规律的几何图案的重合,均能形成按新规律分布的莫尔条纹.日常生活中,观察两扇重叠的相同纱窗,或用手机拍摄电脑屏幕,都能看到莫尔条纹.

1874年,瑞利首次将莫尔条纹作为一种计测手段,即根据莫尔条纹的结构形状来评价光栅尺各线纹之间的间隔均匀性,从而开拓了莫尔计量学.随着时间的推移,莫尔条纹测量技术已经广泛应用于多种计量和测控中,在位移测量、数字控制、伺服跟踪、运动比较、应变分析、振动测量,以及诸如特形零件、生物体形貌、服装及艺术造型等方面的三维计量和测控中展示了广阔前景.例如,广泛应用于精密程控设备中的光栅传感器,可实现优于1 μm的线位移和优于1″(1°/3 600)的角位移的测量和控制.

实验目的

(1) 理解莫尔条纹的产生机理.

(2) 了解光栅传感器的结构.

(3) 观察直线光栅、切向圆光栅、径向圆光栅的莫尔条纹并验证其特性.

(4) 用直线光栅测量线位移.

(5) 用圆光栅测量角位移.

实验原理

1.光栅莫尔条纹的形成

由大量平行、等宽、等间距的狭缝(或刻痕)构成的光学元件称为光栅,光栅通常分为透射光栅和反射光栅.本实验使用透射光栅,它是在平板玻璃上刻划出一道道平行、等宽、等间距的刻痕,刻痕处不透光,没有刻痕的地方形成透光狭缝.光栅常量d为光栅透光狭缝的宽度a与刻痕的宽度b的和.

当两光栅以很小的交角相向叠合时,在相干或非相干光的照射下,叠合面上出现的明暗相间的条纹就是莫尔条纹.莫尔条纹现象是光栅传感器的理论基础,它可以由粗光栅或细光栅形成.将光栅常量远大于波长的光栅叫作粗光栅,光栅常量接近波长的光栅叫作细光栅.根据光栅常量的不同,光栅的光学性能可用几何光学或物理光学的原理来解释.

(1) 直线光栅.

两光栅常量相同的直线光栅,其刻划面相向叠合并且使两者栅线有很小的夹角θ,由于挡光效应(光栅常量$d > 20$ μm)或光的衍射作用(光栅常量$d < 10$ μm),在与光栅栅线大致垂直的方向上形成明暗相间的条纹,如图3－3－1所示.本实验使用的直线光栅的光栅常量为$d = 0.500$ mm.由图3－3－1的几何关系可得相邻莫尔条纹之间的间距为

$$B=\frac{d}{2\sin\frac{\theta}{2}}\approx\frac{d}{\theta},\tag{3-3-1}$$

式中 θ 的单位为弧度(rad). 由式(3-3-1)可知,当改变光栅栅线的夹角 θ 时,莫尔条纹间距 B 也将随之改变.

当两光栅的光栅常量不相等时,莫尔条纹方程及莫尔条纹间距的表达式推导见附录1.

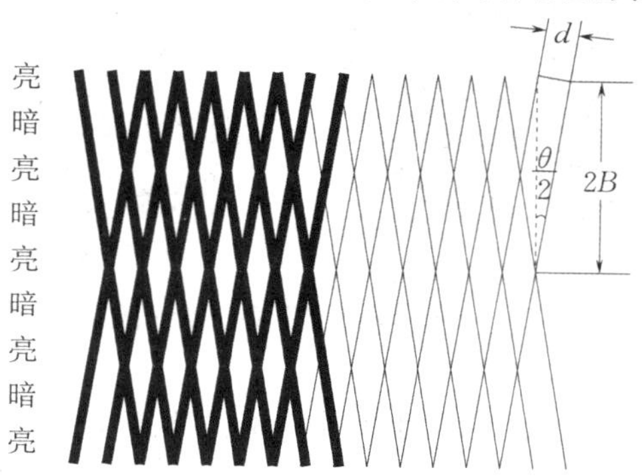

图3-3-1 直线光栅莫尔条纹

直线光栅的莫尔条纹有如下主要特性:

① 同步性. 在保持两光栅栅线夹角一定的情况下,使一个光栅固定,另一个光栅沿栅线的垂直方向移动,每移动一个栅距 d(光栅常量),莫尔条纹移动一个莫尔条纹间距 B. 若光栅反向移动,则莫尔条纹的移动方向也相反.

② 位移放大作用. 当两光栅栅线夹角 θ 很小时,莫尔条纹间距 B 相当于放大了 $\frac{1}{\theta}$ 倍的栅距 d,莫尔条纹可以将很小的光栅位移同步放大为莫尔条纹的位移. 例如,当 $\theta=0.06^\circ=\frac{\pi}{3\,000}$ rad 时,莫尔条纹间距比光栅栅距大近千倍. 当光栅移动微米数量级时,莫尔条纹移动毫米数量级,这样就将不便检测的微小位移量转换成用光电器件易于测量的莫尔条纹移动量. 测得莫尔条纹移动的条数 k 就可以得到光栅的位移为 $\Delta L=kd$.

③ 误差减小作用. 光电器件获取的莫尔条纹是两光栅叠合区域所有光栅栅线综合作用的结果. 即使光栅在刻划过程中有误差,莫尔条纹对刻划误差有平均作用,从而在很大程度上消除栅距的局部误差的影响,这是光栅传感器精度高的重要原因.

(2) 切向圆光栅.

切向圆光栅是由空间分布均匀且都与一个半径很小的圆相切的众多刻线构成的圆光栅,相邻刻线之间的夹角称为栅距角,如图3-3-2(a)所示. 当两切向圆光栅相向叠合时,两光栅的刻线方向相反. 图3-3-2(b)所示为小圆半径相同、栅距角相同的切向圆光栅相向叠合产生的莫尔条纹.

小圆半径均为 r、栅距角均为 α 的两切向圆光栅相向同心叠合,以光栅中心为原点建立直角坐标系,则莫尔条纹满足的方程为

$$x^2+y^2=\left(\frac{2r}{k\alpha}\right)^2.\tag{3-3-2}$$

切向圆光栅莫尔条纹方程的推导见附录2.

切向圆光栅的莫尔条纹有如下特点:

① 莫尔条纹是一组同心圆环,圆环半径为 $R=2r/k\alpha$,相邻圆环的间距为 $\Delta R=2r/k^2\alpha$.

② k 越大,莫尔条纹半径越小,条纹间距也越小,所以靠近光栅传感器中心的莫尔条纹不易分辨.

③ 当其中一个光栅转动时，圆环将向外扩张或向内收缩. 每转动 1 个栅距角，莫尔条纹移动一个条纹宽度. 用光电器件测得莫尔条纹移动的条数 k 就可以得到光栅的角位移 $\Delta\theta = k\alpha$. 用切向圆光栅测量角位移具有减小误差的作用.

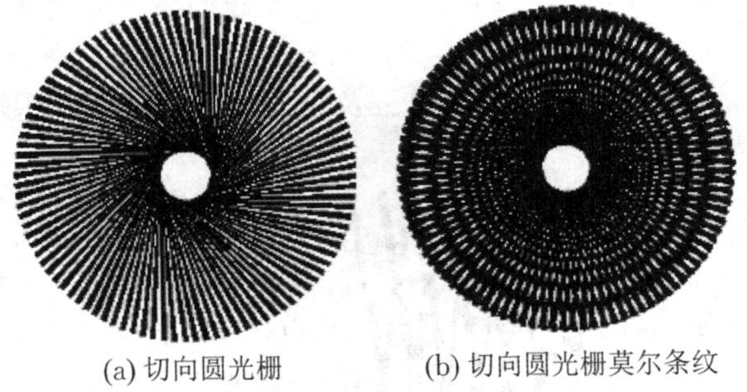
(a) 切向圆光栅　　(b) 切向圆光栅莫尔条纹

图 3-3-2　切向圆光栅及切向圆光栅莫尔条纹

(3) 径向圆光栅.

径向圆光栅是由大量在空间分布均匀且指向圆心的刻线构成的光栅，相邻刻线之间的夹角称为栅距角. 图 3-3-3(a) 所示为一个径向圆光栅，图 3-3-3(b) 所示为栅距角相同(均为 α)，刻划中心相距 $2S$ 的两个径向圆光栅相向叠合产生的莫尔条纹.

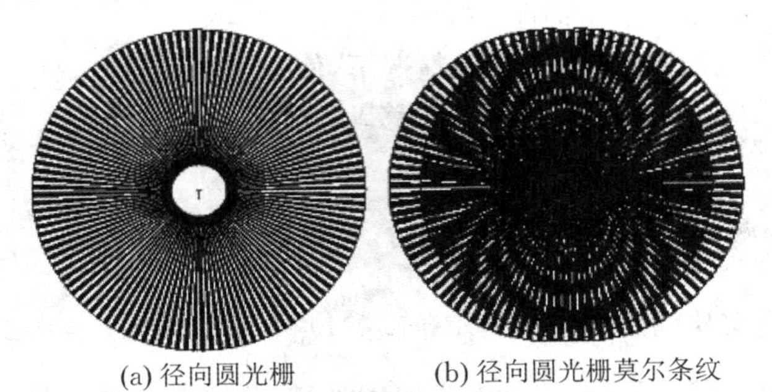
(a) 径向圆光栅　　(b) 径向圆光栅莫尔条纹

图 3-3-3　径向圆光栅及径向圆光栅莫尔条纹

若两径向圆光栅的刻划中心相距 $2S$，在以两径向圆光栅刻划中心连线为 x 轴、刻划中心连线的中点为原点的直角坐标系中，莫尔条纹满足如下方程：

$$x^2 + \left(y - \frac{S}{\tan k\alpha}\right)^2 = \left(\frac{S\sqrt{\tan^2 k\alpha + 1}}{\tan k\alpha}\right)^2. \tag{3-3-3}$$

径向圆光栅莫尔条纹方程的推导见附录 3.

径向圆光栅的莫尔条纹有如下特点：

① 莫尔条纹由上、下两组不同半径、不同圆心的圆簇组成. 上半圆簇的圆心位置为 $\left(0, \frac{S}{\tan k\alpha}\right)$，下半圆簇的圆心位置为 $\left(0, -\frac{S}{\tan k\alpha}\right)$. 条纹的曲率半径为 $\frac{S\sqrt{\tan^2 k\alpha + 1}}{\tan k\alpha}$.

② k 越大，莫尔条纹半径越小，条纹间距也越小，所以靠近光栅传感器中心的莫尔条纹不易分辨，条纹半径最小值为 S.

③ 所有的圆均通过两光栅的中心 $(S,0)$ 和 $(-S,0)$.

④ 当其中一个光栅转动时，圆簇将向外扩张或向内收缩. 每转动 1 个栅距角，莫尔条纹移动一个条纹宽度. 用光电器件测得莫尔条纹移动的条数 k 就可以得到光栅的角位移 $\Delta\theta = k\alpha$. 用径向圆光栅测量角位移具有减小误差的作用.

2. 光栅传感器

光栅传感器一般由光源、光栅系统、光电转换及处理系统等组成，具有精度高、大量程测量、高分辨力、可动态测量、较强的抗干扰能力等特点. 光源给光栅系统提供照明. 光栅系统主要用于产生各种类型的莫尔条纹，将位移信号转换为光信号. 光电转换及处理系统用于检测莫尔条纹的变化，将光信号转换为电信号，最终转化为待测位移量.

在实际的光栅传感器中，为了达到较高的测量精度，直线光栅的光栅常量或圆光栅的栅距角都取得很小. 本实验系统重在说明原理，为使视觉效果更直观，光栅常量取得较大，光电转换及处理系统也改为直接将莫尔条纹放大后显示在显示器上.

实验仪器

主光栅基座，副光栅滑座，摄像头升降台，显示器等.

(1) 主光栅基座.

主光栅基座由主光栅板和读数装置构成. 主光栅板上从右到左分别为直线光栅、切向圆光栅、径向圆光栅. 读数装置类似螺旋测微器结构，由主尺和百分手轮构成. 主尺的最小刻度为1 mm，百分手轮的最小刻度为 0.01 mm，可估读到 0.001 mm. 转动百分手轮，滑块会带动副光栅滑座上的副光栅与主光栅产生相应位移.

(2) 副光栅滑座.

副光栅滑座(见图 3-3-4) 用于安装副光栅，转动副光栅可改变主、副光栅之间的夹角，夹角可由滑座读数盘读出. 滑座读数盘的最小刻度为 1°.

(3) 摄像头升降台及显示器.

摄像头升降台(见图 3-3-4) 位于副光栅滑座上，用于调整摄像头的前后、高低、角度，以便获得清晰的莫尔条纹. 显示器用于显示莫尔条纹.

摄像头升降台的调节方法如下：

① 松开螺钉 2，可前后移动摄像头；

② 转动旋钮 3，可使摄像头上下移动，改变显示器中图像的大小，直至在显示器中观察到清晰的莫尔条纹.

③ 松开旋钮 1 后，转动旋钮 4，可以调节莫尔条纹在显示器上的倾斜角度，以便定标和测量，调整好角度后需重新紧固旋钮 1.

图 3-3-4　副光栅滑座及摄像头升降台

实验内容

1. 实验准备

准备好实验数据记录表格. 打开仪器的电源开关，主光栅板的背光灯点亮. 安装副光栅滑座，使副光栅滑座上的卡片插入读数装置滑块上的卡槽中.

2. 观察直线光栅的莫尔条纹(不放摄像头)

(1) 移开摄像头(不要将摄像头的连接线拔掉)，安装好副直线光栅，使其 0 刻度线与角度读数盘 0 刻度线大致对齐，转动百分手轮，使主、副直线光栅位置对齐.

(2) 转动副光栅滑座，改变主、副直线光栅之间的夹角 θ，观察莫尔条纹宽度的变化.

(3) 使主、副直线光栅保持一很小夹角 θ，转动百分手轮移动副光栅，观察莫尔条纹的移动方向. 再反向移动副光栅，观察莫尔条纹移动方向的变化，验证莫尔条纹的同步性及位移放大作用.

3. 观察切向圆光栅的莫尔条纹(不放摄像头)

安装好副切向圆光栅,转动百分手轮,使主、副切向圆光栅基本同心. 转动副切向圆光栅,观察莫尔条纹的移动方向. 反向转动副切向圆光栅,观察莫尔条纹移动方向的变化. 将观察到的莫尔条纹特性与实验原理中阐述的特性比较,加深理解.

4. 观察径向圆光栅的莫尔条纹(不放摄像头)

安装好副径向圆光栅,调节两光栅中心距,使之出现莫尔条纹,观察莫尔条纹的对称性. 转动百分手轮,改变两光栅中心距,观察莫尔条纹半径的变化. 转动副径向圆光栅,观察莫尔条纹的移动方向. 反向转动副径向圆光栅,观察莫尔条纹移动方向的变化. 将观察到的莫尔条纹特性与实验原理中阐述的特性比较,加深理解.

5. 利用直线光栅测量线位移

(1) 安装好副直线光栅,使主、副直线光栅保持一较小夹角 θ,此时显示器上显示出约 3 条莫尔条纹图案(为什么?). 安装摄像头,调节摄像头的高低、角度,使条纹清晰且与刻线对齐. (对齐方式?)

(2) 转动百分手轮,使副光栅滑座向左移动到和主直线光栅基本重合,然后反向转动百分手轮,直到视场中出现若干条直线莫尔条纹,即可开始测量. 测量时,每移动 5 条莫尔条纹,记录副直线光栅的位置于表 3-3-1.

注意,为防止回程差对实验的影响,从百分手轮反转开始至直线光栅测量完毕,百分手轮不能再反向,若中途反向,需重新测量.

表 3-3-1 利用直线光栅测量线位移数据记录表

条纹移动数 k	0	5	10	15	20
副直线光栅位置读数 L_k/mm					
位移 $\Delta L_k = \mid L_k - L_0 \mid$ /mm					
条纹移动数 k	25	30	35	40	45
副直线光栅位置读数 L_k/mm					
位移 $\Delta L_k = \mid L_k - L_0 \mid$ /mm					

6. 利用切向圆光栅测量角位移

(1) 取下直线光栅,安装好副切向圆光栅,转动百分手轮,使主、副切向圆光栅基本同心. 调节摄像头,使摄像头对准主、副切向圆光栅接近边缘的地方(为什么?),且显示器上出现清晰易辨的莫尔条纹.

(2) 沿同一方向转动副切向圆光栅,每移动 5 条莫尔条纹记录副切向圆光栅的角位置于表 3-3-2.

表 3-3-2 利用切向圆光栅测量角位移数据记录表

条纹移动数 k	0	5	10	15	20
副切向圆光栅角位置读数 θ_k/(°)					
角位移 $\Delta\theta_k = (\theta_k - \theta_0)$/(°)					
条纹移动数 k	25	30	35	40	45
副切向圆光栅角位置读数 θ_k/(°)					
角位移 $\Delta\theta_k = (\theta_k - \theta_0)$/(°)					

7. 利用径向圆光栅测量角位移

(1) 取下切向圆光栅,安装好副径向圆光栅,调节两光栅保持一定中心距. 调节摄像头,使摄像头对准主、副径向圆光栅接近边缘的地方,且显示器上出现清晰易辨的莫尔条纹.

(2) 沿同一方向转动副径向圆光栅，每移动5条莫尔条纹记录副径向圆光栅的角位置于表3-3-3.

表3-3-3　利用径向圆光栅测量角位移数据记录表

条纹移动数 k	0	5	10	15	20
副径向圆光栅角位置读数 $\theta_k/(°)$					
角位移 $\Delta\theta_k=(\theta_k-\theta_0)/(°)$					
条纹移动数 k	25	30	35	40	45
副径向圆光栅角位置读数 $\theta_k/(°)$					
角位移 $\Delta\theta_k=(\theta_k-\theta_0)/(°)$					

数据处理

(1) 根据表3-3-1中的数据，以k为横坐标、位移ΔL_k为纵坐标作图. 若两者为线性关系，即验证了关系式$\Delta L_k=kd$. 已知直线光栅的光栅常量为$d=0.500\ \mathrm{mm}$，将由直线斜率求出的光栅常量的测量值与之进行比较，求相对误差.

(2) 根据表3-3-2中的数据，以k为横坐标、角位移$\Delta\theta_k$为纵坐标作图. 若两者为线性关系，即验证了关系式$\Delta\theta_k=k\alpha$. 已知栅距角的准确值为$\alpha=1.0°$，将由直线斜率求出的栅距角的测量值与之进行比较，求相对误差.

(3) 根据表3-3-3中的数据，以k为横坐标、角位移$\Delta\theta_k$为纵坐标作图. 若两者为线性关系，即验证了关系式$\Delta\theta_k=k\alpha$. 已知栅距角的准确值为$\alpha=1.0°$，将由直线斜率求出的栅距角的测量值与之进行比较，求相对误差.

注意事项

(1) 所有的零配件需轻拿轻放，实验完成后需小心放回零件盒中.

(2) 光栅片是玻璃材质，易碎，勿以硬物击打，同时避免摔碎.

(3) 切勿用手触摸光栅表面. 如光栅被弄脏，可用清水加少量的洗洁精清洗后晾干.

(4) 测量时应避免回程差.

(5) 测量时应尽量避免光栅的垂直上方有其他直射光源.

预习思考题

(1) 什么是莫尔条纹？试对本实验中所用光栅产生莫尔条纹的原理进行说明.

(2) 直线光栅的莫尔条纹有哪些特性？

(3) 有一直线光栅，每毫米刻线数为50，主直线光栅与副直线光栅的夹角为2.0°，则莫尔条纹间距为多少？通过计算放大倍数，简要说明莫尔条纹的位移放大作用.

讨论思考题

(1) 实验中，若主、副直线光栅保持一很小夹角，此时将副直线光栅向左移动，则莫尔条纹会有怎样的变化？

(2) 通过实验，试思考如何提高直线光栅传感器的测量精度.

(3) 实验中，调节两径向圆光栅中心距出现莫尔条纹后，若让两径向圆光栅的中心距由小变大，莫尔条纹会有怎样的变化？若保持一定中心距，顺时针转动副径向圆光栅，莫尔条纹又会有怎样的变化？

(4) 实验中误差产生的原因可能有哪些？

拓展阅读

[1]　赵宏波.光栅干涉型微位移测量系统关键技术研究[D].太原:中北大学,2020.

[2]　王文硕,田星雨,严琪琪,等.基于双光栅夹角变化测量金属丝杨氏模量[J].大学物理,2020,39(8),58-63.

[3]　刘泽宇,易军凯,张阳平.时间平均莫尔条纹的信息隐藏技术[J].重庆理工大学学报(自然科学),2021,35(5),223-230.

附录1

直线光栅的莫尔条纹方程推导

设主光栅与副光栅之间的夹角为θ,主光栅光栅常量为d_1,副光栅光栅常量为d_2,按图3-3-5所示建立直角坐标系,令n与m分别为两光栅的栅线序数,且通过原点的栅线n与m为0.

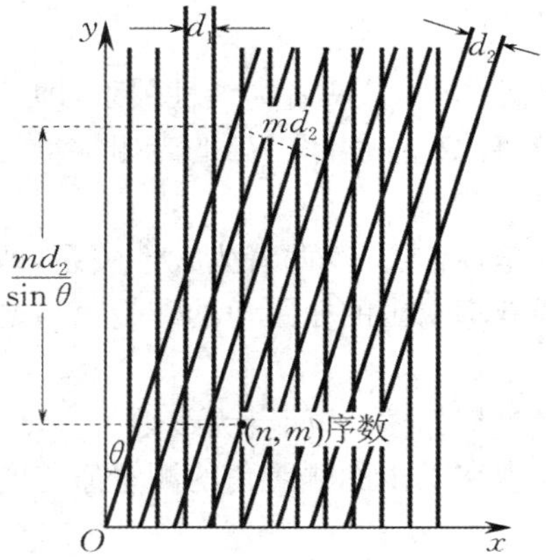

图3-3-5　直线光栅栅线几何示意图

两光栅的栅线方程分别为

$$x=nd_1,\tag{3-3-4}$$

$$y=(\cot\theta)x-\frac{md_2}{\sin\theta}.\tag{3-3-5}$$

为求相邻莫尔条纹之间的距离B,先求两光栅栅线交点的轨迹.交点轨迹是由栅线的某一列序数(n,m)给定.一般情况下,交点连线由$(n,m=n+k)$序数给定,式中k为整数.以$m=n+k$,$n=x/d_1$代入式(3-3-5),解得莫尔条纹方程的一般表达式为

$$y=\left(1-\frac{d_2}{d_1\cos\theta}\right)(\cot\theta)x-\frac{kd_2}{\sin\theta}.\tag{3-3-6}$$

式(3-3-6)为一直线簇,每一个k对应一条条纹.由式(3-3-6)得到条纹的斜率为

$$\tan\varphi=\left(1-\frac{d_2}{d_1\cos\theta}\right)\cot\theta.\tag{3-3-7}$$

莫尔条纹间距B为式(3-3-6)中相邻两个k值所代表的两直线之间的距离,其一般表达式为

$$B=\frac{d_1d_2}{\sqrt{d_1^2+d_2^2-2d_1d_2\cos\theta}}.\tag{3-3-8}$$

当$d_1=d_2=d$时,由式(3-3-8)可得

$$B=\frac{d}{2\sin\frac{\theta}{2}}.\tag{3-3-9}$$

附录2

切向圆光栅的莫尔条纹方程推导

设两切向圆光栅的栅距角α相同,栅线分别与半径为r_1,r_2的两个小圆相切,两光栅切线方向相反.如图3-3-6所示,以光栅中心为原点建立直角坐标系,令两光栅的零号栅线平行于x轴,则两光栅的栅线方程分别为

$$y=(\tan n\alpha)x+\frac{r_1}{\cos n\alpha},\tag{3-3-10}$$

$$y=(\tan m\alpha)x-\frac{r_2}{\cos m\alpha}.\tag{3-3-11}$$

考虑栅线序号$m=n+k$,式(3-3-11)可改写为

$$y=[\tan(n+k)\alpha]x-\frac{r_2}{\cos(n+k)\alpha}.\tag{3-3-12}$$

联立式(3-3-10)与(3-3-12)消去y,整理后可得

$$x=\frac{[\cos(n+k)\alpha]r_1+(\cos n\alpha)r_2}{\sin k\alpha}.\tag{3-3-13}$$

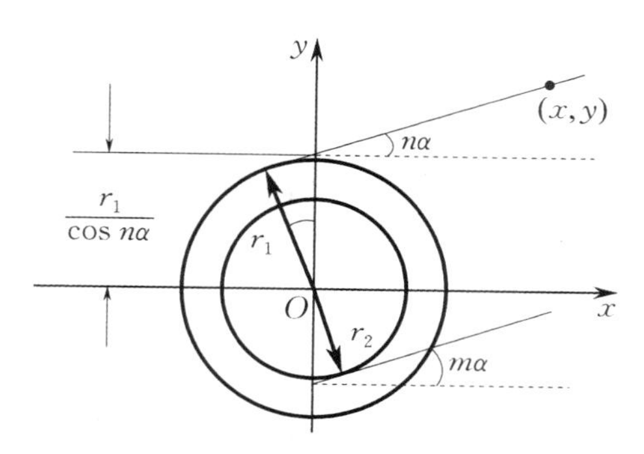

图3-3-6　切向圆光栅栅线几何示意图

联立式(3-3-10)与(3-3-12)消去x,整理后可得

$$y=\frac{[\sin(n+k)\alpha]r_1+(\sin n\alpha)r_2}{\sin k\alpha}. \tag{3-3-14}$$

式(3-3-13)与(3-3-14)平方后相加,整理后可得莫尔条纹方程的表达式为

$$x^2+y^2=\frac{r_1^2+r_2^2+2r_1r_2\cos k\alpha}{\sin^2 k\alpha}. \tag{3-3-15}$$

当$k\alpha$足够小时,式(3-3-15)可简化为

$$x^2+y^2=\left(\frac{r_1+r_2}{k\alpha}\right)^2. \tag{3-3-16}$$

若两切向圆光栅的半径相同,均为r,则式(3-3-16)可简化为

$$x^2+y^2=\left(\frac{2r}{k\alpha}\right)^2. \tag{3-3-17}$$

附录3

径向圆光栅的莫尔条纹方程推导

两栅距角α相同的径向圆光栅组成光栅传感器,若两光栅的刻划中心相距$2S$,以两光栅中心连线为x轴,两光栅中心连线的中点为原点建立直角坐标系. 与x轴重合的栅线$n=0$,则两光栅的栅线方程分别为

$$y=(x+S)\tan n\alpha, \tag{3-3-18}$$

$$y=(x-S)\tan m\alpha. \tag{3-3-19}$$

考虑栅线序号$m=n+k$,式(3-3-19)可改写为

$$y=(x-S)\tan(n+k)\alpha. \tag{3-3-20}$$

将式(3-3-20)中的正切函数用和差公式展开,从式(3-3-18)中解出$\tan n\alpha$,代入式(3-3-20),整理后可求得莫尔条纹方程的表达式为

$$x^2+y^2-\frac{2S}{\tan k\alpha}y-S^2=0 \tag{3-3-21}$$

或

$$x^2+\left(y-\frac{S}{\tan k\alpha}\right)^2=\left(\frac{S\sqrt{\tan^2 k\alpha+1}}{\tan k\alpha}\right)^2. \tag{3-3-22}$$

3.4　用牛顿环测定平凸透镜的曲率半径

引言

光的干涉现象在科学研究和工程技术上有着广泛的应用. 牛顿环是一种用分振幅法实现的等厚干涉现象,常用来测量平凸透镜的曲率半径,或检查工件表面的光洁度和平整度,而且测量精密度较

高. 本实验利用牛顿环测定平凸透镜的曲率半径.

实验目的

(1) 观察光的等厚干涉现象,加深对干涉原理的理解.

(2) 学习用牛顿环测定平凸透镜曲率半径的原理和方法.

(3) 学会读数显微镜的调整和使用.

实验原理

用一块曲率半径很大的平凸透镜,将其凸面放在一块光学平板玻璃上即构成了牛顿环装置,如图 3-4-1(a) 所示. 这时在平凸透镜凸面和平板玻璃之间形成了从中心向四周逐渐增厚的空气层. 当一束波长为 λ 的单色平行光垂直入射牛顿环装置,经空气层上、下表面反射的两束相干光存在光程差,在平凸透镜凸面上相遇而发生干涉. 由于光程差取决于空气层的厚度,所以厚度相同处呈现同一级干涉条纹,显然这些干涉条纹是以接触点为中心的一系列明暗相间、中央疏、边缘密的同心圆环,且中心是一暗圆斑,这些圆环称为牛顿环,如图 3-4-1(b) 所示.

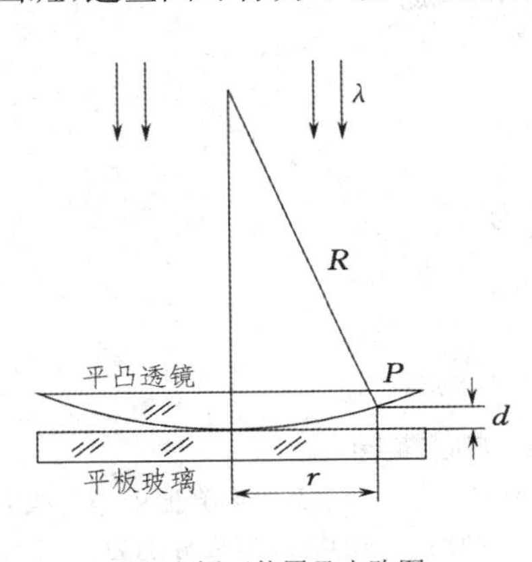

(a) 牛顿环装置及光路图

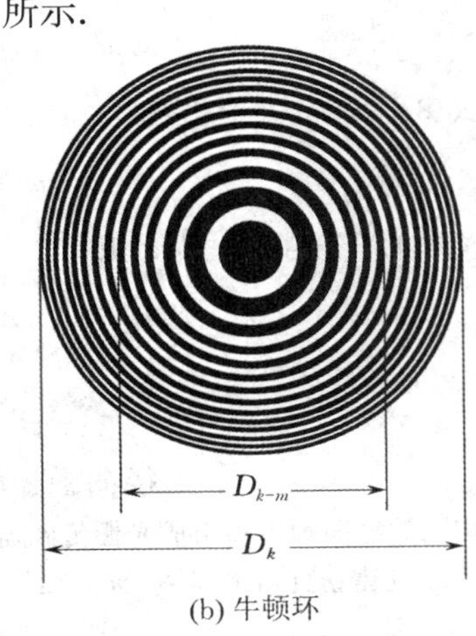

(b) 牛顿环

图 3-4-1　牛顿环装置和牛顿环

如图 3-4-1(a) 所示,在 P 点处,经空气层上、下表面反射的两束相干光的光程差为

$$\delta = 2d + \frac{\lambda}{2}, \tag{3-4-1}$$

式中 d 为 P 点处空气层的厚度,$\frac{\lambda}{2}$ 为光在平板玻璃上反射时产生半波损失而带来的附加光程差.

设 R 为平凸透镜的曲率半径,r 为 P 点所在圆环的半径,它们与空气层厚度 d 之间的几何关系为

$$r^2 = R^2 - (R-d)^2 = 2Rd - d^2. \tag{3-4-2}$$

因为 $R \gg d$,所以 $d^2 \ll 2Rd$,略去 d^2 项,式(3-4-2) 变为

$$d \approx \frac{r^2}{2R}. \tag{3-4-3}$$

考虑到亮度最小的地方要比亮度最大的地方容易测得准确,选择暗环为测量基准,即 P 点处恰为暗环,则 δ 必满足下式:

$$\delta = (2k+1)\frac{\lambda}{2} \quad (k = 0,1,2,\cdots), \tag{3-4-4}$$

式中 k 为干涉圆环的级次. 综合式(3-4-1),(3-4-3) 和(3-4-4),得到第 k 级暗环的半径为

$$r_k = \sqrt{kR\lambda} \quad (k = 0,1,2,\cdots). \tag{3-4-5}$$

由式(3-4-5)可知,只要入射光波长λ已知,测出第k级暗环的半径r_k即可得出R值.但在实际测量中,暗环的半径r_k并不总是满足式(3-4-5),这是因为平凸透镜的凸面和平板玻璃相接触时,不可能是理想的点接触,接触压力会引起弹性形变,使接触处变为一个圆面;或者,接触处有灰尘存在,从而引起附加光程差,中央的暗斑可能变为亮斑或半明半暗.这样使得牛顿环中心和暗环的级次k都无法确定.此时使用式(3-4-5)计算误差会增大.

将式(3-4-5)两边平方,可得

$$r_k^2 = kR\lambda. \tag{3-4-6}$$

对于第$k-m$级暗环,有

$$r_{k-m}^2 = (k-m)R\lambda.$$

上两式相减,可得

$$R = \frac{r_k^2 - r_{k-m}^2}{m\lambda}. \tag{3-4-7}$$

由于牛顿环中心难以确定,故测量时选择离中心较远的两暗环直径D_k和D_{k-m},式(3-4-7)变为

$$R = \frac{D_k^2 - D_{k-m}^2}{4m\lambda}. \tag{3-4-8}$$

显然,由式(3-4-8)可知,在测量中只要能正确数出所测各暗环的环数差m而无须确定各环究竟是第几级.而且由于直径的平方差等于弦的平方差,因此实验中可以不必严格地确定出牛顿环的中心.这样经过上述变换后利用式(3-4-8)计算可以消除由于牛顿环中心和暗环级次无法确定而引起的系统误差.

实验仪器

JCD3型读数显微镜,牛顿环装置,钠光灯.

图3-4-2所示为JCD3型读数显微镜的外形图,由显微镜和读数装置组成,可直接用来观察和精密地测量物体的线度.测量时,将待测试样置于工作台上,调节目镜、物镜,使视场中能看到清晰无视差的像,转动测微鼓轮使镜筒平移,鼓轮每转动一周镜筒就平移1 mm,鼓轮圆周上刻有100个分格,每转动1格镜筒平移0.01 mm,从目镜视场中观察使叉丝先后对准物像上的两个位置,分别读出读数,读数之差就是待测试样上前后两个位置的距离.

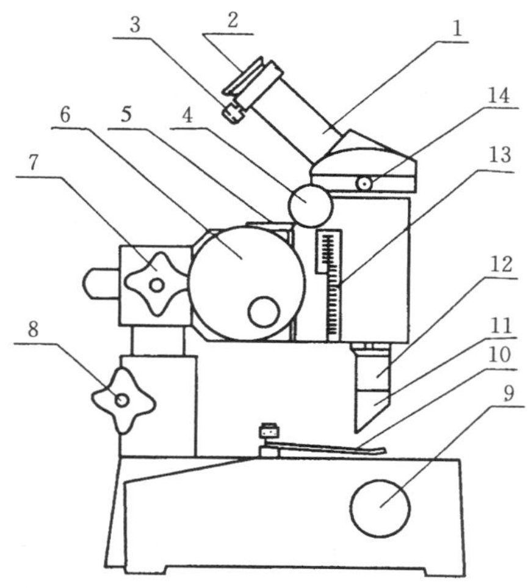

1—目镜筒;2—目镜;3—锁紧螺钉Ⅰ;4—调焦手轮;5—标尺;6—测微鼓轮;7—锁紧手轮Ⅰ;8—锁紧手轮Ⅱ;9—反光镜旋轮;10—压片;11—半反镜;12—物镜;13—刻尺;14—锁紧螺钉Ⅱ

图3-4-2 JCD3型读数显微镜外形图

实验内容

实验光路如图 3-4-3 所示，钠光灯发出波长为 $\lambda = 589.3$ nm 的单色光射向半反镜 F，由 F 反射的光垂直地入射到牛顿环装置 N 上，经空气层上、下表面反射的两束相干光相遇后发生干涉，形成的干涉条纹利用显微镜 M 观察和测量.

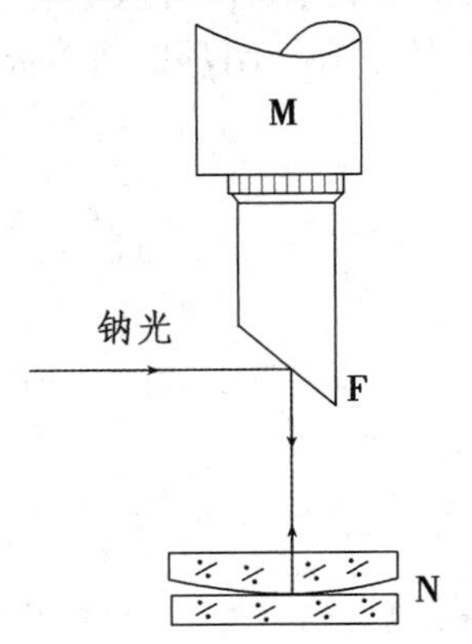

图 3-4-3　牛顿环实验光路图

(1) 打开钠光灯电源，钠光灯需预热几分钟才会发出明亮的黄光. 摆正读数显微镜，并使半反镜对准入射光，即读数显微镜视场中充满亮度均匀的黄光. 调整读数显微镜的镜筒使其居于标尺中央附近.

(2) 将牛顿环装置对着日光灯，用眼睛直接观察透镜，看清牛顿环. 调节牛顿环装置金属框上的三个螺丝，尽量使平凸透镜凸面和平板玻璃之间无挤压、无缝隙. 再将牛顿环装置放在读数显微镜的工作台上，使牛顿环中心位于物镜下方.

(3) 调节读数显微镜. 调节目镜使分划板叉丝清晰；旋转调焦手轮使镜筒从靠近牛顿环装置处缓慢上升，观察视场直到看到清晰的牛顿环，并使叉丝与干涉圆环之间无视差.

(4) 观察视场，若各待测圆环左右都清晰可见，即可开始进行测量. 转动测微鼓轮，从牛顿环中心向左(或向右) 移动显微镜，同时数出经过叉丝的暗环数，直至第 45 环外侧，然后向右(或向左) 移动镜筒，移动过程中记录下其中第 45 环到第 40 环、第 25 环到第 20 环的各环位置，将数据填入表 3-4-1. 继续向右(或向左) 移动镜筒，记录牛顿环右边(或左边) 第 20 环到第 25 环、第 40 环到第 45 环的各环位置并填入表. 测量时应将叉丝交点对准暗环中央.

数据处理

(1) 本实验用逐差法处理数据.

(2) 计算平凸透镜曲率半径的平均值 $\overline{R}$ 及其扩展不确定度 $U(R)$.

提示：先计算 $(D_k^2 - D_{k-m}^2)$ 的平均值及其合成不确定度，再计算 $\overline{R}$ 及 $U(R)$.

本实验中，读数显微镜的仪器误差可取 $\Delta_{仪} = 5 \times 10^{-3}$ mm.

(3) 写出结果表示式：$R = \overline{R} \pm U(R)$.

表 3-4-1　牛顿环实验数据记录表　　$m = 20$

环数 k	45	44	43	42	41	40
暗环位置(左边)/mm						
暗环位置(右边)/mm						
暗环直径 D_k/mm						
D_k^2/mm^2						
环数 $k-m$	25	24	23	22	21	20
暗环位置(左边)/mm						
暗环位置(右边)/mm						
暗环直径 D_{k-m}/mm						
D_{k-m}^2/mm^2						
$(D_k^2 - D_{k-m}^2)$/mm^2						

注意事项

(1) 读数显微镜调焦时,应使镜筒由下至上调节,避免碰伤牛顿环装置.

(2) 为避免由于读数显微镜螺杆空转而引入的回程差,测量过程中测微鼓轮只能沿单向转动,不能反转.

(3) 牛顿环装置为玻璃制品,使用时应轻拿轻放,避免摔碎.

(4) 本实验在调节时,切勿用手触摸各种镜片表面(物镜、目镜、半反镜、牛顿环装置).

预习思考题

(1) 读数显微镜应如何调节?

(2) 实验中为何用式(3-4-8)而不用(3-4-5)计算平凸透镜的曲率半径 R?

讨论思考题

两同心圆直径的平方差等于对应弦的平方差,因此实验中可以不必严格地确定出牛顿环的中心.试用数学方法证明两同心圆直径的平方差等于对应弦的平方差.

拓展阅读

[1] 李平.牛顿环实验的三种数据处理方法[J].物理实验,1991,11(3):115-117.

[2] 宋桂兰.分析牛顿环实验中的误差[J].物理实验,1984,4(6):260-261.

[3] 王波.Excel在误差计算及实验数据处理中的应用[J].大学物理实验,2003,16(1):69-71.

3.5 分光计的调节和应用

引言

分光计又称光学测角仪,是一种精确测定光线偏转角和分光的光学仪器.它常用来测量折射率、色散率、光波波长、光栅常量和观测光谱等.分光计是一种具有代表性的基本光学仪器,掌握好它的调节和使用方法,可为今后使用其他精密光学仪器打下良好基础.

3.5.1 分光计的调节

实验目的

了解分光计的结构和基本原理,学习其调节和使用方法.

实验仪器

分光计主要由5个部分构成:底座、平行光管、望远镜、载物台和读数装置.分光计的结构因型号不同各有差别,但基本光学原理是相同的.图3-5-1所示为JJY型分光计结构图.

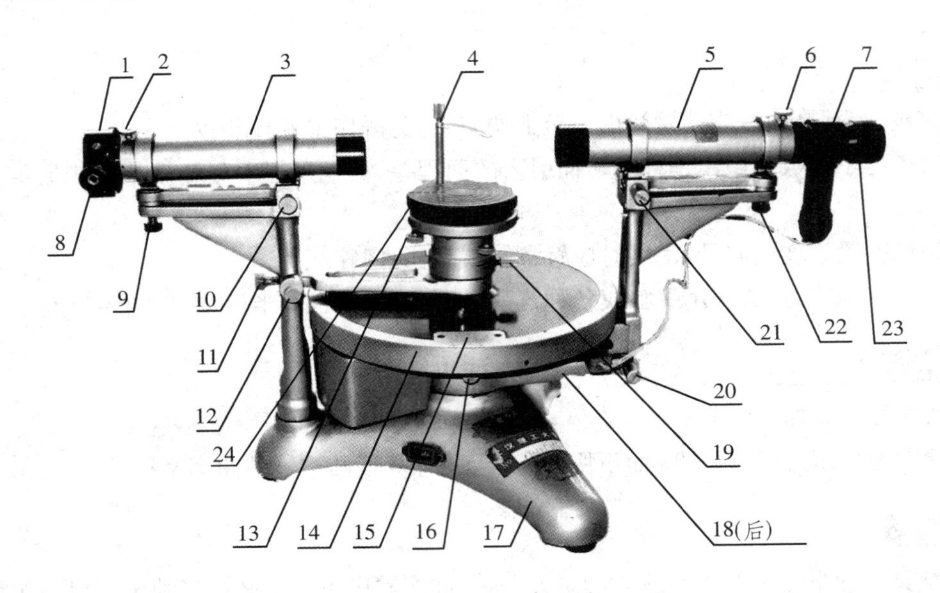

1— 狭缝装置；2— 狭缝装置锁紧螺钉；3— 平行光管；4— 元件夹；5— 望远镜；6— 目镜锁紧螺钉；7— 阿贝式自准直目镜；8— 狭缝宽度调节旋钮；9— 平行光管光轴高低调节螺钉；10— 平行光管光轴水平调节螺钉；11— 游标盘止动螺钉；12— 游标盘微调螺钉；13— 载物台调平螺钉(3只)；14— 度盘；15— 游标盘；16— 度盘止动螺钉；17— 底座；18— 望远镜止动螺钉；19— 载物台止动螺钉；20— 望远镜微调螺钉；21— 望远镜光轴水平调节螺钉；22— 望远镜光轴高低调节螺钉；23— 目镜视度调节手轮；24— 载物台

图 3-5-1　JJY 型分光计

(1) 底座.

分光计底座中心固定有一中心轴，望远镜、度盘和游标盘套在中心轴上，可绕中心轴旋转.

(2) 平行光管.

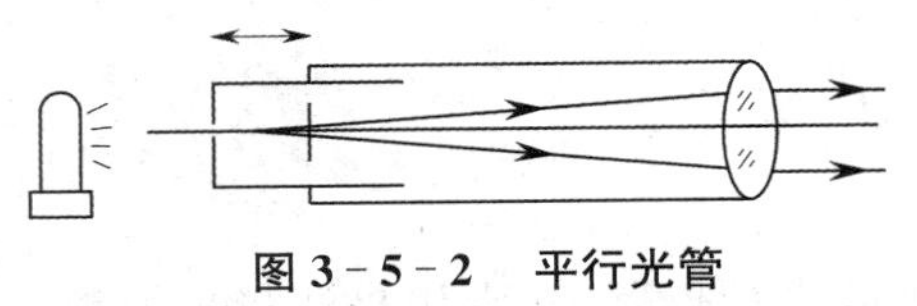

图 3-5-2　平行光管

平行光管安装在固定立柱上，其作用是产生平行光. 平行光管由狭缝和透镜组成，如图 3-5-2 所示. 狭缝的宽度可调(范围为 0.02 ～ 2 mm)，透镜与狭缝的间距可以通过伸缩狭缝筒进行调节. 当狭缝位于透镜焦平面上时，经狭缝由透镜出射的光为平行光.

(3) 望远镜.

望远镜安装在支臂上，支臂与转座固定在一起并套装在度盘上. 它用来观察和确定光线的行进方向. 望远镜由物镜、目镜、分划板等组成，如图 3-5-3 所示，三者间距可调. 其中，分划板上刻有“丰”形叉丝；分划板下方与一块 45° 全反射小棱镜的直角面相贴，直角面上刻有“十”字形透光窗口，当小电珠的光从管侧经另一直角面入射到小棱镜上时，即照亮“十”字形透光窗口. 转动目镜视度调节手轮，使目镜视场中出现清晰的“丰”形叉丝. 将平面镜紧贴物镜，然后前后移动目镜套筒，使分划板位于物镜焦平面上，那么从小棱镜“十”字形透光窗口发出的绿光经物镜后成为平行光射向前方平面境，其反射光又经物镜成像于分划板上. 这时，从目镜中可同时看到清晰的“丰”形叉丝和绿“十”字反射像，并且两者无视差. 此时望远镜已调焦至无穷远，适合观察平行光了. 如果平面镜的法线与望远镜光轴方向一致，则绿“十”字反射像位于分划板“丰”形叉丝上方的“十”字形叉丝上(见图 3-5-3 中的目镜视场).

(4) 载物台.

载物台套装在游标盘上，可以绕中心轴转动，它用来放置光学元件. 载物台的高低、水平状态可调.

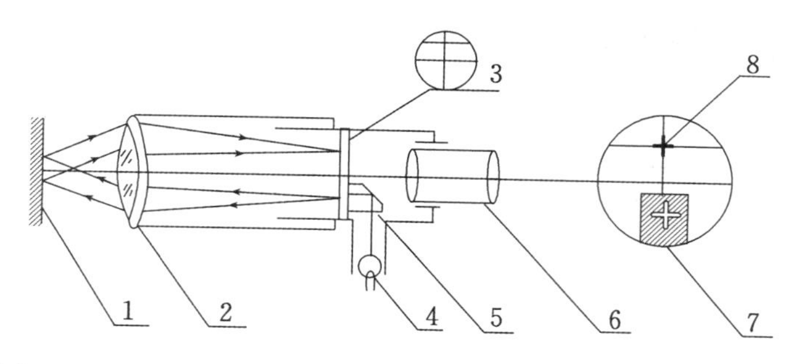

1— 平面镜；2— 物镜；3— 分划板；4— 小电珠；5— 小棱镜；6— 目镜；7— 目镜视场；8— 绿“十”字反射像

图 3-5-3　望远镜

(5) 读数装置.

读数装置由度盘和游标盘组成. 度盘圆周被分为 720 份，分度值为 30′，30′ 以下的角度需用游标盘来读数. 游标盘采用相隔 180° 的双窗口读数；游标盘上的 30 格与度盘上的 29 格角度相等，故分光计的分度值为 1′，图 3-5-4 所示的位置应读作 113°45′.

采用双游标读数，是为了消除度盘中心与分光计中心轴不重合而引起的偏心差. 测量时记录两游标盘读数然后取平均值即可. 如图 3-5-5 所示，当度盘中心 O' 与分光计中心轴 O 不重合时，游标盘转过角度 α 所对应的游标读数 $\widehat{P'Q'}$ 和 $\widehat{PQ}$ 均不等于 OO' 重合时游标盘转过 α 所对应的正确读数 $\widehat{M'N'}$ 和 $\widehat{MN}$ ($\widehat{M'N'}=\widehat{MN}$)，但根据平面几何知识可以证明 $\frac{1}{2}(\widehat{P'Q'}+\widehat{PQ})=\widehat{M'N'}=\widehat{MN}$，故采用双游标读数可使偏心差得以消除.

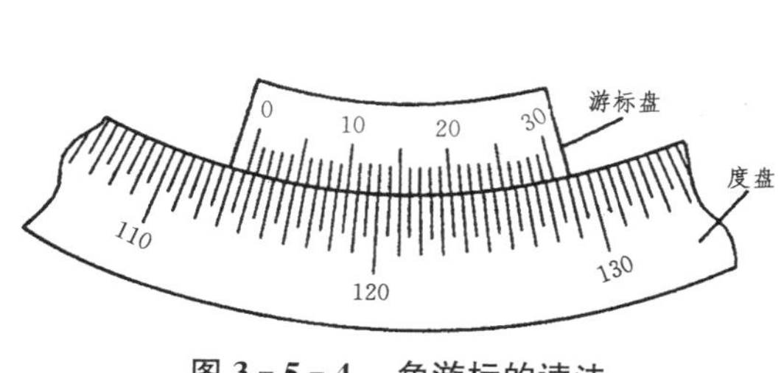

图 3-5-4　角游标的读法

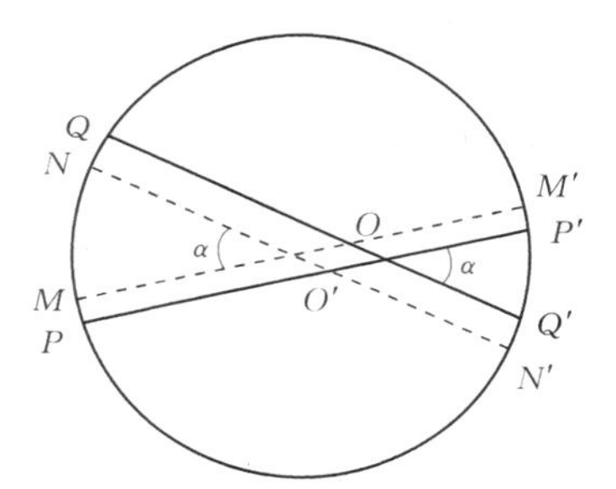

图 3-5-5　偏心差图示

实验内容

在进行分光计的调节前，首先应明确分光计的调节要求：① 望远镜适合观察平行光，或称望远镜聚焦于无穷远；② 平行光管发出平行光；③ 望远镜和平行光管的光轴均与分光计的中心轴垂直；④ 载物台法线与分光计的中心轴平行. 然后对照仪器熟悉分光计结构和各调节螺钉的作用.

1. 目测粗调

用眼睛直接观察，调节望远镜光轴高低调节螺钉和平行光管光轴高低调节螺钉，使两者的光轴尽量呈水平状态；调节载物台调平螺钉，使载物台呈水平状态. 目测粗调很重要，这一步完成得好可以减少后面细调的盲目性，使调节过程顺利进行.

2. 细调

(1) 调节望远镜，使其适合观察平行光.

① 目镜调焦. 接通望远镜灯源，旋转目镜视度调节手轮，使视场中分划板上的“±”形叉丝清晰(叉丝位于目镜焦平面上). 将平面镜按图 3-5-6 所示位置放在载物台上，这样，若要调节平面镜的俯仰，只需调节载物台调平螺钉 a_2 或 a_3 即可，而与载物台调平螺钉 a_1 无关. 缓慢转动载物台，从望远镜中可见经平面镜反射的绿“十”字反射像(或光斑)，若找不到说明粗调未调好，需重新判断并调整载物台和望远镜

的水平，直至视场中能看到绿“十”字反射像（或光斑）.

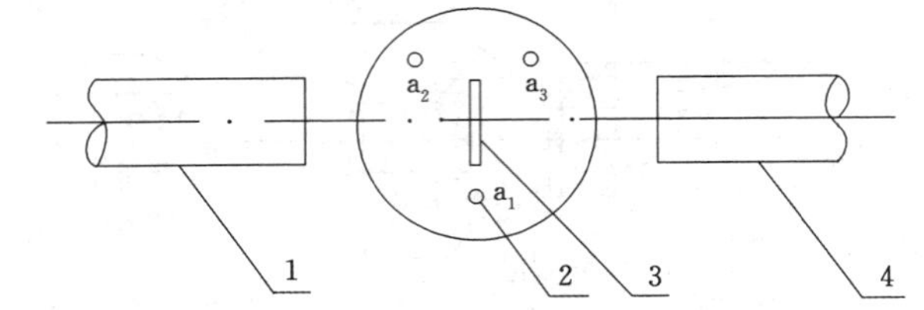

1— 平行光管；2— 载物台调平螺钉；3— 平面镜；4— 望远镜

图 3-5-6　平面镜在载物台上的位置

② 望远镜调焦. 将平面镜紧贴物镜，然后松开目镜锁紧螺钉，前后移动目镜筒，可从望远镜中看到变得清晰的绿“十”字反射像，当绿“十”字反射像清晰且与分划板上的“⊥”形叉丝无视差时，望远镜已调焦至无穷远，适合观察平行光了. 调好后锁紧目镜锁紧螺钉.

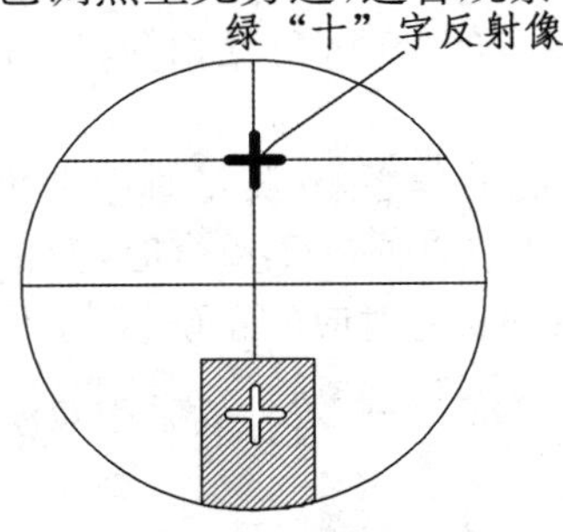

图 3-5-7　望远镜光轴调节

(2) 调节望远镜，使其光轴垂直于分光计的中心轴.

接通望远镜灯源，从分光计的调节原理可知，当望远镜光轴垂直于平面镜时，绿“十”字反射像应在分划板上方“十”字形叉丝上，如图 3-5-7 所示，如果转动载物台 180°（平面镜随之旋转）后，经平面镜另一面反射的绿“十”字反射像也出现在分划板上方“十”字形叉丝上，说明平面镜和分光计的中心轴平行，因而望远镜的光轴垂直于分光计的中心轴.

调节时，首先要求从望远镜中能观察到载物台旋转 180° 前后经平面镜两面反射的绿“十”字反射像，然后采用渐进法调节使绿“十”字反射像均重合在分划板上方“十”字形叉丝上：

① 转动载物台 180°，观察视场中有无经平面镜另一面反射的绿“十”字反射像，若没有需适当调节载物台和望远镜的水平，直至任意转动载物台 180° 均能在望远镜中看到经平面镜两面反射的绿“十”字反射像.

要从望远镜中看到绿“十”字反射像，应使反射光线进入望远镜. 可转动载物台，使望远镜的光轴与平面镜的法线成一小角度，眼睛在望远镜外侧观察平面镜，找到绿“十”字反射像，再调节载物台和望远镜的水平，使望远镜能接收到反射光线，从目镜视场中看到绿“十”字反射像.

② 采用渐近法将绿“十”字反射像调到分划板上方“十”字形叉丝上：先调载物台调平螺钉（a_2 或 a_3）使绿“十”字反射像到分划板上横丝距离减少一半；再调望远镜光轴高低调节螺钉使绿“十”字反射像与分划板上横丝重合，然后转动载物台 180°，重复上面的调节步骤，反复几次即可将绿“十”字反射像调到上横丝上，细微转动载物台使绿“十”字反射像与分划板上方“十”字形叉丝完全重合. 调好后锁紧望远镜光轴高低调节螺钉.

(3) 调节载物台，使其法线与分光计的中心轴平行.

将载物台按图 3-5-6 所示逆时针旋转 90°，再将平面镜相对载物台转动 90°. 调节载物台调平螺钉 a_1 使平面镜反射的绿“十”字反射像与分划板上方“十”字形叉丝重合. 然后将载物台旋转 180°，重复以上调节. 注意，不能调节载物台调平螺钉 a_2，a_3，也不能调节望远镜光轴高低调节螺钉.

(4) 调节平行光管，使其发出平行光.

打开钠光灯照亮平行光管狭缝. 用已调好的望远镜对准平行光管进行观察，松开狭缝装置锁紧螺钉，前后移动狭缝套筒，使望远镜中看到清晰的狭缝像，并且与分划板上的“⊥”形叉丝无视差，此时平行光管发出平行光.

(5) 调节平行光管，使其光轴垂直于分光计的中心轴.

松开狭缝装置锁紧螺钉，转动狭缝成水平状态，调节平行光管光轴高低调节螺钉，使望远镜中看到的狭缝像被分划板中央横丝上下平分，如图3-5-8所示，再转动狭缝90°，使其成竖直状态，狭缝被中央横丝上下平分，然后锁紧狭缝装置锁紧螺钉. 此时，平行光管的光轴与分光计的中心轴垂直. 在调节过程中应始终保持狭缝像清晰.

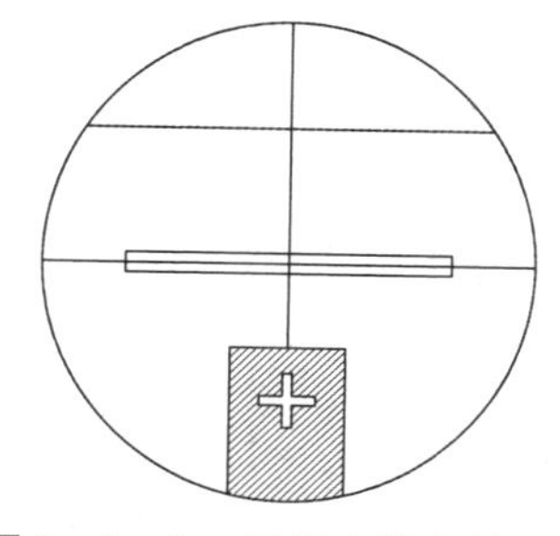

图3-5-8 平行光管光轴调节

3.5.2 光栅常量的测定

衍射光栅是由大量平行、等宽、等距的狭缝（或刻痕）构成，常分为透射光栅和反射光栅，是一种精密的分光元件.

实验目的

(1) 观察光栅衍射现象，理解光栅衍射基本规律.

(2) 学会用分光计测定光栅常量.

实验原理

设透射光栅的缝宽为 a，不透光部分的宽度为 b，称 $a+b$ 为该光栅的光栅常量，记为 d. 当单色平行光垂直入射衍射光栅时，通过每个缝的光都将发生衍射，不同缝的光彼此干涉，当衍射角满足光栅方程

$$d\sin\varphi=\pm k\lambda \quad (k=0,1,2,\cdots) \tag{3-5-1}$$

时，光波加强，产生主极大. 若在光栅后加一会聚透镜，则在其焦平面上形成分隔开的对称分布的细锐明纹，如图3-5-9所示.

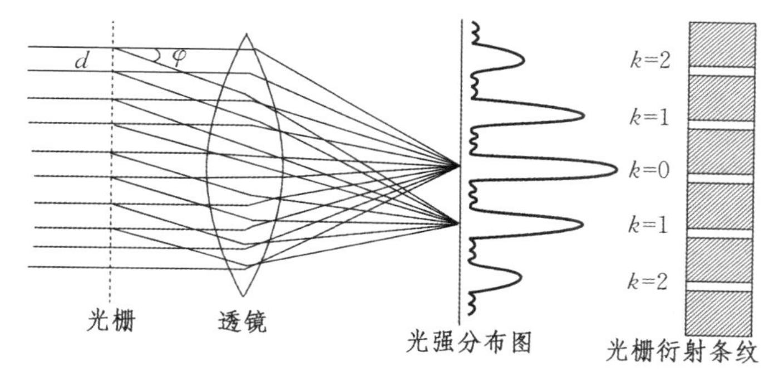

图3-5-9 光栅衍射原理图

在式(3-5-1)中，λ 为入射单色光的波长，k 为明纹的级次. 如果光源是由不同波长的单色光所混合而成的复色光，经光栅衍射后，对于不同波长的光，除零级外，由于同一级主极大有不同的衍射角 φ，因此在零级主极大两边出现对称分布、按波长次序排列的谱线，称为光栅光谱.

根据光栅方程，若以已知波长的单色平行光垂直入射，只要测出对应级次条纹的衍射角 φ，即可求出光栅常量 d. 同样，若 d 已知，即可求得入射光波长 λ.

实验仪器

JJY 型分光计，平面镜，衍射光栅，光源（钠光灯）.

实验内容

(1) 按分光计的调节要求调节好分光计.

(2) 将衍射光栅放在载物台上（图3-5-6中平面镜的位置）.

(3) 调节衍射光栅，使其平面与望远镜的光轴垂直. 打开望远镜灯源，仔细观察被光栅平面反射

的“十”字反射像. 旋转载物台让“十”字反射像、零级条纹都与分划板上的竖线重合，转动载物台并调节载物台调平螺钉 a_2 或 a_3，使“十”字反射像与分划板上方“十”字形叉丝重合. 注意，望远镜的光轴调好后不能再动. 然后旋转载物台 180° 后，“十”字反射像与分划板上方“十”字形叉丝仍然重合.

(4) 调节衍射光栅，使其刻痕线平行于分光计的中心轴. 转动望远镜，观察光栅衍射条纹，仔细调节载物台调平螺钉 a_1，使视场中见到的各级明纹等高.

(5) 测量衍射角 φ_k（本实验中测量左右第 k 级条纹的夹角 $2\varphi_k$）. 固定游标盘和载物台，推动支臂使望远镜和度盘一起转动，将望远镜分划板上的竖线移至左边第 3 级明纹外，然后向右推动支臂使分划板上的竖线靠近第 3 级明纹的左边缘（或右边缘），利用望远镜微调螺钉使明纹边缘与分划板上的竖线严格对准，记录此时游标盘左、右窗读数 α_3 和 β_3. 继续向右移动望远镜依次记录左边第 2 级、第 1 级明纹的游标盘左、右窗读数 α_k 和 β_k $(k=2,1)$ 以及右边第 1 级、第 2 级、第 3 级明纹的游标盘左、右窗读数 α'_k 和 β'_k $(k=1,2,3)$. 各级明纹都在对准左边缘（或右边缘）时读数.

(6) 重复步骤(5)，逐次测量各级明纹位置共 6 次（因实验时间限制，电子报告上次数只需要测量 4 次，故计算 A 类不确定度时需修正，前面乘上系数 1.2），所有数据记录于表 3-5-1.

表 3-5-1　测定光栅常量数据记录表

$\lambda = 589.3$ nm

级次 k	次数 n	左边明纹		右边明纹		衍射角		光栅常量 $\overline{d}_k$/nm
		α_k（左窗）	β_k（右窗）	α'_k（左窗）	β'_k（右窗）	φ_k	$\overline{\varphi}_k$	
1	1							
	2							
	3							
	4							
	5							
	6							
2	1							
	2							
	3							
	4							
	5							
	6							
3	1							
	2							
	3							
	4							
	5							
	6							

数据处理

(1) 计算第 k 级明纹的衍射角：$\varphi_k = \dfrac{1}{4}[(\alpha_k + \beta_k) - (\alpha'_k + \beta'_k)]$.

(2) 根据式(3-5-1)计算光栅常量：$\overline{d}_k = \dfrac{k\lambda}{\sin \overline{\varphi}_k}$，$\overline{d} = \dfrac{\sum\limits_{k=1}^{3} \overline{d}_k}{3}$.

(3) 计算不确定度：简化处理，以 $k=1$ 时的 $u_C(d_1)$ 近似表示.

$$\Delta_{仪}=1'=2.908\times10^{-4}\ \text{rad},\quad u_C(d_1)=\frac{\cos\overline{\varphi}_1}{\sin^2\overline{\varphi}_1}\lambda u_C(\varphi_1).$$

(4) 写出结果表达式：$d=\overline{d}\pm U(d_1)$.

注意事项

(1) 分光计是较精密的光学仪器，应按照要求进行调节和使用，以免损坏仪器.

(2) 取光学元件（平面镜、衍射光栅）时要轻拿轻放，严防失手摔碎，勿用手触摸其光学表面.

预习思考题

(1) 分光计的调节要求有哪些？

(2) 调节望远镜至适合观察平行光时，目镜视场中看到的绿“十”字反射像和分划板上的叉丝应满足什么要求？当不满足要求时应如何调节？

(3) 望远镜的光轴与分光计的中心轴不垂直时，应如何调节？

讨论思考题

用式(3-5-1)测定光栅常量 d 的条件是什么？

3.5.3 三棱镜顶角与折射率的测量

实验目的

(1) 熟悉分光计的调节与使用方法.

(2) 掌握三棱镜顶角的测量方法.

(3) 学习用最小偏向角测量三棱镜折射率的原理和技能.

实验原理

1. 三棱镜顶角的测量

分光计是用来准确测量光线偏转角的仪器，利用望远镜可测出垂直于顶角两侧面的两条光线的夹角，从而确定顶角；也可采用平行光管发出的平行光对着顶角入射，用望远镜测出两反射光的方向来测量顶角.

2. 用最小偏向角测定三棱镜折射率

如图3-5-10所示，α 为三棱镜顶角，δ 为入射光线与出射光线的夹角，称为偏向角. 偏向角 δ 的大小与入射角 i_1 有关，改变入射角 i_1，δ 可出现极小值 $\delta_{\min}$，称 $\delta_{\min}$ 为最小偏向角. 此时，$i_1=i_2=\dfrac{\delta_{\min}+\alpha}{2}$，由折射定律，可得三棱镜的折射率为

$$n=\frac{\sin\dfrac{\delta_{\min}+\alpha}{2}}{\sin\dfrac{\alpha}{2}}.\tag{3-5-2}$$

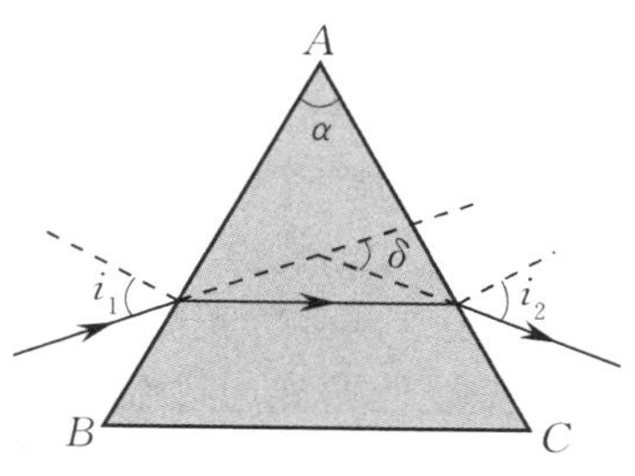

图3-5-10 单色光经三棱镜折射

实验仪器

JJY 型分光计，平面镜，钠光灯，三棱镜.

实验要求

(1) 确定一种测量三棱镜顶角的方法,写出测量原理与顶角的计算公式,画出光路图.

(2) 说明确定最小偏向角的实验方法.

(3) 拟定实验步骤.

(4) 复习分光计的调节与使用方法.

拓展阅读

[1] 丁慎训,张连芳. 物理实验教程[M]. 2版. 北京:清华大学出版社,2002.

[2] 蒋卫建,方本民,陈宇川. 分光计实验中光栅位置倾斜对测量谱线波长的影响[J]. 大学物理,2011,30(3):34-37,58.

[3] 张艳亮,周明东. 用分光计研究三棱镜的色分辨本领[J]. 物理实验,2007,27(9):36-37.

3.6 旋光现象及其应用

引言

旋光现象是指一束线偏振光在介质中传播时其振动面发生旋转的现象,它由法国物理学家阿拉戈于1811年发现,当时的传播介质为石英晶体. 1815年,法国物理学家毕奥在酒石酸中也发现了相同的现象. 旋光仪是测定物质旋光度的仪器,通过对物质的旋光度进行测定,可以分析和检测物质的浓度、含量和纯度等. 物质的旋光测定已广泛应用于制糖、制药、食品、香料、化工、石油等领域的工业生产及科研、教学部门.

实验目的

(1) 了解并观察线偏振光通过旋光物质的旋光现象.

(2) 了解旋光仪的结构、工作原理及使用方法.

(3) 学会用旋光仪测糖溶液的旋光率和浓度.

实验原理

1. *旋光现象和旋光物质*

线偏振光通过某些透明物质时,其振动面以光的传播方向为轴线旋转一定角度的现象称为旋光现象. 凡能使线偏振光产生旋光现象的物质称为旋光物质,例如某些晶体(如石英),线偏振光沿其光轴方向入射会产生旋光现象. 这种旋光性取决于晶体的结晶构造,所以在晶形消失后(如石英熔融后),旋光性也就消失了. 许多有机化合物,如石油、葡萄糖、蔗糖等,由于其分子结构中所含的不对称碳原子,也具有旋光性,这些有机化合物的各种物态都具有旋光性,其溶液很容易观察到旋光现象.

按线偏振光通过旋光物质时其振动面旋转方向的不同,可以将旋光物质分为两类:观察者迎着光线观察,若其振动面逆时针方向旋转,则其旋光性为左旋,这种旋光物质称为左旋物质;若其振动面顺时针方向旋转,则其旋光性为右旋,这种旋光物质称为右旋物质.

2. *旋光度、旋光率*

实验证明,入射线偏振光的振动面旋转的角度不仅与该光的波长有关,还与旋光物质的性质和厚度有关. 线偏振光振动面所旋转的角度称为旋光度,其大小可用下式表示:

$$\varphi = \alpha d, \tag{3-6-1}$$

式中 d 为旋光物质的厚度;α 称为旋光率,与旋光物质的性质及入射光的波长有关.

对于旋光溶液,如蔗糖、葡萄糖、松节油等有机化合物的溶液,旋光度 φ 可由下式表示:

$$\varphi = \alpha CL, \tag{3-6-2}$$

式中 C 为旋光溶液的浓度,单位为 g/cm^3;L 为旋光溶液的长度,单位为 dm;α 为该溶液的旋光率,单位为(°)·cm^3/(dm·g).

旋光率在数值上等于线偏振光通过单位长度(1 dm)单位浓度(1 g/cm^3)的旋光溶液后引起振动面旋转的角度.

实验表明,同一旋光物质对不同波长的光有不同旋光率;在一定温度下,物质的旋光率与入射光波长 λ 的平方成反比:$\alpha \propto 1/\lambda^2$. 由此式可知,旋光率随入射光波长的减小而迅速增大. 例如,红光、钠黄光、紫光通过 1 mm 厚的石英片时,其振动面旋转的角度分别为 15.0°,21.7°,51.0°. 这种旋光度随入射光波长而变化的现象称为旋光色散. 由于存在旋光色散,通常统一采用钠黄光($\lambda = 589.3$ nm)来测定旋光率.

3. *旋光度的测量*

旋光度可按如下原理进行测量.

如图 3-6-1 所示,由单色光源发出的光经起偏器起偏后成为线偏振光,当把起偏器和检偏器的偏振化方向调到正交时,经过起偏器后的线偏振光不能通过检偏器,这时在检偏器后观察到的视场最暗. 若在正交的起偏器和检偏器之间置入待测旋光溶液的测试管,使线偏振光的振动面发生旋转,根据马吕斯定律,将有部分光线通过检偏器而使视场变亮. 再转动检偏器,可使视场重新变暗. 此时检偏器转过的角度就是单色线偏振光的振动面通过待测旋光溶液时被旋转的角度.

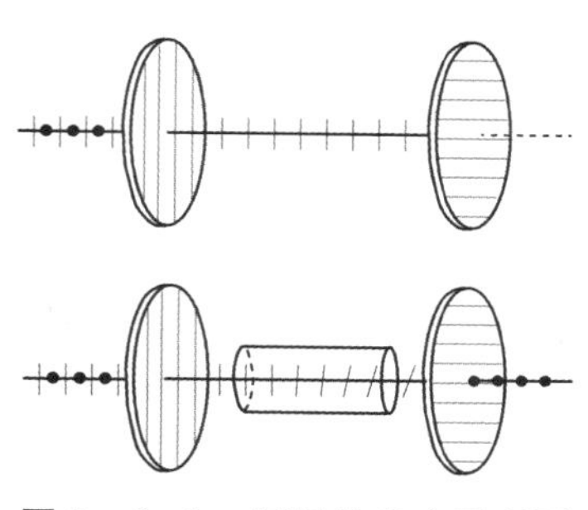

图 3-6-1　测量旋光度原理图

因为人眼难以精确判断视场明暗的微小变化,所以精确的测量多采用半荫法. 该方法不用判断视场是否最暗,只需比较视场中两相邻区域的亮度是否相等,因此测量的精度大为提高.

专门用来测旋光度的仪器 —— 旋光仪,就是采用半荫结构. 其主要特点是在起偏器后加了一块特制的双折射晶片 —— 半波片. 此半波片与起偏器的一部分在视场中是重叠的,将视场分为三个区域,称作三分视场,如图 3-6-2 所示. 在半波片旁装有玻璃片,以补偿半波片产生的光强变化,使通过 a,b 区域射到检偏器的光亮度相同. 这样由单色光源发出的光经起偏器后成为线偏振光. 如图 3-6-3 所示,其中一部分光通过玻璃片(a 区域)后到达检偏器,振动方向不变,设此振动方向为 OA. 另一部分光要通过半波片(b 区域)后才能到达检偏器,这部分线偏振光在通过半波片后振动方向旋转了一个角度,设其振动方向为 OA'. 当半波片的光轴与起偏器偏振化方向的夹角为 θ 时(θ 通常仅几度),该旋转角度为 2θ,即 OA 和 OA' 的夹角为 2θ. 从检偏器后的目镜中观察,两部分视场通常有明暗区别. 旋转检偏器,使其偏振化方向 NN' 改变,视场中 a,b 区域的明暗随之交替改变,有 4 种典型的情况,图 3-6-3 中画了 a,b 区域线偏振光经过检偏器后其 NN' 方向的分量相应变化的情况. 图中 A_N,A'_N 表示 OA,OA' 在 NN' 方向的分量,其大小可反映检偏器后的视场中 a,b 区域的明暗程度.

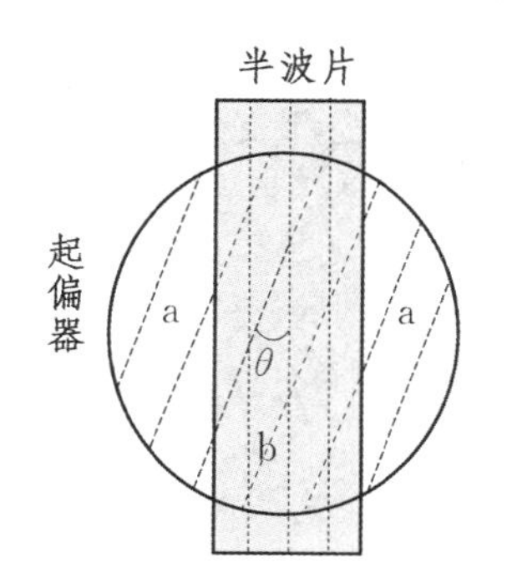

图 3-6-2　半波片的安装方式

(1) 当 $A_N > A'_N$ 时,在检偏器后的视场中,半波片所在的 b 区域为暗区,而玻璃片所在的 a 区域为亮区. 当 $NN' \perp OA'$ 时,b 区域最暗,a,b 区域的明暗反差较大,如图 3-6-3(a) 所示.

(2) 当 $A_N = A'_N = OA\sin\theta$ 时,视场中 a,b 两区域的亮度相同,区域的边界线消失,使整个视场明暗一致,并且较暗,如图 3-6-3(b) 所示,该视场称为零度视场.

(3) 当 $A_N < A'_N$ 时，视场中半波片所在的 b 区域为亮区，而玻璃片所在的 a 区域为暗区. 当 $NN' \perp OA$ 时，a 区域最暗，b，a 两区域的明暗反差最大，如图 3-6-3(c) 所示.

(4) 当 $A_N = A'_N = OA\cos\theta$，即 $NN' \perp AA'$ 时，视场中 a，b 两区域的亮度相同，区域的边界线消失，整个视场较亮，如图 3-6-3(d) 所示.

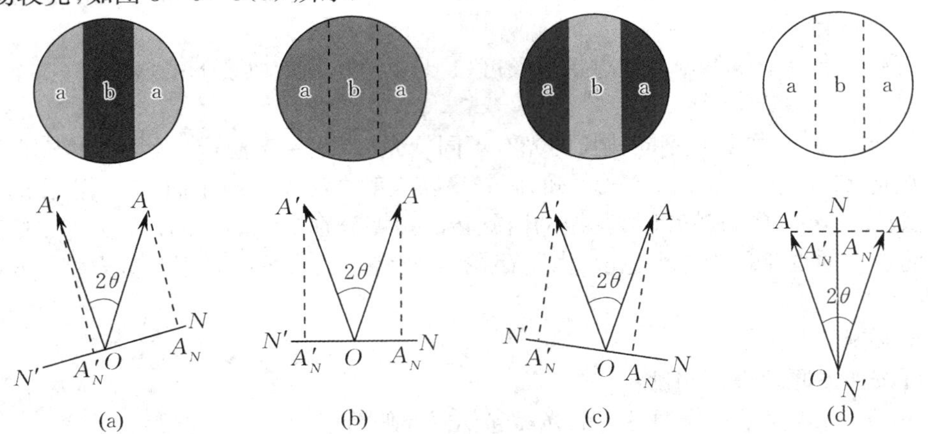

图 3-6-3　转动检偏器时，目镜中视场的明暗变化图

相对来说，人们对于弱光视场亮度的变化比较敏感. 图 3-6-3(b) 所示状态，视场亮度较弱，人眼的鉴别力强，在此情况下，只要 NN' 稍有偏转(旋转检偏器)，人们感觉两区域之一明显变亮，而另一区域明显变暗. 因此，通常选图 3-6-3(b) 所示的视场作为标准视场进行调节. 将调准后的 NN' 所指的角位置记下，之后，将装有旋光溶液的试管放进旋光仪中，通过起偏器和半波片(或玻璃片)的两束线偏振光都通过试管. 那么它们的振动面会被旋光溶液旋转相同的角度 φ，并保持两振动面的夹角 2θ 不变，此时转动检偏器，使视场仍回到图 3-6-3(b) 所示的状态，则检偏器转过的角度即为被测溶液的旋光度 φ.

实际工作中常常通过测旋光溶液的旋光度来确定该溶液的浓度 C. 由式(3-6-2)可知，若已知溶液的旋光率 α 和试管长度 L，测出旋光度 φ 后，就可以确定浓度 C.

实验仪器

旋光仪，长度相同的糖溶液测量管 5 支(其中 4 支分别装有已知浓度的糖溶液，1 支装有未知浓度的糖溶液).

旋光仪的结构如图 3-6-4 所示，半波片 4 将视场分为三分视场.

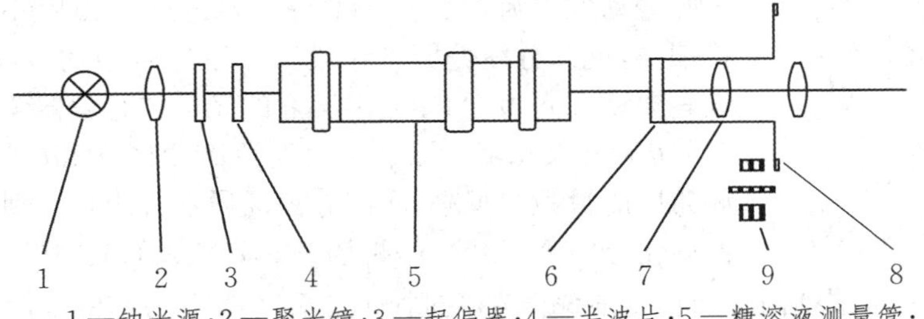

1—钠光源；2—聚光镜；3—起偏器；4—半波片；5—糖溶液测量管；
6—检偏器；7—物、目镜组；8—游标度盘；9—检偏器转动手轮

图 3-6-4　旋光仪结构图

实验内容

首先，测出 4 种已知浓度(C_i)的糖溶液的旋光度 φ_i，再测出未知浓度的糖溶液的旋光度 φ_x. 利用

4组 C_i,φ_i 值,在坐标纸上作 $\varphi-C$ 直线,并在直线上取两点计算出直线的斜率.由式(3-6-2)可知,$\varphi-C$ 直线的斜率为 αL,由此可确定糖溶液的旋光率(注意使用的单位).

在 $\varphi-C$ 直线上找出与 φ_x 对应的 C_x,此值即为未知浓度的糖溶液的浓度.

实验步骤如下:

(1) 接通电源开关,约 5 min 后钠光灯发光正常.

(2) 调节旋光仪的目镜,使视场中的 a,b 区域及分界线清晰.转动检偏器,观察并熟悉视场明暗变化的规律.

(3) 熟悉角游标尺的读数方法,记录仪器误差.

(4) 检查仪器零位是否准确,即在未放测量管时,将旋光仪调到图 3-6-3(b) 所示的状态,看到视场两部分亮度均匀时,记下刻度盘上左右两游标窗口上的相应读数,作为零位读数.

(5) 将盛满已知浓度(共4种)和未知浓度(1种)的糖溶液测量管依次放进旋光仪中.

① 重调目镜使 a,b 区域及分界线清晰;

② 旋转检偏器找到零度视场,即图 3-6-3(b) 所示视场,从左右两游标窗口记下相应的角度,将数据填入表 3-6-1.

(6) 由线偏振光振动面旋转的方向确定物质的旋光性(左旋还是右旋).

(7) 利用已知的 C_i 和测出的 φ_i 作图,确定糖溶液的旋光率.

(8) 从所作的图线上查找出待测糖溶液的浓度.

数据处理

溶质:葡萄糖(α-D-Glucose).

测量管长度 $L=$ ________ dm,入射光波长 = ________ nm,室温 $t=$ ________ ℃.

线偏振光偏振面的旋转方向为________.

表 3-6-1 旋光度测量数据记录表

糖溶液浓度 $C_i/(\mathrm{g/cm^3})$												
	零位读数 φ_0		游标读数 φ_1		游标读数 φ_2		游标读数 φ_3		游标读数 φ_4		游标读数 φ_x	
	左	右	左	右	左	右	左	右	左	右	左	右
1												
2												
3												
4												
$\overline{\varphi}_i$												
旋光度 $\varphi_i=\overline{\varphi}_i-\overline{\varphi}_0$												

(1) 利用已知的 C_i 和测出的 φ_i,以 C 为横坐标,φ 为纵坐标在坐标纸上作出 $\varphi-C$ 直线.

(2) 在 $\varphi-C$ 直线上取两点,计算其斜率,并由此得到糖溶液的旋光率 α(不必估计误差):

$$\alpha = \underline{\qquad\qquad}(^\circ)\cdot \mathrm{cm^3/(dm\cdot g)}.$$

(3) 由线偏振光偏振面的旋转方向确定糖溶液的旋光性为________旋.

(4) 由测出的 φ_x 和 $\varphi-C$ 直线确定待测糖溶液的浓度为 $C_x=$ ________(不必估计误差).

注意事项

(1) 如果测量管中已有气泡,应使气泡处于测量管凸起处.

(2) 测量管两端的透明窗应擦净后才可装入旋光仪.

(3) 操作中请将测量管放妥,避免将其摔碎.

(4) 仪器电源不要反复连续地开关,若钠光灯熄灭,需停几分钟后再开.

预习思考题

(1) 旋光仪的结构有什么特点?图 3-6-3 中的 OA,OA',NN',A_N,A'_N各代表什么?

(2) 测量旋光仪的零位读数时,通常选图 3-6-3 中哪个图所对应的位置?为什么?

(3) 作图法处理数据有何优点?有哪些基本要求?

讨论思考题

放置糖溶液测量管前后,通过旋光仪目镜所观察到的视场为什么在清晰程度上有差别?能否调清晰?

拓展训练

(1) 测定蔗糖水解反应的速率常数.

(2) 测定小麦种子中蛋白质和淀粉的含量.

3.7 模拟静电场

引言

静电场的分布取决于电荷的分布. 了解带电体周围静电场的分布在科学研究和工程技术中有着重要的作用. 例如,对于示波器、显像管、离子加速器等真空物理装置,中心问题是要设计和制造出比较满意的电极系统,使它产生和形成的电场便于电子(离子)束的加速、聚焦和偏转. 设计和制造电极系统必须对电极系统及其产生的电场的分布进行充分研究.

电场可以用电场强度 $\boldsymbol{E}$ 和电势 U 的空间分布来描述,由于标量在计算和测量上比矢量简单得多,常用电势的分布来描绘静电场. 由于静电场中没有电荷的移动,直接对静电场进行测量十分困难. 除静电式仪表之外的大多数仪表,如有电流才有指示的磁电式仪表,均不能用于静电场的直接测量. 而静电式仪表的探针在静电场中会产生感生电荷,使原电场产生畸变. 为克服这些问题,通常采用稳恒电流场模拟静电场的方法,即测量出与静电场对应的稳恒电流场的电势分布,从而确定静电场的电势分布.

实验目的

(1) 掌握模拟法的概念,学习用模拟法测绘静电场的方法.

(2) 通过对静电场分布的研究,加强对电场强度和电势的了解.

实验原理

1. 稳恒电流场模拟静电场的理论根据

本实验采用均匀导电介质中的稳恒电流场来模拟真空中的静电场,因为它们具有相似性. 这两种场可以分别用两组对应的物理量来描述,这两组物理量遵循数学形式上相同的物理规律(参见表 3-7-1). 例如,这两种场中都有电势的概念,都遵守高斯定理和环路定理等,它们在边界面上也满足相同类型的边界条件. 当稳恒电流场中的电极与静电场中的导体有相同的形状和位置,并且有相同的电势差时,如图 3-7-1 所示,则在稳恒电流场中 P' 点处的电势 U' 将和对应静电场 P 点处的电

势 U 相同. 如果测量出稳恒电流场中 P' 点处的电势，则相应静电场中 P 点处的电势 U 将和 U' 相同，即两者有相同的电势分布. 由于稳恒电流场的电势可用电压表测得，因此我们可以通过测量稳恒电流场的电势来求出所模拟的静电场的电势分布.

表 3-7-1　静电场与稳恒电流场的对比

静电场 $\boldsymbol{E}$	稳恒电流场 $\boldsymbol{E}'$
电势 U	电势 U'
静电场电场强度与电势的关系 $\boldsymbol{E}=-\frac{\partial U}{\partial n}\boldsymbol{n}$	稳恒电流场电场强度与电势的关系 $\boldsymbol{E}'=-\frac{\partial U'}{\partial n}\boldsymbol{n}$
电位移 $\boldsymbol{D}=\frac{\mathrm{d}q}{\mathrm{d}S_{\perp}}\boldsymbol{n}=\varepsilon\boldsymbol{E}$	电流密度 $\boldsymbol{J}=\frac{\mathrm{d}I}{\mathrm{d}S_{\perp}}\boldsymbol{n}=\sigma\boldsymbol{E}'$
（无荷区）$\frac{\partial^2 U}{\partial x^2}+\frac{\partial^2 U}{\partial y^2}+\frac{\partial^2 U}{\partial z^2}=0$ $\oiint \varepsilon\boldsymbol{E}\cdot\mathrm{d}\boldsymbol{S}=0$ $\oint \boldsymbol{E}\cdot\mathrm{d}\boldsymbol{l}=0$	（无源区）$\frac{\partial^2 U'}{\partial x^2}+\frac{\partial^2 U'}{\partial y^2}+\frac{\partial^2 U'}{\partial z^2}=0$ $\oiint \sigma\boldsymbol{E}'\cdot\mathrm{d}\boldsymbol{S}=0$ $\oint \boldsymbol{E}'\cdot\mathrm{d}\boldsymbol{l}=0$

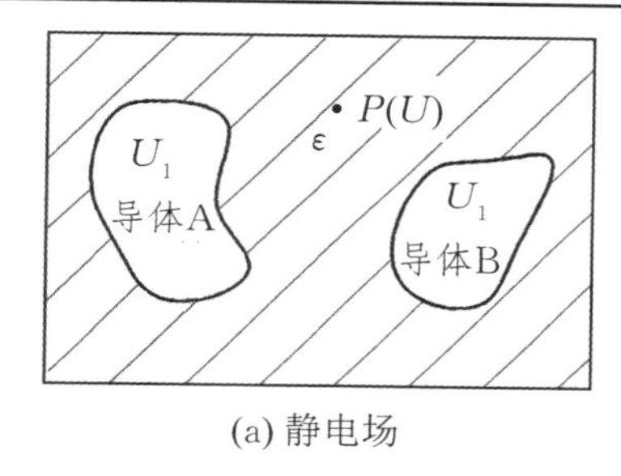

(a) 静电场

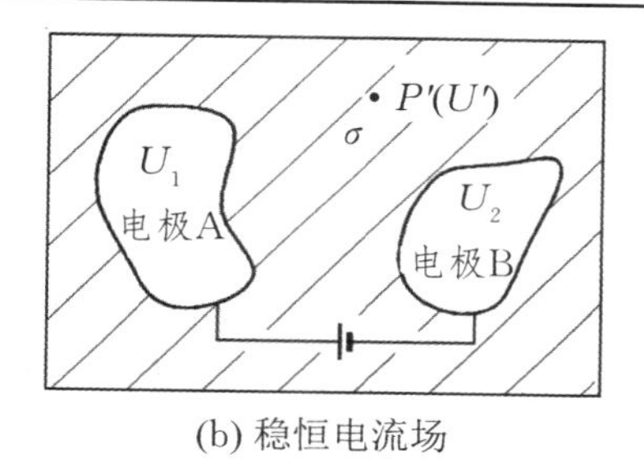

(b) 稳恒电流场

图 3-7-1　静电场与稳恒电流场的比较

2. 模拟场要满足的条件

为了增强稳恒电流场的电势分布与所模拟静电场的电势分布的相似性，应保证以下实验条件：

(1) 模拟真空或空气中的静电场分布，要选用电阻均匀且各向同性的导电材料作为稳恒电流场的导电介质（如自来水或导电纸，现用微晶导电层）.

(2) 制作电极的金属材料的电导率必须比导电介质的电导率大得多，以致可以忽略金属电极上的电势降落，保证稳恒电流场中的电极尽量接近等势体.

(3) 电源电压必须稳定，使电极电势稳定.

(4) 电极形状可以利用场的对称性加以简化，例如对于具有轴对称的电场，只要测量其中任何一个垂直于轴的横截面的径向电势分布就行了.

3. 实例说明

(1) 用嵌于微晶导电层的金属电极模拟无限长同轴圆柱形电缆的静电场.

现以同轴圆柱形电缆电极（无限长同轴圆柱形电极）为例，来研究这两种场的电势分布规律及相似性.

在同轴圆柱形电缆的静电场中，等势面是圆柱面，现截取一垂直于轴的任意横截面，如图 3-7-2(b) 所示，等势线是一些围绕中心轴的圆. 由高斯定理可知，某点处的电场强度 E_r 与该点距轴心的距离 r 成反比，即

$$E_r=-\frac{\mathrm{d}U_r}{\mathrm{d}r}=-\frac{c}{r},$$

积分后可得 $U_r=c\ln r+c'$.

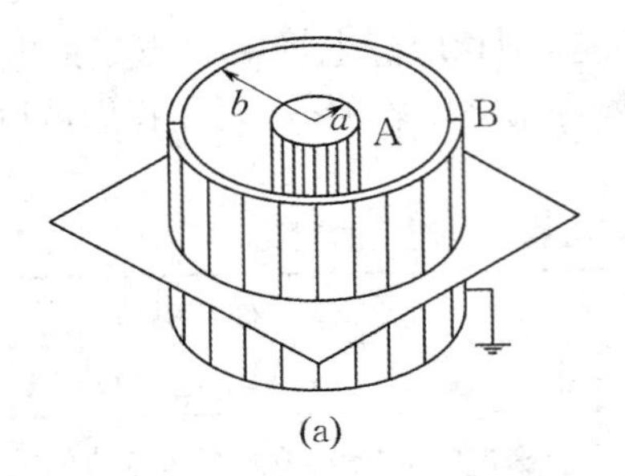

(a)

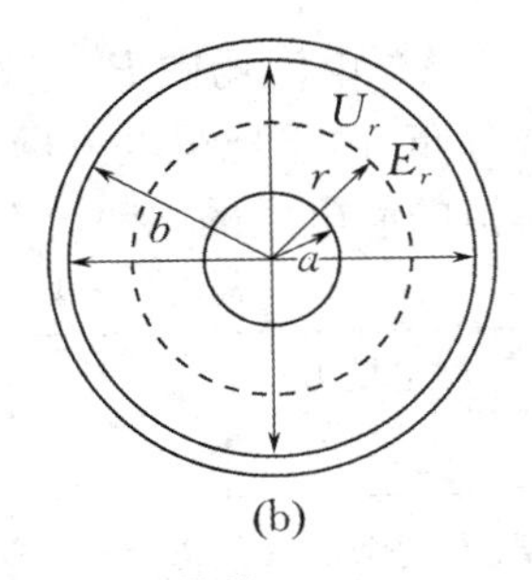

(b)

图 3-7-2　同轴圆柱形电缆电极及其横截面

若电缆芯的半径为 a，圆环内半径为 b，其边界条件为：$r=a, U_a=U_0$；$r=b, U_b=0$. 由此可解得

$$c=\frac{U_0}{\ln a-\ln b},\quad c'=\frac{\ln b}{\ln b-\ln a}U_0,$$

所以

$$U_r=U_0\frac{\ln r-\ln b}{\ln a-\ln b}=U_0\frac{\ln\frac{b}{r}}{\ln\frac{b}{a}},\tag{3-7-1}$$

$$E_r=-\frac{\mathrm{d}U_r}{\mathrm{d}r}=\frac{U_0}{\ln\frac{b}{a}}\cdot\frac{1}{r}.\tag{3-7-2}$$

用嵌于微晶导电层的金属电极模拟以上静电场，其横截面及模拟电极如图 3-7-2 所示，电极 A 和 B 之间布满不良导体（导电微晶）. A，B 分别与电源的正、负极相连，可形成由 A 至 B 的径向电流，建立一个稳恒电流场. 设不良导体的厚度为 δ，电阻率为 ρ，则从半径为 r 的圆周到半径为 $r+\mathrm{d}r$ 的圆周之间的不良导体薄片的径向电阻为

$$\mathrm{d}R_r=\rho\frac{\mathrm{d}r}{2\pi r\delta}=\frac{\rho}{2\pi\delta}\frac{\mathrm{d}r}{r}.$$

对上式进行积分，可得半径从 r 到 b 之间的不良导体的径向电阻为

$$R_{rb}=\frac{\rho}{2\pi\delta}\int_r^b\frac{\mathrm{d}r}{r}=\frac{\rho}{2\pi\delta}\ln\frac{b}{r}.$$

由此可知，两电极之间的不良导体的径向电阻为

$$R_{ab}=\frac{\rho}{2\pi\delta}\ln\frac{b}{a}.$$

当两电极之间的电压恒定时，稳恒电流场的电流线是径向直线，根据电流的连续性可知，同半径的任意圆环上，各点电流相等. 此时的边界条件为 $U_a=U_0, U_b=0$，则

$$I=\frac{U_a-U_b}{R_{ab}}=\frac{U_0}{R_{ab}}=U_0\frac{2\pi\delta}{\rho\ln\frac{b}{a}},$$

距轴心为 r 处的电势为

$$U_r=IR_{rb}=U_0\frac{\ln\frac{b}{r}}{\ln\frac{b}{a}},\tag{3-7-3}$$

$$E'_r=-\frac{\mathrm{d}U_r}{\mathrm{d}r}=\frac{U_0}{\ln\frac{b}{a}}\cdot\frac{1}{r}.\tag{3-7-4}$$

比较式(3-7-1),(3-7-2)与式(3-7-3),(3-7-4),稳恒电流场E'与静电场E具有等效性,可以用稳恒电流场来模拟静电场.

由式(3-7-3),可得

$$r = b\left(\frac{a}{b}\right)^{\frac{U_r}{U_0}}. \tag{3-7-5}$$

本实验将验证式(3-7-5).

(2) 用聚焦电极和加速电极模拟聚焦电场.

能使电子束聚焦于一点的静电场装置,在电子光学里称为静电透镜.像光束通过凸透镜聚焦成一个亮点一样,静电透镜的作用是使电子束通过一个聚焦电场,改变其运动轨迹,汇聚于一点,从而在荧光屏上得到一个又亮又小的光斑.示波管和电子显微镜装置通常要用到静电透镜.在设计时,常用聚焦电极和加速电极模拟聚焦电场,以获得最佳的电极结构参数.

电子枪内,常用聚焦电极F_A与加速电极A_2组成一个静电透镜(也称双圆筒透镜),如图3-7-3所示.下面简要分析它的作用原理.

首先考虑电子在静电场中的折射,如图3-7-4所示,设电子在电场中通过某个等势面,当它离开这个等势面时,其速度大小从入射速度v_1变到$v_2(v_2 > v_1)$.当电子通过等势面时,只有沿等势面的法线(电场线)方向的速度分量v_n会受到影响,而沿等势面切线方向的速度分量v_t不受影响,因此可以画出图示的速度三角形.由图可得

$$v_t = v_1 \sin\theta_1 = v_2 \sin\theta_2$$

或

$$\frac{v_1}{v_2} = \frac{\sin\theta_2}{\sin\theta_1}.$$

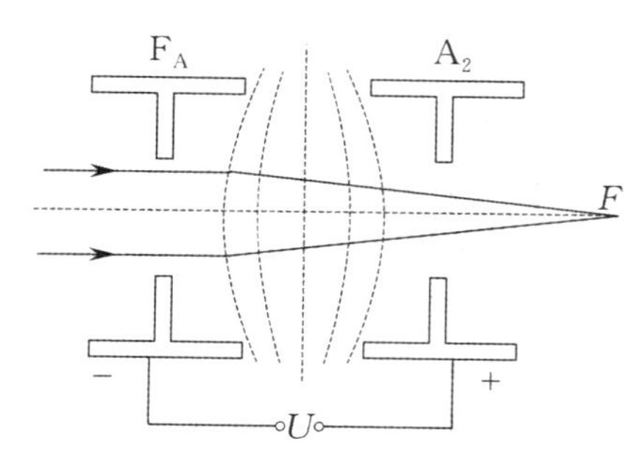

图3-7-3 聚焦电场示意图

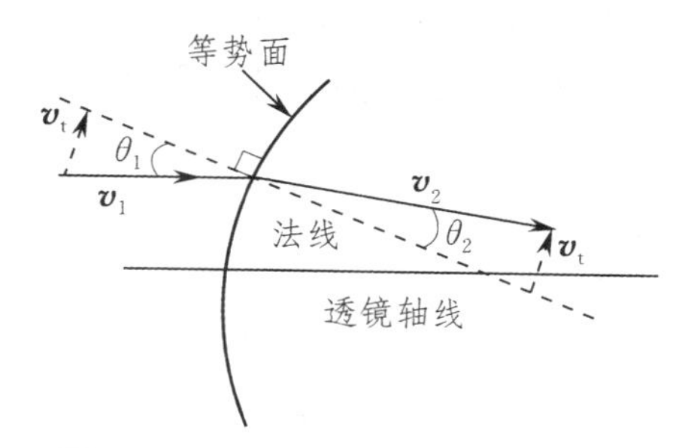

图3-7-4 电子在静电场中的折射

可见,当电子通过等势面时,减速电子将会偏离等势面的法线,而加速电子将会向等势面的法线靠拢.

若在图3-7-3所示的聚焦电极F_A和加速电极A_2之间加上一个可调节的电势差U,所加的电场使电子加速,因此在如图所示情形中,电子都被折向等势面的法线.静电透镜的聚焦作用实际上包括聚焦电极F_A内的等势面对电子束的会聚作用以及加速电极A_2内的等势面对电子束的发散作用.因为加速电势差U使电子的速度增加,电子在A_2发散场中经历的时间短,因此,发散作用小于会聚作用.这样,电子束就能聚焦于电极轴线上的某点F,称该点为焦点.改变F_A和A_2之间的电势差U,可以改变两电极内的等势面形状,从而改变焦点位置,即焦点F的位置是电势差U的函数.

实验仪器

GVZ－3型静电场描绘仪(或DZ－2型静电场描迹仪，见附录)，其结构如图3－7－5所示.

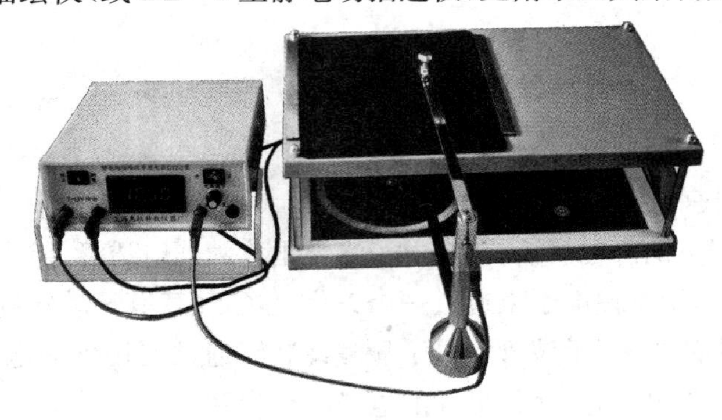

图3－7－5 GVZ－3**型静电场描绘仪**

描绘板由平行的下层底板和上层平台构成.模拟电极嵌入下层底板的微晶导电层中，上层平台安放记录(坐标)纸.双臂探针的下臂探针用于探测电势，上臂探针用于描点，探针架平移时，两探针的轨迹曲线相同.下臂探针与电极之间的微晶导电层接触，检测出接触点处的电势，并由电压表读出，轻按上臂探针可以在记录纸上打出小孔.将电势相同的一系列小孔连接起来就成为一条等势线.

实验内容

以下操作仅针对GVZ－3型静电场描绘仪(DZ－2型静电场描迹仪的操作见附录).

1.描绘同轴圆柱形电缆电极横截面上的电场分布图

(1)打开电源开关，校正输出电压为10.00 V.

(2)移动探针架，使下臂探针能自然落入中心电极的“+”字螺钉坑中.

(3)取一张大小适度的记录纸放在上层平台上，纸的中心点位于上臂探针下，用磁条将纸压好.

(4)校正－测量开关选“测量”，移动双臂探针，在记录纸上扎出电势为1.00 V，3.00 V，5.00 V，7.00 V(或2.00 V，4.00 V，6.00 V，8.00 V)的若干个孔，同一等势线上的打孔数不低于8个，且大致呈均匀对称分布.

2.描绘聚焦电极与加速电极横截面上的电场分布图

操作方法与实验内容1相同.将两对电极之间的电势差调为6.00 V，依次描出1.00 V，2.00 V，3.00 V，4.00 V，5.00 V的等势线.

数据处理

1.描绘同轴圆柱形电缆电极横截面和聚焦电极与加速电极横截面上的电场分布图

(1)在记录了等势点的记录纸上画出电极.

(2)将记录的各等势点用虚线连成光滑的等势线，标出电势值.

(3)根据电场线与等势线正交的关系，从正极出发，以适当的密度(疏密对应于场强的大小)用实线绘出电场线分布图，标出方向.

2.同轴圆柱形电缆电极电场各等势线半径的实验值与理论值比较

(1)由式(3－7－5)计算出所描各等势线半径的理论值，记入表3－7－2.

(2)在各等势线上选取数条直径，根据直径的平均值，算出各等势线的半径$\bar{r}_{实}$，记入表3－7－2.

(3) 将各等势线半径的实验值与理论值进行比较,计算相对误差.

表 3-7-2　各等势线半径的实验值与理论值数据记录表

GVZ-3型	$U_0 = 10.00$ V, $a = 1.0$ cm, $b = 7.0$ cm				
	等势线电势 U_r/V	1.00	3.00	5.00	7.00
DZ-2型	$U_0 = 5.00$ V, $a = 0.5$ cm, $b = 5.0$ cm				
	等势线电势 U_r/V	1.00	2.00	3.00	4.00
$r_{理}$ /cm					
$\bar{r}_{实}$ /cm					
$\lvert \bar{r}_{实} - r_{理} \rvert / r_{理}$					

注意事项

(1) 打等势点时探针应做平动.

(2) 等势线急弯处,记录点应密集一些,以免连线困难,减小描绘误差.

(3) 应经常检查电源输出电压值是否保持在所需大小.

(4) 不要将水洒到实验桌上,以免造成仪器漏电.

(5) 水槽电极应接近水平,否则其中自来水的电阻不均匀.

预习思考题

(1) 如何理解模拟法? 它的适用条件是什么?

(2) 能否直接用直流电压表对静电场进行测量? 为什么?

(3) 用稳恒电流场模拟静电场的实验条件有哪些?

讨论思考题

(1) 分析实验曲线出现变形和存在误差的原因.

(2) 为什么导电介质的电阻率要远大于电极的电阻率?

拓展阅读

[1]　谢国恩. 关于用稳恒电流场模拟静电场的对应条件问题[J]. 物理实验,1982,2(3):110-112,107.

[2]　赵燕萍. 静电场描绘实验的误差解析[J]. 上海师范大学学报(自然科学版),2007,36(4):54-57.

附录

DZ-2型静电场描迹仪

仪器装置结构如图3-7-6所示,包括水槽电极、描绘板、探针手柄、电源和电压表.

描绘板由平行的下层底板和上层平台构成. 模拟电极槽插入下层底板中,上层平台安放记录纸,下层的探针用于探测电势,上层的记录针用于描点,探针架平移时,两针的轨迹曲线相同. 下层的探针与电极之间的自来水接触,检测出接触点处的电势,并由电压表读出,轻按上层的记录针可以在记录纸上打出小孔. 将电势相同的一系列小孔连接起来就成了一条等势线.

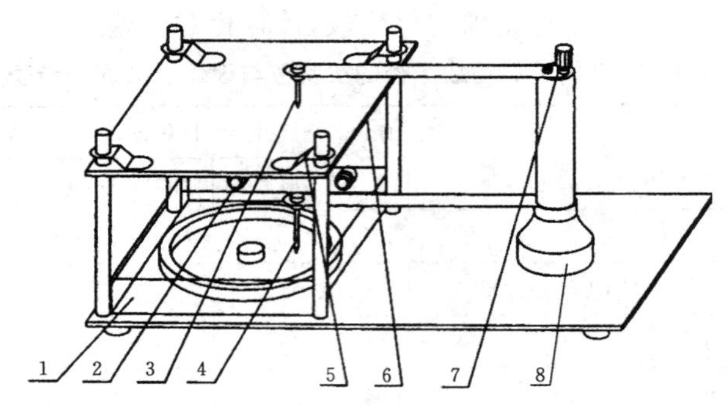

1— 电极槽；2— 电极接线柱；3— 记录针；4— 探针；
5— 纸夹；6— 载纸板；7— 探针接线柱；8— 探针座

图 3-7-6 DZ-2 型静电场描迹仪

1. 描绘同轴圆柱形电缆电极横截面上的电场分布图

(1) 向同轴圆柱形电缆电极之间注入自来水，水深不超过电极高度. 再将其插入静电场描迹仪的下层底板中，按图 3-7-7(a) 所示连接好电路.

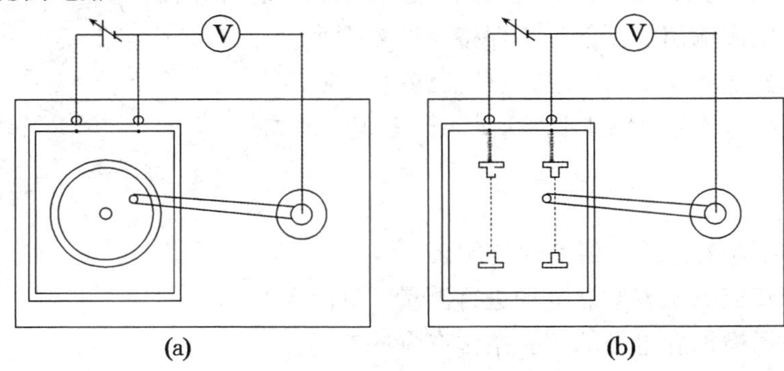

图 3-7-7 接线图

(2) 将探针压在内电极表面上，调节电源的输出电压，使内电极的电势为 5.00 V.

(3) 取一张大小适度的记录纸放在载纸板上，用纸夹将纸固定好.

(4) 将探针轻靠电极，描出两电极边缘处的若干点. 描点过程中不要碰动水槽.

(5) 依次打出电势为 1.00 V，2.00 V，3.00 V，4.00 V 的若干个孔，每根等势线上的打孔数不少于 10 个，且大致呈均匀对称分布.

2. 描绘聚焦电极与加速电极横截面上的电场分布图

按图 3-7-7(b) 所示连接好电路，操作方法与上述 1 相同. 先描出两对电极，将两对电极之间的电势差调到 6.00 V，依次描出 1.00 V，2.00 V，3.00 V，4.00 V，5.00 V 的等势线.

3.8 示波器的使用

引言

示波器是一种用途广泛的电子测量仪器，用它能直接观测电压信号的波形，也能测量电压信号的幅度、周期和频率等参数. 用双踪示波器还可以测量两个电压信号之间的时间差或相位差. 凡是可以转化为电压信号的电学量和非电学量都可以使用示波器进行观测. 示波器是从事电路设计和电子制作人员必不可少的工具，也是从事科学研究的常用仪器.

实验目的

(1) 了解示波器的结构和工作原理.

(2) 学会示波器的使用方法.

实验原理

示波器的基本组成部分有示波管、X 轴放大器、Y 轴放大器、扫描发生器(锯齿波发生器)、触发同步和电源等,其结构方框图如图 3-8-1 所示. 为了适应各种测量的要求,示波器的电路组成是多样而复杂的,这里仅就主要部分做简单介绍.

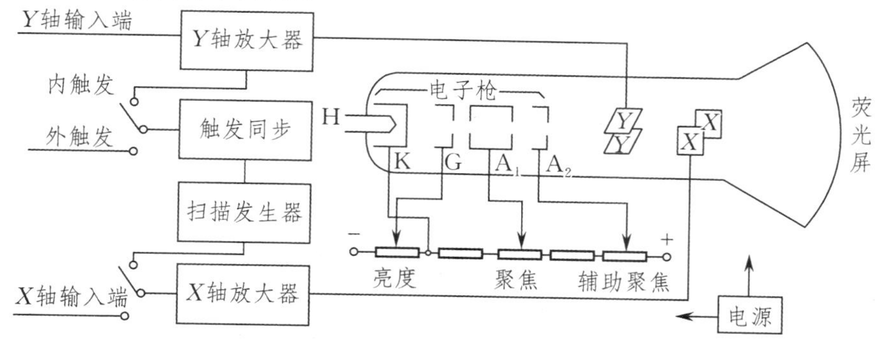

图 3-8-1　示波器结构示意图

1. 示波管的基本结构

如图 3-8-1 所示,示波管主要包括电子枪、偏转系统和荧光屏三部分,全部密封在抽成高真空的玻璃外壳内. 下面分别说明各部分的作用.

(1) 电子枪.

电子枪由灯丝 H、阴极 K、控制栅极 G、第一阳极 A_1、第二阳极 A_2 五部分组成. 灯丝通电后加热阴极. 阴极是一个表面镀有氧化物的金属筒,被加热后发射电子. 控制栅极是一个顶端有小孔的圆筒,套在阴极外面,其电势比阴极低,对阴极发射出来的电子起控制作用,只有初速度较大的电子才能克服控制栅极与阴极之间的电场穿过栅极顶端的小孔,然后在阳极中加速奔向荧光屏. 示波器面板上的辉度调节旋钮就是通过调节控制栅极的电势以控制射向荧光屏的电子流密度,从而改变了荧光屏上的光斑亮度. 阳极电势比阴极电势高很多,电子被它们之间的电场加速形成射线. 当控制栅极、第一阳极、第二阳极之间的电势调节合适时,电子枪内的电场对电子射线有聚焦作用,所以第一阳极也称聚焦阳极. 第二阳极电势更高,对电子射线起加速作用,又称加速阳极. 示波器面板上的聚焦调节旋钮,就是调节第一阳极电势,使荧光屏上的光斑成为明亮、清晰的小圆点. 具有辅助聚焦调节旋钮的示波器,实际是调节第二阳极电势,以进一步调节光斑的清晰度.

(2) 偏转系统.

偏转系统由两对相互垂直的偏转板组成,一对为 Y 轴偏转板,或称垂直偏转板(简称 Y 轴),另一对为 X 轴偏转板,或称水平偏转板(简称 X 轴). 在偏转板上加以适当电压,当电子束通过时,受电场力的作用,其运动方向发生偏转,从而使电子束在荧光屏上产生的光斑位置也发生改变.

由于光斑在荧光屏上偏移的距离与偏转板上所加的电压成正比,因而可将电压的测量转化为荧光屏上光斑偏移距离的测量,这就是示波器测量电压的原理.

(3) 荧光屏.

荧光屏是示波器的显示部分,当加速聚焦后的电子打到荧光屏上时,屏上所涂的荧光粉就会发光,形成光斑,从而显示出电子束的位置. 当电子停止作用后,荧光粉的发光需经一定时间才会停止,称为余辉效应. 不同材料的荧光粉发光的颜色不同,余辉时间也不相同.

2. X,Y 轴放大/衰减器

示波管本身相当于一个多量程电压表,这一作用是靠放大器实现的.由于示波器本身的 X,Y 轴偏转板的灵敏度不够高,当施加到偏转板上的电压信号较小时,电子束不能发生足够的偏转,以至荧光屏上光斑的位移太小,不便观测.为此,设置 X 轴及 Y 轴放大器,预先把小的电压信号加以放大,再加到偏转板上.当输入的电压信号过大时,放大器不能正常工作,甚至受损.因此,在输入端和放大器之间设有衰减器(分压器),将过大的输入电压衰减,以适应放大器的要求.

3. 扫描发生器与波形显示原理

如果仅在 Y 轴上施加一个正弦电压信号,则电子束在荧光屏上产生的光斑将随电压的变化在竖直方向来回运动.当电压频率较高时,由于视觉暂留和余辉效应,看到的是一条垂直亮线,如图 3-8-2 所示.同样,如果仅在 X 轴上施加一个正弦电压信号,则会看到一条水平亮线.

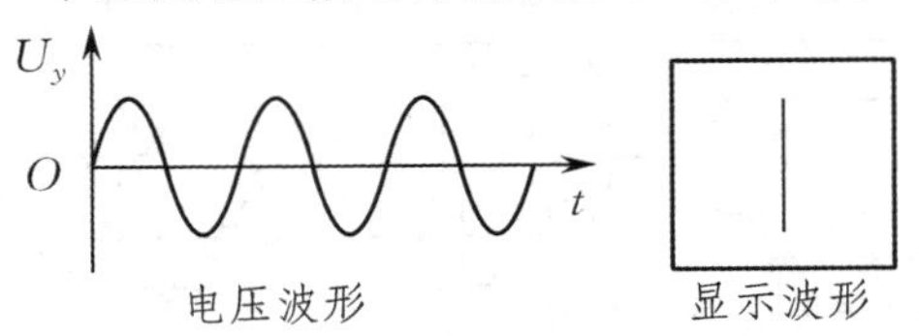

图 3-8-2　只施加竖直偏转电压的情形

要能显示波形,必须在 Y 轴上施加一正弦电压信号的同时在 X 轴上施加一扫描电压信号.扫描电压的特点是电压随时间线性地增加到最大值,然后回到最小值,再重复地变化.这种扫描电压随时间的变化关系形同锯齿,故称为锯齿波电压,如图 3-8-3 所示,它是由扫描发生器产生的.它的作用是使电子束在荧光屏上产生的光斑匀速地由荧光屏的左边移动到右边,然后迅速返回左边,接着又由左边移动到右边 …… 光斑的这种运动称为扫描.

当只有锯齿波电压信号施加到 X 轴上时,如果其频率很低,可以看到光斑在荧光屏上不断重复地从左到右匀速运动.随着频率的升高,光斑运动速度加快.若频率足够高,则荧光屏上显示一条水平亮线.如果在 Y 轴上施加一正弦电压信号,同时在 X 轴上施加锯齿波电压信号,则光斑将在竖直方向做简谐振动的同时还沿水平方向做匀速运动.这两个运动的叠加使光斑的光迹为一正弦曲线.当锯齿波电压和正弦电压周期相同时,荧光屏上将显示出一个完整的 Y 轴所施加电压的波形图,如图 3-8-4 所示.如果锯齿波电压的周期是正弦电压周期的 n(n 为整数) 倍,荧光屏上将显示 n 个完整的正弦波形.

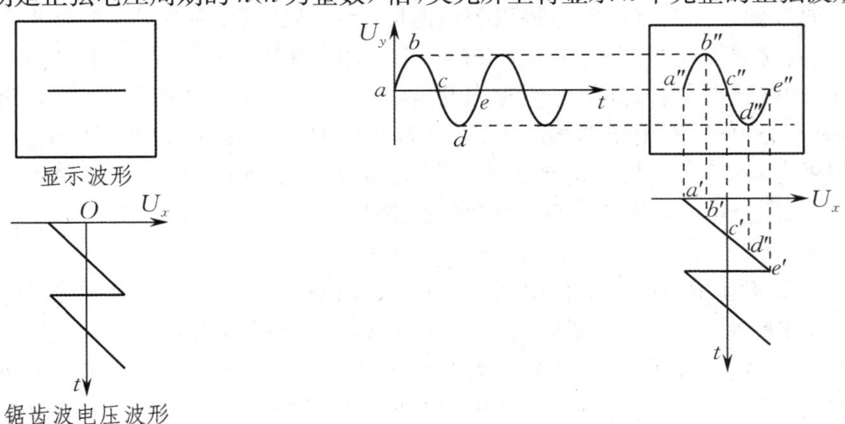

图 3-8-3　只施加锯齿波电压的情形　　**图 3-8-4　扫描原理图**

4. 触发同步电路与同步原理

如果 Y 轴所施加正弦电压和 X 轴所施加锯齿波电压的周期不同且不为整数倍,荧光屏上出现的是一移动的不稳定图形,这种情形可用图 3-8-5 说明.设锯齿电压的周期 T_x 比正弦电压的周期 T_y

稍小,如$T_x/T_y=7/8$. 在第一个扫描周期内,荧光屏上显示正弦信号 0～1 点之间的曲线段,起点在$0'$处;在第二个扫描周期内,显示 1～2 点之间的曲线段,起点在$1'$处;在第三个扫描周期内,显示 2～3 点之间的曲线段,起点在$2'$处. 这样荧光屏上每次显示的波形都不重叠,好像波形在向右移动. 同理,如果T_x比T_y稍大,则波形向左移动.

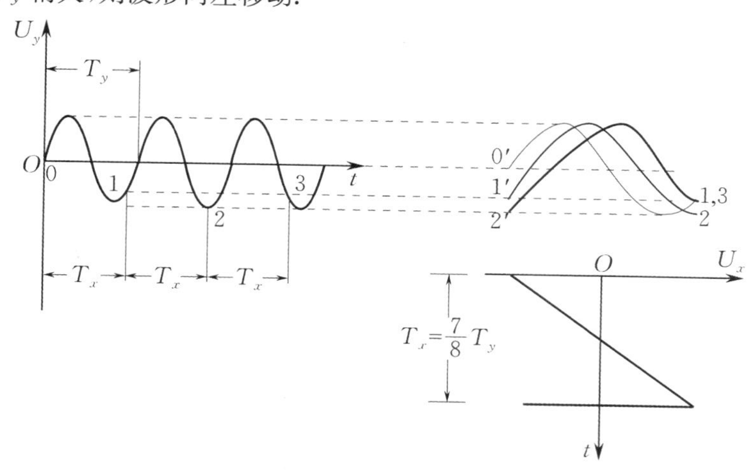

图 3-8-5　$T_x/T_y=7/8$ 时显示的波形

为了获取一定数目的完整波形,示波器上设有扫描时间控制旋钮和扫描时间选择旋钮,用来调节锯齿波电压的周期,使之与被测电压信号的周期成适当的关系,从而在荧光屏上得到所需的稳定的被测电压波形.

如果输入Y轴的被测电压信号与示波器内部的扫描电压是完全独立的,那么由于环境和其他因素(如工作电源电压起伏、电路元件热扰动等)的影响,它们的周期会发生微小的改变. 这时,虽可通过调节扫描时间控制旋钮将周期调到整数倍关系,但过一会波形又会发生移动. 在观察高频信号时,这个问题尤为突出. 为此示波器内设有触发同步电路,从Y轴放大器中取出部分待测电压信号去控制(触发)扫描发生器,使锯齿波电压的扫描起点自动随着被测电压信号改变,以保持扫描周期与被测电压信号周期的整数倍关系,从而使波形稳定,这就是所谓的同步(或整步). 面板上的触发电平调整旋钮即为此而设,适当调节该旋钮可使波形稳定.

为了达到同步,一般采用三种方式:① 内同步(或称为内触发):将待测电压信号一部分加到扫描发生器上,当待测电压信号的频率f_y有微小变化时,它将迫使扫描频率f_x追踪其变化,保证波形的完整稳定;② 外同步:从外部电路中取出信号加到扫描发生器上,迫使扫描频率f_x变化,保证波形的完整稳定;③ 电源同步:同步信号从电源变压器获得. 一般在观察信号时,都采用内同步.

5. 李萨如图形的基本原理

如果示波器的X轴和Y轴分别输入的是频率相同或成简单整数比的两个正弦电压,则荧光屏上的光斑将呈现特殊形状的光迹,这种光迹图称为李萨如图形. 图 3-8-6 所示为$f_y:f_x=2:1$的李萨如图形,f_y为Y轴输入正弦电压的频率,f_x为X轴输入正弦电压的频率. 频率比不同时将出现不同的李萨如图形,若两频率不成简单的整数比关系,图形将十分复杂,甚至模糊一片. 图 3-8-7 所示为频率成简单整数比关系的几种李萨如图形. 从图形中可总结出如下规律:

如果作一假想方框(见图 3-8-7 中的虚线框),则李萨如图形与此框相切时,横边上的切点数n_x与竖边上的切点数n_y之比恰好等于Y轴和X轴输入的两正弦电压的频率之比,即

$$\frac{n_x}{n_y}=\frac{f_y}{f_x}.$$

但若出现图 3-8-7(b) 或(f) 所示的图形,有端点与假想方框相接时,应在竖边、横边各计为 1/2 个切

点. 所以利用李萨如图形能方便地得出两个正弦电压信号的频率比. 若已知其中一个电压信号的频率,数出图上的切点数 n_x 和 n_y,便可算出另一待测电压信号的频率.

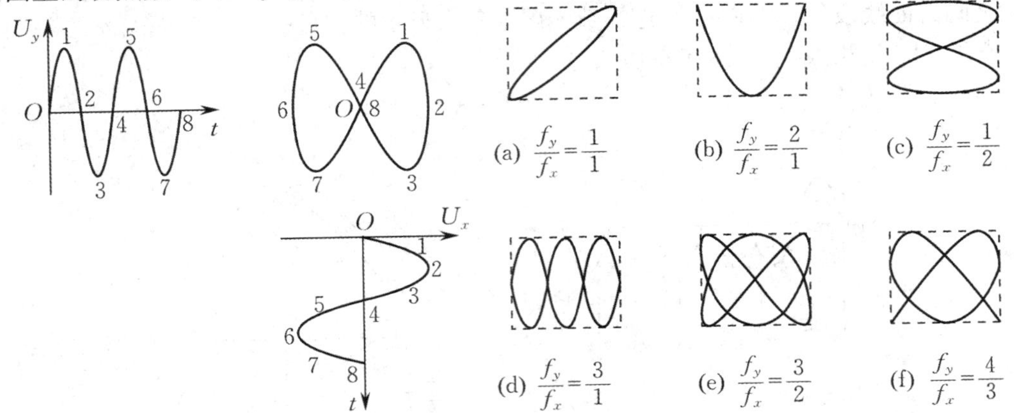

图 3-8-6 $f_y : f_x = 2:1$ 的李萨如图形

图 3-8-7 几种不同频率比的李萨如图形

6. 几种物理量的测量方法

下面介绍用示波器测量几种常用的电学量的方法,测量精度取决于示波器的分辨率和衰减器以及 Y 轴放大器的总电压增益的稳定性等.

(1) 测量电压峰-峰值.

把待测电压信号输入到示波器的 Y 轴,调节示波器面板上各开关旋钮到适当的位置(注意,要将示波器的灵敏度微调旋钮顺时针旋到底,置于校准位置),使荧光屏显示一稳定波形,如图 3-8-8 所示. 然后直接从示波器荧光屏分划板上读出待测电压信号波形高度所占的格数 H(单位:DIV),则待测电压信号的电压峰-峰值(峰谷差)为

$$U_{\text{p-p}} = D_Y \times H, \tag{3-8-1}$$

式中 D_Y 为示波器 Y 轴的通道灵敏度.

(2) 测量周期和频率.

把待测信号输入到示波器的 X 轴,调节示波器面板上各开关旋钮到适当的位置(注意,要将扫描时间控制旋钮置于校准位置),使荧光屏显示一稳定波形,如图 3-8-9 所示. 然后从示波器荧光屏上读出待测信号波形一个周期所占宽度的格数 L(单位:DIV),则待测电压信号的周期为

$$T = D_X \times L, \tag{3-8-2}$$

式中 D_X 为示波器扫描时间选择旋钮的偏转灵敏度.

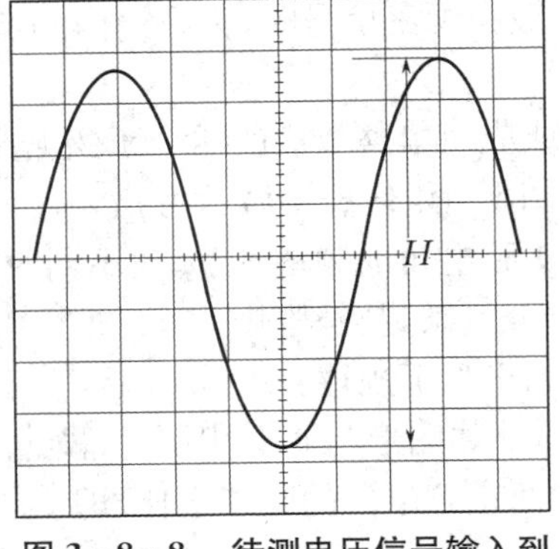

图 3-8-8 待测电压信号输入到示波器的 Y 轴

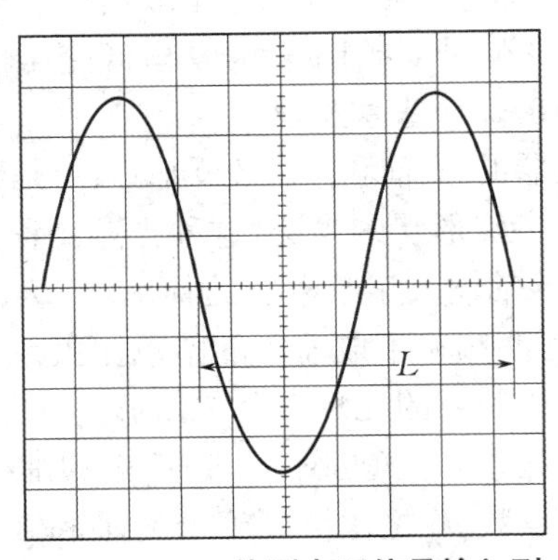

图 3-8-9 待测电压信号输入到示波器的 X 轴

(3) 测量两个同频率电压信号的相位差.

设有两个同频率电压信号：$y_1 = A_1 \cos \omega t$，$y_2 = A_2 \cos(\omega t - \varphi)$. y_2 比 y_1 滞后相位 φ，这一相位差可以从示波器显示的波形中测出.

方法一：双踪法.

示波器以交替方式工作时可同时显示出两个通道输入信号的波形，此时有两种方式测量它们的相位差.

① 如图 3-8-10(a) 所示，利用荧光屏上的标尺测出一个波形的波长 λ(单位：DIV) 和另一个波形滞后的距离 l(单位：DIV)，则两信号的相位差为

$$\varphi = \frac{2\pi l}{\lambda}. \tag{3-8-3}$$

② 如图 3-8-10(b) 所示，分别调节示波器两个通道的灵敏度调节旋钮及灵敏度微调旋钮，使示波器上显示的两信号波形的幅度相等，利用荧光屏上的标尺测出波形的幅度 H(单位：DIV) 和两波形交叉处的高度 h(单位：DIV)，则两信号的相位差为

$$\varphi = 2\arccos \frac{h}{H}. \tag{3-8-4}$$

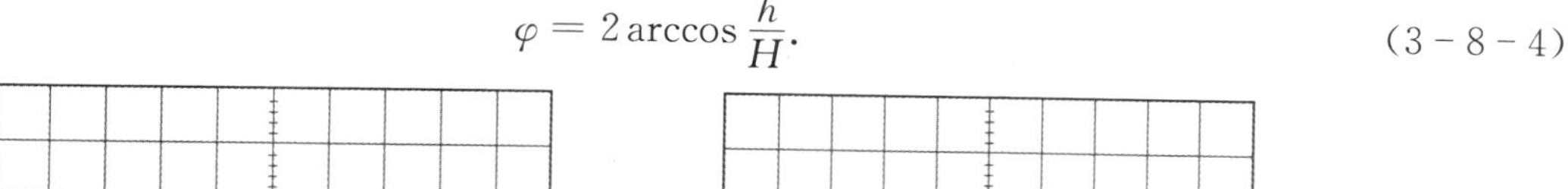

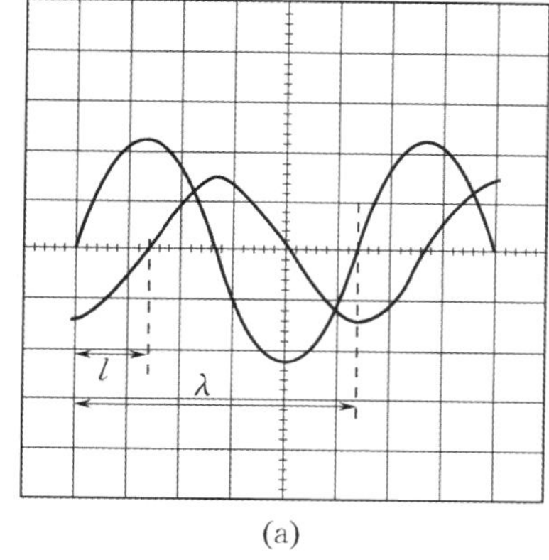

(a)

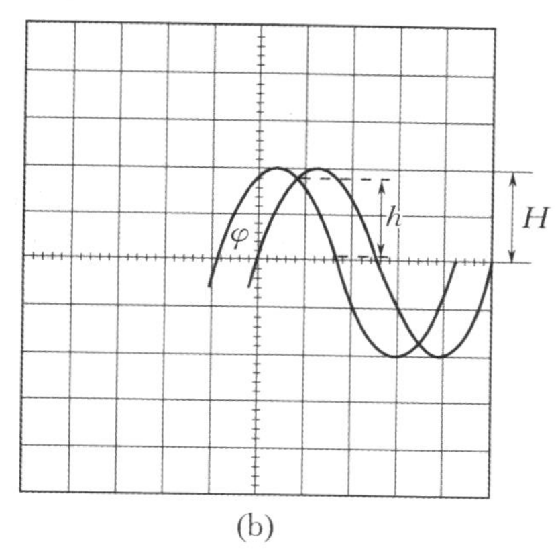

(b)

图 3-8-10 双踪法

方法二：李萨如图形法.

示波器工作于 X-Y 模式时，将 y_1 加到示波器的 Y 轴，y_2 加到 X 轴，则荧光屏会出现椭圆李萨如图形，将图形移动到中心对称位置，如图 3-8-11 所示，李萨如图形的方程为

$$y = A_1 \cos \omega t,$$
$$x = A_2 \cos(\omega t - \varphi)$$
$$= A_2 (\cos \omega t \cos \varphi + \sin \omega t \sin \varphi).$$

当 $y = A_1 \cos \omega t = 0$ 时，图形与 X 轴相交于 P 点，则 $x_0 = A_2 \sin \varphi$. 因此，只要利用荧光屏上的标尺测出在水平方向上的振幅 A_2 和 x_0，则相位差为

$$\varphi = \arcsin \frac{x_0}{A_2}. \tag{3-8-5}$$

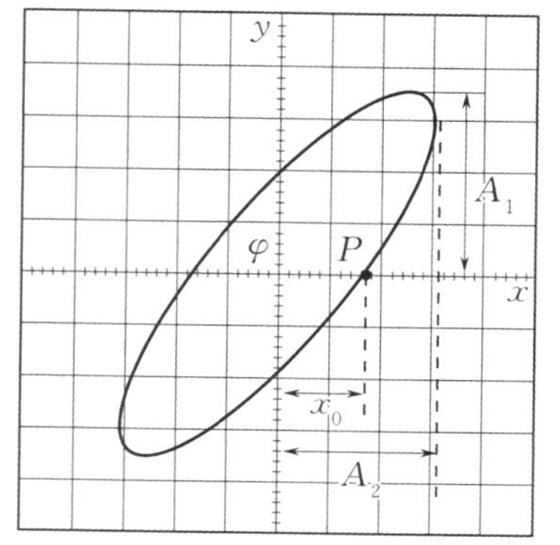

图 3-8-11 李萨如图形法

实验仪器

1. GOS-620 双轨迹示波器

GOS-620 双轨迹示波器是一种可同时测量频率在 20 MHz 范围内的两个电压信号的双踪示波器，其内部的电子开关可将两个通道(CH1 和 CH2)的输入信号交替地加在示波器的 Y 轴上. 当电子开关的频率足够高时，在荧光屏上能同时出现这两个信号的波形. 其面板如图 3-8-12所示，各旋钮

和开关的功能及使用方法说明如下，带星号的需要重点掌握，是正确使用示波器的关键调节部件.

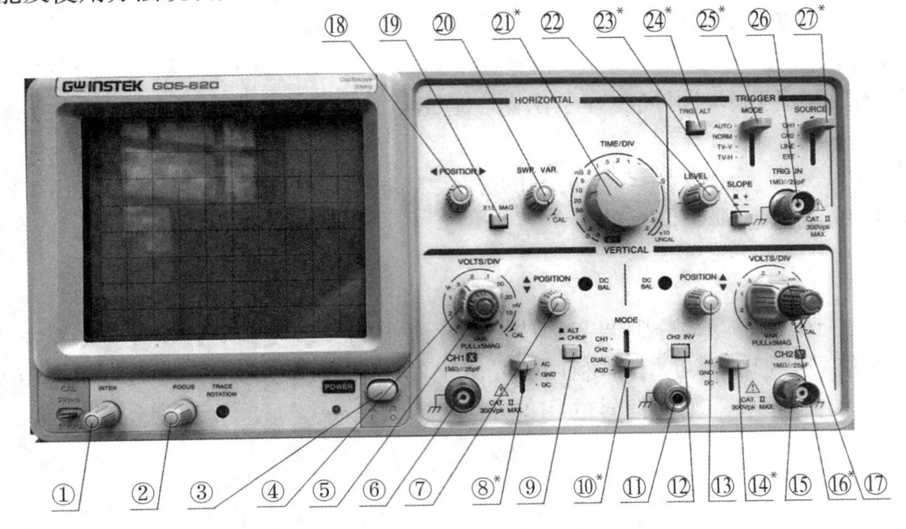

图 3-8-12 GOS-620 双轨迹示波器面板图

① 辉度调节旋钮：用于调节光迹及光斑的亮度.

② 聚焦调节旋钮：调节该旋钮可使光斑小而圆，使光迹清晰.

③ 电源开关：按下此开关可接通电源，电源指示灯亮起；再次按下则切断电源，电源指示灯熄灭.

④ CH1 灵敏度调节旋钮：用于选择 CH1 的输入信号衰减幅度，调节范围为 5 mV/DIV～5 V/DIV.

⑤ CH1 灵敏度微调旋钮：当在 CAL 位置（校准位置）时，灵敏度即为挡位显示值. 当此旋钮拉出时（×5 MAG 状态），垂直放大器灵敏度增大至 5 倍.

⑥ CH1 信号输入插座.

⑦ CH1 竖直位置旋钮：用于调节 CH1 输入信号光迹的竖直位置.

⑧* CH1 信号耦合选择切换开关：在不同挡位间切换以实现不同功能.

AC：显示输入信号的交流成分.

GND：隔离信号输入，并将 Y 轴衰减器输入端接地，使之产生一个零电压参考信号.

DC：显示输入信号的交流和直流成分.

⑨ 模式切换开关：当垂直操作模式切换开关处于 DUAL 模式（参见⑩）时，按下此开关可切换显示方式.

ALT：以交替方式工作. 在该模式下，相邻的扫描周期将交替显示 CH1 和 CH2 输入端的信号，适用于观察频率较高的输入信号. 当输入信号频率较低时，波形在显示时可能发生闪烁.

CHOP：以断续方式工作. 在该模式下，每个扫描周期内都将以断续交替显示 CH1 和 CH2 输入端的信号，适用于观察频率较低的输入信号. 当输入信号的频率接近切换频率时，波形可能会被分割成若干个细点.

⑩* 垂直操作模式切换开关：选择 CH1 及 CH2 的垂直操作模式.

CH1：显示 CH1 输入端的信号.

CH2：显示 CH2 输入端的信号.

DUAL：设定示波器以 CH1 及 CH2 双频道方式工作，此时可切换 ALT/CHOP 模式来显示两光迹.

ADD：设定示波器用以显示 CH1 及 CH2 的叠加信号.

⑪ 示波器接地端.

⑫ CH2 波形反向开关：按下时 CH2 输入端的信号反向，该操作也将同时影响 CH1 和 CH2 信号叠加的结果.

⑬ CH2 竖直位置旋钮：用于调节 CH2 输入信号光迹的竖直位置.

⑭* CH2 信号耦合选择切换开关（参见⑧）.

⑮ CH2 信号输入插座.

⑯* CH2 灵敏度微调旋钮（参见⑤）.

⑰ CH2 灵敏度调节旋钮（参见④）.

⑱ 水平位置旋钮：用于调节光迹及光斑的水平位置.

⑲ 扫速扩展开关：按下后示波器扫描速率提高至 10 倍，相当于信号在水平方向上放大至 10 倍.

⑳ 扫描时间控制旋钮：用于微调扫描速率. 在测量信号周期时，该旋钮必须顺时针调节到 CAL 位置（校准位置）.

㉑* 扫描时间选择旋钮.

旋转此旋钮，可在 0.2 μs/DIV～0.5 μs/DIV 的 20 个挡位上调节扫描时间. 在测量信号周期时，此旋钮所指示的数值表示光斑在水平方向移动一格所需要的时间.

旋转此旋钮到“X－Y”挡，可设定示波器工作在 X－Y 模式. 该模式下光斑的水平运动分量不再随内部扫描电压变化，而变为随 CH1 的输入信号变化.

㉒* 触发电平调整旋钮：用于调节扫描触发时对应的输入信号电压，将旋钮向“＋”方向旋转，触发准位上移；将旋钮向“－”方向旋转，则触发准位下移. 调节该按钮可使波形稳定.

㉓* 触发斜率选择开关：用于选择触发条件.

“＋”：凸起时为正斜率触发，当信号正向通过触发准位时进行触发.

“－”：按下时为负斜率触发，当信号负向通过触发准位时进行触发.

㉔* 触发源交替设定开关：当垂直操作模式切换开关（参见⑩）处于 DUAL 或 ADD 模式，且触发源选择开关（参见㉗）置于 CH1 或 CH2 位置时，按下此开关，示波器将自动设定 CH1 与 CH2 输入端的信号以交替方式轮流作为内部触发信号源. 以双踪法测量波形相位差时，该开关应处于凸起状态.

㉕* 触发模式选择开关：

AUTO：当没有触发信号或触发信号的频率小于 25 Hz 时，扫描会自动产生.

NORM：当没有触发信号时，扫描将处于预备状态，荧光屏上不会显示任何光迹. 该功能主要用于观察频率不超过 25 Hz 的信号.

TV－V：用于观测电视垂直画面信号.

TV－H：用于观测电视水平画面信号.

㉖ 输入插座：可输入外部触发信号. 使用该插座前应先将触发源选择开关（参见㉗）置于 EXT 位置.

㉗* 触发源选择开关：

CH1：将 CH1 输入端的信号作为内部触发信号源.

CH2：将 CH2 输入端的信号作为内部触发信号源.

LINE：将 AC 电源线的信号作为触发信号.

EXT：将输入插座输入的信号作为外部触发信号源.

2. AFG－2225 函数发生器

AFG－2225 函数发生器的面板如图 3－8－13 所示.

① LCD 显示屏.

② 功能键.

F1～F5 键：根据显示屏指示以实现不同的功能.

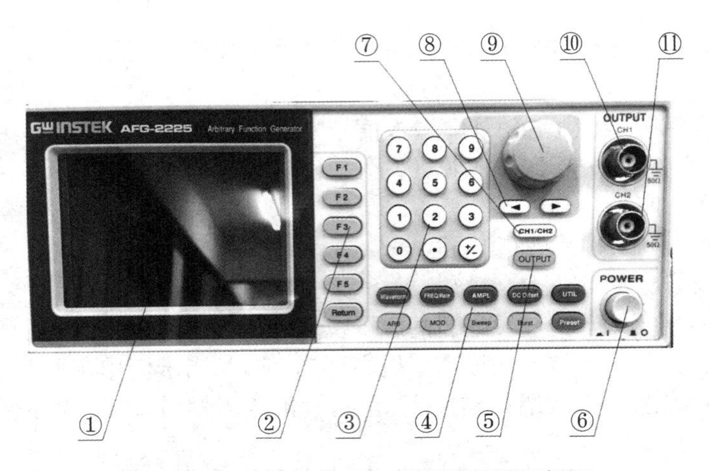

图 3-8-13　AFG-2225 函数发生器面板图

Return 键:返回上一级菜单.

③ 数字键盘:用于输入值和参数,与方向键(参见⑧)、调节旋钮(参见⑨)配合使用.

④ 操作键:共 10 个,用于设置信号的基本参数.

Waveform 键:设置输出波形类型,如方波、正弦波、脉冲波、三角波等.

FREQ/Rate 键:设置频率或采样率.

AMPL 键:设置波形幅值.

DC Offset 键:设置直流偏置.

UTIL 键:按下后可执行系统设置、耦合功能、计频计以及校正选项,也可以用于进入存储和调取选项、更新并查阅当前固件版本等.

ARB 键:设置任意波形参数.

MOD 键:设置调制参数.

Sweep 键:设置扫描参数.

Burst 键:设置猝发参数.

Preset 键:按下后系统将自动读取预设状态.

⑤ 输出开关:按下后可打开/关闭波形输出.

⑥ 电源开关:用于打开/关闭函数发生器电源.

⑦ CH1/CH2 输出端口切换按钮:按下后可切换信号输出通道.

⑧ 方向键:在编辑参数时可用于选择相应数字,常与数字键盘(参见③)、调节旋钮(参见⑨)配合使用.

⑨ 调节旋钮:用于调节编辑值和参数,顺时针旋转为增大,逆时针旋转为减小. 该旋钮常与数字键盘(参见③)、方向键(参见⑧)配合使用.

⑩ CH1 输出端口.

⑪ CH2 输出端口.

实验内容

1. *观察光斑扫描运动*

(1) 接通电源,将垂直操作模式切换开关切换至"CH1"挡,CH1 信号耦合选择切换开关切换至"GND"挡,调节扫描时间选择旋钮使之处于非"X-Y"挡位置,触发模式选择开关切换至"AUTO"挡. 此时荧光屏中应出现扫描线. 若未观察到扫描线,则调节 CH1 竖直位置旋钮使扫描线移动到荧光屏中间.

(2) 调节扫描时间选择旋钮,让光斑从缓慢移动逐渐变到快速运动形成水平直线.

2. 观测单一信号的波形

(1) 将触发源选择开关切换至"CH1"挡,使示波器将CH1输入端的信号作为内部触发信号源.

(2) 将CH1信号耦合选择切换开关切换至"DC"挡.

(3) 将待测信号中的S1接示波器的CH1信号输入插座,此时荧光屏上出现S1的波形.

(4) 若波形不稳定,可调节触发电平调整旋钮使波形稳定.

(5) 若波形太密或太疏,可调节扫描时间选择旋钮使得显示波形长度处于合适范围,以便于测量波形周期.

(6) 若波形的幅度太大或太小,调节CH1灵敏度调节旋钮使显示的波形高度便于测量信号的电压.

(7) 在确定CH1灵敏度微调旋钮和扫描时间控制旋钮都顺时针旋到了校准位置后,记录下CH1的通道灵敏度 D_Y 和偏转灵敏度 D_X,以及此时一个完整波形的高度 H、宽度 L,由式(3-8-1),(3-8-2)分别计算出信号S1的电压峰-峰值和频率.

(8) 对信号S2和S3重复步骤(3)~(7).

通过以上练习,我们已经学会了用CH1测量信号.用CH2测量信号时,首先将待测信号接示波器的CH2信号输入插座,然后将垂直操作模式切换开关切换至"CH2"挡,并将CH2信号耦合选择切换开关切换至"DC"挡,触发源选择开关切换至"CH2"挡.其他用法和CH1相同.

3. 同时观测两个信号的波形

(1) 将垂直操作模式切换开关切换至"CH1"挡,CH1信号耦合选择切换开关切换至"GND"挡,调节扫描时间选择旋钮使得荧光屏上出现扫描线.调节CH1竖直位置旋钮移动扫描线使其与荧光屏分划板横坐标轴重合.按同样方法调节CH2的扫描线与荧光屏分划板横坐标轴重合.

(2) 调节扫描时间选择旋钮使之处于"X-Y"挡,此时荧光屏上扫描线消失,出现光斑.通过水平位置旋钮使得光斑处于荧光屏分划板坐标轴原点位置(荧光屏中心),调节扫描时间选择旋钮至原位置,此时荧光屏上扫描线重新出现.

(3) 将CH1信号耦合选择切换开关和CH2信号耦合选择切换开关切换至"DC"挡.

(4) 将S3接CH1信号输入插座,S4接CH2信号输入插座,模式切换开关设置为"ALT"挡,并将垂直操作模式切换开关切换至"DUAL"挡.

(5) 配合扫描时间选择旋钮、两个通道的灵敏度调节旋钮、两个通道的竖直位置旋钮,使两波形的相对位置如图3-8-10(a)所示.

(6) 测出图3-8-10(a)中的 l 和 λ,按式(3-8-3)算出两信号的相位差.

(7) 用图3-8-10(b)所示的方法测出 h,H,按式(3-8-4)算出两信号的相位差.

4. 观测李萨如图形

(1) 完成实验内容3后,重新调节扫描时间选择旋钮使之处于"X-Y"挡,就能使光斑在竖直方向跟随CH2输入端的信号运动,水平方向跟随CH1输入端的信号运动,形成图3-8-11所示中心对称的李萨如图形.测出图3-8-11中的 x_0 和 A_2,按式(3-8-5)计算两信号的相位差.

(2) 将示波器的CH2连接到函数发生器的输出端口,打开函数发生器的电源开关,按下操作键中的Waveform键,选择sine函数,并通过FREQ/Rate键和AMPL键调节输出信号的频率和振幅,使荧光屏上出现图3-8-7中的任一图形.记录下此时的李萨如图形和标准信号源(函数发生器)的输出信号频率 f_y,根据 $f_x=\frac{n_y}{n_x}f_y$ 计算出待测信号S3的频率.这种方法测频率的准确度比双踪法高.

数据处理

根据以上实验内容,自行设计记录表格,并完成计算内容.

注意事项

(1) 函数发生器的输出端口不允许短接.

(2) 示波器输入信号的电压请勿超过规定的最大值.

(3) 为延长荧光屏的使用寿命,波形显示的亮度要适中.

(4) 当示波器处于 X-Y 模式时,不要使用扫速扩展功能,以避免波形中有干扰信号产生.

(5) 示波器暂时不用时,不必关机,只需将辉度调暗一些.

(6) 示波器上所有的开关和旋钮都有一定的调节范围,调节时不可用力过猛.

(7) 通常电子仪器交流电源的干扰会通过变压器原、副边之间存在的杂散电容耦合到副边,在仪器地端存在一些干扰信号.如果该信号串入被测通路中,就会造成测量误差.因此,实验中如果同时存在多台电子仪器,一般应将各仪器的地端连接在一起.

预习思考题

(1) 波形幅度超出荧光屏时应怎样调节示波器?

(2) 荧光屏上的波形不稳定时应该如何调节?

(3) 怎样利用示波器测量电压信号的周期和电压峰-峰值?

(4) 如何利用示波器及标准信号源测量待测正弦电压信号的频率?

讨论思考题

(1) 为什么波形能稳定而李萨如图形总稳定不下来?

(2) 在用李萨如图形法测量两个同频率信号的相位差时,如何保证图形中心对称?

拓展阅读

[1] 吴怀选.示波器使用初探[J].大学物理实验,2006,19(3):29-32.

[2] 郑元,戴赛萍,叶新年,等.“示波器的使用”实验教学中的两个常见问题[J].大学物理实验,2006,19(2):36-40.

3.9 用电势差计测量热电动势

引言

1821 年,德国物理学家泽贝克发现当两种不同的金属(如铜和康铜)组成一个闭合回路时,若两个接触点处于不同温度,接触点之间将产生电动势,回路中会出现电流,此现象被称为温差电效应,又称热电效应或泽贝克效应,产生的电动势称为泽贝克电动势,也称为热电动势,上述回路构成温差电偶或热电偶.热电偶的热电动势大小由热端和冷端的温差决定.

热电偶是一种广泛用于温度测量的元件.它是把非电学量(温度)转化成电学量(电动势)来进行测量的.热电偶在冶金、化工生产中用于高、低温的测量,在科学研究、自动控制过程中作为温度传感器,具有非常广泛的应用.

用热电偶测温具有许多优点，如测温范围宽、测量灵敏度和准确度较高、结构简单不易损坏等. 工作温度可从4.2 K（−268.95 ℃）的低温直至2800 ℃的高温. 测量不同温度可选用不同金属组成的热电偶. 通常，测量300 ℃以下的温度可用铜-康铜热电偶；测量1100 ℃以下的温度可用镍铬-镍镁合金组成的热电偶；测量1100 ℃以上的温度可用铂-铂铑合金和钨-钛热电偶. 此外，由于热电偶的热容小，受热点也可做得很小，因而对温度变化响应较快，对测量对象的状态影响较小，可以用于温度场的实时测量和监控.

两种金属构成的回路有泽贝克效应，两种半导体构成的回路同样有热电动势产生，而且效应更为显著. 在金属中热电系数约为几微伏每开，而在半导体中常为几百微伏每开，甚至达到几毫伏每开. 因此金属的泽贝克效应主要用于温度测量，而半导体的泽贝克效应则用于温差发电.

电势差计是一种能够精确测量电源电动势或电路两端电势差的仪器. 电势差计有两种形式：板式和箱式. 前者原理清楚，后者结构紧凑，不论板式电势差计还是箱式电势差计，都是利用电压补偿法原理工作的.

实验目的

（1）掌握电势差计的工作原理及使用方法.

（2）了解热电偶产生的热电动势与温差的关系.

（3）用箱式电势差计测量热电偶的热电动势.

实验原理

1. 热电偶的测温原理

如图3-9-1所示，把两种不同的金属两端彼此焊接组成闭合回路，若两接触点的温度不同，回路中就会产生热电动势. 这两种金属的组合称为热电偶. 热电动势的大小除了与组成热电偶的材料有关外，还决定于两接触点的温差. 将一端的温度 t_0 固定（称为冷端，实验中利用冰水混合物将 t_0 固定为0 ℃），另一端的温度 t 改变（称为热端），热电动势亦随之改变.

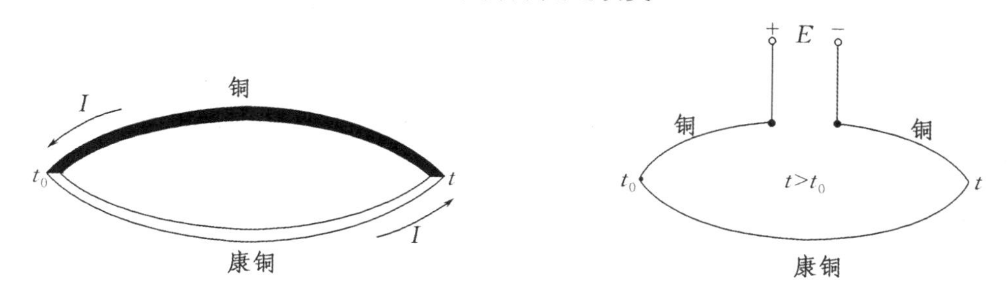

图3-9-1 铜-康铜热电偶示意图

热电动势和温差的关系较复杂，其第一级近似式为

$$E=\alpha(t-t_0), \tag{3-9-1}$$

式中 α 称为热电偶的热电系数，其大小取决于组成热电偶的材料.

用一只 α 已知的热电偶，一端温度固定不变，另一端与待测物体接触，再用电势差计测出热电偶回路的热电动势，就可以求出待测物体的温度. 由于热电动势较低，因此在实验中利用电势差计来测量.

2. 电压补偿法原理

电势差计是利用电压补偿法原理而设计的电压测量工具.

用电压表测量电源电动势，其测量结果是端电压，不是电动势 E_x. 因为将电压表并联到电源两端，就有电流 I 通过电源的内部，由于电源有内阻 r，在电源内部不可避免地存在电压降 E_r，因而电压表的示值只是电源的端电压 $U(U=E_x-E_r)$，它小于电动势. 显然，只有当 $I=0$ 时，电源的端电压 U

才等于其电动势 E_x.

怎样才能使电源内部没有电流通过而又能测定电源的电动势呢？在图 3-9-2 所示的电路中，E_x 为待测电源，E_0 为电动势可调的电源，E_x 与 E_0 通过检流计连接在一起. 当调节 E_0 的大小至检流计指针不偏转，即电路中没有电流时，两个电源在回路中互为补偿，它们的电动势大小相等，数值相反，即 $E_x=-E_0$，电路达到平衡. 若已知平衡状态下 E_0 的大小，就可以确定 E_x 的值. 这种测定电源电动势的方法，叫作补偿法.

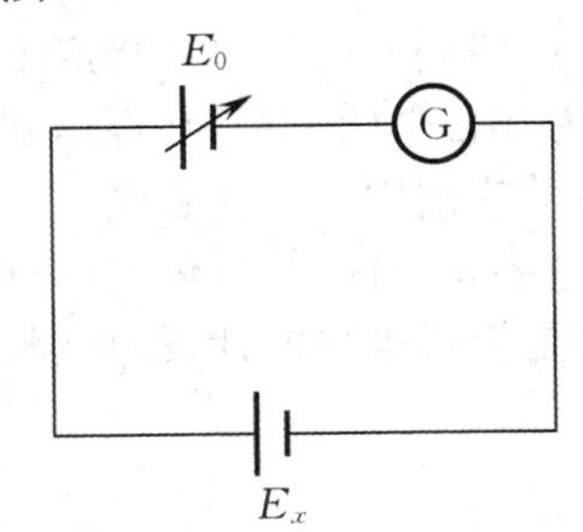

图 3-9-2　补偿法电路图

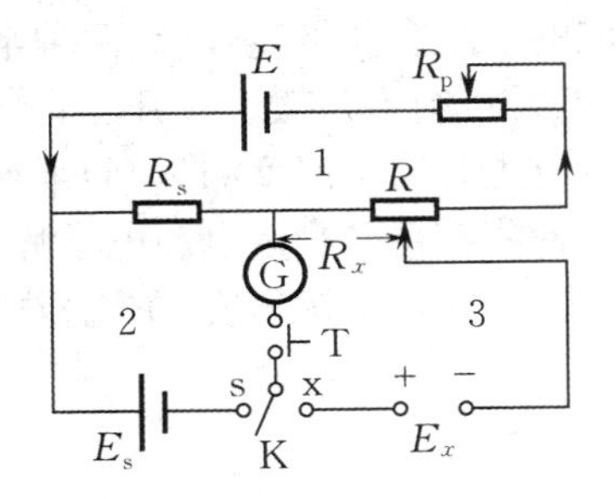

图 3-9-3　电势差计工作原理图

3. 电势差计的工作原理

电势差计的工作原理如图 3-9-3 所示，回路 1 为工作回路，回路 2 为校准电流回路，回路 3 为测量回路.

在电势差计的设计过程中，为了定标方便，工作回路的电流一般为 10 mA(0.01 A). 但工作电流由校准电流回路来调节，E_s，R_s 都是定值. 校准时，将 K 掷向 s 端，调节电阻 R_p 使检流计指示为零，R_s 上的电压降与 E_s 相等，即工作电流使工作回路和校准电流回路达到补偿，此时工作电流为

$$I=\frac{E_s}{R_s}. \tag{3-9-2}$$

在测量时，将 K 掷向 x 端，调节 R 的滑动片的位置，若滑动片在某一位置使检流计指示为零，此时 R_x 上分得的电压 $U(U=IR_x)$ 和被测电动势相等，即 $E_x=U=IR_x$.

实验仪器

UJ36 型直流电势差计(1 号 1.5 V 电池 4 节，9 V 电池 2 节)，热电偶及加热装置，温度计.

实验内容

1. 测量热电系数

(1) 连接电路.

按图 3-9-4 所示将热电偶的电压端与电势差计上的未知端相连. 连线时须注意极性.

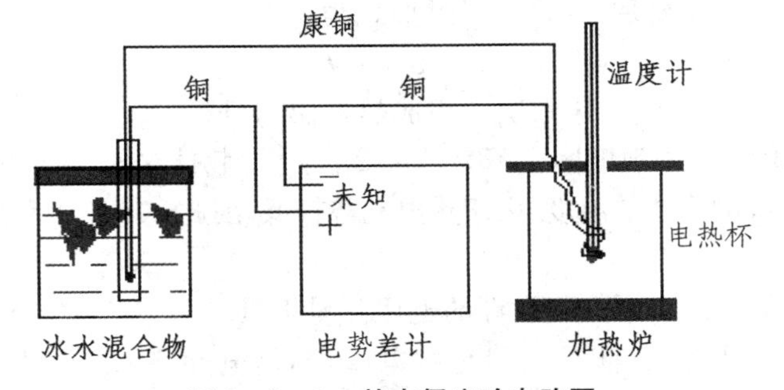

图 3-9-4　热电偶实验电路图

(2) 校准工作电流.

先将电势差计上的功能开关 K 拨至“标准”，调节面板右上角的电流调节旋钮，使检流计指零，此时工作电流就调好了.

(3) 测出室温下的初始热电动势.

先将 K 拨至“未知”，然后调节步进盘和滑线盘，使检流计再次指零，同时读出温度计及电势差计上步进盘和滑线盘的数值. 应注意面板上倍率开关，若热电动势太小，请选用“×0.2”倍率挡.

(4) 加热测量.

加热炉每升高 10 ℃ 左右测量一组热端温度 t 和热电动势 E，共测 6～8 组数据(包括室温组). 记录数据于表 3-9-1.

2. 测量手的温度

(1) 把铜-康铜热电偶的一端接入电势差计上的未知端，调节面板上的倍率开关为“×0.2”倍率挡.

(2) 调节调零旋钮，使电势差计指针校准到指零.

(3) 校准工作电流(同实验内容 1).

(4) 测量电势差，即手温和室温两端的电动势：把 K 拨至“未知”，然后手握热电偶的另一端，等待电势差计上的指针稳定，调节步进盘和滑线盘，使得检流计指零，同时读出温度计(室温) 及电势差计上步进盘和滑线盘的数值.

(5) 重复步骤(4)，共测 6 组数据. 记录数据于表 3-9-2.

数据处理

(1) 记录实验数据于表 3-9-1 和表 3-9-2.

表 3-9-1　测量热电系数数据记录表

实验次数	冷端温度 t_0/℃	热端温度 t/℃	温差 Δt/℃	热电动势 E/mV
1	0			
2				
3				
4				
5				
6				
7				
8				

表 3-9-2　测量手的温度数据记录表　　室温：________ ℃

实验次数	1	2	3	4	5	6	平均值
E/mV							

(2) 用作图法处理表 3-9-1 中的数据，以热电动势 E 为纵坐标，温差 Δt 为横坐标，绘出 $E-\Delta t$ 直线，并由该直线求出斜率，即热电系数 α.

(3) 根据表 3-9-2 中的热电动势平均值查铜-康铜热电偶分度表(见附录的表 3-9-3) 得到温差，再根据室温计算出实验者手的温度.

注意事项

(1) 电源、热电偶的极性均不得接反.(如果接反了实验中会产生什么现象?)

(2) 电热杯禁止空烧. 温度计不能与电热杯底部接触. 使用电热杯加热时，水量不要超过杯子的$\frac{2}{3}$，以免沸水溢出引起烫伤事故.

(3) 每次测量时，一定要等温度稳定后再进行读数. 温度稳定的方法为待温度上升到待测温度的前几度时，将调压器的电压降下来，以控制温度上升速度，直到温度稳定. 温度稳定的主要标志为检流计指针基本不动.

(4) 铜-康铜热电偶冷端与热端的温差每升高 10 ℃时，产生 0.3～0.4 mV 的热电动势，测量中应预先将电势差计的示值调到相应位置，等温度达到预定值时，再微调电势差计即可，以免损坏检流计.

(5) 做完实验后，经教师检查数据后才能拆除电路，并将电势差计面板上的倍率开关旋到“断”.

拓展阅读

[1] 邹乾林. 温差电技术原理及在工科物理实验中的应用[J]. 大学物理实验，2010，23(5)：43 - 46.

[2] 赵建云，朱冬生，周泽广，等. 温差发电技术的研究进展及现状[J]. 电源技术，2010，34(3)：310 - 313.

[3] 张征，曾美琴，司广树. 温差发电技术及其在汽车发动机排气余热利用中的应用[J]. 能源技术，2004，25(3)：120 - 123.

[4] 徐立珍，李彦，杨知，等. 汽车尾气温差发电的实验研究[J]. 清华大学学报(自然科学版)，2010，50(2)：287 - 289，294.

附录

UJ36 型直流电势差计使用说明

UJ36 型直流电势差计的面板如图 3 - 9 - 5 所示.

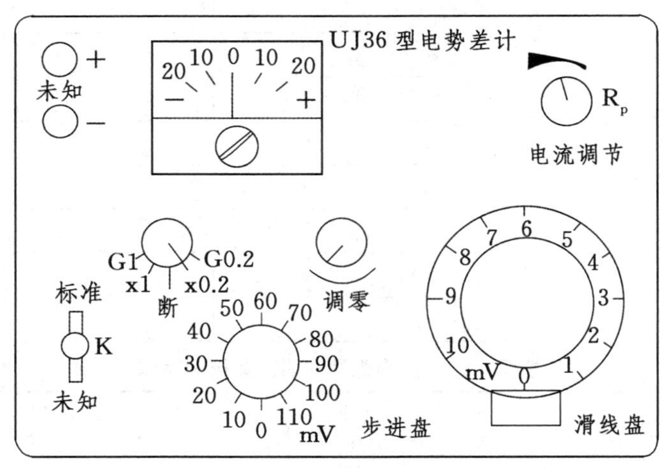

图 3 - 9 - 5　UJ36 型直流电势差计面板图

(1) 将待测电动势接在电势差计的未知端上.

(2) 把倍率开关选在所需要的位置上，同时也接通电势差计工作电源和检流计放大器电源，3 min 后调节检流计使其指零.

(3) 将功能开关 K 拨向“标准”，调节电流调节旋钮使检流计指零.

(4) 将功能开关 K 拨向“未知”，调节步进盘和滑线盘使检流计再次指零. 待测电动势按下式表示：

$$E_x = (\text{步进盘读数} + \text{滑线盘读数}) \times \text{倍率}.$$

(5) 在连续测量时，要求经常核对电势差计的工作电流，防止工作电流变化.

(6) 将功能开关K拨向"标准"，调节电流调节旋钮使检流计指零. 当倍率开关指向"G1"时，电势差计处于×1位置，检流计短路. 当倍率开关指向"G0.2"时，电势差计处于×0.2位置，检流计断路，此时在未知端输出的是标准直流电动势(不可输出电流).

表3-9-3 铜-康铜热电偶分度表(冷端温度为0℃) 分度号:CK

温度/℃	0	1	2	3	4	5	6	7	8	9
	热电动势/mV									
0	0.000	0.039	0.078	0.117	0.156	0.195	0.234	0.273	0.312	0.351
10	0.391	0.430	0.470	0.510	0.549	0.589	0.629	0.669	0.709	0.749
20	0.789	0.830	0.870	0.911	0.951	0.992	1.032	1.073	1.114	1.155
30	1.196	1.237	1.279	1.320	1.361	1.403	1.444	1.486	1.528	1.569
40	1.611	1.653	1.695	1.738	1.780	1.822	1.865	1.907	1.950	1.992
50	2.035	2.078	2.121	2.164	2.207	2.250	2.294	2.337	2.380	2.424
60	2.467	2.511	2.555	2.599	2.643	2.687	2.731	2.775	2.819	2.864
70	2.908	2.953	2.997	3.042	3.087	3.131	3.176	3.221	3.266	3.312
80	3.357	3.402	3.447	3.493	3.538	3.584	3.630	3.676	3.721	3.767
90	3.813	3.859	3.906	3.952	3.998	4.044	4.091	4.137	4.184	4.231
100	4.277	4.324	4.371	4.418	4.465	4.512	4.559	4.607	4.654	4.701
110	4.749	4.796	4.844	4.891	4.939	4.987	5.035	5.083	5.131	5.179
120	5.227	5.275	5.324	5.372	5.420	5.469	5.517	5.556	5.615	5.663
130	5.712	5.761	5.810	5.859	5.908	5.957	6.007	6.056	6.105	6.155
140	6.204	6.254	6.303	6.353	6.403	6.452	6.502	6.552	6.602	6.652

3.10 电子元件的伏安特性测定与补偿法测电阻

引言

当一个电子元件两端加上电压时，元件内就会有电流通过，电压与电流之比，就是该元件的电阻. 电子元件的伏安特性是指元件的端电压与通过电流之间的函数关系. 将一个元件的电流随电压的变化情况在纸上画出来，得到的就是该元件的伏安特性曲线. 若元件的伏安特性曲线呈直线，则它的电阻为常量，该元件称为线性电阻；若呈曲线，即它的电阻是变化的，则该元件称为非线性电阻. 非线性电阻的伏安特性所反映出来的规律总是与一定的物理过程相联系. 利用非线性元件的伏安特性可以研制各种新型的传感器、换能器，它们在温度、压力、光强等物理量的检测和自动控制方面都有广泛的应用. 对非线性电阻伏安特性的研究，有助于加深对有关物理过程、物理规律及其应用的理解和认识.

3.10.1 电子元件的伏安特性测定

实验目的

(1) 学习常用电磁学仪器仪表的正确使用及简单电路的连接方法.

(2) 掌握用伏安法测量电阻及其误差分析的基本方法.

(3) 测量线性电阻和非线性电阻的伏安特性.

(4) 学会用作图法处理实验数据,并对所得伏安特性曲线进行分析.

实验原理

电阻是一个重要的电学参量,在电学实验中经常要对电阻进行测量. 测量电阻的方法有很多,伏安法是常用的基本方法之一. 所谓伏安法,就是运用欧姆定律,测出电阻两端的电压 U 和其上通过的电流 I,根据

$$R=\frac{U}{I} \tag{3-10-1}$$

即可求得电阻值 R. 也可运用作图法,作出电阻的伏安特性曲线,从曲线上求得电阻值. 对有些电子元件,其伏安特性曲线为直线,该元件称为线性电阻元件,如常用的碳膜电阻、线绕电阻、金属膜电阻等. 另外,有些电子元件,其伏安特性曲线为曲线,该元件称为非线性电阻元件,如灯泡、晶体二极管、稳压管、热敏电阻等. 非线性电阻元件的电阻值是不确定的,只有通过作图法才能反映它的伏安特性.

用伏安法测电阻,原理简单,测量方便,但由于接入了电表,给测量带来一定的系统误差.

在如图 3-10-1 所示的电流表内接法电路图中,由于电压表测出的电压值 U 包括了电流表两端的电压 U_A,因此实验测量的电阻值应为

$$R=\frac{U}{I_x}=\frac{U_x+U_A}{I_x}=R_x+R_A=R_x\left(1+\frac{R_A}{R_x}\right), \tag{3-10-2}$$

式中 R_A 为电流表的内阻.

由此可见,采用电流表内接法测得的 R 要大于被测电阻 R_x 的实际值. 只有当 $R_x \gg R_A$ 时,$R_x \approx \frac{U}{I_x}$,所以电流表内接法适合测高值电阻.

在如图3-10-2所示的电流表外接法电路图中,由于电流表测出的电流 I 包括了流过电压表的电流 I_V,因此实验测量的电阻值应为

$$R=\frac{U_x}{I}=\frac{U_x}{I_x+I_V}=\frac{U_x}{I_x+\frac{U_x}{R_V}}=\frac{U_x}{I_x}\left(1+\frac{U_x}{I_xR_V}\right)^{-1}=R_x\left(1+\frac{R_x}{R_V}\right)^{-1}, \tag{3-10-3}$$

式中 R_V 为电压表的内阻.

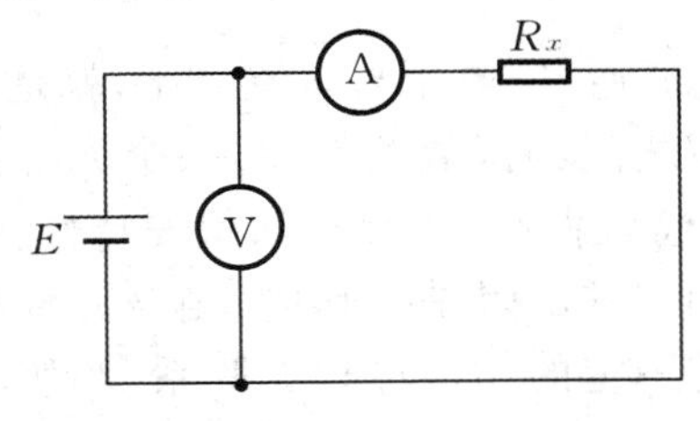

图 3-10-1　电流表内接法电路图

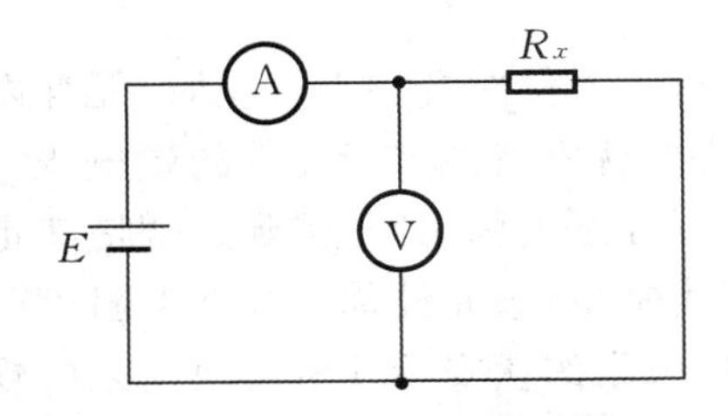

图 3-10-2　电流表外接法电路图

由此可见,采用电流表外接法测得的 R 要小于被测电阻 R_x 的实际值. 只有当 $R_V \gg R_x$ 时,$R_x \approx \frac{U_x}{I}$,所以电流表外接法适合测低值电阻.

上述两种连接电路的方法,都给测量带来了一定的系统误差,即测量方法误差. 为此,必须对测量结果进行修正. 若准确地知道 R_A 和 R_V 的值,则可根据电路连接方式,分别利用式(3-10-2) 或(3-10-3) 计算出 R,从而将系统误差加以修正.

在电阻的测量中,除了由于电表接入带来的系统误差,电表本身还存在仪器误差,它取决于电表

的准确度等级和量程.

电表的仪器误差由式(1-3-7)决定,即

$$\Delta_{仪}=\frac{量程\times K}{100}, \tag{3-10-4}$$

式中 K 为该电表的准确度等级,一般分为0.1,0.2,0.5,1.0,1.5,2.5和5.0七个等级.

以电流表为例,假设电流表的准确度等级为1.0,有1.5 mA,3.0 mA和7.5 mA三个量程.正确选择量程可减小仪器误差.例如,要测大小为1 mA的电流,用1.5 mA,3.0 mA和7.5 mA三个量程产生的仪器误差分别为0.015 mA,0.03 mA和0.075 mA,显然,用1.5 mA量程测量准确度最高.

若只考虑B类不确定度,U 和 I 为某一组测量值,则电阻的相对不确定度为

$$u_{\mathrm{rel}}(R_x)=\frac{u_{\mathrm{C}}(R_x)}{R_x}=\sqrt{\left[\frac{u_{\mathrm{B}}(I)}{I}\right]^2+\left[\frac{u_{\mathrm{B}}(U)}{U}\right]^2},$$

式中 $u_{\mathrm{B}}(I)=\frac{\Delta_{仪}(I)}{\sqrt{3}}$,$u_{\mathrm{B}}(U)=\frac{\Delta_{仪}(U)}{\sqrt{3}}$ 分别为由于仪器误差引起的电流和电压的B类不确定度.

实验仪器

直流稳压电源(0～20 V,可调),直流数字电压表(量程为2 V,20 V,内阻为1 MΩ),直流数字毫安表(量程为200 μA,2 mA,20 mA,200 mA,其相应内阻分别为1 kΩ,100 Ω,10 Ω,1 Ω),金属膜电阻(240 Ω/2 W),稳压二极管(5.6 V),小灯泡(12 V/0.1 A)等.

实验内容

1. 测量金属膜电阻的伏安特性

(1) 电流表内接法.

根据图3-10-1所示连接好电路.金属膜电阻的电阻值为240 Ω,每改变一次电压 U,读出相应的电流 I,填入表3-10-1,作出伏安特性曲线,并从曲线上求得金属膜电阻的电阻值.

表3-10-1　金属膜电阻测量数据记录表

电压 U/V								
电流 I/mA								

(2) 电流表外接法.

根据图3-10-2所示连接好电路,重复步骤(1).

(3) 根据电表内阻的大小,分析上述两种测量方法中,哪种方法的系统误差小.

2. 测量稳压二极管的伏安特性

(1) 稳压二极管的稳压特性.

稳压二极管实质上就是一个面结型硅二极管,又称齐纳管,它具有陡峭的反向击穿特性,工作在反向击穿状态.

稳压二极管的伏安特性曲线如图3-10-3所示,它的正向伏安特性和一般的硅二极管一样,但反向击穿特性较陡.由图可知,当反向电压增加到击穿电压后,稳压二极管被反向击穿,反向电流会突然急剧上升,击穿后的伏安特性曲线很陡,对应 AB 段,这就说明流过稳压二极管的反向电流在很大范围内(从几毫安到几十甚至上百毫安)变化时,稳压二极管两端的电压基本不变,稳压二极管在电路中能起稳压作用,正是利用了这一特性.

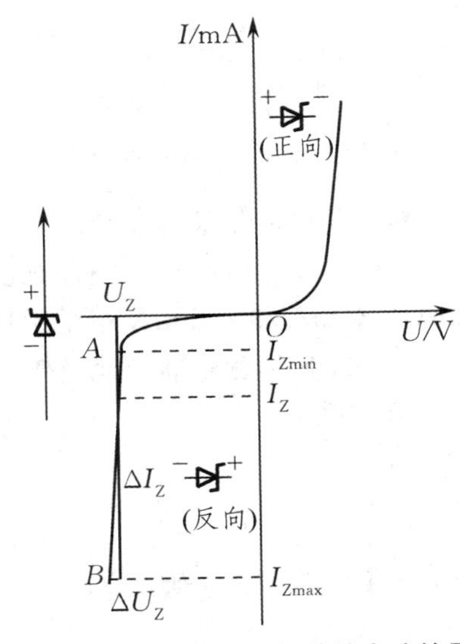

图 3-10-3　稳压二极管的电路符号和伏安特性曲线

稳压二极管的反向击穿是可逆的，这一点与一般二极管不同. 只要去掉反向电压，稳压二极管就会恢复正常. 但是，如果稳压二极管反向击穿后的电流太大，超过其允许范围，就会使稳压二极管的 pn 结发生热击穿而损坏.

由于硅管的热稳定性比锗管好，稳压二极管一般都是硅管，故称硅稳压二极管.

(2) 稳压二极管的参数.

① 稳定电压 U_Z，即稳压二极管反向击穿后其两端的实际工作电压. 同一型号的稳压二极管，由于制造方面的原因，其稳压值也有一定的分散性. 例如 2CW14 型稳压二极管，其稳定电压 U_Z 为 6 ～ 7.5 V.

但对每一个稳压二极管而言，对应于某一工作电流，稳定电压有相应的确定值.

② 稳定电流 I_Z，即稳压二极管的电压等于稳定电压 U_Z 时的工作电流.

③ 最大稳定电流 I_{Zmax} 和最小稳定电流 I_{Zmin}，I_{Zmax} 是指稳压二极管的最大工作电流，超过此值，即超过了稳压二极管的允许耗散功率 $P_{Zmax}(=U_Z\times I_{Zmax})$；$I_{Zmin}$ 是指稳压二极管的最小工作电流，低于此值，U_Z 不再稳定.

④ 动态电阻 r_Z 是稳压二极管电压变化和相应的电流变化之比，即 $r_Z=\Delta U_Z/\Delta I_Z$（见图 3-10-3）.

显然，稳压二极管的反向伏安特性曲线越陡，动态电阻越小，稳压性能就越好. r_Z 的数值在几欧至几十欧之间.

(3) 稳压二极管伏安特性测定的实验电路.

实验电路如图 3-10-4 所示，E 为直流稳压电源，R 为限流电阻器.

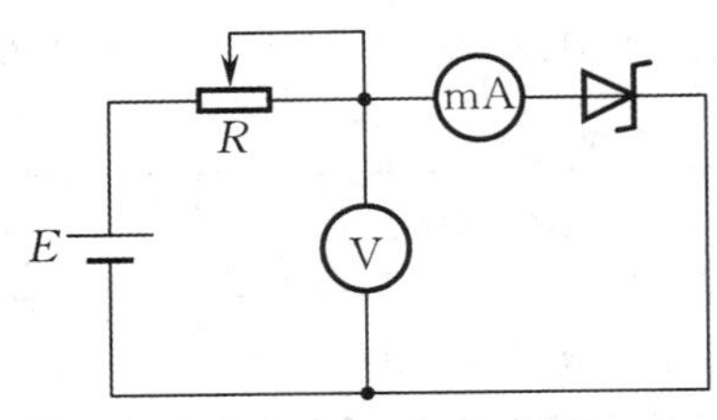

图 3-10-4　稳压二极管的正向伏安特性测量图

(4) 测量稳压二极管的正向伏安特性.

① 按图 3-10-4 所示连接电路，将 R 的电阻值调到最大，直流稳压电源输出电压调为零.

② 逐渐增大输出电压，使电压表的示数也相应增大，观察加在稳压二极管上电压随电流变化的现象，通过观察确定测量范围，即电压与电流的调节范围.

③ 测定稳压二极管的正向伏安特性曲线，不应等间隔地取点，即电压的测量值不应等间隔地取，而是应在电流变化缓慢区间，电压间隔取得疏一些，在电流变化迅速区间，电压间隔取得密一些. 如测试的 2CW14 型稳压二极管，电压在 0 ～ 0.7 V 区间取 3 ～ 5 个点即可.

(5) 测量稳压二极管的反向伏安特性.

① 将稳压二极管反接.

② 定性观察被测稳压二极管的反向伏安特性，通过观察确定测量反向伏安特性时电压的调节范围（该型号稳压二极管的最大工作电流 I_{Zmax} 所对应的电压值）.

③ 测量反向伏安特性，同样在电流变化迅速区域，电压间隔应取得密一些.

3. 测量小灯泡的伏安特性

给定一只 12 V/0.1 A 小灯泡，测量其伏安特性. 要求：

① 自行设计测量小灯泡伏安特性的电路.

② 测量小灯泡的伏安特性.

数据处理

(1) 根据电流表内接法和电流表外接法的实验测量数据，在坐标纸上分别绘制金属膜电阻的伏安特性曲线，并从曲线上求得金属膜电阻的电阻值，分析两种测量方法中，哪种方法的系统误差小.

(2) 根据实验测量数据，在坐标纸上绘制稳压二极管的正向和反向伏安特性曲线.

(3) 根据实验测量数据，在坐标纸上绘制小灯泡的伏安特性曲线，并判断小灯泡是线性元件还是非线性元件.

注意事项

(1) 使用电源时要防止短路，接通和断开电路前应使直流稳压电源输出为零，先粗调然后再慢慢微调.

(2) 测量金属膜电阻的伏安特性时，所加电压不得使电阻的功率超过额定输出功率.

(3) 测量稳压二极管的伏安特性时，电路中的电流值不应超过其最大稳定电流 I_{Zmax}.

预习思考题

(1) 研究电子元件的伏安特性的物理意义是什么？其在基础研究和应用研究方面有何价值？

(2) 线性电阻和非线性电阻的概念是什么？其伏安特性有何区别？

(3) 稳压二极管与普通二极管有何区别？其用途如何？

讨论思考题

(1) 电流表内接法和电流表外接法都将产生系统误差，实际测量时如何减小以及修正这种误差？

(2) 用电流表和电压表测量电流和电压时，改变量程对测量结果有无影响？为什么？

(3) 如何计算线性电阻和非线性电阻的电阻值？

拓展阅读

[1] 魏诺. 对伏安法测电阻的研究[J]. 物理实验，1996，16(6)：254－255.

[2] 张昆. 单伏双安法测电阻[J]. 物理实验，2000，20(2)：38，42.

[3] 陈清梅，邢红军，朱南. 也谈伏安法测电阻时电流表内、外接法的判定条件[J]. 大学物理，2007，26(8)：42－43.

[4] 高伟吉. 伏安法测电阻如何减少测量误差的分析[J]. 大学物理实验，2008，21(1)：7－10.

[5] 何长英. 伏安法测稳压管伏安特性研究[J]. 教学仪器与实验，2007，23(5)：26－27.

[6] 王新生，张银阁. 用伏安法测绘二极管伏安特性的研究[J]. 大学物理实验，2000，13(3)：41－43.

3.10.2 补偿法测电阻

实验目的

(1) 学会正确使用电流表、电压表、电阻箱、变阻器、检流计等仪表.

(2) 学会分析伏安法测电阻的各种不同接线方法所引起的系统误差.

(3) 学会用补偿法测量电阻.

实验原理

当通电待测电阻 R_x 的温度一定时，用电压表、电流表分别测出 R_x 两端的电压 U 和通过 R_x 的电流 I，利用欧姆定律可算出待测电阻 R_x，即

$$R_x=\frac{U}{I}.$$

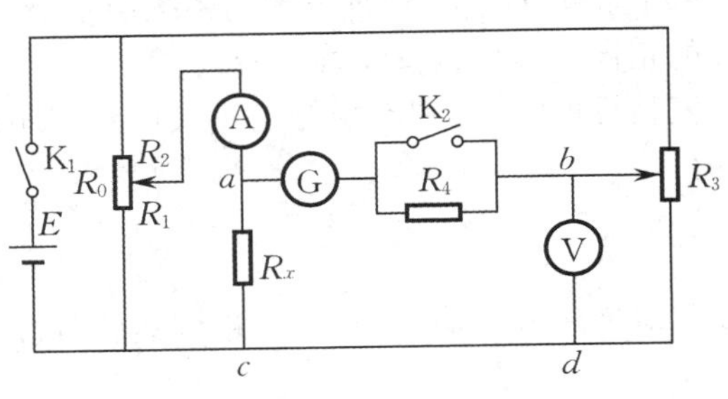

图 3-10-5　补偿法电路图

用伏安法测电阻的接线方法一般有电流表内接法、电流表外接法和补偿法三种. 本实验采用补偿法对电阻进行测量.

图 3-10-5 所示为补偿法测电阻的电路图. 由图可知，调节 R_3 使检流计 G 无电流通过时，电压表所测电压 U_{bd} 等于 R_x 两端的电压 U_{ac}，电流表测得的电流 I 为通过 R_x 的电流，因而由 $R_x=\frac{U_{bd}}{I}$ 可算出待测电阻 R_x.

实验仪器

(1) C31 - A 型电流表.

量程：7.5 mA ～ 30 A，共 12 挡；内阻上的电压降：27 ～ 45 mV；准确度等级：0.5.

(2) C31 - V 型电压表.

量程：45 mV ～ 600 V，共 10 挡；准确度等级：0.5；内阻值如表 3-10-2 所示.

表 3-10-2　电压表内阻值

量程	45 mV	75 mV	3 ～ 600 V
内阻	15 Ω	30 Ω	量程 /2 mA

(3) 数字式多用表.

本实验采用数字式多用表作为检流计使用，其面板如图 3-10-6 所示. 测量开始前应调节挡位旋钮到待测挡位，实验结束后应及时将挡位旋钮调节到“OFF”挡. 若测量过程数字式多用表发出蜂鸣声，则应及时断开此表，检查挡位选取是否合适，确认无误后重新连接此表.

读数显示屏
挡位旋钮
测量表笔接口

图 3-10-6　UT33D+ **数字式多用表面板图**

(4) 电阻.

R_0：100 Ω(滑动变阻器)；R_x：由电阻箱提供；R_3：4.7 kΩ(多圈电位器).

(5) 电源.

直流稳压电源，输出电压调到 3 V.

(6) 仪器与测量条件的选择.

这里考虑的是如何选定测量值的范围，才能满足对测量结果不确定度的要求.

根据欧姆定律和不确定度传递公式，由仪器误差引起的 B 类相对不确定度为

$$u_{\text{rel}}(R_i)=\frac{u_{\text{B}}(R_i)}{R_i}=\sqrt{\left[\frac{u_{\text{B}}(I_i)}{I_i}\right]^2+\left[\frac{u_{\text{B}}(U_i)}{U_i}\right]^2}.$$

若要求 $u_{\text{rel}}(R_i)\leqslant E$，根据不确定度取值应取可能值中的最大值原则，应有

$$u_{\text{rel}}(U_i)=\frac{u_{\text{B}}(U_i)}{U_i}\leqslant\frac{E}{\sqrt{2}},\quad u_{\text{rel}}(I_i)=\frac{u_{\text{B}}(I_i)}{I_i}\leqslant\frac{E}{\sqrt{2}}.$$

对于准确度等级为 K 的电表，其仪器误差为 $\Delta_{仪}=\frac{量程\times K}{100}$，当电表的示值为 Q 时，由仪器误差引起的 B 类相对不确定度为

$$\frac{\frac{\Delta_{仪}}{\sqrt{3}}}{Q}=\frac{量程\times K}{100\sqrt{3}Q}.$$

在要求仪器误差引起的 B 类相对不确定度不大于某一确定值 E_0 时，即

$$\frac{量程\times K}{100\sqrt{3}Q}\leqslant E_0,$$

则应当使示值

$$Q\geqslant\frac{量程\times K}{100\sqrt{3}E_0}=\frac{\sqrt{6}\ 量程\times K}{300E}.$$

在本实验中，电流表、电压表的准确度等级均为 0.5，若要求 $u_{\text{rel}}(R_i)\leqslant E=2\%$，则由仪器误差引起的电流、电压测量的B类相对不确定度均为 $E_0=\frac{E}{\sqrt{2}}=\sqrt{2}\%$，这样，电流表、电压表的示值均应满足

$$Q(U\ 或\ I)\geqslant\frac{量程\times K}{100\sqrt{3}E_0}=\frac{量程\times 0.5}{\sqrt{3}\times\sqrt{2}}\approx\frac{量程}{5}$$

或

$$Q(U\ 或\ I)\geqslant\frac{\sqrt{6}\ 量程\times K}{300E}=\frac{\sqrt{6}\ 量程\times 0.5}{3\times 2}\approx\frac{量程}{5},$$

所以示值应大于量程的 $\frac{1}{5}$，同时亦应小于量程的 $\frac{2}{3}$.

实验内容

（1）按图 3-10-5 所示布置仪器并接好导线. 接线时应一个一个回路连接，尽量均分接线柱上的接线叉，避免导线过多交叉. 接好电路后经教师检查无误后方可接通电源.

（2）调节电阻箱至 41 Ω 并将其作为待测电阻，选取电流表和电压表量程：

① 将直流稳压电源的输出电压调到 3 V，电压表量程取为 3 V；

② 移动滑动变阻器 R_0 的滑动端，使 R_1 大于 $\frac{R_0}{3}$；

③ 由大到小试探着选取电流表量程，直到电流表示值大于量程的 $\frac{1}{3}$.

（3）调节 R_3，使 U_{bd} 达到补偿状态：

① 将数字式多用表挡位调整为直流电流 400 mA 挡，并将黑色表笔插入数字式多用表“COM”接线口，红色表笔插入数字式多用表“mA”接线口；

② 仔细调节 R_3，调节过程中根据测得的电流大小选择合适的数字式多用表量程，直至数字式多用表测得的电流值小于 0.02 mA 且大于 −0.02 mA.

（4）记录此时的电压表和电流表的示值 U 和 I，并将数据填入表 3-10-3.

（5）重复测量：移动滑动变阻器 R_0 的滑动端，依次增加通过 R_x 的电流 I，重复步骤（3）和（4）再测 5 组 U 和 I 值，并将数据填入表 3-10-3.

（6）重新调节电阻箱至 500 Ω 并将其作为待测电阻，重复步骤（2）～（5），将测量数据填入表 3-10-4.

表 3-10-3　电阻 1 测量数据记录表

电压表量程:______ V 挡　电流表量程:______ mA 挡

测量次数 i	1	2	3	4	5	6	平均值
U_i/V							—
I_i/mA							—
R_i/Ω							

表 3-10-4　电阻 2 测量数据记录表

电压表量程:______ V 挡　电流表量程:______ mA 挡

测量次数 i	1	2	3	4	5	6	平均值
U_i/V							—
I_i/mA							—
R_i/Ω							

数据处理

(1) 计算电阻的平均值:$\overline{R} = \frac{1}{6}\sum_{i=1}^{6} R_i$.

(2) 计算电阻的 A 类不确定度:$u_{\mathrm{A}}(R) = \sqrt{\frac{\sum_{i=1}^{6}(R_i - \overline{R})^2}{6(6-1)}}$.

(3) 计算电阻的 B 类不确定度.

① 求出由仪器误差引起的电流和电压测量的 B 类不确定度:

$$u_{\mathrm{B}}(I_i) = \frac{\Delta_{仪}(I)}{\sqrt{3}},\quad u_{\mathrm{B}}(U_i) = \frac{\Delta_{仪}(U)}{\sqrt{3}}.$$

② 求出电阻的 B 类相对不确定度:

$$u_{\mathrm{rel}}(R_i) = \frac{u_{\mathrm{B}}(R_i)}{R_i} = \sqrt{\left[\frac{u_{\mathrm{B}}(U_i)}{U_i}\right]^2 + \left[\frac{u_{\mathrm{B}}(I_i)}{I_i}\right]^2}.$$

根据不确定度取值应取可能值中的最大值原则,U_i 和 I_i 应取测量结果为最小值的一组代入上式计算电阻的 B 类相对不确定度.

③ 求出电阻的 B 类不确定度:

$$u_{\mathrm{B}}(R) = R_i u_{\mathrm{rel}}(R_i).$$

(4) 计算电阻的合成不确定度:$u_{\mathrm{C}}(R) = \sqrt{u_{\mathrm{A}}^2(R) + u_{\mathrm{B}}^2(R)}$.

(5) 求出电阻的扩展不确定度:$U(R) = 2 \times u_{\mathrm{C}}(R) \quad (k=2)$.

(6) 写出结果表达式和相对不确定度:

$$\begin{cases} R = \overline{R} \pm U(R) \quad (k=2), \\ u_{\mathrm{rel}}(R) = \dfrac{U(R)}{\overline{R}} \quad (\text{要求用百分数表示}). \end{cases}$$

注意事项

通电时,要特别注意电流表、电压表和数字式多用表,若有异常,应立刻断开开关 K_1.

预习思考题

(1) 什么情况下,电压表测得的电压正好等于 R_x 两端的电压?

(2) 本实验中所用电表的准确度等级为0.5,分为150格.若电压表的量程取为3 V,以V为单位,其示值可读到小数点后第几位?若电流表的量程取为7.5 mA,以mA为单位,其示值可读到小数点后第几位?

讨论思考题

用本实验中的电压表测得图3-10-7中 R_1 上的电压低于3 V,这是为什么?要准确测出 R_1 上的电压,应如何利用本实验中的仪器进行测量?试画出电路图并说明测量方法.

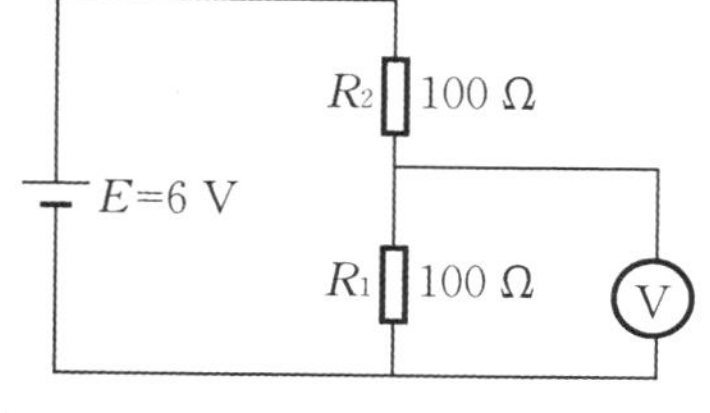

图3-10-7 电压测量电路图

拓展阅读

[1] 陈国杰,黄义清.补偿法测电阻电路的改进及应用[J].教学仪器与实验,2004,20(1):26-27.

[2] 赵正权.完全补偿法测量电阻及误差分析[J].大学物理,2005,24(9):48-49,60.

[3] 刘永萍.补偿法在电学测量中的应用[J].科技创新导报,2008(22):106.

3.11 霍尔效应实验

引言

1879年,霍尔在研究载流导体在磁场中受力的性质时发现:一块处于磁场中的载流导体,若磁场方向与电流方向垂直,在垂直于电流和磁场的方向上,导体两侧会产生电势差,此现象称为霍尔效应.根据霍尔效应制成的器件叫作霍尔元件,可以用来测量磁场.这一方法具有结构简单、探头体积小、测量快和可以直接连续读数等优点,广泛应用于压力、位移、转速等非电学量的测量,以及电动控制、电磁测量等方面.在电流体中的霍尔效应也是目前研究磁流体发电的理论基础.1980年,物理学家克利青研究二维电子气系统的输运特性时,在低温和强磁场下发现了量子霍尔效应,这是凝聚态物理领域最重要的发现之一.物理学家对量子霍尔效应进行了深入研究,并取得了广泛应用,例如用于确定电阻的自然基准,可以极为精确地测量光谱精细结构常数等.2013年,由清华大学薛其坤院士领衔、清华大学物理系和中科院物理研究所组成的实验团队,还首次从实验上观测到量子反常霍尔效应,是凝聚态物理领域的一项重要科学发现.

实验目的

(1) 研究霍尔效应的基本特性.

(2) 测绘霍尔元件的 $U_H - I_S$ 和 $U_H - I_M$ 关系曲线,确定其线性关系.

(3) 确定霍尔元件的导电类型,测量其霍尔系数、载流子浓度以及迁移率.

实验原理

本质上讲,霍尔效应是运动的带电粒子在磁场中受洛伦兹力作用而引起的偏转所致.当被约束在固体材料中的带电粒子(电子或空穴)受洛伦兹力偏转时就会导致在垂直于电流和磁场的方向上,固体材料两侧产生正、负电荷的聚积，从而形成附加电场. 对于图 3-11-1 所示的半导体试样，若在 x 轴方向通以工作电流 I_S，在 z 轴方向加磁场 $\boldsymbol{B}$，则在 y 轴方向，即试样 A, A' 电极两侧就开始聚积正、负电荷而产生相应的附加电场，电场的指向取决于试样的导电类型. 显然，该电场阻止载流子继续向侧面偏移，当载流子所受电场力 $\boldsymbol{F}_E(=e\boldsymbol{E}_H)$ 与洛伦兹力 $\boldsymbol{F}_M(=-e\bar{\boldsymbol{v}}\times\boldsymbol{B})$ 大小相等时，试样两侧电荷的积累就达到平衡，即

$$eE_H = e\bar{v}B, \tag{3-11-1}$$

式中 E_H 为霍尔电场，$\bar{v}$ 为载流子在电流方向上的平均漂移速度，e 为元电荷.

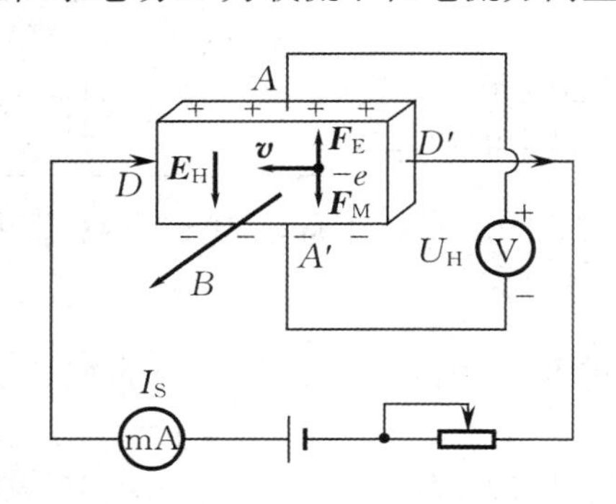

(a) 载流子为电子(n 型)

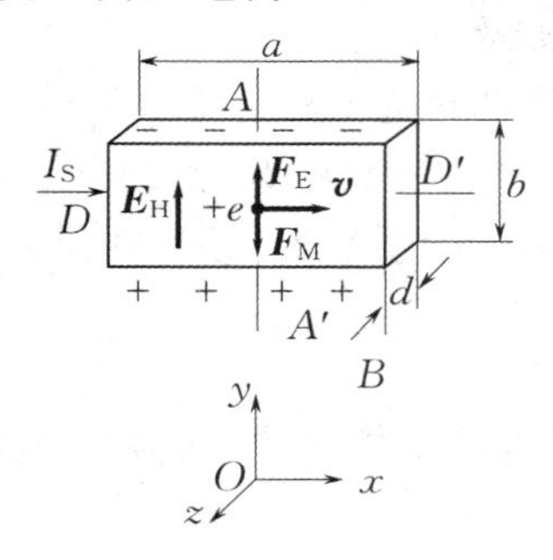

(b) 载流子为空穴(p 型)

图 3-11-1　霍尔效应实验原理图

设半导体试样的高为 b、厚度为 d，载流子浓度为 n，则工作电流 I_S 的大小为

$$I_S = ne\bar{v}bd. \tag{3-11-2}$$

由式(3-11-1) 和(3-11-2) 可得

$$U_H = E_H b = \frac{1}{ne}\cdot\frac{I_S B}{d} = R_H\frac{I_S B}{d}, \tag{3-11-3}$$

即霍尔电压 U_H(A, A' 电极之间的电压) 与工作电流 I_S 和磁感应强度 B 成正比，与试样厚度 d 成反比. 比例系数 $R_H=\dfrac{1}{ne}$ 称为霍尔系数，它是反映材料霍尔效应强弱的重要参数. R_H 为正，霍尔材料为 p 型；R_H 为负，霍尔材料为 n 型. 只要测出 U_H 以及知道 I_S，B 和 d，可按下式计算 R_H：

$$R_H = \frac{U_H d}{I_S B}.$$

实验中，$B = kI_M$(k 为励磁系数，I_M 为励磁电流)，将此式代入上式可得

$$R_H = \frac{U_H d}{kI_S I_M}. \tag{3-11-4}$$

由此原理，经定标后，霍尔元件作为磁场测量探头，能简便、直观、快速地测量磁场的磁感应强度.

定标后的霍尔元件，其 R_H 和 d 已知，因此在实用上就将式(3-11-3) 写为

$$U_H = K_H I_S B, \tag{3-11-5}$$

式中 $K_H=\dfrac{R_H}{d}$ 称为霍尔元件的灵敏度，单位为 mV/(mA · T)，它表示该元件在单位工作电流和磁感应强度下输出的霍尔电压. 根据式(3-11-5)，因 K_H 已知，而 I_S 由实验给出，所以只要测出 U_H 就可以求得未知磁感应强度

$$B = \frac{U_H}{K_H I_S}. \tag{3-11-6}$$

因此，式(3-11-4) 和(3-11-6) 就是用来测量霍尔系数和磁感应强度的依据.

应当指出，式(3-11-3) 是在做了一些假定的理想情形下得到的，实际上某次测得的 $U_{AA'}$ 并不完

全是U_H，还包括其他因素带来的附加电压，因而根据$U_{AA'}$计算出的磁感应强度B并不非常准确. 下面首先分析影响测准的原因，然后提出为消除影响，实验测量时所采用的办法.

(1) 不等势电压. 接通工作电流I_S后，半导体内沿电流方向电势降低. 如果霍尔电极A,A'位于不同等势面上，即使磁场不存在时，A,A'电极之间也有电势差. 如图3-11-2所示，由于从半导体材料不同部位切割制成的霍尔元件本身不均匀，性能稍有差异，加上在几何上难以绝对对称确定A,A'电极的位置，实际上不可能保证A,A'处在同一等势面上. 因此，霍尔元件或多或少都存在由于A,A'电势不相等造成的电压U_0. 显然，U_0随工作电流I_S的换向而换向，而$\boldsymbol{B}$的换向对U_0的方向没有影响.

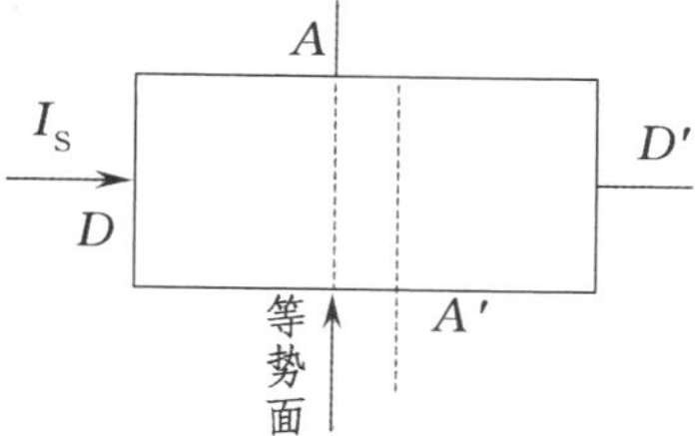

图 3-11-2　不等势电压示意图

(2) 埃廷斯豪森效应. 1887年，埃廷斯豪森发现霍尔元件中载流子的速度有大有小，对于速度大的载流子，洛伦兹力起主导作用；对于速度小的载流子，电场力起主导作用. 这样，速度大的载流子和速度小的载流子将分别向A,A'两端偏转，偏转的载流子的动能将转化为热能，使两端的温升不同. A,A'两端由于有温度差而出现温差电压U_t. 不难看出，U_t既随$\boldsymbol{B}$也随I_S的换向而换向.

(3) 能斯特效应. 由于工作电流引线的焊接点D,D'处的电阻不相等，因此通电后D,D'两端发热程度不同，存在温度差，于是在D,D'之间出现热扩散电流. 在磁场的作用下，A,A'两端出现电场$\boldsymbol{E}_y$，由此产生附加电压U_p. U_p随$\boldsymbol{B}$的换向而换向，而与I_S的换向无关.

(4) 里吉-勒迪克效应. 上述热扩散电流的各个载流子的迁移速度并不相同，根据埃廷斯豪森效应，A,A'两端将出现附加的温差电压U_s. U_s随$\boldsymbol{B}$的换向而换向，而与I_S的换向无关.

综上所述，在确定的磁感应强度$\boldsymbol{B}$和工作电流I_S的条件下，实际测量的A,A'两端的电压$U_{AA'}$不仅包括U_H，还包括U_0,U_t,U_p,U_s，是这5项电压的代数和. 例如，假设$\boldsymbol{B}$和I_S的大小不变，方向如图3-11-1所示(n型)，又设A,A'两端的电压U_0为正，D'端的温度比D端高，测得的A,A'两端之间的电压为U_1，则

$$U_1=U_H+U_0+U_t+U_p+U_s. \tag{3-11-7}$$

若$\boldsymbol{B}$换向，I_S不变，则测得的A,A'两端之间的电压为

$$U_2=-U_H+U_0-U_t-U_p-U_s; \tag{3-11-8}$$

若$\boldsymbol{B}$和I_S同时换向，则测得的A,A'两端之间的电压为

$$U_3=U_H-U_0+U_t-U_p-U_s; \tag{3-11-9}$$

若$\boldsymbol{B}$不变，I_S换向，则测得的A,A'两端之间的电压为

$$U_4=-U_H-U_0-U_t+U_p+U_s. \tag{3-11-10}$$

由以上4个等式可以得到

$$U_1-U_2+U_3-U_4=4(U_H+U_t),$$

即

$$U_H=\frac{1}{4}(U_1-U_2+U_3-U_4)-U_t. \tag{3-11-11}$$

考虑到温差电压U_t一般比U_H小得多，在误差范围内可以略去，所以霍尔电压为

$$U_H=\frac{1}{4}(U_1-U_2+U_3-U_4). \tag{3-11-12}$$

本实验通过改变$\boldsymbol{B}$和I_S的方向，测量不同组合下的4个电压，并计算出霍尔电压U_H，这种方法称为对称测量法.

实验仪器

霍尔效应测试仪，霍尔效应实验仪.

实验内容

1. 实验准备

(1) 工作电流 I_S 旋钮和励磁电流 I_M 旋钮均逆时针旋到底.

(2) 按图 3-11-3(见附录) 所示接线(其他型号仪器按对应接口名称接线),其中 3 个双刀双掷开关(其他型号仪器按对应开关) 分别对励磁电流 I_M、工作电流 I_S、霍尔电压 U_H(待扩展用) 进行通断和换向控制,霍尔效应实验仪规定:当双刀双掷开关向上打(二维移动尺和电磁铁所在的一侧) 时为正向接通,即电流为红进黑出,电极为红接线柱接正极黑接线柱接负极.

(3) 通过二维移动尺调节霍尔片的位置,使霍尔片在电磁铁气隙中心.

(4) 断开励磁电流开关,闭合工作电流开关,通入 5 mA 工作电流,打开霍尔效应测试仪开关,预热 10 min.

2. 霍尔效应基本特性的测量

(1) 测量 U_H-I_S 关系曲线.

按表 3-11-1 所示设定励磁电流 I_M(或由实验室设定),从霍尔效应实验仪面板标识牌中读取励磁系数(线圈常量)k,测量不同工作电流 I_S 时的霍尔电压 U_H,工作电流方向的切换由双刀双掷开关控制(注意,霍尔电压 U_H 的双刀双掷开关始终为正向). 将实验数据填入表 3-11-1.

表 3-11-1 U_H-I_S 关系曲线测量数据记录表

$I_M=0.500$ A　$k=$ ______ T/A

I_S/mA	U_1/mV	U_2/mV	U_3/mV	U_4/mV	$U_H=\frac{U_1-U_2+U_3-U_4}{4}$/mV
	$+B,+I_S$	$-B,+I_S$	$-B,-I_S$	$+B,-I_S$	
0.50					
1.00					
1.50					
2.00					
2.50					
3.00					

(2) 测量 U_H-I_M 关系曲线.

按表 3-11-2 所示设定工作电流 I_S(或由实验室设定),测量不同励磁电流 I_M 时的霍尔电压 U_H,工作电流方向的切换由双刀双掷开关控制(注意,霍尔电压 U_H 的双刀双掷开关始终为正向). 将实验数据填入表 3-11-2.

表 3-11-2 U_H-I_M 关系曲线测量数据记录表

$I_S=2.00$ mA

I_M/A	U_1/mV	U_2/mV	U_3/mV	U_4/mV	$U_H=\frac{U_1-U_2+U_3-U_4}{4}$/mV
	$+B,+I_S$	$-B,+I_S$	$-B,-I_S$	$+B,-I_S$	
0.100					
0.200					
0.300					
0.400					
0.500					
0.600					

数据处理

(1) 根据表3-11-1中的数据，在直角坐标纸上绘制 $U_H - I_S$ 关系曲线.

(2) 根据表3-11-2中的数据，在直角坐标纸上绘制 $U_H - I_M$ 关系曲线.

(3) 把表3-11-1中 U_H，I_S 值代入式(3-11-4)和(3-11-5)求 R_H 和 K_H，并计算 $\overline{R}_H$ 和 $\overline{K}_H$.

(4) 将 $\overline{R}_H$ 代入 $\overline{n} = \frac{1}{|\overline{R}_H| e}$ 求载流子浓度 $\overline{n}$.

应当指出，这个关系式是假定所有的载流子都具有相同的漂移速度而得到的，如果考虑载流子的速度统计分布，需引入修正因子$\frac{3\pi}{8}$，所以实际计算公式为 $\overline{n} = \frac{3\pi}{8}\frac{1}{|\overline{R}_H| e}$.

注意事项

(1) 由于励磁电流较大，所以千万不能将 I_M 输入端口和 I_S 输入端口接错，否则励磁电流将烧坏霍尔元件.

(2) 霍尔元件及二维移动尺容易折断、变形，应注意避免受挤压、碰撞等. 实验前应检查两者及电磁铁是否松动、移位，并加以调整.

(3) 为了不使电磁铁因过热而受到损害或影响测量精度，仅在读取有关数据时，通以励磁电流 I_M，其余时间须断开励磁电流开关.

预习思考题

(1) 霍尔电压是怎样产生的？如何判断半导体材料的导电类型？

(2) 在本实验中为什么要采用对称测量法？

(3) 在本实验中，提供的磁感应强度的大小和方向如何来确定？

讨论思考题

(1) 若磁场方向与霍尔片的法线方向不一致，对测量结果有何影响？

(2) 能否简要说明电力工程中运用霍尔效应测量大电流的方法？

拓展阅读

[1] 徐晓创，陆申龙. 发展中的集成霍尔传感器及在高科技领域中的应用[J]. 大学物理实验，2001，14(2)：1-4.

[2] 张健. 霍尔传感器的应用浅析[J]. 信息与电脑(理论版)，2009(7)：138.

附录

实验仪器介绍

1. 霍尔效应实验仪(见图3-11-3(b))

本实验仪由C形电磁铁、二维移动尺、霍尔元件、面板标示牌、3个双刀双掷开关等组成.

(1) C形电磁铁.

本实验中励磁电流 I_M 与电磁铁在气隙中产生的磁感应强度 $\boldsymbol{B}$ 的大小成正比. 导线绕向(或正向励磁电流 I_M 方向)已在线圈上用箭头标出，可通过右手螺旋定则确定电磁铁气隙中磁感应强度 $\boldsymbol{B}$ 的方向.

(2) 二维移动尺及霍尔元件.

调节二维移动尺可使霍尔元件水平、垂直移动，可移动范围：水平 $0 \sim 50$ mm，垂直 $0 \sim 30$ mm.

霍尔元件的相关参数见面板标示牌.

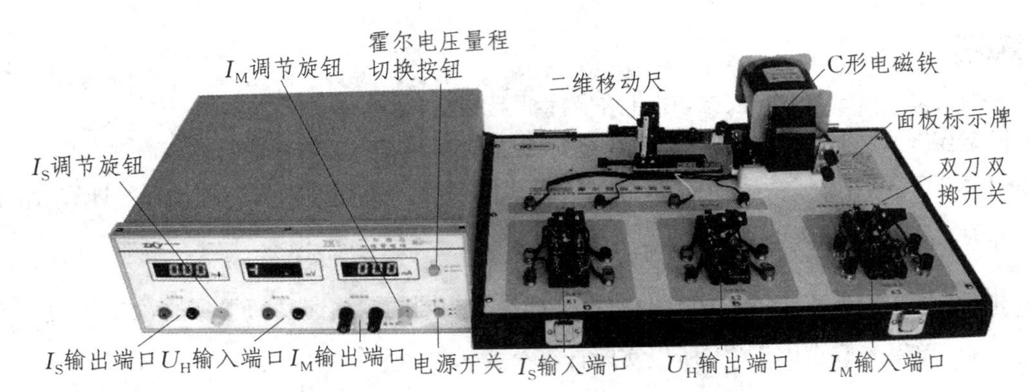

(a) 霍尔效应测试仪　　(b) 霍尔效应实验仪

图 3－11－3　霍尔效应实验仪与测试仪

霍尔元件上有 4 只引脚(见图 3－11－4),其中编号为 1,2 的两只为工作电流端,编号为 3,4 的两只为霍尔电压端(图 3-11-4 中的图形"O" 仅标示霍尔元件的正方向). 同时将这 4 只引脚焊接在印制板上,然后引到双刀双掷开关上,接线柱旁标有 1,2,3,4 四个编号,按对应编号连线. 霍尔元件在印制板上的朝向是正面背离印制板而朝向实验者,霍尔元件在印制板上的位置如图 3－11－5 所示.

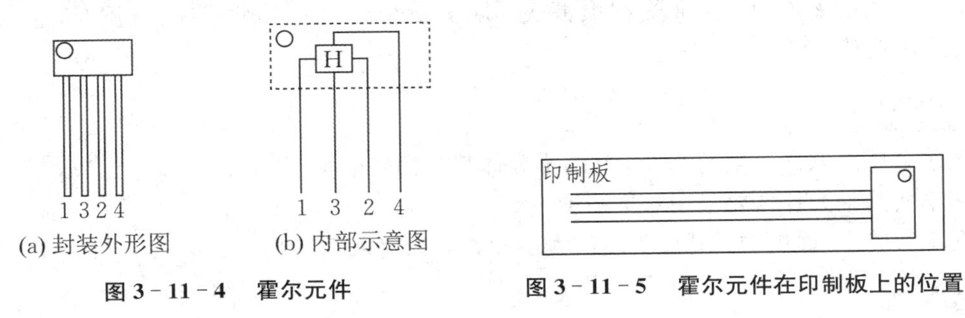

(a) 封装外形图　　(b) 内部示意图

图 3－11－4　霍尔元件

图 3－11－5　霍尔元件在印制板上的位置

(3) 面板标示牌.

面板标示牌中填写的内容包括:霍尔元件参数(尺寸、导电类型及材料、最大工作电流)、电磁铁参数(线圈常量、气隙尺寸等). 由于本实验中励磁电流 I_M 与电磁铁在气隙中产生的磁感应强度 $\boldsymbol{B}$ 的大小成正比,故可用电磁铁的线圈常量 C(励磁系数 k) 表示气隙中的磁感应强度. 电磁铁线圈常量指的是单位励磁电流作用下电磁铁在气隙中产生的磁感应强度,单位为 mT/A. 若已知励磁电流的大小,便能根据公式 $B = CI_M$ 得到此时气隙中的磁感应强度.

2. 霍尔效应测试仪(见图 3－11－3(a))

测试仪后面板有 220 V 交流电源插座(带保险丝),其前面板分为 3 个部分:

(1) 霍尔元件工作电流 I_S 输出.

用三位半数显表显示输出电流值 I_S(单位:mA).

恒流源可调范围:0 ～ 10.00 mA(用 I_S 调节旋钮调节).

(2) 霍尔电压 U_H 输入.

用四位数显表显示输入电压值 U_H(单位:mV).

测量范围:0 ～ 19.99 mV(量程为 20 mV) 或 0 ～ 199.9 mV(量程为 200 mV),可通过霍尔电压量程切换按钮进行切换. 在本实验中,只用 200 mV 量程,在实验前须将霍尔电压测试仪的电压量程调至 200 mV.

(3) 励磁电流 I_M 输出.

用三位半数显表显示输出电流值 I_M(单位:mA).

恒流源可调范围:0 ～ 1 000 mA(用 I_M 调节旋钮调节).

注意,只有在接通负载时,恒流源才能输出电流,数显表上才有相应显示.

3.12 用示波器测铁磁材料的磁滞回线

引言

用示波器测铁磁材料的动态磁特性,具有直观、方便和迅速等优点,能在交变磁场下观察和定量测绘铁磁材料的磁滞回线和磁化曲线.

实验目的

(1) 认识铁磁材料的磁化规律,比较两种典型的铁磁材料的动态磁特性.

(2) 测绘样品1近饱和的一条磁滞回线,由此测定材料在此工作条件下的最大磁感应强度 B_m、矫顽力 H_c、剩磁 B_r,以及磁滞损耗[BH].

(3) 测绘样品2的基本磁化曲线和 μ-H 关系曲线.

实验原理

铁磁材料是一种性能特异、用途广泛的材料.铁、钴、镍及其多种合金以及含铁的氧化物(铁氧体)均属于铁磁材料.其特征是在外磁场作用下能被强烈磁化,故磁导率 μ 很高.另一特征是磁滞,即磁场作用停止后,铁磁材料仍保留磁化状态.图3-12-1所示为铁磁材料的磁感应强度 B 与磁场强度 H 的关系曲线.

图中的原点 O 表示磁化之前铁磁材料处于磁中性状态,即 $B=H=0$,当磁场强度 H 从零开始增加时,磁感应强度 B 随之缓慢上升,如曲线段 $O\sim1$ 所示,继而 B 随 H 迅速增长,如曲线段 $1\sim2$ 所示,其后 B 的增长又趋于缓慢,如曲线段 $2\sim a$ 所示,当 H 增至 H_m 时,B 不再增加,即到达磁化饱和状态,这时的磁感应强度 B_m 称为饱和磁感应强度,曲线段 $O\sim a$ 称为起始磁化曲线.图3-12-1表明,当磁场强度从 H_m 逐渐减小至零时,磁感应强度 B 并不沿起始磁化曲线恢复到 O 点,而是沿另一条新的曲线段 $a\sim b$ 下降,比较曲线段 $O\sim a$ 和 $a\sim b$ 可知,H 减小 B 相应也减小,但 B 的变化滞后于 H 的变化,这一现象称为磁滞,磁滞的明显特征是当 $H=0$ 时,B 不为0,而保留剩磁 B_r.

当磁场强度 H 反向从0逐渐变至 $-H_c$ 时,磁感应强度 B 消失,说明要消除剩磁,必须施加反向磁场强度 $-H_c$,H_c 称为矫顽力,它的大小反映铁磁材料保持剩磁状态的能力,曲线段 $b\sim c$ 称为退磁曲线.

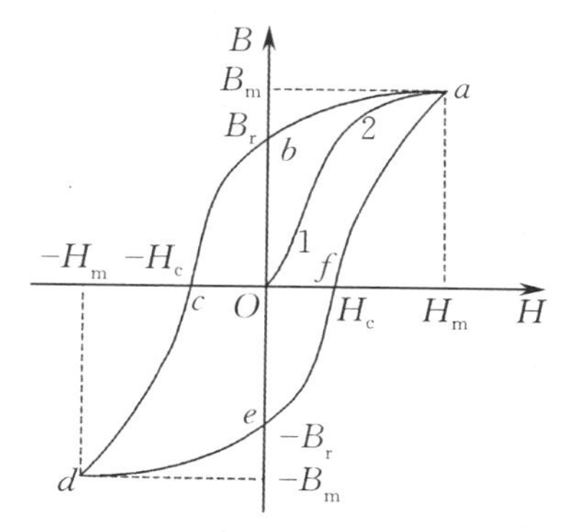

图3-12-1 铁磁材料的起始磁化曲线和磁滞回线

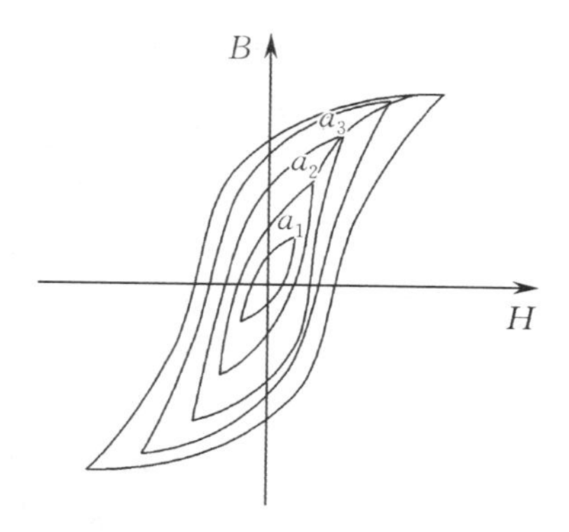

图3-12-2 同一铁磁材料的一簇磁滞回线

图 3-12-1 还表明，当磁场强度 H 按 $0 \to H_m \to 0 \to -H_c \to -H_m \to 0 \to H_c \to H_m$ 次序变化时，相应的磁感应强度 B 则按 $0 \to B_m \to B_r \to 0 \to -B_m \to -B_r \to 0 \to B_m$ 变化，这一闭合曲线称为磁滞回线. 所以，当铁磁材料处于交变磁场中时（如变压器中的铁芯），将沿磁滞回线反复磁化 → 去磁 → 反向磁化 → 反向去磁. 在此过程中要消耗额外的能量，并以热量的形式从铁磁材料中释放出来，这种损耗称为磁滞损耗，用符号[BH]表示. 可以证明，磁滞损耗与磁滞回线所围的面积成正比，单位是焦耳每立方米（J/m^3），表示单位体积的铁磁材料在完成一个磁滞回线变化周期的过程中消耗的磁能.

应该说明，初始状态为 $H = B = 0$ 的铁磁材料，在交变磁场强度由弱到强依次进行磁化的过程中，可以得到面积由小到大向外扩张的一簇磁滞回线，如图 3-12-2 所示. 这些磁滞回线顶点的连线称为铁磁材料的基本磁化曲线（见图 3-12-3），由此可近似确定其磁导率 $\mu = \dfrac{B}{H}$. 因 B 与 H 非线性，故铁磁材料的 μ 不是常量而是随 H 而变化，如图 3-12-3 所示. 铁磁材料的相对磁导率 $\mu_r(=\mu/\mu_0)$ 可高达数千乃至数万，这一特点是它用途广泛的主要原因之一.

磁滞回线和基本磁化曲线是铁磁材料分类和选用的主要依据. 图 3-12-4 所示为两种不同铁磁材料的磁滞回线，其中软磁材料的磁滞回线狭长，矫顽力、剩磁和磁滞损耗均较小，是制造变压器、电机和交流磁铁的主要材料；而硬磁材料的磁滞回线较宽，矫顽力大，剩磁强，可用来制造永磁体.

图 3-12-3　铁磁材料的基本磁化曲线与 $\mu-H$ 关系曲线　　**图 3-12-4　不同铁磁材料的磁滞回线**

观察和测量磁滞回线及基本磁化曲线的电路如图 3-12-5 所示.

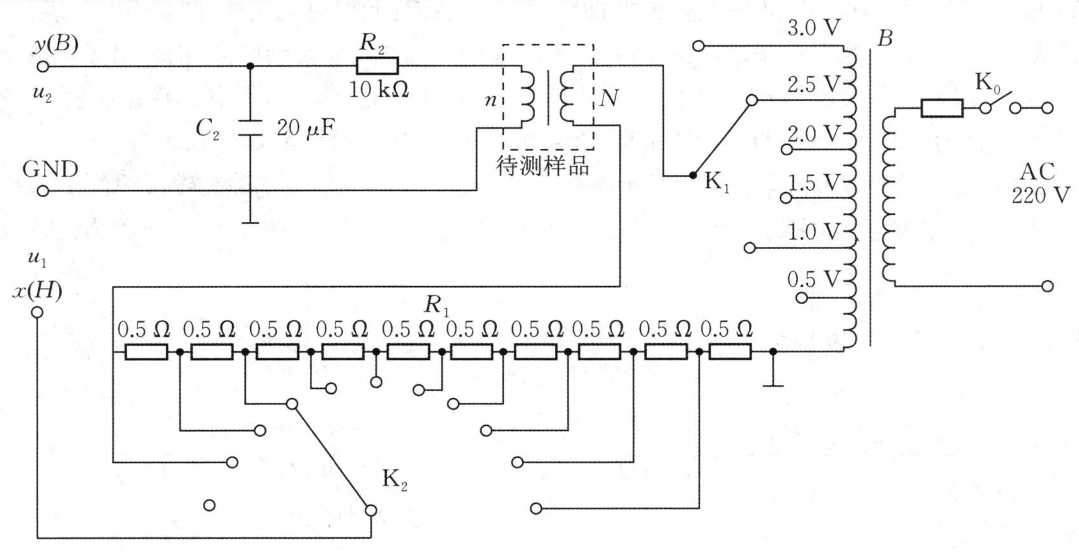

图 3-12-5　动态测量铁磁材料 $B-H$ 关系曲线的电路原理图

待测样品做成 EI 形片状，叠成日字形. 日字的窗口中镶有两个绕组：励磁绕组和用来测量磁感应强度 B 而设置的次级绕组，它们的匝数分别为 N，n. R_1 为励磁电流取样电阻，设通过励磁绕组的交流

励磁电流为 i_1，根据安培环路定理，样品的磁场强度为

$$H=\frac{Ni_1}{L},$$

式中 L 为日字形磁芯的平均磁路长度. 因为 $i_1=\frac{u_1}{R_1}$（R_1 为 K_2 选择端至接地端之间的电阻，u_1 为 R_1 两端的电压），所以上式可写为

$$H=\frac{N}{LR_1}\cdot u_1,\tag{3-12-1}$$

式中 R_1 从仪器面板上读出；N,L 为已知常量（参见表 3-12-3），所以只要测出 u_1，即可确定 H.

为了测量磁感应强度 B，在次级绕组上串联一个电阻 R_2 与电容 C_2 构成一个回路，同时 R_2 与 C_2 又构成一个积分电路，若选择适当的 R_2 和 C_2，使 $R_2\gg\frac{1}{\omega C_2}$，则

$$I_2=\frac{\varepsilon_2}{\left[R_2^2+\left(\frac{1}{\omega C_2}\right)^2\right]^{\frac{1}{2}}}\approx\frac{\varepsilon_2}{R_2},\tag{3-12-2}$$

式中 ω 为电源的角频率，ε_2 为次级绕组的感应电动势.

因交变磁场强度 H 在样品中产生交变的磁感应强度 B，则

$$\varepsilon_2=n\frac{\mathrm{d}\varphi}{\mathrm{d}t}=nS\frac{\mathrm{d}B}{\mathrm{d}t},\tag{3-12-3}$$

式中 S 为铁芯的截面积. 设铁芯的宽度为 a，厚度为 b，则 $S=ab$.

由式（3-12-2）和（3-12-3）可得

$$u_2=u_{C_2}=\frac{Q}{C_2}=\frac{1}{C_2}\int I_2\mathrm{d}t=\frac{1}{C_2R_2}\int\varepsilon_2\mathrm{d}t=\frac{nS}{C_2R_2}\int\mathrm{d}B=\frac{nS}{C_2R_2}B,\tag{3-12-4}$$

式中 C_2,R_2,n 和 S 均为已知常量（参见表 3-12-3），所以只要测出 u_2，即可确定 B.

综上所述，将图 3-12-5 中的 u_1 和 u_2 分别加到示波器的 CH1 通道和 CH2 通道便可观察样品的 $B-H$ 关系曲线. 为了得到磁滞回线上所求点的 B,H 值，需从示波器荧光屏上测出该点的坐标 x,y，根据示波器的通道灵敏度 D_X,D_Y，即可得到 $u_1=xD_X$ 和 $u_2=yD_Y$，然后，再按式（3-12-1）及（3-12-4）计算出磁场强度和磁感应强度，即

$$H=\frac{N}{LR_1}u_1=\frac{ND_X}{LR_1}x,\tag{3-12-5}$$

$$B=\frac{C_2R_2}{nS}u_2=\frac{C_2R_2D_Y}{nS}y.\tag{3-12-6}$$

式（3-12-4）表明，示波器 CH2 通道输入的 u_2 正比于 $\int\varepsilon_2\mathrm{d}t$，电压 u_2 是感应电动势 ε_2 对时间的积分. 为了如实地绘出磁滞回线，要求：

（1）$R_2\gg\frac{1}{2\pi fC_2}$；

（2）当满足条件（1）时，u_2 振幅很小，不能直接绘出大小适合的磁滞回线. 为此，需将 u_2 经过示波器 Y 轴放大器增幅后输至 CH2 通道. 这就要求在实验磁场的频率范围内，Y 轴放大器的放大系数必须稳定，不会带来较大的相位畸变. 事实上示波器难以完全达到这个要求，因此在实验时经常会出现如图 3-12-6 所示的畸变. 观测时 CH1 信

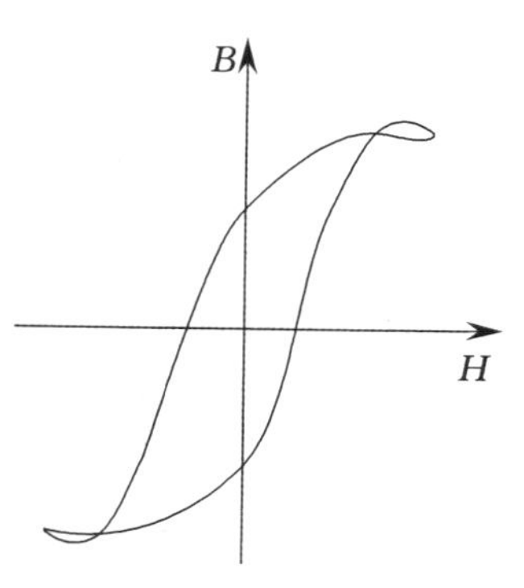

图 3-12-6　磁滞回线的畸变

号耦合选择切换开关切换至“AC”挡，CH2 信号耦合选择切换开关切换至“DC”挡，并选择合适的 R_2 和 C_2 可得到最佳磁滞回线图形，避免出现这种畸变.

实验仪器

TH－MHC（或 DH4516）型磁滞回线实验仪（以下简称实验仪），示波器.

实验内容

1. 观察样品 1 的一簇磁滞回线，测绘其中近饱和时（$U=2.2\ \text{V}$ 或 $U=2.4\ \text{V}$）的一条

（1）选取实验仪上的样品 1，按实验仪上所给的电路（图 3－12－5）连接线路，选择 $R_1=2.5\ \Omega$，U 选择旋钮置于零位. 将实验仪的输出信号 u_1 和 u_2（u_H 和 u_B）送到示波器的 CH1 通道和 CH2 通道（连线时，示波器的每个输入端都有示波器的地线，因此只需将其中一个黑色的地线插头连接到实验仪的地线上，多余的地线插头可闲置），调节示波器，使电子束光斑呈现在荧光屏坐标网格中心.

（2）开启实验仪电源，对样品 1 进行退磁，即顺时针旋转 U 选择旋钮，将励磁电压 U 从 0 增至 3 V（或3.5 V），观察不同励磁电压时磁滞回线的变化情况，然后逆时针旋转旋钮，将 U 从3 V（或 3.5 V）降到 0 V，这时样品 1 便处于 $H=0$，$B=0$ 的磁中性状态.

（3）调节 U 选择旋钮为 2.2 V（或 2.4 V），调节示波器 CH1，CH2 通道的灵敏度使磁滞回线在荧光屏范围内尽量大. 记录示波器 CH1，CH2 通道的灵敏度 D_X，D_Y，测出磁滞回线上若干个点的坐标（x，y）（须包括磁滞回线的顶点，与 x 轴和 y 轴的交点），一并记入表 3－12－1.

（4）利用计算出的 B，H 在坐标纸上绘出磁滞回线，并估算磁滞回线所围面积，即材料的磁滞损耗，并在图的空白处注明矫顽力 H_c、剩磁 B_r、饱和磁感应强度 B_m 以及磁滞损耗[BH].

表 3－12－1　测量样品 1 磁滞回线的数据记录表

$U=$______ V；　$R_1=2.5\ \Omega$；　$D_X=$______ V/DIV；　$D_Y=$______ V/DIV

x/DIV											
y/DIV											
H/(A/m)											
B/T											

2. 测绘样品 2 的基本磁化曲线（$B-H$ 关系曲线）和 $\mu-H$ 关系曲线

（1）将连接样品 1 的导线拆换至样品 2. 仿照前面对样品 1 退磁的操作，对样品 2 进行退磁，同时观察示波器上样品 2 不同励磁电压的磁滞回线（注意右上顶点位置）.

（2）逐步增加励磁电压 U，分别在表 3－12－2 中记录每条磁滞回线（第一象限的）顶点的坐标，并记下对应的励磁电压 U 和通道灵敏度 D_X，D_Y. 在此操作中，注意调节示波器的通道灵敏度（可同时改变 R_1 的大小），使磁滞回线尽量充满荧光屏.

（3）仿图 3－12－3，在坐标纸上，根据计算出的 H_i，B_i，μ_i 绘出基本磁化曲线和 $\mu-H$ 关系曲线. 注意，纵坐标既表示 B，又表示 μ.

表 3-12-2　测量样品 2 基本磁化曲线和 $\mu-H$ 关系曲线的数据记录表

序号 i	1	2	3	4	5	6	7	8	9	10	11
U_i/V	0.0										
R_{1i}/Ω											
D_{Xi}/(V/DIV)	—										
D_{Yi}/(V/DIV)	—										
x_i/DIV	0.0										
y_i/DIV	0.0										
H_i/(A/m)											
B_i/T											
μ_i/(H/m)											
μ_{ri}											

表 3-12-3　磁滞回线实验仪参数表

型号	N/匝	n/匝	S/m^2	L/m	R_2/Ω	C_2/F
TH-MHC	50	150	8.0×10^{-5}	6.0×10^{-2}	1.00×10^{4}	2.0×10^{-5}
DH4516	150	150	7.5×10^{-5}	7.5×10^{-2}	1.00×10^{4}	2.0×10^{-5}

预习思考题

(1) 如果示波器上出现的磁滞回线的顶点在坐标系第二、四象限,怎样改动一下图 3-12-5 中的连线可使顶点落在第一、三象限?

(2) 测量样品的基本磁化曲线能否让示波器不工作在 X-Y 模式而工作在 Y-T 模式?请解释.

讨论思考题

(1) 根据测量电路中的 R_2 和 C_2 的值,核算一下由 R_2 和 C_2 组成的积分电路的时间常量,是否满足 $R_2C_2 \gg \dfrac{1}{2\pi f}$?

(2) 如果使用样品 1 的材料制造一只电源(50 Hz)变压器,变压器铁芯的体积为 200 cm^3,工作时其线圈电流与其铁芯磁路的"A/m"数据与实验中"测磁滞回线"情况正好相同,问工作时变压器的磁滞损耗约为多少瓦?铁芯中磁感应强度为多少高斯?

拓展阅读

[1]　戎昭金,张霁,刘金寿,等.示波器法测磁滞回线实验的研究[J].大连大学学报,2004,25(4):25-28,34.

[2]　宋秀花.测定磁滞回线的新方法[J].河南大学学报(自然科学版),1995,25(1):76.

3.13　光的偏振实验

引言

振动方向对于传播方向的不对称性叫作偏振.光的偏振是光学的重要内容,它从实验上证明了光是横波. 普通光源发出的光一般为自然光. 当一束平行单色光射入各向异性的晶体时，如果光在晶体内部不沿着晶体光轴方向传播，则会发生双折射现象，且出射的两束光都是线偏振光.

如今，光的偏振及其相关技术在各行各业都有应用. 生活中，人们用偏光太阳镜屏蔽掉强偏振光，通过偏振片制成的眼镜来观看三维电影以感受立体效果，摄影时加上偏振镜消除反光，手机和电脑使用的液晶显示器也使用了光的偏振技术. 这些科技的进步给我们的生活带来了极大的便利，让研究人员有更大的热情去进行探索.

除了在生活中的应用，光的偏振技术还活跃于科学研究领域. 在军事上可用于目标探测，医学上可用于疾病诊断，工程上可用于质量检测，天文学上可用于星体探测等. 2019 年，我国科学家利用“中国天眼”探测到重复快速射电暴，并解析出其中部分爆发电波的偏振变化，说明宇宙中的爆发源可能来自致密星体磁层中的物理过程. 2021 年，世界天文学家们首次通过处理偏振信号获得黑洞“M87”的偏振照片，我国科学家也参与其中. 随着我国科技力量的日益崛起，中国科学家们在世界的舞台上的贡献也越来越大.

实验目的

(1) 理解光的偏振及其相关原理.

(2) 了解获得偏振光的方法，会利用偏振器件进行偏振光检测.

(3) 验证马吕斯定律.

(4) 观测光以布儒斯特角入射时的偏振现象.

(5) 通过实验了解波片的相位延迟作用.

实验原理

1. 光的偏振

光是横波，其光矢量始终与传播方向垂直. 按光矢量的各种振动状态，光可分为自然光、部分偏振光和完全偏振光(包括线偏振光、圆偏振光和椭圆偏振光). 从原理上来说，线偏振光和圆偏振光都可看作是椭圆偏振光的特例.

线偏振光：光矢量的振动方向在光的传播过程中始终保持不变，其大小随相位改变.

圆偏振光：光矢量的大小不变，振动方向绕光的传播方向均匀转动，其端点的轨迹是一个圆.

椭圆偏振光：光矢量的大小和振动方向在传播过程中有规律地变化，其端点的轨迹是一个椭圆.

2. 马吕斯定律

能够将自然光变成线偏振光的器件称为起偏器，用于检验偏振光的器件称为检偏器. 偏振片是偏振器件的一种. 如果偏振片是理想的，一束自然光通过两偏振片后的光强 I 随两偏振片偏振化方向之间的夹角 θ 而变化，即

$$I = I_0 \cos^2\theta, \qquad (3-13-1)$$

式中 I_0 为两偏振片偏振化方向平行时的透射光强. 式(3－13－1) 表示的关系称为马吕斯定律.

实际的偏振器件往往并不理想，当自然光通过起偏器后得到的并不是完全的线偏振光. 因此，当自然光通过两偏振化方向正交的偏振器件时，透射光强并不为零. 我们把这时的最小透射光强和 I_0 之比称为消光比. 它是衡量偏振器件质量的重要参数. 消光比越小，偏振器件越理想.

3. 布儒斯特角

当自然光在电介质界面上反射和折射时，其反射光和折射光一般均为部分偏振光. 但当入射角为某一特定值(布儒斯特角) 时，反射光成为线偏振光，其光矢量的振动方向垂直于入射面，且反射光的传播方向和折射光的传播方向相互垂直. 此时这个入射角称为布儒斯特角，也称起偏振角. 假设此时

入射介质的折射率为 n_1，折射介质的折射率为 n_2，入射角为 θ，折射角为 φ，则有

$$n_1\sin\theta = n_2\sin\varphi,\quad \theta+\varphi=\frac{\pi}{2}.$$

由此可推得

$$\tan\theta=\frac{n_2}{n_1}. \tag{3-13-2}$$

根据这一原理，可以利用玻璃片来获得线偏振光. 一般情况下，只用一片玻璃获得的线偏振光有很大缺陷：此时的反射光虽然是线偏振光，但是强度太弱. 为解决这个问题，一般使用多片玻璃叠合而成的玻璃堆来获得线偏振光：使入射角等于布儒斯特角，经过多次反射和折射，反射光就可以在保证较高偏振度的情况下，同时获得较大光强.

4. 波片

当一束平行单色光射入各向异性的晶体时，如果光在晶体内部不沿着晶体光轴方向传播，则会发生双折射现象，且出射的两束光都是线偏振光. 其中一束折射光遵守折射定律，我们把它称为寻常光(o 光)；另一束折射光一般不遵守折射定律，我们把它称为非寻常光(e 光). 利用双折射现象，可将双折射晶体制作成偏振器件，且其性能比偏振片和玻璃堆的性能更优越.

波片是双折射晶体的另一重要用途，是光轴平行于表面的平行平面晶体薄片. 当线偏振光垂直入射到由单轴晶体制成的波片时，将发生双折射现象，入射线偏振光将分解成 o 光和 e 光，且两光的传播方向相同，频率相同，振动方向相互垂直. 但由于 o 光和 e 光在波片中的传播速度不同，它们通过波片后会产生一定的相位差：

$$\delta=\frac{2\pi}{\lambda}|n_o-n_e|d, \tag{3-13-3}$$

式中 λ 为入射光的波长，n_o 和 n_e 分别为波片对 o 光和 e 光的折射率，d 为波片的厚度.

1/4 波片($\lambda/4$ 波片)：使 o 光与 e 光产生相位差 $\varphi=(2k+1)\frac{\pi}{2}(k=0,1,2,\cdots)$.

半波片($\lambda/2$ 波片)：使 o 光与 e 光产生相位差 $\varphi=(2k+1)\pi(k=0,1,2,\cdots)$.

需要注意的是，波片都是对特定波长的光而言的. 在本实验中，激光波长为 632.8 nm.

由此可知，1/4 波片产生$\frac{\pi}{2}$的奇数倍的相位延迟，使入射线偏振光变成椭圆偏振光. 若入射线偏振光的光矢量与波片快(慢)轴成$\frac{\pi}{4}$时，将得到圆偏振光. 半波片产生 π 的奇数倍的相位延迟，入射线偏振光经过半波片后仍为线偏振光，若入射线偏振光的光矢量与波片快(慢)轴的夹角为 α，则出射线偏振光的光矢量向着快(慢)轴方向转过 2α.

实验仪器

半导体激光器，起偏器，检偏器，玻璃堆，1/4 波片，半波片，导轨，转台，转臂，光具座，光功率接收器等.

实验内容

1. 观察偏振光现象，验证马吕斯定律

(1) 如图 3-13-1 所示，在导轨上从左到右依次放置好半导体激光器、起偏器、转台、检偏器、光功率接收器，其中检偏器和光功率接收器放置在转臂上，旋转转臂使之和导轨基本平行.

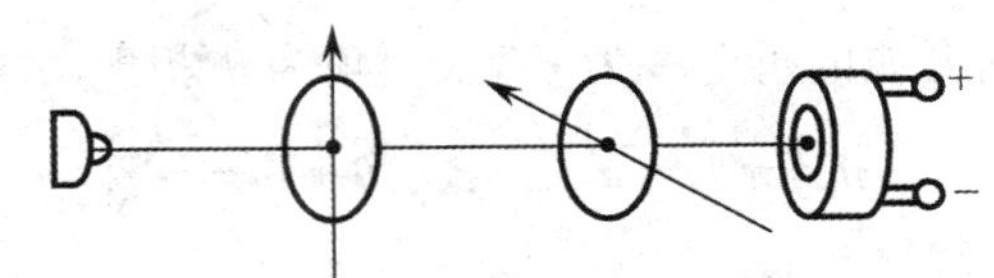

图 3-13-1　光的偏振实验装置图

(2) 调节各光学元件的高度，使激光光点通过起偏器和检偏器的中间位置，并射入光功率接收器的小孔中. 将起偏器和检偏器的刻度都调节到 0.0°. 轻轻旋转各光学元件，使激光反射光原路返回到激光出光孔附近. 微调半导体激光器背面的两个倾角螺钉，使光功率计的读数最大，此时激光完全入射光功率接收器.

(3) 转动检偏器，从 0.0° 开始，每隔 5.0° 记录一次光功率计的读数，直到检偏器转过 90.0° 为止，并将记录的数据填入表 3-13-1. 重复测量 3 次. 注意，光电流（光强）I 与光功率成线性关系，因此可以用光电流（光强）I 来代替光功率.

2. 观测光以布儒斯特角入射时的偏振现象

(1) 去掉起偏器，将转台刻度线对准 0.0° 刻度线.

(2) 将玻璃堆置于转台中心，面对激光. 微微旋转玻璃堆，使激光反射光原路返回到激光出光孔附近. 此时可认为激光基本垂直入射玻璃堆.

(3) 计算出玻璃的布儒斯特角，转动转台，使激光以布儒斯特角入射玻璃堆. 转动转臂，观察光功率计的读数，在读数最大处固定转臂.

(4) 旋转检偏器一周，观察光功率计读数的变化，并分析原因.

3. 观察波片的相位延迟作用

(1) 取下玻璃堆，放上起偏器. 调节起偏器的高度和角度，使激光光点通过起偏器的中间位置并使激光反射光原路返回到激光出光孔附近.

(2) 旋转起偏器至 0.0°，检偏器至 90.0°（正交），观察光功率计的读数是否接近零（消光）.

(3) 将 1/4 波片放在导轨上（起偏器和检偏器中间），旋转 1/4 波片使消光，再转动检偏器一周，通过现象分析此时通过 1/4 波片后的光的偏振状态.

(4) 再将 1/4 波片转动 30.0°，转动检偏器一周，通过现象分析通过 1/4 波片后的光的偏振状态.

(5) 起偏器保持 0.0°，旋转检偏器至 90.0°. 旋转 1/4 波片使 1/4 波片出射光为圆偏振光，记录 1/4 波片旋转的角度.

(6) 起偏器保持 0.0°，旋转检偏器至 90.0°. 将 1/4 波片换成半波片，旋转半波片使消光. 旋转检偏器一周，通过现象分析此时通过半波片后的光的偏振状态.

(7) 起偏器保持 0.0°，旋转检偏器至 90.0°. 旋转半波片使消光，再将半波片转 10.0° 破坏其消光. 旋转检偏器，记录再次消光时检偏器转过的角度，并与理论值进行对比.

数据处理

根据表 3-13-1 中的数据利用 Excel 作出 $I-\cos^2\theta$ 关系曲线，验证马吕斯定律，并和理论值进行比较.

表 3-13-1　验证马吕斯定律的数据记录表

$\theta/(°)$	0.0	5.0	10.0	15.0	20.0	…	75.0	80.0	85.0	90.0
$I_1/(10^{-8}\ \mathrm{A})$										
$I_2/(10^{-8}\ \mathrm{A})$										
$I_3/(10^{-8}\ \mathrm{A})$										
$\bar{I}/(10^{-8}\ \mathrm{A})$										

注意事项

(1) 切勿用手触摸镜片表面,以免造成镜片表面污损导致测量不准.

(2) 眼睛不可直视激光,以免视网膜受损.

(3) 光学元件是玻璃材质,易碎,实验时应轻拿轻放.勿以硬物击之,同时避免摔碎,划伤人体.

(4) 操作时需轻缓,过速操作会导致光功率计示值的误差较大.读数时应等光功率计示数稳定后再读.

预习思考题

(1) 如何从自然光中获得线偏振光?请给出至少两种办法.

(2) 本实验中玻璃的折射率为$n=1.5$,请算出光从空气入射玻璃的布儒斯特角(实验内容2),结果以(°)为单位.

(3) 实验内容2中的步骤(3),激光以布儒斯特角入射玻璃堆后,为何要"转动转臂,观察光功率计的读数,在读数最大处固定转臂"?

讨论思考题

(1) 实验中,有时将起偏器的刻度调节至0.0°,检偏器的刻度调节至90.0°时,光功率计示数不为零,为什么?说说可能的原因有哪些.

(2) 实验内容1中,从0.0°开始转动检偏器一周,可以看到光功率计示数有怎样的变化?结合马吕斯定律,谈谈如何利用检偏器检测线偏振光.

(3) 实验内容2中,若转动转臂寻找光功率计读数最大处时,发现其示数接近零且一直不变,这是什么原因导致的?你应如何调节,让实验进行下去?

(4) 实验内容2的步骤(4)中,旋转检偏器一周,光功率计示数会有怎样的变化,能够得出怎样的结论?

(5) 实验内容3的步骤(7)中,将半波片转10.0°,旋转检偏器再次消光时检偏器转过了多少度,能够得出怎样的结论?

拓展阅读

[1] 梁铨廷.物理光学[M].5版.北京:电子工业出版社,2018.

[2] 赵凯华,钟锡华.光学:重排本[M].2版.北京:北京大学出版社,2017.

[3] 廖延彪.偏振光学[M].北京:科学出版社,2003.

第 4 章 近代与综合性实验

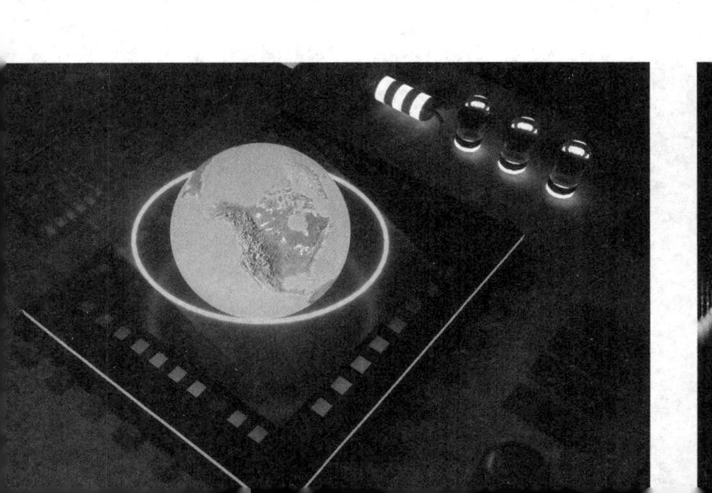

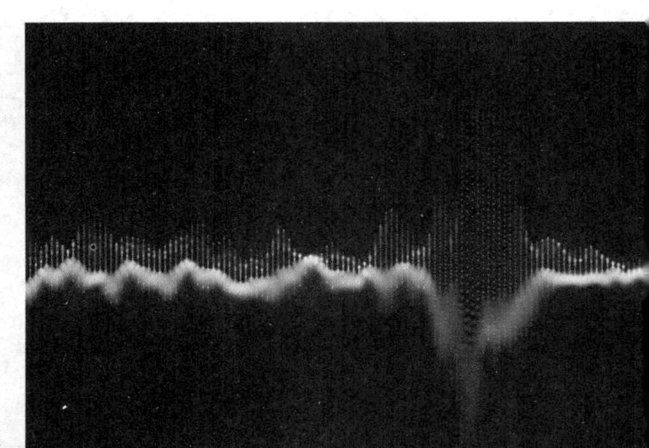

4.1 声速测量

引言

声波是一种在弹性介质中传播的纵波，声速是描述声波在弹性介质中传播特性的一个基本物理量. 声速的测量方法可分为两大类：① 直接法(脉冲法)，测出声波的传播距离 s 和所需时间 t 后，利用关系式 $v=s/t$ 即可算出声速 v；② 间接法(波长-频率法)，测出声波的频率 f 和波长 λ 后，利用关系式 $v=f\lambda$ 来计算声速 v. 本实验采用的共振干涉法和相位比较法属于后一类.

超声波的频率范围为 $2\times10^4\sim10^8$ Hz，由于波长短，易于定向发射，在超声波段进行声速测量比较方便. 实际应用中，超声波传播速度对于超声波测距、定位，测量液体流速、比重，测量溶液的浓度，测量材料弹性模量，测量气体温度变化等都有重要意义.

实验目的

(1) 掌握用不同方法测量声速的原理和技术.

(2) 进一步熟悉双踪示波器和信号发生器的使用方法.

(3) 了解产生和接收超声波的原理和方法.

(4) 加深对纵波波动和驻波特性的理解.

实验原理

1. 超声波的产生与接收

超声波的产生与接收可以由两只结构完全相同的超声压电陶瓷换能器(发射换能器与接收换能器) 分别完成. 超声压电陶瓷换能器可以实现声压和电压之间的转换，它主要由压电陶瓷(做成环片)、轻金属铝(做成喇叭形状，增加辐射面积) 和重金属(如铁) 制成. 超声波的产生是利用压电陶瓷的逆压电效应，在交变电压作用下，压电陶瓷纵向长度周期性伸缩产生机械振动，机械振动在空气中激发出超声波. 超声波的接收是利用压电陶瓷的正压电效应使声压的变化转变为电压的变化.

压电换能器系统有固有的谐振频率 f，当输入电信号的频率接近谐振频率时，压电换能器产生机械谐振；等于谐振频率时，它的振幅最大，作为波源其辐射功率就最大. 当外加强迫力以谐振频率迫使压电换能器产生机械谐振时，它作为接收器转换的电信号最强，即灵敏度最高.

本实验中，压电换能器的谐振频率在 35 ~ 40 kHz 范围内，相应的超声波波长约为 1 cm. 由于波长短，而发射换能器端面直径比波长大得多，因此定向发射性能好，离发射换能器端面稍远处的声波可以近似认为是平面波.

2. 测量声速的实验方法

声波的传播速度 v 可以由声波频率 f 和波长 λ 求出：

$$v=f\lambda, \tag{4-1-1}$$

式中声波频率 f 可由信号发生器的显示屏读出. 实验中的主要任务就是测量声波波长，可以用下面两种方法测量.

(1) 共振干涉法测量波长.

测量装置如图 4-1-1 所示(双踪示波器的 CH1 通道断开，仅观察 CH2 通道的信号)，S_1 为发射换能器，S_2 为接收换能器. 由于发射换能器 S_1 发出的超声波近似于平面波，当接收换能器 S_2 的端面垂直于波的传播方向时，从 S_2 的端面反射的波与入射波叠加. 当两波相互干涉形成驻波时，端面处为介质振动位移的波节. 由纵波的性质可以证明，“位移节”处是声压的波腹，也即端面处为“声压腹”.

对于固定位置的发射换能器 S_1，沿声波传播方向移动接收换能器 S_2 时，其端面声压 $P(x)$ 和接收换能器位置 x 的关系可从实验中测出，如图 4-1-2 所示. 当接收换能器处于一系列特定位置上时，介质中出现稳定的驻波共振现象，此时 S_2 端面上的声压达到极大值. 可以证明，S_2 端面两相邻声压极大值之间的距离 l 即为半波长 $\lambda/2$(两相邻极小值之间的距离也为 $\lambda/2$，但极小值不如极大值尖锐). 因此，若保持声波频率 f 不变，通过测量相邻两次接收信号达到极大值时 S_2 所移动的距离 l，求得波长为 $\lambda = 2l$，就可以将其代入式(4-1-1) 计算声速 $v = 2fl$.

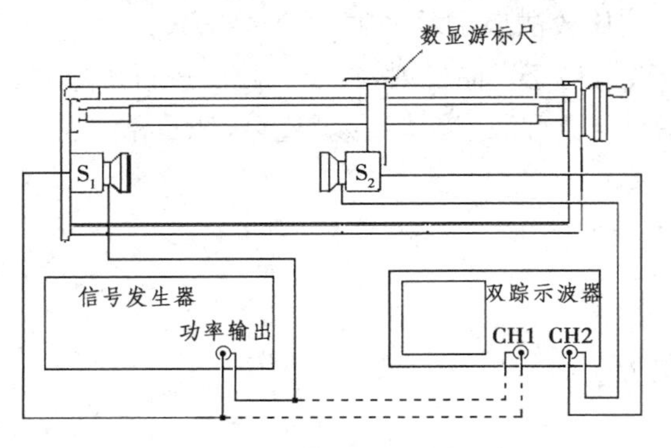

图 4-1-1　声速测量实验装置

图 4-1-2　接收换能器端面声压和位置的变化关系

(2) 相位比较法测量波长.

波是振动状态的传播，也可以说是相位的传播. 沿传播方向上的任意两点，如果其振动状态相同，即两点的相位差为 2π 的整数倍，这时两点之间的距离 s 应等于波长 λ 的整数倍，即

$$s = n\lambda, \tag{4-1-2}$$

式中 n 为整数.

利用式(4-1-2) 可以精确地测量波长. 由于发射换能器发出的是近似于平面波的声波，当接收换能器端面垂直于波的传播方向时，其端面上各点都具有相同的相位. 沿传播方向移动接收换能器，可以找到一些位置使得接收到的信号与发射换能器的激励电信号同相，相邻两次达到同相时，接收换能器所移动的距离必然等于声波的波长.

为了判断相位差并且测量波长，可以利用双踪示波器同时显示发射换能器和接收换能器的信号波形，并且沿波传播方向移动接收换能器寻找它和发射换能器信号的同相点. 也可以利用李萨如图形判断相位差，如图 4-1-3 所示. 当这两信号同相或反相时，李萨如图形由椭圆退化为第一、三象限或者第二、四象限的倾斜直线，利用李萨如图形形成斜直线来判断相位差更为敏锐. 沿波传播方向移动接收换能器，当相位差改变 π 时其移动的距离 l 即为半波长 $\lambda/2$.

0　　$\frac{\pi}{2}$　　π　　$\frac{3\pi}{2}$　　2π

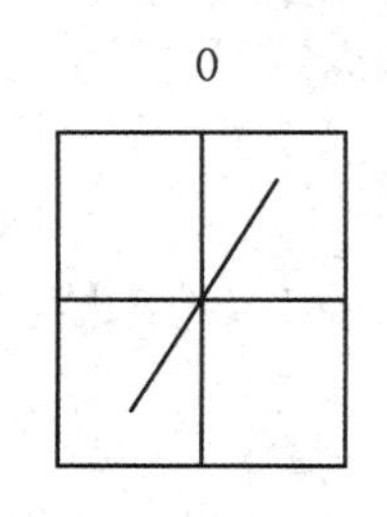
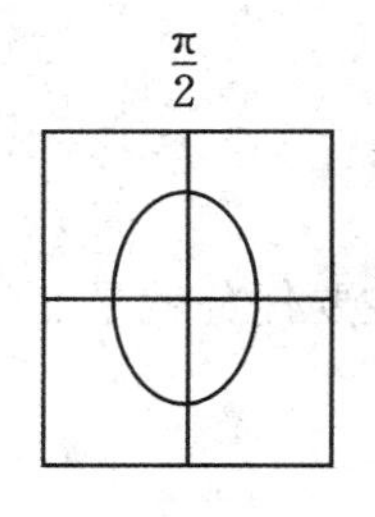
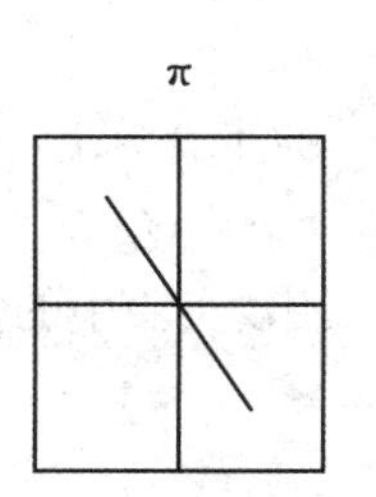
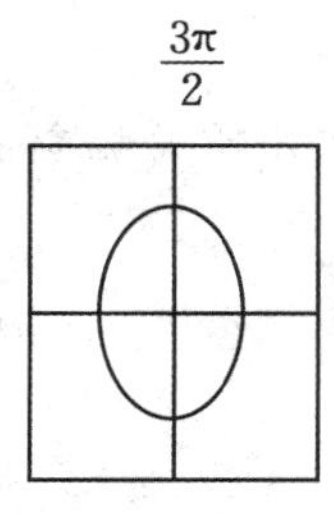
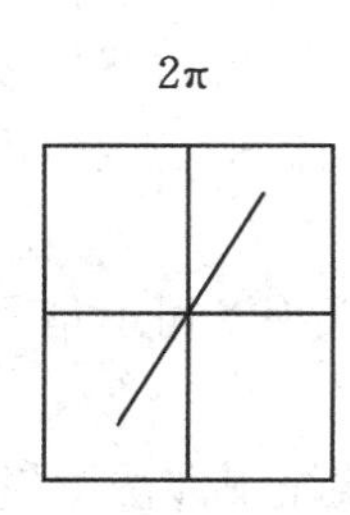

图 4-1-3　不同相位差的李萨如图形

3. 声波在空气中的传播速度

把空气近似当作理想气体时，声波在空气中的传播过程可以认为是绝热过程，其传播速度为

$$v=\sqrt{\frac{\gamma RT}{M}},\tag{4-1-3}$$

式中 $\gamma=C_p/C_V$ 为空气比热比(空气的定压比热与定容比热之比)，$R=8.314\ \mathrm{J/(mol\cdot K)}$ 为普适气体常量，T 为热力学温度，M 为空气的摩尔质量.

正常情况下，干燥空气的平均摩尔质量为 28.964×10^{-3} kg/mol，在标准状况下干燥空气中的声速为 $v_0=331.45$ m/s，而当温度为 t(单位：℃) 时，干燥空气中的声速为

$$v=v_0\sqrt{1+\frac{t}{273.15}}.\tag{4-1-4}$$

实际空气并不是完全干燥的，总含有一些水蒸气，因此需要对空气平均摩尔质量和比热比 γ 进行修正，修正后的声速(单位：m/s) 公式为

$$v=331.45\sqrt{\left(1+\frac{t}{273.15}\right)\left(1+0.3192\frac{p_w}{p}\right)},\tag{4-1-5}$$

式中 p_w 为水蒸气的分压强，可以根据干湿温度计的干湿温差值从附录(见表 4-1-2) 中查出；p 为大气压强，由气压计读出.

实验仪器

信号发生器，双踪示波器，综合声速测定仪，干湿温度计，气压计.

实验内容

1. 共振干涉法测量声速

(1) 将接收换能器 S_2 稍稍移开，使其与发射换能器 S_1 相距 6 cm.

(2) 按图 4-1-1 所示连接好各仪器. 将双踪示波器的 CH1 通道断开.

(3) 将换能器系统调到谐振状态：双踪示波器的 CH2 通道处于接通状态，接收换能器 S_2 的信号输入示波器的 CH2 通道，适当选择 CH2 通道的灵敏度，缓慢调节频率调节旋钮使信号发生器频率从 33 kHz 到 40 kHz 变化，直到换能器产生共振，“电-声-电”转换最强，荧光屏亮线高度最高时，换能器系统到达谐振状态. 记录频率值 f，理论上信号频率不再改变，但是实际实验中，由于信号发生器不稳定，可能存在频率漂移情况，则需要每次测量时记录对应的频率值.

(4) 缓慢移远接收换能器，观察亮线高度变化，每当接收信号出现峰值时，记录接收换能器的位置 x_i，由于峰值的判断可能出现偏差，建议最初的两组数据舍去，连续记录 16 个数据(参见表 4-1-1).

2. 相位比较法测量声速

参考共振干涉法测量声速的步骤，双踪示波器的 CH1 通道接通，即发射换能器 S_1 的信号输入示波器的 CH1 通道，适当选择通道灵敏度，荧光屏上出现大小合适的李萨如图形，缓慢移远接收换能器，每当李萨如图形由椭圆变为直线时(包括正、负斜率两种情况)，记录接收换能器的位置 x_i，连续记录 16 个数据(参见表 4-1-1).

3. 测量气压和室温

(1) 记录气压计指示的气压 p.

(2) 记录干湿温度计分别指示的干温 t 和湿温 t'，根据干湿温度计读数差 $t-t'$ 从附录(见表 4-1-2)

中查出空气中的水蒸气的分压强 p_w.

表 4-1-1 共振干涉法(相位比较法)测量声速数据记录表

实验频率 $f=$ ______ kHz $\Delta_{f仪}=$ ______ kHz $\Delta_{x仪}=$ ______ mm 干温即实验室温度 $t=$ ______ ℃

湿温 $t'=$ ______ ℃ 干湿温度计读数差 $t-t'=$ ______ ℃ $p_{w}=$ ______ mmHg $p=$ ______ mmHg

测量次数 i	位置 x_i/mm	测量次数 i	位置 x_i/mm	$L_i=(x_{i+8}-x_i)$/mm
1		9		
2		10		
3		11		
4		12		
5		13		
6		14		
7		15		
8		16		

数据处理

对两种方法所得数据按以下步骤进行处理:

(1) 用逐差法计算 L_i,并求其平均值 $\overline{L}$ 及扩展不确定度 $U(L)$.

(2) 计算波长的平均值 $\overline{\lambda}$ 及扩展不确定度 $U(\lambda)$.

(3) 计算声速的平均值 $\overline{v}$ 及扩展不确定度 $U(v)$.

(4) 写出声速的测量结果:$v=\overline{v}\pm U(v)$.

(5) 计算声速的理论值:$v_{理}=331.45\sqrt{\left(1+\dfrac{t}{273.15}\right)\left(1+0.3192\dfrac{p_w}{p}\right)}$.

(6) 将测量值与理论值进行比较,计算出相对误差.

预习思考题

怎样确定换能器系统的谐振频率?

拓展阅读

[1] 张宝峰,刘裕光,张涛华. 声速测量实验中界面反射问题的探讨[J]. 物理实验,2001,21(8):10-12.

[2] 贺梅英,黄沛天. 声速测量实验中声波衰减现象的研究[J]. 物理测试,2007,25(1):27-28.

[3] 陈洁,苏建新. 声速测量实验有关问题的研究[J]. 物理实验,2008,28(6):31-33,38.

[4] 张涛,吴胜举,张永元. 空气中声速测量实验研究[J]. 陕西师范大学学报(自然科学版),2004,32(1):44-46.

干湿温度计

表 4-1-2　干湿温度计测定空气中的水蒸气分压强 p_w/mmHg 对照表

t/℃	$(t-t')$/℃										
	0	1	2	3	4	5	6	7	8	9	10
0	4.6	3.7	2.9	2.1	1.3	0.5					
1	4.9	4.1	3.2	2.4	1.6	0.8					
2	5.3	4.4	3.6	2.7	1.9	1.1	0.3				
3	5.7	4.8	3.9	3.1	2.2	1.4	0.6				
4	6.1	5.2	4.3	3.4	2.6	1.8	0.9				
5	6.5	5.6	4.7	3.8	2.9	2.1	1.2				
6	7.0	6.0	5.1	4.2	3.3	2.4	1.6				
7	7.5	6.5	5.5	4.6	3.7	2.8	1.9	1.1	0.2		
8	8.0	7.0	6.0	5.0	4.1	3.2	2.3	1.4	0.6		
9	8.6	7.5	6.5	5.5	4.5	3.6	2.7	1.8	0.9		
10	9.2	8.1	7.0	6.0	5.0	4.0	3.1	2.2	1.3		
11	9.8	8.7	7.6	6.5	5.5	4.5	3.5	2.6	1.7		
12	10.5	9.3	8.2	7.1	6.0	5.0	4.0	3.0	2.1	1.2	0.3
13	11.2	10.0	8.8	7.6	6.6	5.5	4.5	3.5	2.5	1.6	0.6
14	12.0	10.8	9.5	8.4	7.2	6.2	5.0	4.0	3.0	2.0	1.1
15	12.8	11.5	10.2	9.1	7.9	6.7	5.5	4.5	3.5	2.5	1.5
16	13.6	12.3	11.0	9.8	8.5	7.3	6.2	5.1	4.0	3.0	2.0
17	14.5	13.1	11.6	10.5	9.2	8.1	6.8	5.7	4.6	3.6	2.5
18	15.5	14.0	12.0	11.3	10.0	8.7	7.5	6.4	5.2	4.1	3.0
19	16.5	15.0	13.5	12.1	10.8	9.4	8.2	6.9	5.8	4.6	3.5
20	17.6	16.1	14.6	13.0	11.6	10.3	8.9	7.6	6.4	5.2	4.1
21	18.7	17.1	15.5	13.9	12.5	11.1	9.7	8.5	7.2	6.0	4.8
22	19.8	18.1	16.5	14.9	13.4	12.0	10.6	9.2	7.9	6.6	5.4
23	21.1	19.3	17.6	16.0	14.4	12.9	11.5	10.1	8.7	7.4	6.1
24	22.4	20.6	18.8	17.2	15.5	14.0	12.4	11.0	9.5	8.2	6.9
25	23.8	21.9	20.1	18.3	16.0	15.0	13.4	11.9	10.4	9.1	7.7
26	25.2	23.3	21.4	19.6	17.8	16.1	14.5	13.0	11.4	9.9	8.5
27	26.8	24.8	22.6	21.0	19.0	17.3	15.6	14.0	12.4	10.9	9.4
28	28.4	26.3	24.2	22.2	20.3	18.5	16.8	15.1	13.4	11.9	10.4
29	30.1	27.9	25.7	23.7	21.7	19.8	18.0	16.3	14.6	13.0	11.4
30	31.9	29.6	27.3	25.3	23.2	21.2	19.3	17.5	15.7	14.0	12.4

注：t 为干温度计的读数，$t-t'$ 为干湿温度计读数差，1 mmHg = 133.332 Pa.

干湿温度计由"干"和"湿"两根温度计组合而成，并刻有摄氏和华氏两种温标. 干温度计直接测出室温下空气的温度. 湿温度计的测温球上裹着湿纱布，纱布下端浸泡在水槽中. 由于湿纱布上水蒸发需要吸热，湿温度计的示值要低于干温度计的示值. 干湿温度计读数差反映了环境空气中的湿度和水蒸气的分压强的大小. 干湿温度计读数差越大，说明湿纱布上水分蒸发越快，则湿度较低，即水蒸气的分压强越小.

分别记录干湿温度计的干温 t 和湿温 t'，并算出读数差 $t-t'$，利用干温度计读数 t 和读数差 $t-t'$，查表可得出空气中水蒸气的分压强 p_w.

使用前应检查湿温度计是否浸在水中. 测温度时不要用手触摸温度计，不要靠得太近，以免引起温度变化而测不准.

4.2 多普勒效应综合实验

引言

当波源和接收器之间有相对运动时，接收器接收到的波的频率与波源发出的波的频率不同的现象称为多普勒效应. 多普勒效应在科学研究、工程技术、交通管理和医疗诊断等方面都有十分广泛的应用. 例如，原子、分子和离子由于热运动使其发射和吸收的光谱线变宽，称为多普勒增宽. 在天体物理和受控热核聚变实验装置中，光谱线的多普勒增宽已成为一种分析恒星大气及等离子体物理状态的重要测量和诊断手段. 基于多普勒效应原理制成的雷达系统已广泛应用于导弹、卫星和车辆等运动目标速度的监测. 在医学上，利用超声波的多普勒效应可检查人体内脏的活动情况、血液的流速等. 电磁波(光波) 与声波(超声波) 的多普勒效应原理是一致的. 本实验既可以研究超声波的多普勒效应，又可以利用多普勒效应将超声探头作为运动传感器，研究物体的运动状态.

实验目的

(1) 测量超声接收器运动速度与接收频率之间的关系，验证多普勒效应，并由频率-速度关系直线的斜率求声速.

(2) 利用多普勒效应测量物体运动过程中多个时间点的速度，由速度-时间关系曲线，或调阅有关测量数据，得出物体在运动过程中的速度变化情况，并研究以下问题：

① 自由落体运动，由速度-时间关系直线的斜率求重力加速度.

② 简谐振动，测量简谐振动的周期等参数，并与理论值进行比较.

③ 匀加速直线运动，测量力、质量与加速度之间的关系，验证牛顿第二定律.

实验原理

1. 多普勒效应

根据声波的多普勒效应公式，当声源与运动物体(其上有接收器) 之间有相对运动时，接收器接收到的频率为

$$f = f_0 \frac{u + V_1 \cos \alpha_1}{u - V_2 \cos \alpha_2}, \tag{4-2-1}$$

式中 f_0 为声源的发射频率，u 为声速，V_1 为接收器的运动速率，V_2 为声源的运动速率，α_1 为声源与接收器连线与接收器运动方向之间的夹角，α_2 为声源与接收器连线与声源运动方向之间的夹角，如图 4-2-1 所示.

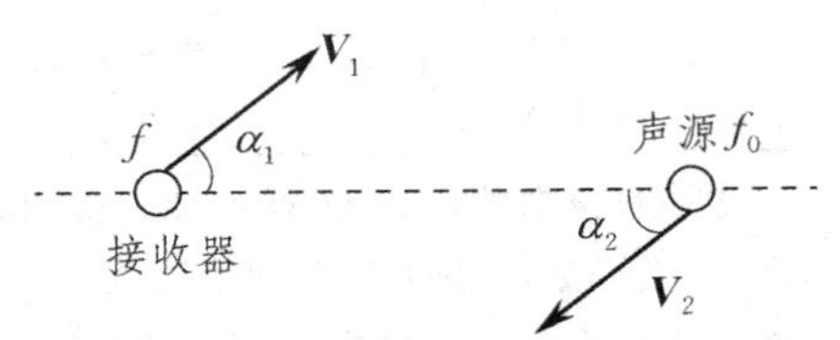

图 4-2-1　多普勒效应示意图

若声源保持不动，接收器沿声源与接收器连线方向以速率 V 运动，则从式(4-2-1) 可得接收器接收到的频率应为

$$f = \frac{u \pm V}{u} f_0 \quad 或 \quad f = f_0 \pm V \frac{f_0}{u}. \tag{4-2-2}$$

当接收器向着声源运动时，V 前取正号，反之取负号.

若声源的发射频率 f_0 保持不变，用光电门测量接收器的运动速率，并由仪器对接收器接收到的频率自动计数，根据式(4-2-2)，由实验点作 $f-V$ 关系直线，可直观地验证多普勒效应，且直线的斜率应为 $k=f_0/u$，由此可计算出声速为 $u=f_0/k$.

由式(4-2-2)可得

$$V=u\left(\frac{f}{f_0}-1\right). \tag{4-2-3}$$

若已知声速 u 及声源的反射频率 f_0，通过设置使实验仪以某种时间间隔对接收器接收到的频率 f 采样计数，由内置的微处理器按式(4-2-3)可计算出接收器的运动速率，由显示屏显示 $V-t$ 关系曲线，或调阅有关测量数据，即可得出物体在运动过程中的速度变化情况，进而对物体运动状况及规律进行研究.

2. 超声波的红外调制与接收

实验中，对超声接收器接收到的超声信号采用无线红外调制-发射-接收方式，即将超声接收器接收的信号对红外波进行调制后发射，固定在运动导轨一端的红外接收器接收红外信号后，再将超声信号解调出来. 由于红外信号的发射与接收过程中信号的传输速度是光速，远远大于声速，因此它引起的多普勒效应可忽略不计. 信号的调制-发射-接收-解调，在信号的无线传输过程中是一种常用的技术.

实验仪器

多普勒效应综合实验仪由实验仪、超声发射/接收器、红外发射/接收器、导轨、小车、支架、光电门、电磁铁、弹簧、滑轮、砝码及小车控制器等组成. 实验仪内置微处理器，带有显示屏，实验仪的面板图如图4-2-2所示.

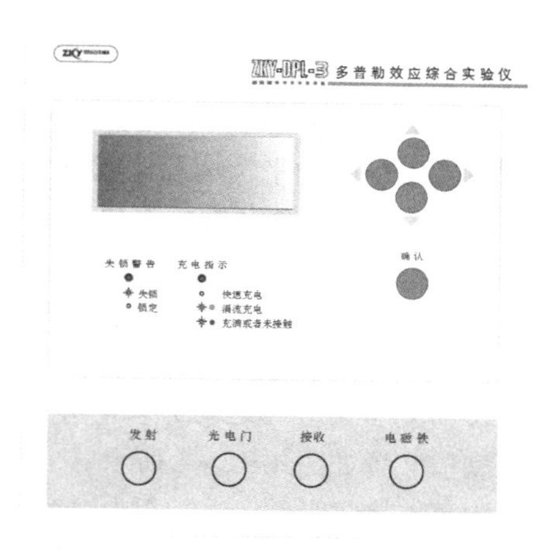

图 4-2-2 实验仪面板图

实验仪采用菜单式操作，显示屏显示菜单及操作提示，用▲▼◀▶键选择菜单或修改参数，按确认键后仪器执行. 在菜单中的“查询”页面，可查询到在实验中已保存的实验数据.

实验仪面板上有两个指示灯.

失锁警告指示灯. 该指示灯亮，表示频率失锁，即接收信号较弱，此时不能进行实验，需调整让该指示灯灭；该指示灯灭，表示频率锁定，即接收信号满足实验要求，可以正常进行实验.

充电指示灯. 该指示灯灭，表示正在快速充电；指示灯亮绿色，表示正在涓流充电；指示灯亮黄色，表示电已经充满；指示灯亮红色，表示充电针未接触.

实验内容

1. 验证多普勒效应并由测量数据计算声速

实验装置如图4-2-3所示，让小车以不同速度通过光电门，实验仪自动记录小车通过光电门时的平均运动速度及与之对应的平均接收频率. 由显示屏显示的 $f-V$ 关系曲线可看出速度与频率的关系，若呈线性关系，符合式(4-2-2)描述的规律，即直观地验证了多普勒效应. 用作图法或最小二乘法计算 $f-V$ 关系直线的斜率 k，由 k 计算声速 u 并与声速的理论值 u_0 做比较，计算相对误差.

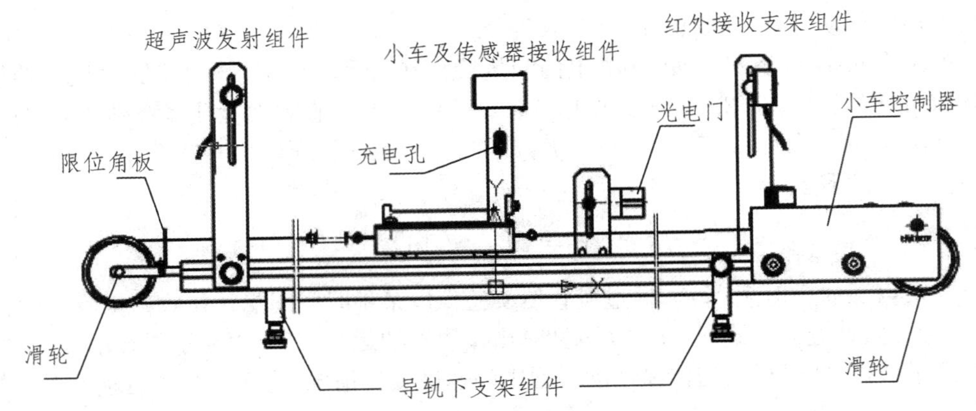

图 4-2-3　验证多普勒效应的实验装置

(1) 将组件电缆接入实验仪的对应接口上. 通过连接线给小车上的传感器充电，第一次充电时间为 6～8 s，传感器充满电后(实验仪面板上的充电指示灯亮黄色)可以持续使用 4～5 min. 充电完成后从小车上取下连接线，以免影响小车运动.

(2) 实验仪开机后，首先要求输入室温. 因为计算物体的运动速度时要代入声速，而声速是温度的函数. 利用◀▶键将室温 t_r 调到实际值，按确认键. 然后实验仪将自动检测调谐频率 f_0，约几秒钟后将自动得到调谐频率，将此频率 f_0 记录下来，按确认键后进行后面的实验.

(3) 在显示屏上，选中"多普勒效应验证实验"，并按确认键. 利用▶键修改"测试总次数"(选择范围为 5～10，一般选 5 次)，按▼键，选中"开始测试"，并按确认键.

(4) 在小车控制器上按变速键选择小车的速度挡位，再按启动键，开始测试，实验仪自动记录小车通过光电门时的平均运动速度及与之对应的平均接收频率.

(5) 每一次测试完成，都有"存入"或"重测"的提示，可根据实际情况选择，然后按确认键回到测试状态，并显示测试总次数及已完成的测试次数.

(6) 通过小车控制器上的变速键改变小车的速度挡位，再按启动键，进行第二次测试.

(7) 完成设定的测试次数后，实验仪自动存储数据，并显示 $f-V$ 关系曲线及测量数据.

2. 研究自由落体运动并求重力加速度

实验装置如图 4-2-4 所示，让带有超声接收器的自由落体接收组件自由下落，利用多普勒效应测量自由落体接收组件运动过程中多个时间点的速度，查看 $V-t$ 关系曲线，并调阅有关测量数据，即可得出自由落体接收组件在运动过程中的速度变化情况，进而计算重力加速度.

(1) 对自由落体接收组件充电. 充电时，让电磁阀吸住自由落体接收组件，并让该接收组件上的充电部分和电磁阀上的充电针接触良好. 充满电后，将自由落体接收组件脱离充电针，下移悬挂在电磁铁上.

(2) 在显示屏上，用▼键选中"变速运动测量实验"，并按确认键.

(3) 用▶键修改"测量点总数"，通常选 10～20 个点(选择范围为 8～150). 按▼键，选择"采样步距"，用▶键确定"采样步距"δ(单位:ms)(选择范围为 10～100 ms). 按▼键，选中"开始测试".

(4) 按确认键后，电磁铁释放，自由落体接收组件自由下落. 测量完成后，显示屏上显示$V-t$ 关系曲线，用▶键选择"数据"，阅读并记录测量数据.

(5) 在结果显示界面中用▶键选择"返回"，按确认键后重新回到测量设置界面. 可按以上步骤进行新的测量.

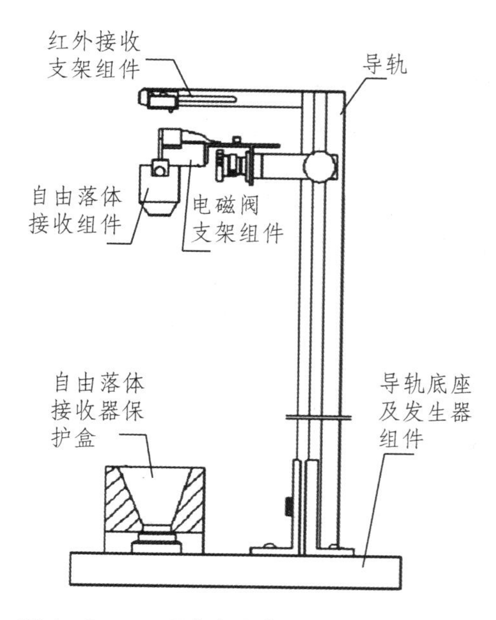

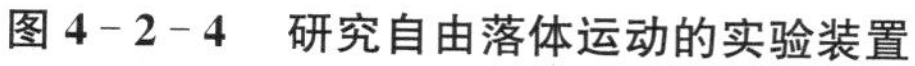
图 4-2-4　研究自由落体运动的实验装置

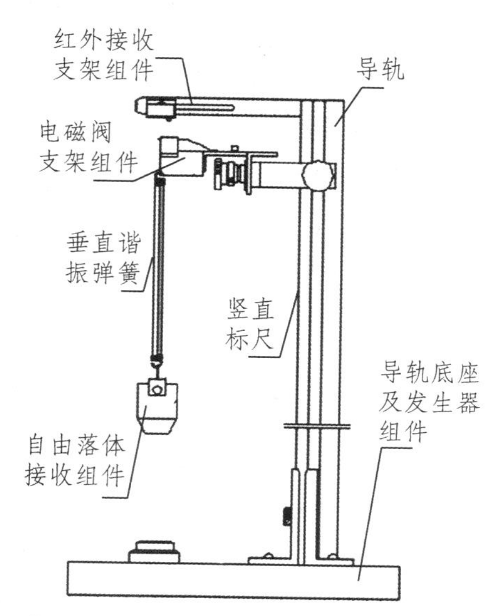

图 4-2-5　研究简谐振动的实验装置

3. 研究简谐振动并确定弹簧振子的角频率

(1) 静力学方法.

① 实验装置如图 4-2-5 所示，先在垂直谐振弹簧的下端挂质量为 m 的物体，当其达到平衡时，测出弹簧末端在竖直标尺上的位置 x_1.

② 取下物体，挂上质量为 M 的自由落体接收组件，当其达到平衡时，测出弹簧末端在竖直标尺上的位置 x_2.

③ 由 $k=\dfrac{M-m}{x_2-x_1}g$ 和 $\omega=\sqrt{\dfrac{k}{M}}$ 求弹簧振子的角频率.

(2) 运动学方法.

① 在显示屏上，用▼键选中"变速运动测量实验"，并按确认键.

② 用▶键修改"测量点总数". 按▼键，选择"采样步距"，并用▶键确定"采样步距"δ. 按▼键，选中"开始测试".

③ 将自由落体接收组件从平衡位置竖直向下拉 $5\sim10$ cm，松手让自由落体接收组件自由振动，然后按确认键，自由落体接收组件开始做简谐振动. 实验仪按设置的参数自动采样，测量完成后，显示屏上显示速度随时间变化的关系曲线.

④ 用▶键选择"数据"，阅读数据，记录第 1 次速度达到最大时的采样次数 $N_{1\max}$ 和第 11 次速度达到最大时的采样次数 $N_{11\max}$，利用公式 $T=\delta\times(N_{11\max}-N_{1\max})/10$ 和 $\omega=2\pi/T$ 就可计算实际测量的运动周期 T 及角频率 ω，并可与静力学方法所得 ω 进行比较.

⑤ 在结果显示界面中用▶键选择"返回"，按确认键后重新回到测量设置界面. 可按以上步骤进行新的测量.

4. 研究匀变速直线运动并验证牛顿第二定律

实验装置如图 4-2-6 所示，质量为 M 的自由落体接收组件，与质量为 m 的砝码组件(砝码托及砝码)悬挂于滑轮的两端($M>m$)，滑轮、自由落体接收组件和砝码组件所构成的系统的受力情况如下：滑轮、自由落体接收组件和砝码组件的重力，滑轮轴对滑轮的支撑力，滑轮两侧细绳中的张力，以及滑轮和滑轮轴之间的摩擦力. 其中摩擦力的大小与自由落体接收组件对细绳的张力成正比，比例系

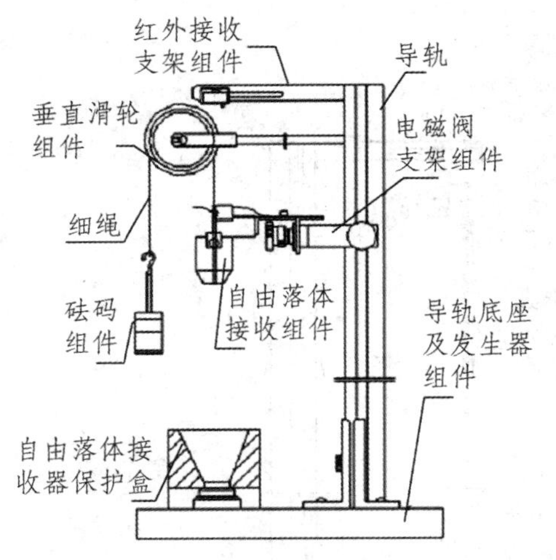

图 4-2-6　研究匀变速直线运动的实验装置

数为 C.

由牛顿第二定律和转动定律可推出系统中自由落体接收组件和砝码组件的加速度的大小为

$$a=\frac{(1-C)M-m}{(1-C)M+m+J/R^2}g, \qquad (4-2-4)$$

式中 J 为滑轮的转动惯量,R 为滑轮绕线槽的半径. 在实验系统中,$C=0.07$,$J/R^2=0.014\ \text{kg}$.

实验时,改变砝码组件的质量 m,记录不同 m 时系统的 $V-t$ 关系曲线和数据,由记录数据可知 $V-t$ 关系为线性,由直线的斜率即可求得不同 m 时系统的加速度的大小 a.

以不同 m 时系统的加速度的大小 a 为纵坐标,$[(1-C)M-m]/[(1-C)M+m+J/R^2]$ 为横坐标作图,若为线性关系,则符合由理论推导所得到的规律,即验证了牛顿第二定律,且直线的斜率应为重力加速度.

实验步骤如下:

(1) 选定砝码组件的质量 m. 在显示屏上,用▼键选中“变速运动测量实验”,并按确认键.

(2) 用▶键修改“测量点总数”. 按▼键,选择“采样步距”,并用▶键确定“采样步距”δ. 按▼键,选中“开始测试”.

(3) 按确认键后,电磁铁释放,自由落体接收组件拉动砝码做竖直方向的运动. 测量完成后,显示屏上出现测量结果. 用▶键选择“数据”,阅读并记录数据.

(4) 在结果显示界面中用▶键选择“返回”,按确认键后重新回到测量设置界面. 改变砝码的质量,按以上步骤进行新的测量.

数据处理

1. 验证多普勒效应并由测量数据计算声速

将测量数据记入表 4-2-1,并做相应计算.

表 4-2-1　多普勒效应的验证与声速的测量数据记录表

$t_r=$ ________ ℃　$f_0=$ ________ Hz

测量物理量	测量次数 i					直线斜率 k /m^{-1}	声速测量值 $u=f_0/k$ /(m/s)	声速理论值 u_0 /(m/s)	相对误差 $\lvert u-u_0\rvert/u_0$
	1	2	3	4	5				
V_i/(m/s)									
f_i/Hz									

$f-V$ 关系直线的斜率用最小二乘法计算,公式如下:

$$k=\frac{\overline{V}\cdot\overline{f}-\overline{Vf}}{\overline{V}^2-\overline{V^2}},$$

式中 $\overline{V}=\frac{1}{5}\sum_{i=1}^{5}V_i$,$\overline{f}=\frac{1}{5}\sum_{i=1}^{5}f_i$,$\overline{Vf}=\frac{1}{5}\sum_{i=1}^{5}V_if_i$,$\overline{V^2}=\frac{1}{5}\sum_{i=1}^{5}V_i^2$. 声速理论值(单位:m/s)由 $u_0=331(1+t_r/273)^{1/2}$ 计算.

2. 研究自由落体运动并求重力加速度

将测量数据记入表 4-2-2,由测量数据求得 $V-t$ 直线的斜率即为重力加速度 g. 为减小随机误差，可做多次测量，将测量的平均值作为实验值，并将实验值与理论值进行比较，求相对误差.

表 4-2-2　重力加速度的测量数据记录表

采样步距 $\delta = 40$ ms

测量物理量	采样次数 i								g /(m/s²)	平均值 $\bar{g}$ /(m/s²)	理论值 g_0 /(m/s²)	相对误差 $\lvert\bar{g}-g_0\rvert/g_0$
	2	3	4	5	6	7	8	9				
$t_i = 0.04(i-1)$ /s	0.04	0.08	0.12	0.16	0.20	0.24	0.28	0.32				
V_i/(m/s)												
V_i/(m/s)												
V_i/(m/s)												
V_i/(m/s)												

注：$t_i = \delta \times 10^{-3}(i-1)$（单位：s），$t_i$ 为第 i 次采样与第 1 次采样的时间间隔.

各组 $V-t$ 关系直线的斜率即为重力加速度 g，用最小二乘法计算，公式如下：

$$g = \frac{\bar{t} \cdot \bar{V} - \overline{tV}}{\bar{t}^2 - \overline{t^2}},$$

式中 $\bar{t} = \frac{1}{8}\sum_{i=2}^{9} t_i, \bar{V} = \frac{1}{8}\sum_{i=2}^{9} V_i, \overline{tV} = \frac{1}{8}\sum_{i=2}^{9} t_i V_i, \overline{t^2} = \frac{1}{8}\sum_{i=2}^{9} t_i^2.$

3. 研究简谐振动，确定自由落体接收组件与垂直谐振弹簧构成的弹簧振子系统的角频率

将测量数据记入表 4-2-3，并完成相应计算.

表 4-2-3　角频率的测量数据记录表

采样步距 $\delta = 100$ ms　砝码组件质量 $m =$ ____ kg

M /kg	Δx /m	$k = (M-m)g/\Delta x$ /(kg/s²)	$\omega_0 = (k/M)^{1/2}$ /s⁻¹	$N_{1\max}$	$N_{11\max}$	$T = 0.01(N_{11\max} - N_{1\max})$ /s	$\omega = 2\pi/T$ /s⁻¹	相对误差 $\lvert\omega-\omega_0\rvert/\omega_0$

注：M 为自由落体接收组件的质量，$\Delta x = x_2 - x_1$.

4. 研究匀变速直线运动并验证牛顿第二定律

将各组测量结果记入表 4-2-4，并完成相应计算.

表 4-2-4　验证牛顿第二定律数据记录表

$M =$ ________ kg　$C = 0.07$　$J/R^2 = 0.014$ kg

m/kg	测量物理量	采样次数 i								a/(m/s²)	$\frac{(1-C)M-m}{(1-C)M+m+J/R^2}$
		2	3	4	5	6	7	8	9		
	t_i/s										
	V_i/(m/s)										
	t_i/s										
	V_i/(m/s)										
	t_i/s										
	V_i/(m/s)										
	t_i/s										
	V_i/(m/s)										
	t_i/s										
	V_i/(m/s)										

注：$t_i=\delta\times10^{-3}(i-1)$（单位：s），$t_i$ 为第 i 次采样与第 1 次采样的时间间隔，δ 在本实验中依次取 50 ms，60 ms，70 ms，80 ms，90 ms.

(1) 各组 $V-t$ 关系直线的斜率即为加速度 a，用最小二乘法计算，公式如下：

$$a=\frac{\bar{t}\cdot\bar{V}-\overline{tV}}{\bar{t}^2-\overline{t^2}},$$

式中 $\bar{t}=\frac{1}{8}\sum_{i=2}^{9}t_i,\bar{V}=\frac{1}{8}\sum_{i=2}^{9}V_i,\overline{tV}=\frac{1}{8}\sum_{i=2}^{9}t_iV_i,\overline{t^2}=\frac{1}{8}\sum_{i=2}^{9}t_i^2$.

(2) 以表 4-2-4 中数据得出的加速度 a 为纵坐标，$[(1-C)M-m]/[(1-C)M+m+J/R^2]$ 为横坐标作图，若为线性关系，则符合由理论推导所得到的规律，即验证了牛顿第二定律，且直线的斜率应为重力加速度.

根据两点求斜率的方法求 k（重力加速度 g）：

$$k=g=\_\_\_\_\_\_\_\_=\_\_\_\_\_\_\_\_\ \mathrm{m/s^2}.$$

相对误差：$\frac{|g-9.8|}{9.8}\times100\%=$ ________ $=$ ________ %.

也可用最小二乘法计算，公式如下：

$$k=g=\frac{\bar{b}\cdot\bar{a}-\overline{ba}}{\bar{b}^2-\overline{b^2}},$$

式中 $\bar{a}=\frac{1}{5}\sum_{i=1}^{5}a_i;\bar{b}=\frac{1}{5}\sum_{i=1}^{5}b_i$，这里 $b_i=[(1-C)M-m_i]/[(1-C)M+m_i+J/R^2]$；$\overline{ba}=\frac{1}{5}\sum_{i=1}^{5}b_ia_i;\overline{b^2}=\frac{1}{5}\sum_{i=1}^{5}b_i^2$.

注意事项

(1) 测量前，必须对超声接收器（固定在小车或自由落体接收组件上）进行充电. 若测量时间过长，应注意超声接收器是否有电，并及时对其充电.

(2) 对固定在自由落体接收组件上的超声接收器充满电后，应将其脱离充电针，下移悬挂在电磁铁上后，再进行测量.

(3) 砝码应在砝码托上固定好，以免砝码在砝码组件快速上升过程中飞出，造成安全事故.

预习思考题

(1) 什么是多普勒效应？在日常生活中有什么现象是与多普勒效应相关的？举例说明.

(2) 由牛顿第二定律和转动定律（或者由系统的角动量定理，或者由系统的功能关系）推出式(4-2-4)（提示：摩擦力的大小与自由落体接收组件对细绳的张力成正比，比例系数为 C）.

讨论思考题

(1) 在研究简谐振动的实验中，若采样步距设为 80 ms，记录第 1 次速度达到最大时的采样次数 $N_{1\max}$ 和第 5 次速度达到最大时的采样次数 $N_{5\max}$，则表 4-2-3 中的周期 T 的表达式应做怎样的变化？

(2) 机械波和电磁波都有多普勒效应吗？两者有什么不同？

(3) 固定测速装置发出频率为 100 kHz 的超声波，当汽车向测速装置行驶时，测速装置收到反射回来的波的频率为 110 kHz. 已知此路段限速为 80 km/h，空气中的声速为 330 m/s. 请问该司机是否超速？为什么？

拓展阅读

[1] 刘战存. 多普勒和多普勒效应的起源[J]. 物理，2003，32(7)：488-491.

[2] 赵凯华. 不同参考系中多普勒效应公式的统一[J]. 大学物理,2006,25(7):1-3.
[3] 路峻岭,汪荣宝. 多普勒效应公式的简便推导[J]. 大学物理,2005,24(8):25-27,29.
[4] 张骞丹,田红心. GPS系统多普勒频移估算的研究[J]. 无线电工程,2007,37(4):21-23.
[5] 代延村,李宇,常树龙,等. 高速移动条件下的多普勒频移估计与校正[J]. 现代电子技术,2011,34(20):120-124.
[6] 郑佃好. 基于多普勒原理的血流速度计设计[J]. 电子设计工程,2011,19(11):79-81.

4.3 金属(钨)逸出功的测定

引言

金属中存在大量的自由电子,但电子在金属内部所具有的能量低于在外部所具有的能量,因而电子逸出金属时需要一定的能量,这份能量称为逸出功. 很多电子器件都与电子发射有关,如电视机的电子枪,它的发射效果会影响电视机的质量. 在这些真空器件阴极材料的选择中,材料的逸出功是重要的参量之一. 因此,研究逸出功是一项很有意义的工作,对提高材料的性能是十分重要的. 本实验用理查森直线法测定钨的逸出功,这一方法包含丰富的物理思想,并能加强学生数据处理的能力.

实验目的

(1) 了解有关热电子发射的基本规律.
(2) 用理查森直线法测定钨的逸出功.
(3) 进一步学习数据处理方法.

实验原理

1. 金属中自由电子的能量分布

根据固体物理学中的金属电子理论,金属中自由电子的能量分布遵从费米-狄拉克分布,即

$$f(E)=\frac{\mathrm{d}N}{\mathrm{d}E}=\frac{4\pi}{h^3}(2m)^{\frac{3}{2}}E^{\frac{1}{2}}\left(\mathrm{e}^{\frac{E-E_F}{kT}}+1\right)^{-1}, \tag{4-3-1}$$

式中 E_F 为费米能级,h 为普朗克常量,m 为电子质量,$k=1.38\times10^{-23}$ J/K 为玻尔兹曼常量.

在绝对零度时,金属中自由电子的能量分布曲线如图 4-3-1 中的曲线(1)所示,这时电子所具有的最大能量为 E_F. 当温度升高时电子的能量分布曲线如图 4-3-1 中的曲线(2)所示,其中能量较大的少数电子具有比 E_F 更高的能量,其数量随能量的增加而呈指数减少.

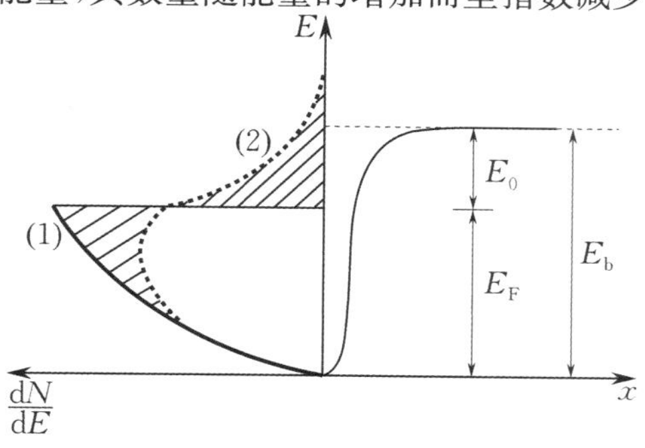

图 4-3-1 金属中自由电子的能量分布曲线

通常情况下，由于金属表面与外界(真空)之间存在一个势垒 E_b，所以电子要从金属表面逸出必须至少具有能量 E_b. 从图 4-3-1 可知，在绝对零度时电子逸出金属至少需要从外界得到的能量为

$$E_0 = E_b - E_F = e\varphi. \tag{4-3-2}$$

E_0 即为金属的逸出功，其常用单位为电子伏特(eV)，它表征处于绝对零度的金属中具有最大能量的电子逸出金属表面所需要的能量. φ 称为逸出电势(单位：V)，其数值等于以电子伏特为单位的逸出功的大小.

2. 热电子发射公式

真空二极管的阴极(用被测金属钨丝做成)通以电流加热，温度的升高改变了金属钨丝内电子的能量分布，使动能大于 E_F 的电子增多，当动能大于 E_b 的电子数达到可检测的数目，即从金属表面发射出来的热电子达到可检测的数目时，连接两个电极的外电路中会检测到有热发射电流通过. 此时阳极 A 未加正电压(图 4-3-2 中的 $U_a = 0$)，该电流又称为零场电流.

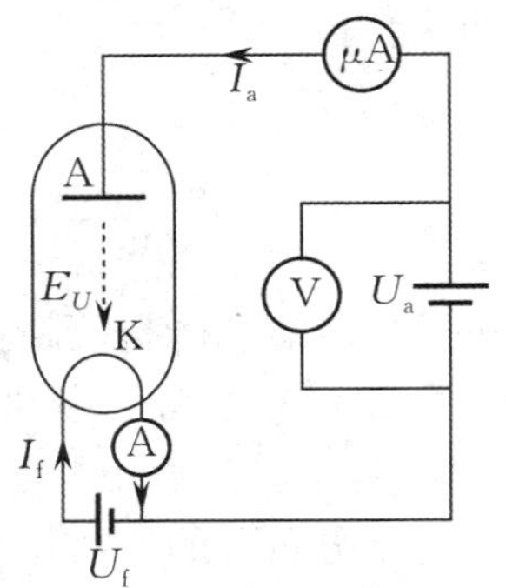

图 4-3-2　热电子发射电路图

零场电流由理查森-杜什曼公式确定，即

$$I = AST^2 e^{-\frac{e\varphi}{kT}}, \tag{4-3-3}$$

式中 A 为与阴极表面化学纯度有关的系数(单位：$A/(cm^2 \cdot K^2)$)，S 为阴极的有效发射面积(单位：cm^2)，T 为热阴极的热力学温度(单位：K).

3. 理查森直线法求逸出电势

将式(4-3-3)两边除以 T^2，再取对数可得

$$\ln\frac{I}{T^2} = \ln(AS) - \frac{e\varphi}{kT} = \ln(AS) - 1.16\times10^4\varphi\frac{1}{T}. \tag{4-3-4}$$

式(4-3-4)显示 $\ln\frac{I}{T^2}$ 与 $\frac{1}{T}$ 呈线性关系，如以 $\ln\frac{I}{T^2}$ 为纵坐标，$\frac{1}{T}$ 为横坐标作图，由直线斜率即可求出金属的逸出电势 φ 和逸出功 $e\varphi$. 这样的数学处理方法叫作理查森直线法.

4. 外延法求零场电流

式(4-3-4)中的 I 是在阴极与阳极间不存在加速电场情况下的零场电流. 但是为了维持阴极发射的热电子能连续不断地飞向阳极，必须在阴极和阳极之间外加一个加速电场 E_U，如图 4-3-2 所示. 由于 E_U 的存在使阴极表面的势垒 E_b 降低，因而逸出功减小，电路中的发射电流增大，这一现象称为肖特基效应. 可以证明，在加速电场 E_U 的作用下阴极发射电流 I_a 与 E_U 有如下关系：

$$I_a = Ie^{\frac{0.439\sqrt{E_U}}{T}}, \tag{4-3-5}$$

式中 I 为加速电场为零时的发射电流. 对式(4-3-5)取对数可得

$$\ln I_a = \ln I + \frac{0.439}{T}\sqrt{E_U}. \tag{4-3-6}$$

如果把阴极和阳极做成共轴圆柱形，并忽略接触电势差和其他影响，则加速电场可表示为

$$E_U = \frac{U_a}{r_1\ln\frac{r_2}{r_1}}, \tag{4-3-7}$$

式中 r_1 和 r_2 分别为阴极和阳极的半径，U_a 为加速电压. 将式(4-3-7)代入(4-3-6)可得

$$\ln I_a = \ln I + \frac{0.439}{T}\frac{1}{\sqrt{r_1\ln\frac{r_2}{r_1}}}\sqrt{U_a}. \tag{4-3-8}$$

由式(4-3-8)可知，在一定的管子结构和温度 T 下，$\ln I_a$ 和 $\sqrt{U_a}$ 呈线性关系. 如果以 $\ln I_a$ 为纵坐标，

$\sqrt{U_a}$ 为横坐标作图，此直线的延长线与纵轴的交点为 $\ln I$，如图 4-3-3 所示. 由此即可求出在一定温度下，加速电场为零时的零场电流 I.

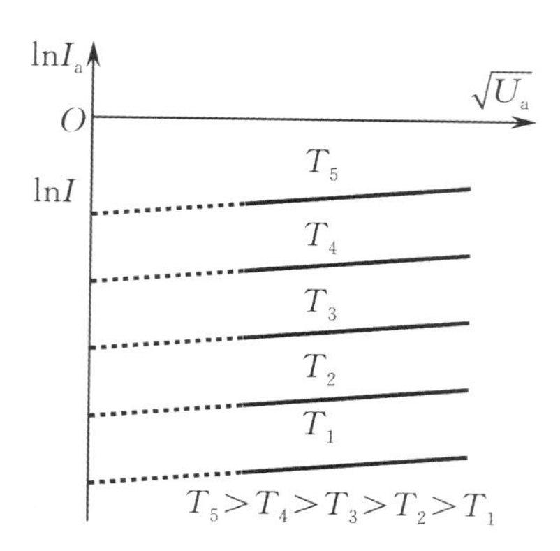

图 4-3-3　外延法求零场电流

实验仪器

金属电子逸出功实验仪由操控主机和 SHZ-EWF1 型电子管基座两部分组成，如图 4-3-4 所示. 操控主机面板上有高精度触控屏、电压 / 电流调节旋钮和电子管基座接口，如图 4-3-4(a) 所示.

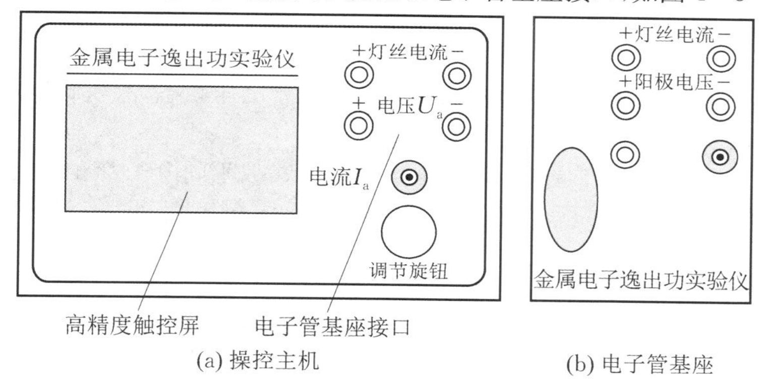

(a) 操控主机　　(b) 电子管基座

图 4-3-4　金属电子逸出功实验仪

实验内容

(1) 按图 4-3-5 所示接线后，接通电源.

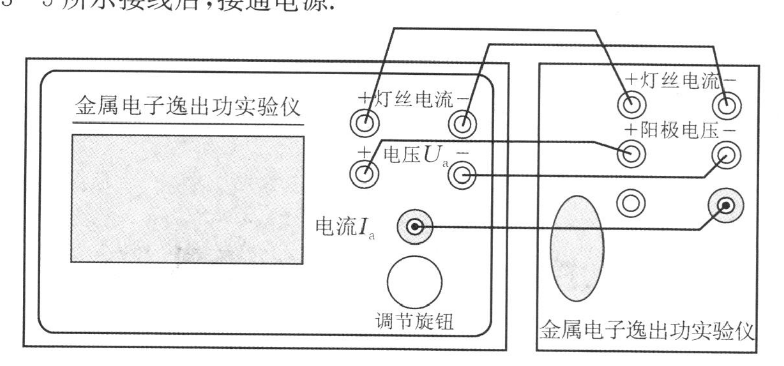

图 4-3-5　电子管基座接口连线图

(2) 调节理想二极管的灯丝电流 I_f，在 0.600 ～ 0.700 A 每隔 0.025 A 进行一次测量. 具体操作为：点击高精度触控屏上的“设置 If” 功能键，在数码键盘上输入阳极电流，范围为 600 ～ 700；然后点击“OK” 键确认完成设置（例如，设置灯丝电流为 0.600 A，则在数码键盘上输入 600）. 对于每一灯丝电流，预热 3 ～ 5 min，对应阴极温度按 $T = 900 + 1\,430 I_f$ 求得.

(3) 对应每一灯丝电流，调节光电编码器在阳极上依次加上 25 V，36 V，49 V，64 V，81 V，100 V，121 V，144 V 电压，各测出一组阳极电流 I_a.

数据处理

(1) 根据测量数据，作出 $\ln I_a$-$\sqrt{U_a}$ 关系直线，求出在一定 T 下的零场电流 I.

(2) 作出 $\ln \frac{I}{T^2}$-$\frac{1}{T}$ 关系直线.

(3) 参考图 4-3-6，根据 $\ln \frac{I}{T^2}$-$\frac{1}{T}$ 关系直线的斜率，求出金属钨的逸出电势 φ，并计算出逸出功 E_0.

(4) 计算钨逸出功的实验值与公认值的相对误差(金属钨逸出功的公认值为 $e\varphi = 4.54$ eV)：

$$E_r = \frac{|E_0 - E_{0公}|}{E_{0公}}.$$

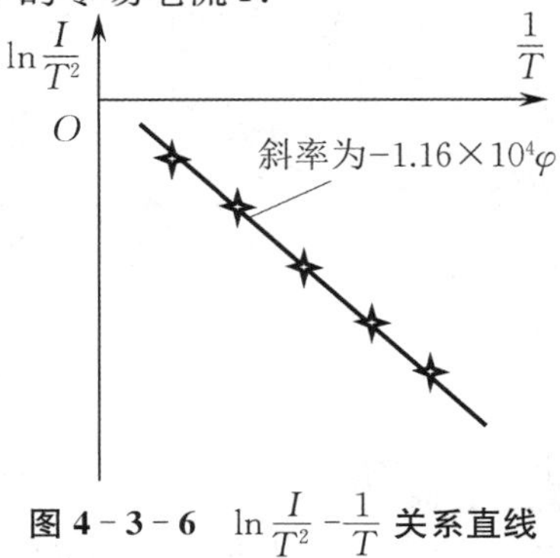

图 4-3-6　$\ln \frac{I}{T^2}$-$\frac{1}{T}$ 关系直线

注意事项

(1) 实验开始前连接线路及实验后拔除线路时，请勿触碰线路中的金属部分，避免高压对身体造成伤害.

(2) 因实验过程中金属电子逸出功实验仪可能长期处于高压状态，故机箱温度较高，实验数据采集结束后请及时降压或关闭实验仪，同时注意降温.

(3) 实验提供的电子管因生产原因，性能不会完全一致，故不同电子管在相同灯丝电流下灯丝温度可能不相同，所逸出的电子数目不会完全一致，可用多个电子管进行实验，计算平均值以减小误差.

预习思考题

(1) 什么是逸出功？改变阴极温度是否改变了阴极材料的逸出功？

(2) 采用理查森直线法测定金属的逸出功有何优点？

讨论思考题

(1) 比较钨逸出功的实验值与公认值，试分析误差产生的原因.

(2) 查阅资料，简述进行材料逸出功的测定有何实际意义.

拓展阅读

白光富，王国振，陈涛. 金属电子逸出功的测定的计算机数据处理[J]. 大学物理实验，2013，26(3)：66-69.

4.4　迈克耳孙干涉仪

引言

迈克耳孙干涉仪是迈克耳孙发明的一种精密光学测量仪器，通常用来测量微小长度、折射率和光波波长等，在近代物理和计量技术中起着举足轻重的作用.

著名的迈克耳孙-莫雷实验最初就是希望利用迈克耳孙干涉仪测出“以太”的漂移速度，结果反倒推翻了“以太”学说，故被喻为“科学史上最伟大的一次失败”．而迈克耳孙因发明精密光学测量仪器（迈克耳孙干涉仪）和在光谱学、度量学中所做出的重要贡献，在 1907 年荣获诺贝尔物理学奖．

后来，在迈克耳孙干涉仪的基础上，科学家们又研制出了更多形式的干涉测量仪器．特别是激光器问世后，由于其提供了单色性非常好的光源，从而使迈克耳孙干涉原理获得了更为广泛的应用．

实验目的

（1）了解迈克耳孙干涉仪的工作原理和调整方法．

（2）测量光的波长和钠双线的波长差．

实验原理

1. 迈克耳孙干涉仪的工作原理

迈克耳孙干涉仪是利用分振幅法产生两相干光以实现干涉的仪器，它的特点是光源、两个反射面和观察者四者在相互垂直的方向上各据一方，便于在光路中安插其他器件，可做精密检测．图 4-4-1 所示为迈克耳孙干涉仪的实物图，图 4-4-2 所示为其光路图．

1— 导轨；2— 底座；3— 水平调节螺钉；4— 螺母；5— 旋转手轮；6— 读数窗口；7— 微调手轮；8— 刻度轮；9— 移动拖板；10— 固定反射镜 M_2；11— 分光板；12— 补偿板；13— 角度微调拉簧螺钉；14— 微调螺钉；15— 移动反射镜 M_1；16— 观察屏

图 4-4-1　迈克耳孙干涉仪

M_1 和 M_2 为相互垂直的两个平面反射镜，M_1 可在精密导轨上前后移动，M_2 是固定的．G_1 为分光板，它的一面涂有半反半透膜．G_2 为补偿板，其厚度和折射率与 G_1 完全相同，它的作用是实现光程补偿，G_1（或 G_2）与 M_1，M_2 均成 45°．

从光源 S 发射的光射向分光板 G_1 后分为两束，一束反射至平面反射镜 M_1，另一束透过 G_2 射向平面反射镜 M_2．两束光经 M_1 和 M_2 反射至 G_1 后会聚成一组相干光．人眼在 E 处（或者置一观察屏于 E 处）就可观察到干涉条纹．

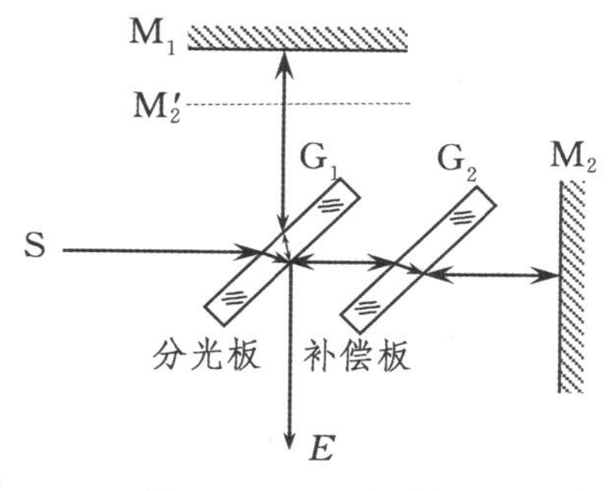

图 4-4-2　光路图

M_1 的移动是由一蜗轮蜗杆再经精密丝杆传动的，其最小读数为 10^{-4} mm，可估读到 10^{-5} mm，M_1 和 M_2 背面各有 3 个微调螺钉，用以调节镜面的方位．实验中，M_1 背后的 3 个螺钉通常已调好，实验时无须调节，M_2 的下端还有 2 个相互垂直的角度微调拉簧螺钉，用于精细地调节镜面的方位．实验时主要是要

学会调节 M_2 的 5 个调节螺钉.

M_2'为平面反射镜 M_2 被 G_1 反射所成虚像，从 E 处看，两束相干光相当于是从 M_1 和 M_2'反射过来的，实际上，迈克耳孙干涉仪产生的干涉图样与 M_1 和 M_2'之间夹的空气薄膜所产生的干涉图样完全相同. 用迈克耳孙干涉仪可观察扩展光源产生的定域干涉条纹. 当 M_1 和 M_2'严格平行时，出现等倾条纹，条纹定域于无穷远；当调节 M_2 使之与 M_1 不严格垂直时，则 M_2'与 M_1 形成一个夹角很小的空气劈尖膜，膜厚很小时可观察到等厚条纹，条纹定域于薄膜表面附近. 用迈克耳孙干涉仪还可以观察点光源产生的非定域干涉条纹.

2. 光波波长的测量

当 M_1 和 M_2'相互平行时（M_1 和 M_2 两镜面相互垂直时），点光源 S 会在平面反射镜 M_2 后形成虚像 S_2，这个虚像又会由于分光板 G_1 的反射而成像在 M_2'后面，即虚光源 S_2'. 同理，点光源 S 通过 G_1 和 M_1 的虚像在 M_1 后面，即虚光源 S_1'. 所以，从 E 处观察者看这个光源好像在 M_1 和 M_2'的后面. 点光源 S 经平面镜 M_1 和 M_2 反射相干的结果，可以等价地看作是虚光源 S_1'和S_2' 发出的光相干的结果，虚光源 S_1'和 S_2'发出的光在相遇的空间处处相干，形成非定域干涉条纹，如图 4-4-3 所示. 如果 M_1 和 M_2'之间的距离为 d，则 S_1'和 S_2'之间的距离为 $2d$，E 处观察屏垂直于S_1' 和 S_2'连线.

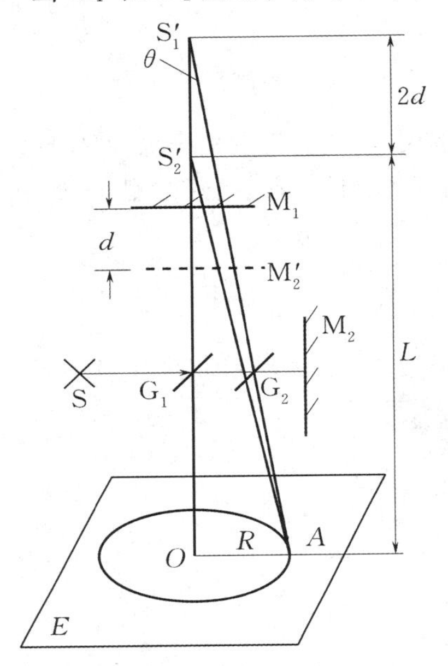

图 4-4-3　点光源产生的非定域干涉

在观察屏的 A 点处，S_1'和 S_2'发射的两束光的光程差为

$$\delta = 2d\cos\theta, \tag{4-4-1}$$

式中 θ 为 S_1'射到 A 点处的光线与 M_1 法线之间的夹角. 当 $\delta = k\lambda\ (k=0,1,2)$ 时，E 处观察屏上该点干涉相长为明纹，当 $\delta = (2k+1)\dfrac{\lambda}{2}\ (k=0,1,2)$ 时，该点干涉相消为暗纹. 从图 4-4-3 可知，观察屏上 O 点处（$\theta=0$）两束光的光程差最大：$\delta = 2d$. 随着距离 OA 的增加，光程差减小，因此观察屏上干涉条纹是一些环绕着 O 点的环形条纹.

当移动 M_1 使 M_1 与 M_2'之间的距离 d 增加时，对于观察屏上某一级干涉环（如第 k 级明环），会增加相应的 θ 角. 因此，条纹将沿半径向外移动，从观察屏上会看到干涉环一个一个从圆心"冒出"来. 反之，当 d 减小时，干涉环会一个一个向中心"缩进"去. 每"冒出"或"缩进"一个干涉环，相应的光程差改变了一个波长，也就是 M_1 与 M_2'之间的距离变化了半个波长. 若将 M_1 与 M_2'之间的距离改变 Δd，观察到 N 个干涉环变化，则显然有

$$\Delta d = N\cdot\frac{\lambda}{2} \tag{4-4-2}$$

或

$$\lambda = \frac{2\Delta d}{N}, \tag{4-4-3}$$

由此可测单色光的波长.

3. 测量钠双线的波长差

钠光灯发出的黄光包含两条谱线，它们的波长分别为$\lambda_1 = 589.0$ nm和$\lambda_2 = 589.6$ nm. 用钠光灯照射迈克耳孙干涉仪得到的等倾条纹，是两种单色光分别产生的干涉图样的叠加. 设开始时 λ_1 与 λ_2 的干涉图样同时加强，此时条纹最清晰. 现移动 M_1 以改变光程差，由于两光的波长不同，这两组干涉条纹将逐渐错开，条纹在视场中变得模糊. 当一个光波的明纹与另一个光波的暗纹恰好重叠时，干涉

条纹消失. 如此周期性变化,如图 4-4-4 所示. 从条纹最清晰到条纹消失,M_1 移动所产生的光程差用 L_M 表示,则两套干涉条纹有如下关系:

$$L_M = k\lambda_2 = \left(k+\frac{1}{2}\right)\lambda_1. \tag{4-4-4}$$

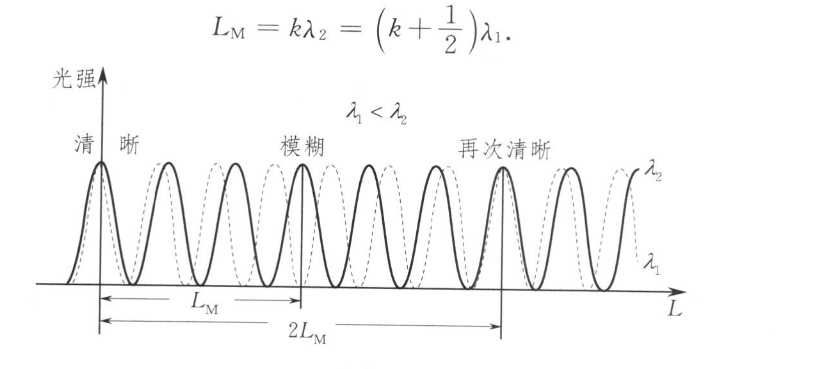

图 4-4-4 钠光双谱线

设 $\lambda=\dfrac{\lambda_1+\lambda_2}{2}$,$\Delta\lambda=\lambda_2-\lambda_1$,则

$$\lambda_1=\lambda-\frac{\Delta\lambda}{2},\quad \lambda_2=\lambda+\frac{\Delta\lambda}{2}.$$

将上两式代入式(4-4-4),可得

$$L_M=k\left(\lambda+\frac{\Delta\lambda}{2}\right)=\left(k+\frac{1}{2}\right)\left(\lambda-\frac{\Delta\lambda}{2}\right),$$

求解 k,可得

$$k=\frac{\lambda}{2\Delta\lambda}-\frac{1}{4}.$$

L_M 可表示为

$$L_M=\frac{\lambda^2}{2\Delta\lambda}-\frac{\Delta\lambda}{8}.$$

因为上式右端第二项远远小于第一项,可忽略不计,则

$$\Delta\lambda=\frac{\lambda^2}{2L_M}. \tag{4-4-5}$$

故测得 L_M 即可由式(4-4-5)计算钠双线的波长差. 干涉条纹的清晰程度通常用反衬度 V 描述,条纹最清晰时,$V=1$;条纹消失时,$V=0$,钠光干涉条纹反衬度随光程差做周期性变化,如图 4-4-5 所示.

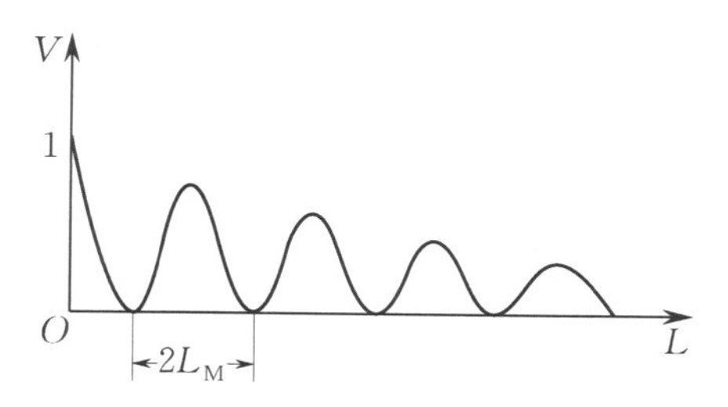

图 4-4-5 钠光干涉条纹反衬度随光程差做周期性变化

实验仪器

迈克耳孙干涉仪,氦氖激光器,钠光灯,扩束镜.

实验内容

1. 测量氦氖激光的波长

(1) 用氦氖激光器作为光源,通电发光后,调节迈克耳孙干涉仪和光源的方位,使激光直接照射到分光板 G_1 中部,光束初步与 M_2 垂直,此时应看到一束光大致从原路返回. 旋转粗调手轮,使 M_1 和 M_2 到 G_1 镀膜面的距离大致相等(请勿触碰镜面).

(2) 将观察屏放好,此时可看到有两排光点,这是由于 M_1 和 M_2 两平面反射镜的反射光通过 G_1 前后表面多次反射而产生的. 每一排光点中有一点最亮,调节 M_2 背后的螺钉,使两排光点靠近并使最亮的两个光点重合(一般情况即可看到干涉条纹),此时 M_1 与 M_2 基本垂直.

(3) 将扩束镜置于升降台上,使扩束镜镜面基本垂直(若不是,可调节扩束镜背后的倾角螺钉).调节升降台的高低及左右,使激光经过扩束镜后的出射光将分光板 G_1 完全照亮.此时观察屏上可看到干涉条纹(若观察屏上无光,或者光照不均匀等,应查看扩束镜是否放置好).观察观察屏上的干涉条纹,若此时看不到圆心,可微调 M_2 背后的微调螺钉至圆心出现;若看到部分圆心,可调节 M_2 下端的角度微调拉簧螺钉使圆心到视场中央;若圆心太小,可旋转粗调手轮减小光程差将圆心变大.

(4) 旋转微调手轮使 M_1 缓缓移动,观察干涉环"冒出"和"缩进"的现象.熟悉如何读取 M_1 的位置.

(5) 调整测微尺的零点(详见注意事项).

(6) 与调整零点时旋转方向相同,轻轻旋动微调手轮,当看到观察屏上有条纹吞吐时,记录 M_1 的初始位置,每"冒出"(或"缩进")50 个干涉环记录一次 M_1 的位置,连续记录 8 次,填入表 4-4-1.

表 4-4-1　氦氖激光的波长测量数据记录表

条纹变化数 N_1	0	50	100	150
M_1 的位置 d_1/mm				
条纹变化数 N_2	200	250	300	350
M_1 的位置 d_2/mm				
$N=N_2-N_1$	200	200	200	200
$\Delta d=\lvert d_2-d_1\rvert$				
$\lambda=\frac{\Delta d}{100}\Big/$mm				
$\bar{\lambda}$/nm				

(7) 计算氦氖激光波长的实验值与公认值的相对误差(已知氦氖激光波长的公认值为 $\lambda_{公}=632.8\ \text{nm}$):

$$E=\frac{\lvert\bar{\lambda}-\lambda_{公}\rvert}{\lambda_{公}}.$$

2. 测量钠光的波长

(1) 用钠光灯作为光源,光源灯罩的挡板上刻有"十"字.使光源与分光板等高,光源通电发光后,调节迈克耳孙干涉仪和光源的方位,将刻有"十"字的挡板对准 M_2,使光束与 M_2 垂直,旋转粗调手轮,使 M_1 和 M_2 到 G_1 镀膜面的距离大致相等(请勿触碰镜面).

(2) 令视线垂直于 M_1,透过分光板用眼睛直接观察,可看到视场里有两个反射的"十"字像,这是光经 M_1 和 M_2 反射而产生的.调节 M_2 背后的螺钉,使两个"十"字像重合(一般情况即可看到等厚条纹),此时 M_1 与 M_2 初步垂直.

(3) 微调 M_2 下端的角度微调拉簧螺钉,直至视场中出现等倾干涉圆环,并且圆心位于视场中央.若圆环很模糊,可轻轻转动粗调手轮,使 M_1 微微移动,圆环即可清晰.

(4) 旋转微调手轮使 M_1 缓缓移动,观察干涉环"冒出"和"缩进"的现象.熟悉如何读取 M_1 的位置.

(5) 调整测微尺的零点.

(6) 与调整零点时旋转方向相同,轻轻旋动微调手轮,当看到观察屏上有条纹吞吐时,记录 M_1 的初始位置,每"冒出"(或"缩进")20 个干涉环记录一次 M_1 的位置,连续记录 8 次,填入表 4-4-2.

表 4-4-2　钠光波长测量数据记录表

条纹变化数 N_1	0	20	40	60
M_1 的位置 d_1/mm				
条纹变化数 N_2	80	100	120	140
M_1 的位置 d_2/mm				
$N = N_2 - N_1$	80	80	80	80
$\Delta d = \lvert d_2 - d_1 \rvert$				
$\lambda = \frac{\Delta d}{40}$/mm				
$\bar{\lambda}$/nm				

(7) 计算钠光波长的实验值与公认值的相对误差(已知钠光波长的公认值为 $\lambda_{公} = 589.3$ nm):

$$E = \frac{\lvert \bar{\lambda} - \lambda_{公} \rvert}{\lambda_{公}}.$$

3. 测量钠双线的波长差

(1) 点亮钠光灯,使光源与分光板 G_1 等高并且与 G_1 和 M_2 成一直线. 转动粗调手轮,使 M_1 和 M_2 至 G_1 镀膜面的距离大致相等(请勿触碰镜面).

(2) 取下并轻轻放置好观察屏,直接用眼睛观察. 仔细调节 M_2 背后或下端的螺钉,利用钠光灯灯罩的挡板上的“十”字辅助,类似实验内容 1 中将两排光点重合,将两个相近的“十”字像调节重合,使钠光的等倾条纹出现.

(3) 转动粗调手轮,找到条纹变模糊的位置,调好测微尺零点. 用微调手轮继续移动 M_1,同时仔细观察至条纹反衬度最低时记下 M_1 的位置. 随着光程差的不断变化,按顺序记录 6 次条纹反衬度最低的 M_1 位置读数. 相邻两次读数差即为 L_M 的值.

数据处理

(1) 完成表 4-4-1 中的计算,并求相对误差.

(2) 完成表 4-4-2 中的计算,并求相对误差.

(3) 自列表格,用逐差法求出 L_M 的平均值 $\bar{L}_M$.

(4) 将 $\lambda = 589.3$ nm 和 $\bar{L}_M$ 代入式(4-4-5),求出钠双线的波长差 $\Delta\lambda$.

(5) 已知钠双线波长差的公认值为 $\Delta\lambda_0 = 0.597$ nm,求出相对误差:

$$E = \frac{\lvert \Delta\lambda - \Delta\lambda_0 \rvert}{\Delta\lambda_0}.$$

注意事项

(1) 迈克耳孙干涉仪是精密仪器,在旋转调节螺钉和手轮时手要轻,动作要稳,不能强拧硬扳. 切勿用手触摸镜片.

(2) 调整测微尺零点的方法:先将微调手轮沿某一方向(按读数的增或减) 旋转至零线,然后以同方向转动粗调手轮对齐读数窗口中某一刻度,测量时使用微调手轮须向同一方向旋转.

(3) 微调手轮有反向空程,实验中如果中途反向转动,则须重新调整零点.

(4) 读取 M_1 的位置时先读导轨侧面主尺之整数,如 32 mm(估计数位不读). 再读窗口读数,如 0.25 mm(估计数位也不读). 最后由微调手轮读出两位,如 78,并估计一位,如 3,则该处位置读数应记为 32.257 83 mm.

(5) 用激光束调节仪器时,应防止激光束射入眼睛损伤视网膜.

预习思考题

(1) 说明迈克耳孙干涉仪各光学元件的作用,并简要叙述调出等倾条纹的方法及注意事项.

(2) 什么是空程?测量中如何操作才能避免引入空程?

(3) 如何利用干涉条纹的"冒出"和"缩进"现象,测定单色光的波长?

讨论思考题

(1) 在观测等倾条纹时,使 M_1 和 M_2' 逐渐接近直至重合,试描述条纹疏密变化情况.

(2) 在测量钠双线的波长差的实验中,如何理解干涉条纹反衬度随光程差的变化规律?

拓展训练

(1) 观察等厚条纹.

(2) 测量空程差.

4.5 光速测量

引言

从 17 世纪伽利略第一次尝试测量光速以来,各个时期的人们都采用当时最先进的技术测量光速. 现在,光在真空中的速度已经成为长度测量的单位标准,即当真空中光的速度 c 以单位 m/s 表示时,将其固定数值取为 299 792 458 来定义米,其中秒用铯 133 原子基态未干扰时的超精细能级跃迁的频率 $\Delta\nu_{Cs}$ 定义. 光速也已直接用于距离测量,在国民经济建设和国防事业上大显身手,光速又与天文学密切相关,还是物理学中的一个重要基本常量,许多其他常量都与它相关,例如,光谱学中的里德伯常量,电子学中真空磁导率与真空电容率之间的关系,普朗克黑体辐射公式中的第一辐射常量、第二辐射常量,质子、中子、电子、μ 子等基本粒子的质量等常量. 正因为如此,科学工作者几十年如一日,兢兢业业地埋头于提高光速测量精度的事业.

实验目的

(1) 掌握一种新颖的光速测量方法.

(2) 了解和掌握光调制的一般性原理和基本技术.

实验原理

1. 利用波长和频率测波速

由波动学可知,任何波的波长 λ 是一个周期内波传播的距离,波的频率 f 是 1 s 内发生周期振动的次数,用波长乘频率可得 1 s 内波传播的距离,即波速为

$$c = \lambda f. \tag{4-5-1}$$

在图 4-5-1 中,第 1 列波在 t_1 时间内经历了 3 个周期,第 2 列波在 t_1 时间内经历了 1 个周期,在 t_1 时间内两列波传播相同的距离,所以波速相同,而第 2 列波的波长是第 1 列的 3 倍.

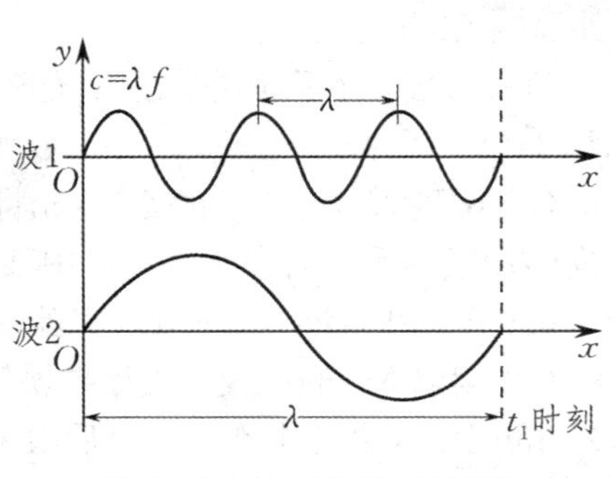

图 4-5-1 两列不同的波

利用这种方法，可以测得声波的传播速度. 但直接用此方法测量光波的传播速度还存在很多技术上的困难，主要是光的频率高达 10^{14} Hz，目前的光电接收器无法响应频率如此高的光强变化，仅能响应频率在 10^{8} Hz 左右的光强变化并产生相应的光电流.

2. 利用调制波波长和频率测波速

直接测量河中水流的速度比较困难，可以周期性地向河中投放小木块(可确定 f)，再设法测量出相邻两小木块之间的距离(可确定 λ)，由式(4-5-1) 即可算出水流的速度.

周期性地向河中投放小木块，为的是在水流上做一特殊标记. 我们也可以在光波上做一些特殊标记，这一过程称为调制. 调制波的频率可以比光波的频率低很多，可用常规器件来接收. 与木块的移动速度就是水流的流动速度一样，调制波的传播速度就是光波的传播速度. 调制波的频率可以用频率计精确测定，因此通过测量调制波的波长，然后利用式(4-5-1) 就可求得光波的传播速度.

3. 相位法测调制波的波长

波长为 0.65 μm 的载波，其强度受频率为 f 的正弦调制波的调制，表达式为

$$I = I_0\left[1+m\cos 2\pi f\left(t-\frac{x}{c}\right)\right],$$

式中 m 为调制度；$\cos 2\pi f\left(t-\frac{x}{c}\right)$ 表示光在测线上传播的过程中，其强度的变化犹如一个频率为 f 的正弦波以光速 c 沿 x 轴方向传播，称这个波为调制波. 调制波在传播过程中其相位是以 2π 为周期变化的. 设测线上 A 和 B 两点的坐标分别为 x_1 和 x_2，当这两点之间的距离为调制波波长 λ 的整数倍时，两点之间的相位差为

$$\varphi_1-\varphi_2=\frac{2\pi}{\lambda}(x_2-x_1)=2n\pi,$$

式中 n 为整数. 反过来，如果能在光的传播路径上找到调制波的等相位点，并准确测量它们之间的距离，那么该距离一定是波长的整数倍.

如图 4-5-2(a) 所示，设调制波由 A 点发出，经时间 t 后传播到 A' 点，A 和 A' 两点之间的距离为 $2D$，则 A' 点相对于 A 点的相移为

$$\varphi=\omega t=2\pi f t.$$

然而用一台测相系统对 A 和 A' 两点之间的相移量进行直接测量是不可能的. 为了解决这个问题，较简便的方法是在 AA' 的中点 B 设置一个反射镜，由 A 点发出的调制波经反射镜反射回 A 点，如图 4-5-2(b) 所示. 光线由 $A\to B\to A$ 所走过的光程亦为 $2D$，而且在 A 点，反射波的相位落后 $\varphi=\omega t$. 如果以发射波作为参考信号(以下称之为基准信号)，将它与反射波(以下称之为被测信号) 分别输入相位计的两个输入端，则由相位计可以直接读出基准信号和被测信号之间的相位差. 当反射镜相对于 B 点的位置前后移动半个波长时，相位差改变 2π. 因此，只要前后移动反射镜，相继在相位计中找到两个读数相同的点，这两个点之间的距离即为半个波长.

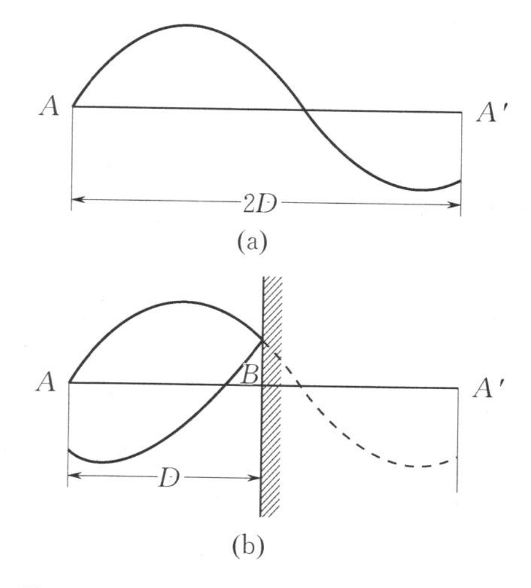

图 4-5-2　相位法测调制波波长原理图

调制波的频率可由数字式频率计精确测定，将测得的波长和频率代入式(4-5-1) 就可以求得光速.

4. 差频法测相位

在实际测相位的过程中，当信号的频率很高时，测相系统的稳定性、工作速度以及电路分布参量造成的附加相移等因素都会直接影响测相精度，对电路的制造工艺要求也较苛刻，因此高频下测相困难较大. 例如，BX21 型数字式相位计中检相双稳电路的开关时间是 40 ns 左右，如果输入的被测信号的频率为 100 MHz，则信号周期为 $T = 1/f = 10$ ns，比电路的开关时间要短，此时电路根本来不及测相. 为使电路正常工作，就必须大大提高其工作速度. 为了避免高频下测相的困难，人们通常采用差频法，将高频被测信号转化为中、低频信号. 这样，两信号之间相位差的测量实际上转化为两信号过零的时间差的测量，而降低信号的频率 f 则意味着拉长了与待测相位差 φ 相对应的时间差. 下面证明差频前后两信号之间的相位差保持不变.

我们知道，将两列频率不同的正弦信号同时作用于一个非线性元件(如二极管、三极管)时，其输出端包含两个信号的差频成分. 非线性元件对输入信号 x 的响应可以表示为

$$y(x) = A_0 + A_1 x + A_2 x^2 + \cdots, \tag{4-5-2}$$

忽略式(4-5-2)中的高次项，二次项将产生混频效应.

设高频基准信号为

$$u_1 = U_{10}\cos(\omega t + \varphi_0), \tag{4-5-3}$$

高频被测信号为

$$u_2 = U_{20}\cos(\omega t + \varphi_0 + \varphi), \tag{4-5-4}$$

式中 φ_0 为高频基准信号的初相位；φ 为高频基准信号与高频被测信号的相位差，即调制波在测线上往返一次产生的相移量.

现在引入一个高频本振信号

$$u' = U'_0\cos(\omega' t + \varphi'_0), \tag{4-5-5}$$

式中 φ'_0 为高频本振信号的初相位. 将式(4-5-4)和(4-5-5)代入(4-5-2)，有(略去高次项)

$$y(u_2 + u') \approx A_0 + A_1 u_2 + A_1 u' + A_2 u_2^2 + A_2 u'^2 + 2A_2 u_2 u'.$$

展开交叉项，可得

$$\begin{aligned} 2A_2 u_2 u' &= 2A_2 U_{20} U'_0 \cos(\omega t + \varphi_0 + \varphi)\cos(\omega' t + \varphi'_0) \\ &= A_2 U_{20} U'_0 \{\cos[(\omega + \omega')t + (\varphi_0 + \varphi'_0) + \varphi] + \cos[(\omega - \omega')t + (\varphi_0 - \varphi'_0) + \varphi]\}. \end{aligned}$$

由上面的推导可以看出，当两个不同频率的正弦信号同时作用于一个非线性元件时，在其输出端除了可以得到原来两种频率的基波信号以及它们的二次和高次谐波之外，还可以得到差频及和频信号，其中差频信号很容易和其他的高频成分或直流成分分开. 同理，高频基准信号 u_1 与高频本振信号 u' 混频，存在一个差频相. 高频基准信号与高频本振信号混频后所得差频信号为

$$A_2 U_{10} U'_0 \cos[(\omega - \omega')t + (\varphi_0 - \varphi'_0)]. \tag{4-5-6}$$

高频被测信号与高频本振信号混频后所得差频信号为

$$A_2 U_{20} U'_0 \cos[(\omega - \omega')t + (\varphi_0 - \varphi'_0) + \varphi]. \tag{4-5-7}$$

比较式(4-5-6)和(4-5-7)可知，当高频基准信号、高频被测信号分别与高频本振信号混频后，得到的两个差频信号之间的相位差仍保持为 φ.

本实验就是利用差频检相的方法，将 $f = 100$ MHz 的高频基准信号和高频被测信号分别与本机振荡器产生的高频振荡信号混频，得到两个频率为 455 kHz、相位差依然为 φ 的低频信号，然后将其送到相位计中去比相. 实验装置方框图如图 4-5-3 所示，图中的混频电路Ⅰ用以获得低频基准信号，混频电路Ⅱ用以获得低频被测信号. 低频被测信号的幅度由示波器或电压表指示.

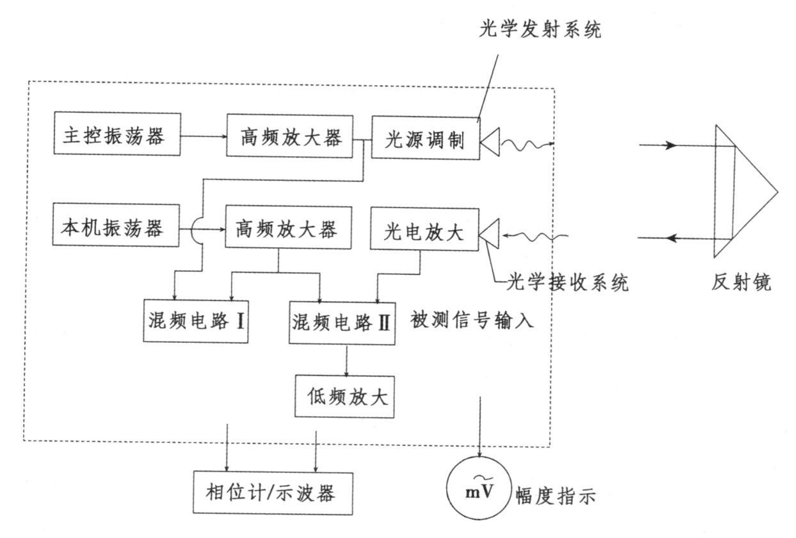

图 4-5-3　光速测量实验装置方框图

5. 数字法测相位

可以用数字法来检测“基准”和“被测”这两路同频正弦信号之间的相位差 φ. 如图 4-5-4 所示，用

$$u_1 = U_{10}\cos\omega_{\mathrm{L}}t$$

和

$$u_2 = U_{20}\cos(\omega_{\mathrm{L}}t+\varphi)$$

分别代表差频后的低频基准信号和低频被测信号. 将 u_1 和 u_2 分别送入通道 Ⅰ 和通道 Ⅱ，进行限幅放大，整形成为方波 u_1' 和 u_2'. 然后令这两路方波信号启、闭检相双稳，使检相双稳输出一列频率与两待测信号相同、宽度等于两信号过零的时间差(正比于两信号之间的相位差 φ) 的矩形脉冲 u. 将此矩形脉冲积分(在电路上即是令其通过一个平滑滤波器) 可得

$$\begin{aligned}\overline{u} &= \frac{1}{T}\int_0^T u\mathrm{d}t = \frac{1}{2\pi}\int_0^{\varphi} u\mathrm{d}(\omega_{\mathrm{L}}t)\\ &= \frac{1}{2\pi}\int_0^{\varphi} u\mathrm{d}(\omega_{\mathrm{L}}t) = \frac{u}{2\pi}\varphi,\end{aligned} \tag{4-5-8}$$

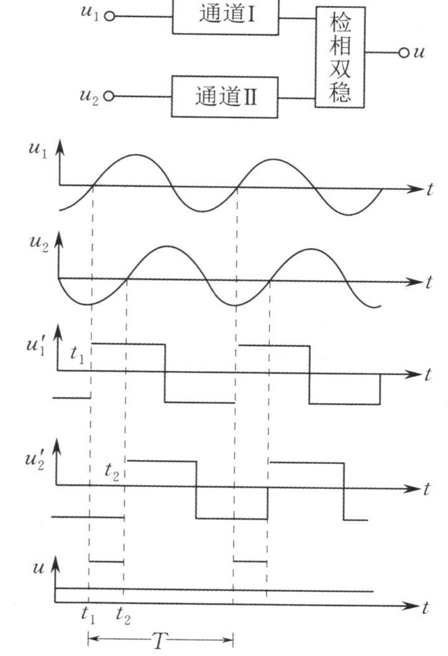

图 4-5-4　数字法测相位的电路方框图及各点波形

式中 u 为矩形脉冲的幅度，其值为一常量. 由式(4-5-8) 可知，检相双稳输出的矩形脉冲的直流分量(称为模拟直流电压) 与待测相位差 φ 有一一对应的关系. BX21 型数字式相位计是将这个模拟直流电压通过一个模数转换系统换算成相应的相位值，以角度数值形式在数码管显示出来. 因此可以用相位计直接得到两个信号之间的相位差.

6. 示波器法测相位

(1) 单踪示波器法.

将示波器的扫描同步方式开关选择在外触发同步，极性为＋或－，参考相位信号接至外触发同步输入端，信号相位的信号接至 Y 轴输入端，调节触发电平调整旋钮，使波形稳定；调节 Y 轴增益挡，获得一个适合的波幅；调节时基挡，使在荧光屏上只显示一个完整的波形，并尽可能地展开，如一个波形

在 X 轴方向展开为 10 大格，即 10 大格代表为 $360°$，每 1 大格为 $36°$，可以估读至 0.1 大格，即 $3.6°$.

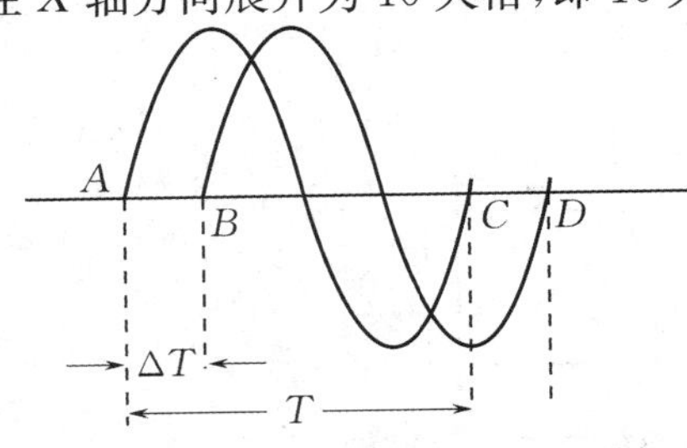

图 4-5-5　示波器法测相位

开始测量时，记住波形某特征点的起始位置，移动棱镜小车，波形移动，移动 1 大格即表示参考相位与信号相位之间的相位差变化了 $36°$.

有些示波器无法将一个完整的波形正好调至 10 大格，此时可按 $\Delta\varphi=(\Delta T/T)\cdot 360°$ 求得参考相位与信号相位的变化量，如图 4-5-5 所示.

(2) 双踪示波器法.

将参考相位的信号接至 Y1 通道输入端，信号相位的信号接至 Y2 通道输入端，并用 Y1 通道触发扫描，显示方式为断续(如采用交替方式会有附加相移，为什么?).

与单踪示波器法操作一样，调节增益挡和时基挡，使荧光屏上只显示一个完整的波形.

(3) 数字示波器法.

数字示波器具有光标卡尺测量功能，移动光标，很容易进行 T 和 ΔT 的测量，然后按 $\Delta\varphi=(\Delta T/T)\cdot 360°$ 求得参考相位与信号相位的变化量，比数荧光屏上的格子精度要高得多. 信号线连接等操作同上.

7. 影响测量准确度和精度的几个问题

通过调制波的波长和频率测量光速的原理很简单，但是为了充分发挥仪器的性能，提高测量的准确度和精度，必须对各种可能的误差来源做到心中有数. 下面就这个问题做一些讨论.

由式(4-5-1)可知

$$\frac{\Delta c}{c}=\sqrt{\left(\frac{\Delta\lambda}{\lambda}\right)^2+\left(\frac{\Delta f}{f}\right)^2},$$

式中 $\Delta f/f$ 为频率的测量误差. 由于电路中采用了石英晶体振荡器，其频率稳定度为 $10^{-6}\sim10^{-7}$，故本实验中光速测量的误差主要来源于波长测量的误差. 仪器中所选用的光源的相位一致性、仪器电路部分的稳定性、信号的强度、米尺准确度以及噪音等因素都直接影响波长测量的准确度和精度.

(1) 电路稳定性.

以主控振荡器的输出端作为相位参考原点来说明电路稳定性对波长测量的影响. 如图 4-5-6 所示，φ_1，φ_2 分别表示发射系统和接收系统产生的相移；φ_3，φ_4 分别表示混频电路 Ⅱ 和 Ⅰ 产生的相移；φ 为光在测线上往返一次产生的相移. 由图可看出，基准信号 u_1 到达测相系统之前相位移动了 φ_4，而被测信号 u_2 到达测相系统之前的相移为 $\varphi_1+\varphi_2+\varphi_3+\varphi$. 因此，$u_2$ 与 u_1 之间的相位差为 $\varphi_1+\varphi_2+\varphi_3-\varphi_4+\varphi=\varphi'+\varphi$，式中 φ' 与电路的稳定性及信号的强度有关. 如果在测量过程中 φ' 的变化很小可以忽略，则反射镜在相距为半波长的两点之间移动时，φ' 对波长测量的影响可以被抵消；但如果 φ' 的变化不可忽略，显然会给波长的测量带来误差. 如图 4-5-7 所示，设反射镜处于位置 B_1 时，u_1 与 u_2 之间的相位差为 $\Delta\varphi_{B_1}=\varphi'_{B_1}+\varphi$；反射镜处于位置 B_2 时，u_2 与 u_1 之间的相位差为 $\Delta\varphi_{B_2}=\varphi'_{B_2}+\varphi+2\pi$. 那么，由于 $\varphi'_{B_1}\neq\varphi'_{B_2}$ 而给波长带来的测量误差为 $(\varphi'_{B_1}-\varphi'_{B_2})/2\pi$. 若在测量过程中被测信号的强度始终保持不变，则 φ' 的变化主要来自电路的不稳定.

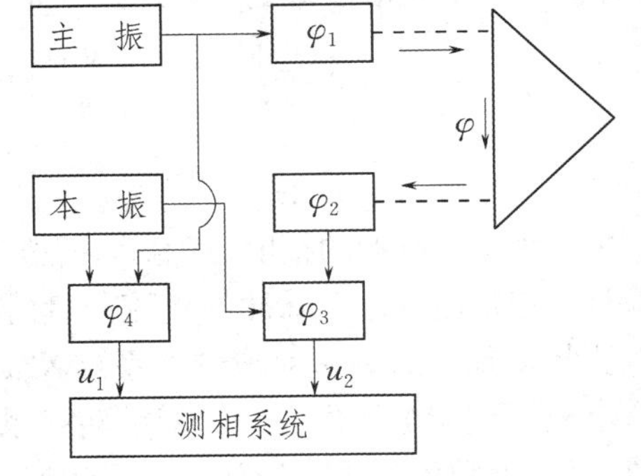

图 4-5-6　电路系统的附加相移

然而，电路不稳定造成的 φ' 变化是较缓慢的. 在这种情况下，只要测量所用的时间足够短，就可以把 φ' 的缓慢变化做线性近似，按照图 4-5-7 中 $B_1\rightarrow B_2\rightarrow B_1$ 的顺序读取相位值，以两次 B_1 点坐标的平均值作为起点测量波长.用这种方法可以减小由于电路不稳定给波长测量带来的误差.(为什么?)

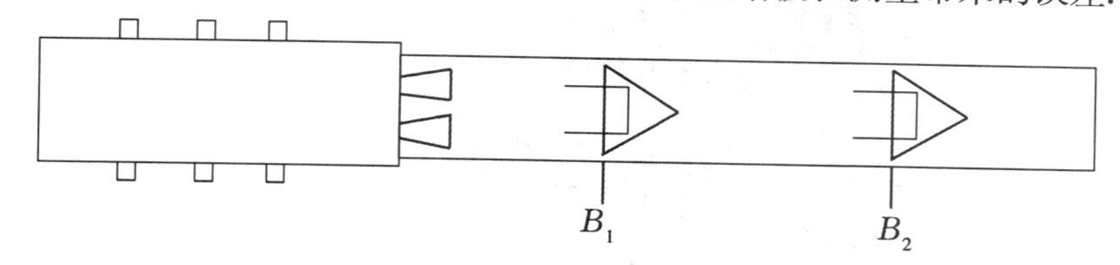

图 4-5-7　减小随时间做线性变化的系统误差

(2) 幅相误差.

上面谈到 φ' 与信号的强度有关,这是因为当被测信号强度不同时,图 4-5-6 所示的电路系统产生的相移量 $\varphi_1,\varphi_2,\varphi_3$ 可能不同,因而 φ' 发生变化.通常把因被测信号强度不同给测量带来的误差称为幅相误差.

(3) 照准误差.

本仪器采用的砷化镓(GaAs)发光二极管并非是点光源而是成像在物镜焦平面上的一个面光源.由于光源有一定的线度,故发光面上各点通过物镜而发出的平行光有一定的发散角 θ.图 4-5-8 画出了光源有一定线度时的情形,图中 d 为面光源的直径,L 为物镜的直径,f 为物镜的焦距.由图可知,$\theta=d/f$.经过距离 D 后,发射光斑的直径为 $MN=L+\theta D$.例如,反射镜处于位置 B_1 时所截获的光束是由发光面上的 a 点发出来的光,反射镜处于位置 B_2 时所截获的光束是由 b 点发出来的光;又设发光管上各点的相位不相同,在接通调制电流后,只要 b 点的发光时间相对于 a 点的发光时间有 67 ps 的延迟,就会给波长的测量带来接近 2 cm 的误差($c\cdot t=3\times10^{10}\times67\times10^{-12}\ \text{cm}\approx2.0\ \text{cm}$).这里将由于采用发射光束中不同的位置进行测量而造成的误差称为照准误差.

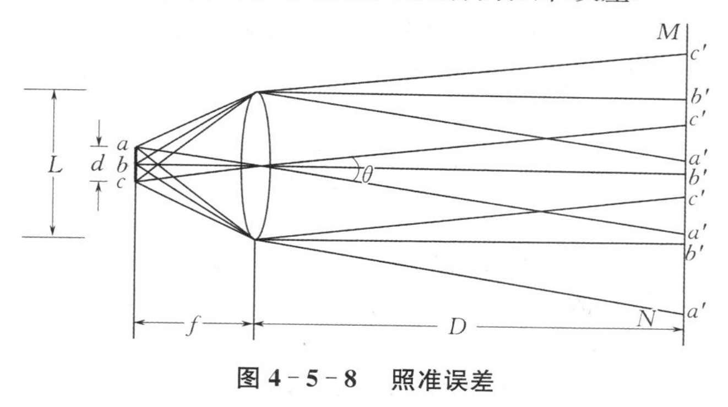

图 4-5-8　照准误差

为提高测量的准确度,应该在测量过程中进行细心的"照准",也就是说尽可能截取同一束光进行测量,从而把照准误差限制到最低.

(4) 米尺的准确度.

本实验装置中所用的钢尺的准确度为 0.01%.

(5) 噪声.

噪声是无规则的,因而它的影响是随机的.信噪比的随机变化会给相位差测量带来随机误差,提高信噪比以及进行多次测量可以减小噪声的影响从而提高测量精度.

实验仪器

LM2000A 光速测量仪全长 0.8 m,由光学电器盒、收发透镜组、棱镜小车、带刻度尺的燕尾导轨等组成,如图 4-5-9 所示.其主要技术指标如下:可变光程:0~1 m;移动尺最小读数:0.1 mm;调制频率:100 MHz;测量精度:≤1%(数字示波器测相)或≤2%(通用示波器测相).

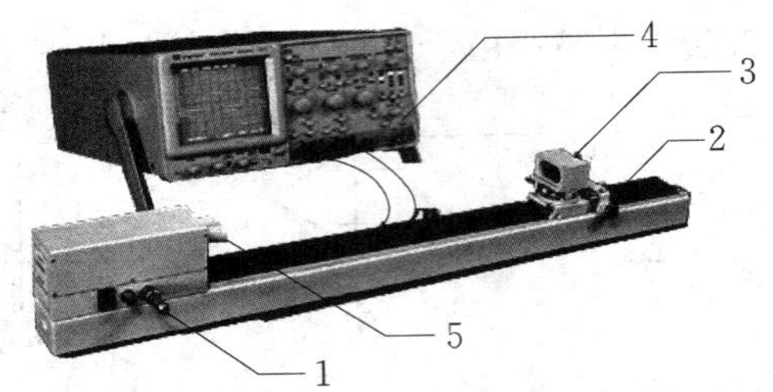

1—光学电器盒；2—带刻度尺的燕尾导轨；3—带游标的反射棱镜小车；
4—示波器/相位计(自备件)；5—收发透镜组

图 4-5-9　光速测量仪

(1) 光学电器盒.

光学电器盒采用整体结构，稳定可靠，端面安装收发透镜组，内置收、发电子线路板. 侧面有两排 Q9 插座，如图 4-5-10 所示. Q9 插座输出的是将收、发正弦波信号经整形后的方波信号，便于用示波器来测量相位差.

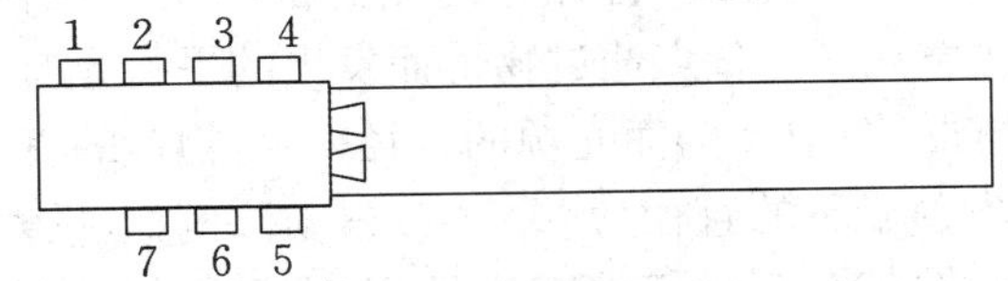

1,2—基准信号发送端(5 V 方波)；3—调制信号输入端；4—测频端；
5,6—测相信号接收端(5 V 方波)；7—信号电平接收端(0.4～0.6 V)

图 4-5-10　Q9 插座接线图

(2) 棱镜小车.

棱镜小车上有供调节棱镜左右转动和俯仰的两只调节把手. 由直角棱镜的入射光与出射光的相互关系可知，左右调节棱镜对光线的出射方向不起作用，在棱镜小车上加左右调节装置只是为了加深对直角棱镜转向特性的理解.

棱镜小车上有一只游标，使用方法与游标卡尺的游标相同，通过游标可以读至 0.1 mm.

(3) 光源和光学发射系统.

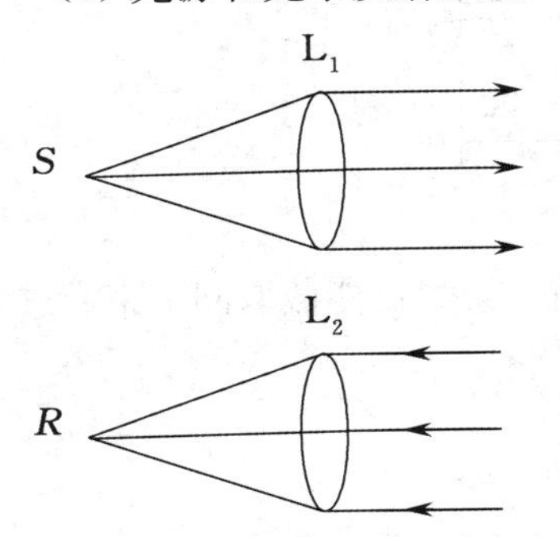

图 4-5-11　光学发射系统和光学接收系统原理图

采用砷化镓(GaAs) 发光二极管作为光源. 这是一种半导体光源，当发光二极管上注入一定的电流时，在 pn 结两侧的 p 区和 n 区分别有电子和空穴的注入，这些非平衡载流子在复合过程中将发射波长为0.65 μm 的光，此即上文所说的载波. 用主控振荡器产生的 100 MHz 正弦振荡电压信号控制加在发光二极管上的注入电流. 当信号的电压升高时注入电流增大，电子和空穴复合的机会增加而发出较强的光；当信号的电压下降时注入电流减小，电子和空穴复合的机会减小，所发出的光强也相应减弱. 用这种方法实现对光强的直接调制. 图 4-5-11 所示是光学发射系统和光学接收系统的原理图. 发光管的发光点 S 位于发射物镜 L_1 的焦点上.

(4) 光学接收系统.

用硅光电二极管作为光电转换元件，该光电二极管的光敏面位于接收物镜 L_2 的焦点 R 上，如图 4-5-11 所示. 光电二极管所产生的光电流的大小随载波的光强而变化，因此在负载上可以得到与调制波频率相同的电压信号，即被测信号. 被测信号的相位相对于基准信号落后了 $\varphi=\omega t$，式中 t 为往返一个测程所用的时间.

实验内容

(1) 预热.

电子仪器都有温漂问题,因此光速测量仪和频率计须预热 30 min 再进行测量. 在这期间可以进行线路连接、光路调整、示波器定标等工作.

(2) 光路调整.

先把棱镜小车移近收发透镜组处,用一小纸片挡在接收物镜前,观察光斑位置是否居中. 调节小车上的把手,使光斑尽可能居中,再将小车移至最远端,观察光斑位置有无变化,并做相应调整,以使小车前后移动时,光斑位置变化最小.

(3) 示波器定标.

按前述的示波器测相的方法将示波器调整至有一个适合的测相波形.

(4) 测量光速.

实际测量的主要任务是测量调制波的波长,其测量精度决定了光速的测量精度. 一般可采用等距测量法和等相位测量法测量调制波的波长. 在测量时要注意两点,一是实验值要取多次多点测量的平均值;二是所测得的是光在大气中的传播速度,为了得到光在真空中的传播速度,要精密地测定空气的折射率后做相应修正.

① 测调制波频率.

为了达到好的匹配效果,尽量用频率计附带的高频电缆线进行测量. 调制波是用石英晶体振荡器产生的,频率稳定度很容易达到 10^{-6},预热后正式测量前测一次就可以了.

② 等距测量法测 λ.

在导轨上任取若干个等间隔点,如图 4-5-12 所示,它们的坐标分别为 $x_0, x_1, x_2, \cdots, x_i$,且有

$$x_1 - x_0 = D_1,\quad x_2 - x_0 = D_2,\quad \cdots,\quad x_i - x_0 = D_i.$$

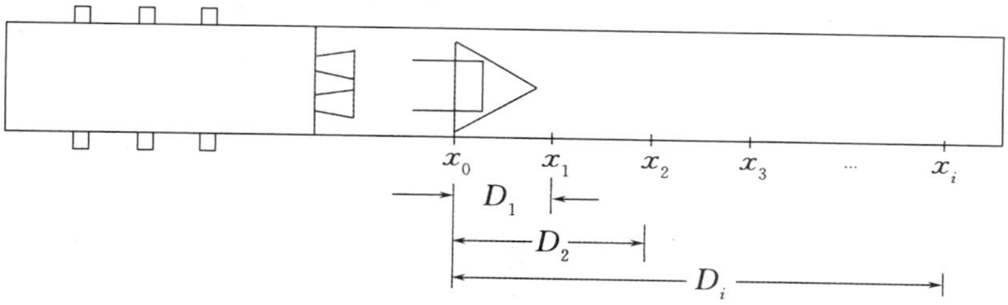

图 4-5-12 根据相移量与反射镜距离之间的关系测量光速

移动棱镜小车,由示波器或相位计依次读取与距离 $D_1, D_2, \cdots$ 相对应的相移量 $\varphi_1, \varphi_2, \cdots$. D_i 与 φ_i 之间的关系为

$$\frac{\varphi_i}{2\pi} = \frac{2D_i}{\lambda},\quad 即\quad \lambda = \frac{2\pi}{\varphi_i}\cdot 2D_i.$$

求得调制波的波长 λ 后,利用式(4-5-1)可得到光速 c.

也可用作图法,以 φ 为横坐标,D 为纵坐标,作 $D-\varphi$ 直线,则该直线斜率的 $4\pi f$ 倍即为光速 c.

为了减小由于电路系统附加相移量的变化给相位测量带来的误差,同样应采取 $x_0 \to x_1 \to x_0$, $x_0 \to x_2 \to x_0, \cdots$ 进行测量.

③ 等相位测量法测 λ.

在示波器或相位计上取若干个整度数的相位点(如 36°, 72°, ⋯),在导轨上任取一点为 x_0,并在示波器上找出信号相位波形上一特征点作为相位差 0° 位点,拉动棱镜至某个整相位点,迅速在导轨上读取此时的距离值作为 x_1,并尽快将棱镜返回至 0° 位点处,再读取一次 x_0,并要求棱镜在 0° 位点处的距离读数误差不要超过 1 mm,否则必须重测.

依次读取相移量 φ_i 对应的 D_i 值，由 $\lambda = \frac{2\pi}{\varphi_i} \cdot 2D_i$ 求出调制波的波长 λ，再利用式(4-5-1)得到光速 c.

可以看到，等相位测量法比等距测量法有更高的测量精度.

注意事项

(1) 在等距测量法中移动棱镜小车时要快、准，如果两次 x_0 位置时的读数值相差 0.1° 以上，必须重测.

(2) 实验结束后，用塑料套将棱镜和收发透镜组包好，防止落灰.

讨论思考题

(1) 通过实验观察波长测量的主要误差来源是什么？为提高测量精度实验可做哪些改进？

(2) 本实验所测定的是 100 MHz 调制波的波长和频率，能否把实验装置改成直接发射频率为 100 MHz 的无线电波并对它的波长进行绝对测量？为什么？

拓展训练

(1) 如何将光速测量仪改成测距仪？

(2) 还有哪些方法可以实现光速的测量？请设计一种简便易行的光速测量的方案.

(3) 怎样运用传感器和计算机实现光速的测量？

拓展阅读

[1] 赵旭光. 几种测量光速的方法[J]. 现代物理知识，2004，16(1)：48-49，44.

[2] 尹世忠，赵喜梅. 光速的测量史[J]. 现代物理知识，2001，13(3)：56-57.

[3] 江长双，钟健松，丁玮蓉. 光速测量中光程调节方法的改进[J]. 大学物理，2009，28(5)：36-37，42.

[4] 俞嘉隆，黄学东，乔卫平，等. 利用强度周期性变化的光信号测量光速与介质的折射率[J]. 大学物理，2007，26(3)：41-43.

[5] 徐英，李柯. 锁定放大器在光速测量中的应用[J]. 物理实验，2008，28(2)：36-37，41.

[6] 刘义保，邓玲娜，黎定国，等. 多道时间谱仪测量光速[J]. 物理实验，2005，25(6)：3-5.

4.6 全息照相

引言

全息技术的原理最早由英国人伽博于 1948 年提出，但由于没有合适的相干光源而未能得到发展. 直到 20 世纪 60 年代初，激光器的出现才使得这种技术得以迅速发展. 现在，它在干涉计量、无损检测、信息存储与处理、立体显示、生物医学和国防科研等领域中已经获得了极其广泛的应用，成为科学技术中一门非常活跃的光学分支.

实验目的

(1) 学习和了解全息照相的基本原理和主要特点.

(2) 初步掌握全息照相的基本技能和方法.

(3) 学习再现全息物像的方法.

实验原理

1. 全息照相的基本原理

全息照相是一种新型的照相技术，它在原理上与普通照相有着根本的不同. 普通照相是通过几何光学透镜成像原理，把物光的振幅信息(强度分布)记录在照相底片上，由于缺少物光的相位信息，得到的是物体的平面图像.

全息照相则是利用物理光学原理，在感光底片(全息干板)上同时记录物光的相位信息和振幅信息，全息底片再现时，就可看到十分逼真的三维物像. 全息照相是一种波前的记录和再现技术，它的基本过程包括全息照相记录过程和全息图再现过程.

(1) 全息照相记录过程.

全息照相利用光的干涉原理，将物光和另一个与它相干的光(称为参考光)产生干涉来记录物光的振幅和相位. 如图 4-6-1 所示，激光器发出的光经分束镜 G 分成两束，一束光由全反射镜 M_1 反射、扩束镜 L_1 扩束后均匀地照射在被摄物体上，经物体反射的光照射到全息干板 H 上，这束光称为物光；另一束光经反射镜 M_2 和扩束镜 L_2 后直接照射到全息干板 H 上，这束光称为参考光. 这两束光在全息干板 H 上干涉，产生的干涉图样被全息干板记录下来，称这些包含了物光全部信息的干涉图样为全息图.

(2) 全息图再现过程.

直接用眼睛观察这种全息图时，只能看到一些复杂的干涉条纹，若要看到物体的像必须使全息图能再现物体光波，这个过程就是全息图的再现过程. 实际上，全息图如同复杂的光栅，如果用原参考光(再现光)照射全息图，参考光将发生衍射，除沿照射方向传播的零级衍射光外，两列一级衍射光中，一个是发散光，与物体在原位置发出的光一样，形成一个虚像，它就是原物体的再现立体像；另一个是会聚光，形成一个共轭实像. 再现光路如图 4-6-2 所示.

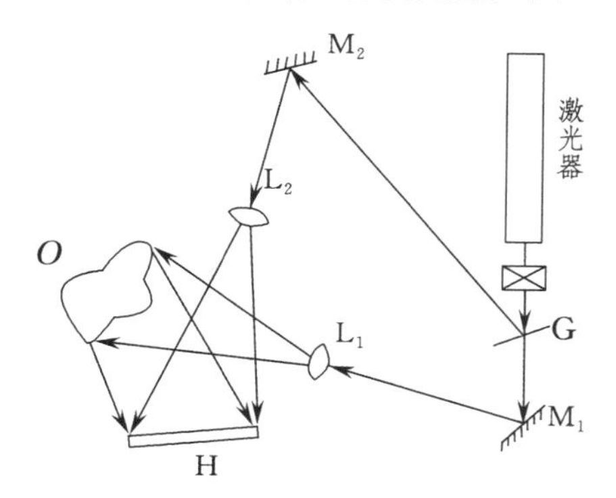

图 4-6-1　全息照相记录过程的光路图

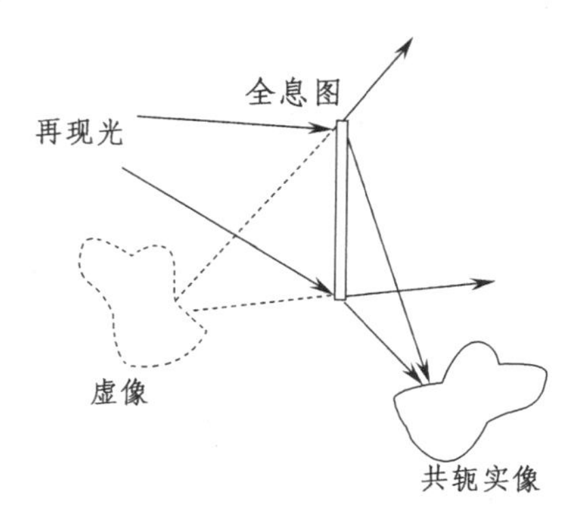

图 4-6-2　全息图再现过程的光路图

2. 全息照相的理论分析

设 xy 平面为全息干板平面，物光在此平面可表示为

$$O(x,y)=A_O(x,y)\mathrm{e}^{-\mathrm{i}\varphi_O(x,y)},$$

参考光可表示为

$$R(x,y)=A_R(x,y)\mathrm{e}^{-\mathrm{i}\varphi_R(x,y)}.$$

因此，两光波叠加的光场分布为

$$O(x,y)+R(x,y),$$

全息干板处的光强分布为

$$I(x,y)=|O(x,y)+R(x,y)|^2=A_O^2+A_R^2+A_OA_R[e^{-i(\varphi_O-\varphi_R)}+e^{i(\varphi_O-\varphi_R)}]$$
$$=A_O^2+A_R^2+2A_OA_R\cos(\varphi_O-\varphi_R),\qquad(4-6-1)$$

式中右端第一项和第二项分别为物光和参考光在全息干板上的光强，第三项为干涉项.

全息干板曝光，经显影、定影后，留下明暗不同的干涉条纹，用参考光照射时，其各点的振幅透射率 T 不同. 一般情况下，透射率与曝光量不是线性关系，但若曝光处理得当，使全息干板在振幅透射率随曝光量呈线性变化的部分工作，则有

$$T=T_0+\beta I,$$

式中 T_0 为常量，与底片灰雾有关；β 为常量，与底片灯光显影过程有关.

用原参考光作为再现光照射全息图时，透射光可表示为

$$W(x,y)=RT=RT_0+\beta A_Re^{-i\varphi_R}\{A_O^2+A_R^2+A_OA_R[e^{-i(\varphi_O-\varphi_R)}+e^{i(\varphi_O-\varphi_R)}]\}$$
$$=A_Re^{-i\varphi_R}[T_0+\beta(A_O^2+A_R^2)]+\beta A_OA_R^2e^{-i\varphi_O}+\beta A_OA_R^2e^{i(\varphi_O-2\varphi_R)},\qquad(4-6-2)$$

式中右端第一项为零级衍射光，沿参考光的方向传播；第二项为原物光的再现，是发散的一级衍射光；第三项为物光的共轭光波，是会聚的一级衍射光.

3. 全息照相的主要特点

(1) 全息照相能再现被测物体逼真的三维立体像，从不同角度观察再现虚像，可以看到物体不同的侧面，有视差特性和较大的景深范围.

(2) 由于全息图中任意小区域都记录了来自物体各点的光波信息，因此全息图的任意碎片都能再现完整的物像.

(3) 再现光越强，再现像越亮.

(4) 全息干板可多次曝光以记录不同物体的信息，拍摄时只需改变全息干板的方位或参考光的角度，再现时转动全息干板就可看到互不重叠的物像.

4. 全息照相的必备条件

(1) 良好的光源.

为保证物光和参考光之间良好的相干性，拍摄全息图必须用具有良好的空间相干性和时间相干性的光源，激光器输出的激光亮度高、单色性好、相干长度长，是全息照相的理想光源. 本实验采用单模氦氖激光器，可拍出良好的全息图.

(2) 高分辨率全息干板.

由于全息图的干涉条纹间距与物光和参考光之间的夹角有关，可用公式推算出条纹间距为 $d=\dfrac{\lambda}{2\sin(\theta/2)}$（$\lambda$ 为光的波长，θ 为物光和参考光投射到全息干板处的夹角），夹角大则条纹细密，这就要求全息干板的分辨率足够高，对系统稳定性的要求也随之提高. 本实验使用的全息干板的分辨率为 3 000 条 /mm，可满足实验拍摄要求. 同时，全息干板要对所使用的激光波长有足够的感光灵敏度.

(3) 稳定的拍摄系统.

通常全息图记录的干涉条纹细而密，曝光时微小的振动和位移都会使得条纹模糊导致拍摄失败，因此整个拍摄系统要求具有极高的稳定性. 实验中将光源、各光学元件、被摄物体和全息干板等全部安放在防震平台上，各元件及支架均用磁钢牢固地吸在钢板上，以避免外界微小振动的影响. 在曝光期间应避免任何不稳定因素的影响，保证实验顺利进行.

实验仪器

防震平台，氦氖激光器，曝光定时器，光开关，分束镜，扩束镜，反射镜，全息干板，暗室设备等.

实验内容

1. 拍摄全息图

(1) 熟悉全息台上的各个光学元件,打开氦氖激光器的电源.

(2) 按拍摄光路图4-6-1布置光路,先移开两扩束镜 L_1 和 L_2,对光路做如下调整:

① 使各光学元件等高,被摄物体到干板架上白屏距离适当;

② 使物光和参考光光程相等或接近;

③ 物光和参考光的夹角不宜太小和过大.

(3) 移进扩束镜 L_1 和 L_2,仔细调节扩束镜使扩束光能均匀照亮白屏和被摄物体,交替遮挡物光和参考光,观察白屏上两者的光强,使物光和参考光的光强比在合适范围(1:2～1:6为宜).

(4) 设置好曝光定时器的曝光时间,关闭光开关.在暗室环境中,将全息干板装在干板架上,稳定一段时间后曝光.

(5) 对曝光后的全息干板进行显影、停显、定影、水洗晾干等操作.

2. 全息图的再现

(1) 将制作好的全息图放回原处,用原参考光照射全息图,透过全息图可观察到在被摄物体的原位置处有一个与被摄物体完全一样的立体虚像,注意仔细观察虚像,体会全息三维像的效果和特点.

(2) 将全息图的另一面用激光细光束(未扩束的激光束)照射,在全息图另一侧用白屏寻找和观察共轭实像.

注意事项

(1) 严禁用手触摸、擦拭各光学元件表面.

(2) 眼睛绝不可直接朝激光细光束观察,以免损伤视网膜.

(3) 全息图的拍摄和冲洗均在暗室中进行,应保持安静、有序的实验环境,装载全息干板时切勿碰到全息台上的其他元件.

预习思考题

(1) 全息照相与普通照相有何不同?全息照相有哪些主要特点?

(2) 拍摄全息图必须具备哪些条件?

讨论思考题

将全息图遮挡一部分,其再现像与不遮挡时有无不同?

拓展阅读

[1] 钟锡华.现代光学基础[M].2版.北京:北京大学出版社,2012.

[2] 陈怀琳,邵义全.普通物理实验指导:光学[M].北京:北京大学出版社,1990.

[3] 吴思诚,荀坤.近代物理实验[M].4版.北京:高等教育出版社,2015.

[4] 金清理,薛漫芝,卢晓燕,等.参物光夹角和光照比对全息图拍摄效果的研究[J].激光技术,2001,25(5):394-397.

[5] 郭开惠,吴平,严映律,等.全息照相再现成像的深入研究[J].兰州大学学报(自然科学版),1999,35(2):43-47.

附录

感光后的全息干板,需在暗室条件下进行显影、停影、定影、冲洗和晾干等步骤后才能再现.其所用药液的配方如下:

(1) 显影液:D-19 高反差强力显影液.

蒸馏水(50 ℃)	800 mL
米吐尔	2 g
无水亚硫酸钠	90 g
对苯二酚	8 g
无水碳酸钠	48 g
溴化钾	5 g

将上述药品放入容器中溶解后,加蒸馏水至 1 000 mL.

(2) 停显液.

蒸馏水(50 ℃)	800 mL
冰醋酸	13.5 mL

将上述药品放入容器中,加蒸馏水至 1 000 mL.

(3) 定影液:F-5 定影液.

蒸馏水(50 ℃)	800 mL
结晶硫代硫酸钠	240 g
无水亚硫酸钠	15 g
硼酸(结晶)	7.5 g
钾矾	15 g
冰醋酸	13.5 mL

将上述药品放入容器中溶解后,加蒸馏水至 1 000 mL.

(4) 漂白液.

定影后的底片,放入 20 ℃ 的水中冲洗后即可晾干使用.

为加强衍射效果,对曝光过度而发黑的底片可以进行漂白处理,氯化汞全息照片漂白液的配方如下:

氯化汞	25 g
溴化钾	25 g

将上述药品放入容器中溶解后,加蒸馏水至 100 mL.

4.7 密立根油滴实验

引言

密立根油滴实验在近代物理学发展史上是一个十分重要的实验,它证明了电荷的不连续性,并精确地测得了元电荷.密立根油滴实验设计巧妙、方法简便、结果准确,是一个著名的有启发性的实验.

实验目的

(1) 理解密立根油滴实验测量元电荷的原理和方法.

(2) 验证电荷的不连续性,并测量元电荷.

实验原理

一质量为m、电量为q的油滴处于相距为d的两平行极板间，当平行极板未加电压时，在忽略空气浮力的情况下，油滴将受重力作用加速下降，由于空气黏性阻力的大小与油滴运动速度v成正比，油滴将受到黏性阻力的作用. 因空气的悬浮和表面张力作用，油滴总是呈球状. 根据斯托克斯定理，黏性阻力的大小可表示为

$$f_r = 6\pi a\eta v,$$

式中a为油滴的半径，η为空气的黏性系数.

当黏性阻力与重力平衡时，油滴将以极限速度v_d匀速下降，如图 4-7-1 所示. 于是有

$$6\pi a\eta v_d = mg. \qquad (4-7-1)$$

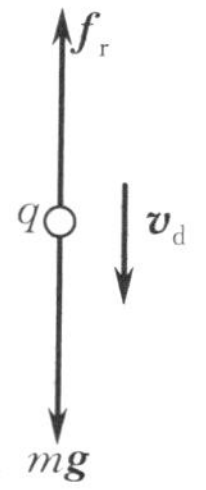

图 4-7-1　油滴受力图

油滴喷入油雾室后，因与喷嘴摩擦，一般会带有n个元电荷的电量，即$q = ne(n = 1,2,\cdots)$. 当平行极板加上电压U时，带电油滴处在静电场中，受到静电力$q\boldsymbol{E}$的作用. 当静电力与重力方向相反且使油滴加速上升时，油滴将受到向下的黏性阻力. 随着上升速度的增加，黏性阻力也增加. 一旦黏性阻力、重力与静电力平衡，油滴将以极限速度v_u匀速上升，如图 4-7-2 所示，因此有

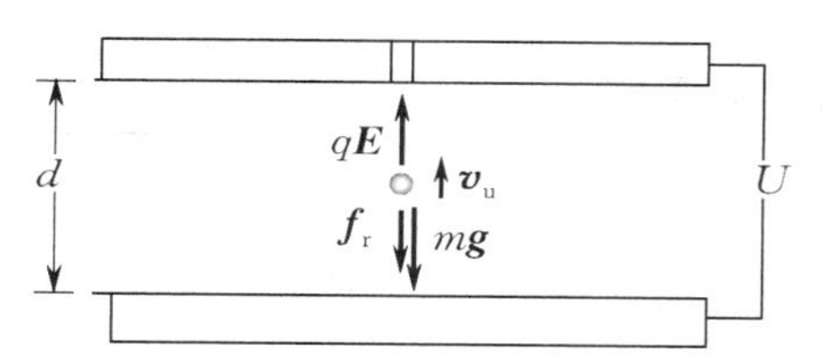

图 4-7-2　极板间油滴受力图

$$mg + 6\pi a\eta v_u = qE = q\frac{U}{d}. \qquad (4-7-2)$$

由式(4-7-1)及(4-7-2)，可得

$$q = mg\frac{d}{U}\left(\frac{v_d + v_u}{v_d}\right). \qquad (4-7-3)$$

设油滴的密度为ρ，则其质量为

$$m = \frac{4}{3}\rho\pi a^3, \qquad (4-7-4)$$

由式(4-7-1)和(4-7-4)，可得油滴的半径

$$a = \left(\frac{9\eta v_d}{2\rho g}\right)^{\frac{1}{2}}. \qquad (4-7-5)$$

考虑到油滴非常小，空气已经不能看作是连续介质，其黏性系数应修正为

$$\eta' = \frac{\eta}{1 + b/(pa)}, \qquad (4-7-6)$$

式中a因处于修正项中，不需要十分精确，按式(4-7-5)计算即可；b为修正系数；p为空气压强. 实验中使油滴匀速上升和匀速下降的距离均为l，分别测出油滴匀速上升的时间t_u和匀速下降的时间t_d，则有

$$v_u = \frac{l}{t_u}, \quad v_d = \frac{l}{t_d}. \qquad (4-7-7)$$

将式(4-7-4)～(4-7-7)代入(4-7-3)，可得

$$q = \frac{18\pi}{\sqrt{2\rho g}}\left[\frac{\eta l}{1 + \frac{b}{pa}}\right]^{\frac{3}{2}} \cdot \frac{d}{U}\left(\frac{1}{t_u} + \frac{1}{t_d}\right)\left(\frac{1}{t_d}\right)^{\frac{1}{2}}.$$

令$K = \frac{18\pi d}{\sqrt{2\rho g}}\left[\frac{\eta l}{1 + \frac{b}{pa}}\right]^{\frac{3}{2}}$，上式可写为

$$q = \frac{K}{U}\left(\frac{1}{t_u} + \frac{1}{t_d}\right)\left(\frac{1}{t_d}\right)^{\frac{1}{2}}. \qquad (4-7-8)$$

式(4-7-8)就是动态法测量油滴带电量的公式.

下面我们来推导静态法测量油滴带电量的公式.当调节平行极板之间的电压使油滴停止运动时，$v_u=0$，即 $t_u\to\infty$.由式(4-7-8)，可得

$$q=\frac{K}{U}\left(\frac{1}{t_d}\right)^{\frac{3}{2}}=\frac{18\pi}{\sqrt{2\rho g}}\left[\frac{\eta l}{t_d\left(1+\frac{b}{pa}\right)}\right]^{\frac{3}{2}}\frac{d}{U}. \tag{4-7-9}$$

式(4-7-9)便是静态法测量油滴带电量的公式(式中参数见表4-7-1和表4-7-2).为了求得元电荷，需测几个油滴的带电量 q，求其最大公约数，即为元电荷 e 的值.

值得说明的是，由于空气黏性阻力的存在，油滴先经一段变速运动后再进入匀速运动.但变速运动的时间非常短(小于0.01 s)，与仪器计时器精度相当，所以实验中可认为油滴自静止开始的运动就是匀速运动.运动的油滴加上原平衡电压时，将立即静止.

表4-7-1　式(4-7-9)中有关参数的推荐值

b/(m·Pa)	d/m	g/(m/s²)	p/Pa	η/(kg/(m·s))
8.21×10^{-3}	5.00×10^{-3} (6.00×10^{-3})	9.794	1.013×10^{5}	1.83×10^{-5}

表4-7-2　上海产中华牌701型钟表油密度随温度变化值

温度 t/℃	0	10	20	30	40
密度 ρ/(kg/m³)	991	986	981	976	971

实验仪器

FBHZ-I型密立根油滴仪，主要由油滴盒、CCD(电荷耦合元件)成像显微镜、电路箱和22 cm显示器等组成.

油滴盒的结构如图4-7-3所示，喷雾器的喷嘴伸入喷雾口9，喷出的油雾分布在油雾室1中，有少部分油滴从油雾孔10垂直下落，并经过落油孔12进入油滴盒5，CCD成像显微镜从摄像孔13将其摄下，并输入22 cm显示器，供观察测量.

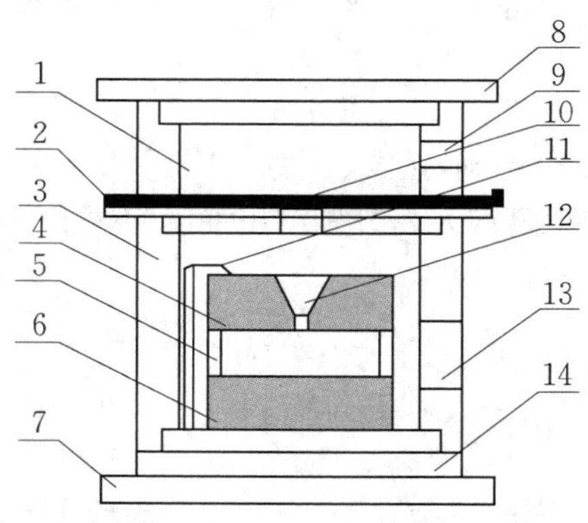

1—油雾室；2—油雾孔开关；3—防风罩；4—上电极；5—油滴盒；6—下极板；7—座架；8—上盖板；9—喷雾口；10—油雾孔；11—上电极压簧；12—落油孔；13—摄像孔；14—油滴盒基座

图4-7-3　油滴盒结构图

电路箱的面板如图4-7-4所示.

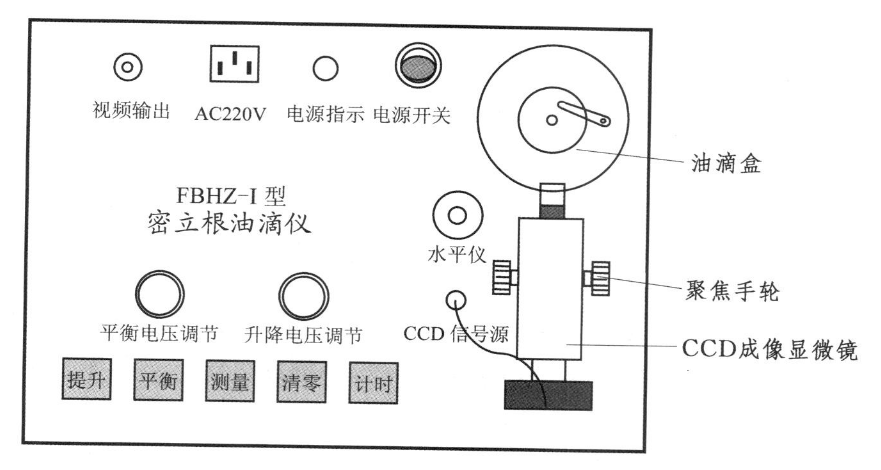

图 4-7-4　电路箱面板图

(1) 视频输出插孔. 通过此插孔可将 CCD 成像系统的信号输出至显示器.

(2) 电源开关. 拨动此开关,电源接通,电源指示灯亮,整机开始工作.

(3) 水平仪. 通过调节仪器底座的 3 个调平螺钉,使水平仪中的水泡处于中间位置,此时平行极板处于水平.

(4) 平衡电压调节旋钮. 此旋钮可调节"平衡"挡时平行极板之间所加的平衡电压. 调节范围为 DC 0 ~ 500 V.

(5) 升降电压调节旋钮. 此旋钮可调节"升降"挡时平行极板之间的升降电压的大小,控制油滴升降的速率. 调节范围大于已定平衡电压值 0 ~ 300 V.

(6) [提升] 按钮. 按下此按钮,平行极板之间为提升电压,被测油滴上升.

(7) [平衡] 按钮. 按下此按钮,平行极板之间为平衡电压,被测油滴停止运动.

(8) [测量] 按钮. 按下此按钮,平行极板之间的电压为 0 V,被测油滴开始下落.

(9) [清零] 按钮. 按下此按钮,清除内存,时间显示为"00.00".

(10) [计时] 按钮. 按下此按钮,[测量] 按钮联动,平行极板之间的电压为 0 V,被测油滴开始下落并计时,直至按下 [平衡] 按钮,油滴停止运动,计时也停止.

(11) CCD 成像显微镜. 由 CCD 摄像镜头和显微镜组成,微调显微镜的聚焦手轮可以在显示器上得到清晰的油滴像.

显示器是一个 22 cm 的电视显示器,屏幕下方有一个小盒,轻按一下盒盖就会露出 4 个调节旋钮,从左至右分别是行频、帧频、亮度、对比度调节旋钮. 显示屏上可以显示分划刻度线,它们由测量显示电路产生,并与 CCD 摄像镜头的行扫描严格同步. 用于密立根油滴实验的标准分划刻度线为 3 列 8 行的网格(因显示屏幅度小,只显出 7 格),行格数为 0.25 mm. 显示器右上角显示的数据分别为加在平行极板之间的电压值和油滴的运动时间,油滴下落的行格数乘以格值则为油滴运动的距离.

实验内容

1. 实验准备

(1) 将电路箱面板上的视频输出插孔用电缆线接至显示器背后的 INPUT 插孔上.

(2) 将显示器阻抗选择开关拨在 75 Ω 处,将电路箱的电源插孔用电源线接至 220 V 市电.

(3) 调节仪器底座的 3 个调平螺钉,使电路箱面板上水平仪中的气泡居中. 将显微镜物镜伸入摄像孔.

(4) 打开电路箱和显示器电源,5 s 后在显示器上会出现标准分划刻度线及电压、时间值.

(5) 按下[平衡]按钮,平衡电压调至 200 V.

2. 测量练习

(1) 选择油滴.

① 将喷雾器喷嘴伸进油滴盒侧面的喷雾口 9 内,按捏橡皮囊(1 ~ 2 次即可),使油雾喷入油雾室 1. 前、后微调显微镜,在显示器上看到落入油滴盒中的油滴群.

② 选择大小合适的油滴是本实验的关键. 大而亮的油滴质量大、带电量多,但下落速度快,难以控制,因而测量误差大. 太小的油滴观察困难,布朗运动明显,测量误差也大. 具体选择方法是:分别按下[提升]按钮和[测量]按钮时,观察能够控制其上、下运动的油滴,选上、下速度适中的一颗作为测量对象.

③ 将油滴移至中间某一位置,按下[平衡]按钮,仔细调节平衡电压调节旋钮,使油滴达到平衡,经一段时间观察,油滴确实不再移动了,才能认为是平衡了.

(2) 测量练习.

要测准油滴上升、下降某段距离所需的时间,一是要统一油滴到达刻度线什么位置才认为油滴已经踏线,二是观察时眼睛平视刻度线. 通过分别按下[测量]按钮和[平衡]按钮来决定计时的开始与停止,练习几次油滴下落 1 ~ 2 格距离的"动""停" 操作,要求达到熟练的程度.

3. 正式测量

实验方法有静态法、动态法和同一油滴改变电荷法,最后一种方法需要另备射线源. 本实验只要求用静态法进行测量,具体步骤如下:

(1) 按下[提升](或[测量])按钮,将已经调好平衡电压的油滴移动至第 2 条水平刻度(起点)线上.

(2) 按下[清零]按钮,使计时器处于"00.00" 状态.

(3) 按下[计时]按钮,此时[测量]按钮联动,油滴开始匀速下降,计时器开始计时.

(4) 等到油滴到达第 6 条水平刻度(终点)线时,迅速按下[平衡]按钮,油滴立即停止运动,计时也自动停止. 从显示器上记下相应的平衡电压 U、油滴下降 4 格的运动时间 t_{d}.

对同一油滴重复上述步骤 6 ~ 10 次. 每次测量都应检查和调整平衡电压,以减少因油滴挥发引起平衡电压变化而产生的系统误差.

选择 5 ~ 10 颗油滴进行测量,求得每颗油滴所带电量的平均值 $\bar{q}$.

数据处理

由于每颗油滴所带元电荷的个数不同,实验求得的带电量 q 也不同,直接求最大公约数很不方便,这里用反向验证法来计算,即将元电荷的理论值 $e = 1.602 \times 10^{-19}$ C 去除每颗油滴的带电量 q,把得到的商四舍五入取整,作为油滴所带元电荷的个数 n,再把电量 q 除以 n 求得元电荷 e 的值. 如果实验室给定值和测量值准确,计算油滴所带元电荷的个数 n 不太大时,实验结果误差很小,则可证明电荷的不连续性.

以上计算过程,可在实验室计算机备用的专用数据处理软件上进行.

注意事项

本实验仪器较精密,要求实验者一定要看懂实验原理,明确实验步骤,细心操作. 未经教师同意,

不得擅自拆卸油雾室和拨动电极压簧. 仪器的使用注意事项如下:

(1) 喷雾器中不可装油太满,淹没壶中侧弯管底部即可. 用完后一定要放入专用器皿中,以免摔坏. 使用、存放喷雾器时,喷口始终朝上,以免油流出.

(2) 若显示屏上看不到油滴(油滴盒中没有油雾),有可能是落油孔12堵塞,需进行清理.

(3) 如果仪器开机后显示屏上的字很乱或重叠,先关闭仪器电源,过一会开机即可. 如发现刻度线上下抖动,可打开显示屏下方的小盒盖,微调帧频调节旋钮.

(4) 实验过程中极性开关拨向任一极性后一般不要再动,使用最频繁的是升降电压调节旋钮、平衡电压调节旋钮、[计时]按钮和[平衡]按钮,操作一定要轻而稳,以保证油滴的正常运动. 如在使用过程中发现高压突然消失,只需关闭仪器电源半分钟后再开机就可恢复正常.

(5) 油的密度与温度有关,实验中应注意根据不同温度从表4-7-2中选取相应值. 其他数据可从表4-7-1中选取,其中极板间距 d 由所用仪器决定. 在用计算机处理数据时,应正确设置软件程序中的相关参数.

预习思考题

(1) 为了准确测量油滴匀速下落的速度 v_d,本实验采取了什么措施?

(2) 测得各油滴所带电量 $\overline{q}$,求最大公约数,用了什么简化方法?

讨论思考题

在本实验中,显示器上观测的油滴在水平方向运动,或者变模糊甚至消失的原因是什么?

拓展阅读

[1] 刘智新,李慧娟,穆秀家. 密立根油滴实验人为操作引起的误差探析[J]. 大学物理,2008,27(4):33-36.

[2] 郑立军,杨宏伟. 密立根油滴实验中油滴带电荷数的辅助分析[J]. 大学物理实验,2003,16(2):32-33.

[3] 朱世坤. 密立根油滴实验中应注意的两个问题[J]. 大学物理实验,2004,17(2):30-31,38.

4.8 光电效应及普朗克常量的测定

引言

光电效应是赫兹在1887年为验证电磁波存在时偶然发现的. 其后,许多科学家对光电效应进行了大量的研究,总结出了光电效应的一些基本实验事实,然而却无法用经典电磁理论对它做出完美的解释. 直到1905年,爱因斯坦在普朗克量子理论的基础上,大胆地提出了光量子概念,光电效应才得到了正确的理论解释. 密立根通过10年艰苦的实验研究,在1916年发表的实验论文中对爱因斯坦光电效应方程进行了全面的验证,并准确测出了普朗克常量的数值为 $h=6.56\times10^{-34}\ \mathrm{J\cdot s}$,这一数值与普朗克在1900年从黑体辐射求得的数值吻合. 两位科学家也因在光电效应等方面的杰出贡献而获得了诺贝尔物理学奖.

光电效应为量子理论提供了直观而明确的论证,两者在物理学发展史上都有重要意义. 普朗克常量是自然界中的一个重要的普适常量,利用光电效应可简单而较准确地测出. 光电效应实验有益于学习和理解量子理论.

实验目的

（1）了解光电效应的规律，加深对光的量子性的理解.

（2）测量普朗克常量 h.

实验原理

1. 光电效应

光电效应的实验原理如图 4-8-1 所示. 入射光照射到光电管阴极 K 上，产生的光电子在电场的作用下向阳极 A 迁移构成光电流，改变外加电压 U_{AK}，测量光电流 I 的大小，即可得到光电管的伏安特性曲线.

光电效应的基本实验事实如下：

（1）对于某一频率的入射光，光电管的伏安特性曲线如图 4-8-2 所示. 由图可知，对于一定的频率，有一反向电压 U_0，当 U_{AK} 等于 $-U_0$ 时，光电流为零，表明反向电压产生的电势能完全抵消了由于吸收光子而从金属表面（阴极）逸出的光电子的动能. 这个反向电压 U_0 称为截止电压.

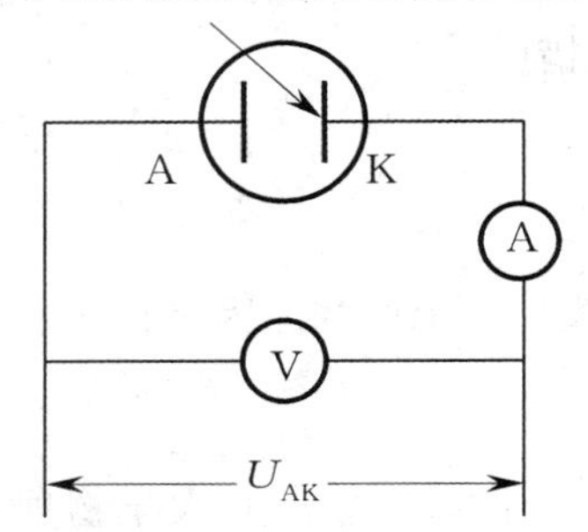

图 4-8-1　光电效应的实验原理图

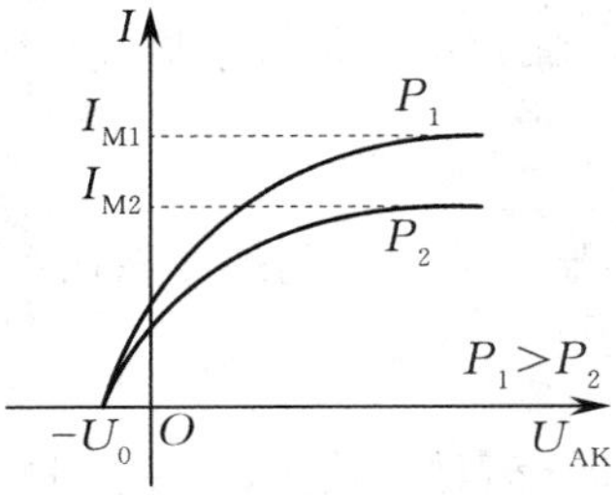

图 4-8-2　同一频率不同光强时光电管的伏安特性曲线

（2）当反向电压的值减小时，反向电压产生的电势能不足以抵消逸出光电子的动能，从而逐渐产生光电流 I. 随着正向电压的增加，I 迅速增加，然后趋于饱和，饱和光电流 I_M 的大小与入射光的强度 P 成正比，如图 4-8-2 所示.

（3）对于不同频率的光，由于它们光子的能量不同，因此产生的光电子获得的动能不同. 显然，频率越高的光子，产生的光电子的动能也越高，所以截止电压的值也越高，如图 4-8-3 所示.

（4）作截止电压 U_0 与入射光频率 ν 的关系曲线如图 4-8-4 所示，U_0 与 ν 成正比关系. 显然，当入射光频率低于某极限值 ν_0（ν_0 随不同阴极材料而异）时，不论光的强度如何，照射时间多长，都没有光电流产生.

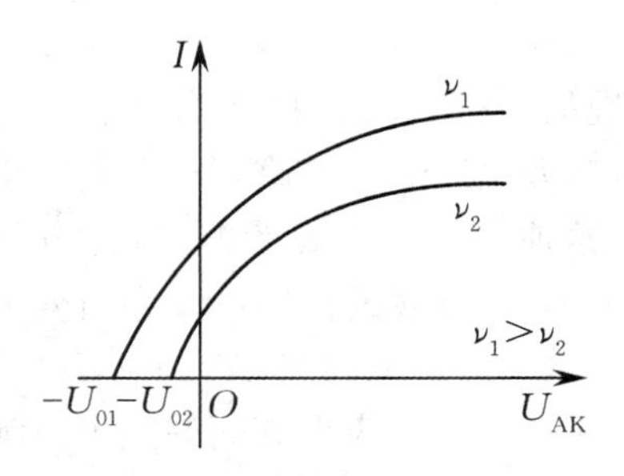

图 4-8-3　不同频率时光电管的伏安特性曲线

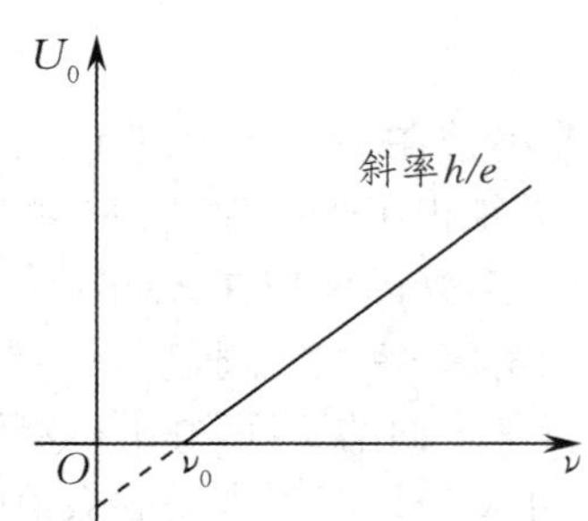

图 4-8-4　截止电压 U_0 与入射光频率 ν 的关系曲线

（5）光电效应是瞬时效应. 即使入射光的强度非常微弱，只要频率大于 ν_0，照射金属表面后立即有光电子产生，所经过的时间至多为 10^{-9} s 的数量级.

按照爱因斯坦的光量子理论，光能并不像电磁波理论所想象的那样，分布在波阵面上，而是集中在被称为光子的微粒上,但这种微粒仍然保持着频率(或波长)的概念,频率为 ν 的光子所具有的能量为 $E=h\nu$,式中 h 为普朗克常量. 当光子照射到金属表面上时,其能量被金属中的电子全部吸收,而无须积累能量的时间. 被吸收的光子能量的一部分用来克服金属表面对电子的吸引力,余下的就变为光电子离开金属表面后的动能,按照能量守恒定律,爱因斯坦提出了著名的光电效应方程:

$$h\nu=\frac{1}{2}mv_{\max}^{2}+A, \tag{4-8-1}$$

式中 A 为金属的逸出功,$\frac{1}{2}mv_{\max}^{2}$ 为光电子获得的初始动能,$v_{\max}$ 为光电子的最大速度,m 为光电子的质量.

由式(4-8-1)可知,入射到金属表面的光的频率越高,逸出的光电子的动能越大,即使阳极电势比阴极电势低(加反向电压),也会有光电子到达阳极形成光电流,直至反向电压等于截止电压,光电流才为零,此时有

$$eU_{0}=\frac{1}{2}mv_{\max}^{2}. \tag{4-8-2}$$

阳极电势高于阴极电势后(加正向电压),随着阳极电势的升高,阳极对阴极发射的光电子的收集作用越强,光电流随之上升;当阳极电势高到一定程度,就能把阴极发射的光电子全部收集到阳极;此后再增加 U_{AK},I 不再变化,光电流出现饱和.

光子的能量 $h\nu_0$ 小于金属的逸出功 A 时,电子不能脱离金属,因而没有光电流产生. 产生光电效应的最低入射光频率(截止频率)为 $\nu_0=A/h$.

将式(4-8-2)代入(4-8-1),可得

$$U_{0}=\frac{h}{e}\nu-\frac{A}{e}. \tag{4-8-3}$$

式(4-8-3)表明截止电压 U_0 是频率 ν 的线性函数,$U_0-\nu$ 直线的斜率为 $k=h/e$. 只要用实验方法得出不同的入射光频率对应的截止电压,求出 $U_0-\nu$ 直线的斜率,就可算出普朗克常量 h.

爱因斯坦的光量子理论成功地解释了光电效应.

2. 影响准确测量截止电压的因素

测量普朗克常量 h 的关键是正确地测出截止电压 U_0,但实际上由于光电管制作工艺等原因,给准确测量截止电压带来了一定的困难. 暗电流、本底电流和阳极反向电流是影响准确测量截止电压的主要因素.

(1) 在无光照时,也会产生电流,称之为暗电流. 它由两部分组成,一是阴极在常温下的热电子发射所形成的热电流,二是封闭在暗盒里的光电管在外加电压下因阴极和阳极之间的绝缘电阻漏电而产生的漏电流.

(2) 本底电流是周围杂散光进入光电管所致.

(3) 阳极反向电流是由于制作光电管时阳极上往往溅有阴极材料,所以当光照射到阳极上和杂散光漫射到阳极上时,阳极上往往有光电子发射;此外,阴极发射的光电子也可能被阳极的表面反射. 当阳极 A 为负电势,阴极 K 为正电势(加反向电压)时,对阴极 K 上发射的光电子起减速作用,而对阳极 A 发射或反射的光电子却起加速作用,使阳极 A 发射或反射的光电子到达阴极 K,形成阳极反向电流.

由于上述原因,实测的光电管伏安特性曲线与理想曲线有区别(见图 4-8-5).

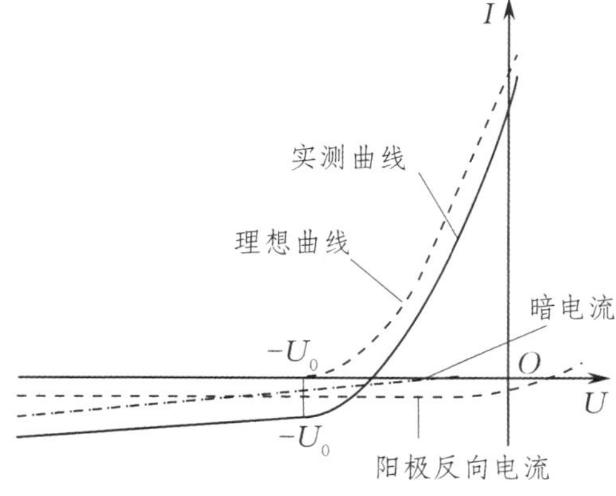

图 4-8-5　光电流曲线分析

实验仪器

汞灯及电源，滤色片，光阑，光电管，光电效应（普朗克常量）实验仪（含光电管电源和微电流放大器）. 实验仪器结构如图 4－8－6 所示，光电效应（普朗克常量）实验仪的前面板如图 4－8－7 所示.

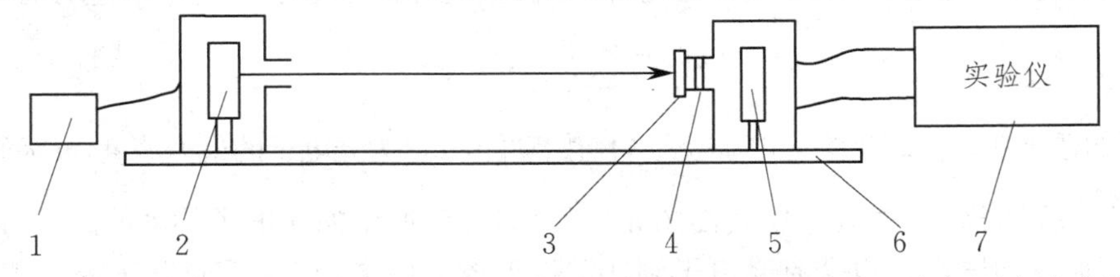

1— 汞灯电源；2— 汞灯；3— 滤色片；4— 光阑；5— 光电管；6— 基座；7— 光电效应（普朗克常量）实验仪

图 4－8－6　实验仪器结构示意图

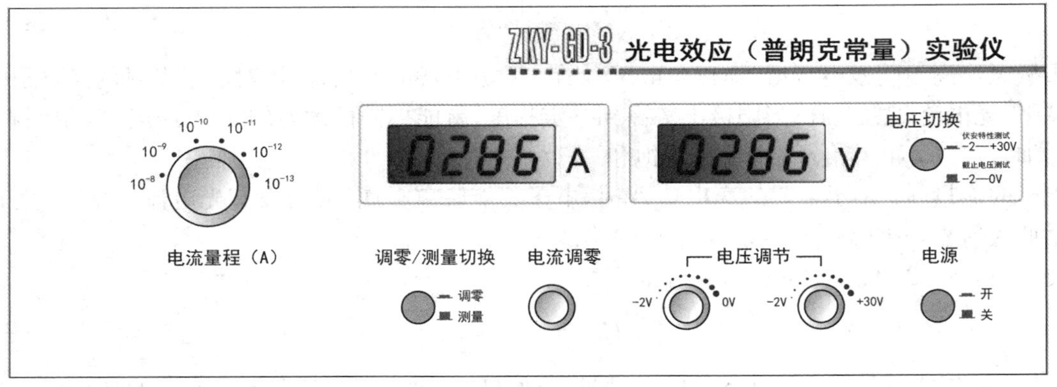

图 4－8－7　光电效应（普朗克常量）实验仪前面板示意图

汞灯：可用谱线 365.0 nm，404.7 nm，435.8 nm，546.1 nm，577.0 nm，579.0 nm.

滤色片：5 片，透射波长分别为 365.0 nm，404.7 nm，435.8 nm，546.1 nm，577.0 nm.

光阑：3 片，孔径分别为 2 mm，4 mm，8 mm.

光电管：阳极为镍圈，阴极为银－氧－钾材料，光谱响应范围为 320 ～ 700 nm.

暗电流：$I \leqslant 2 \times 10^{-13}$ A(-2 V $\leqslant U_{AK} \leqslant 0$ V).

光电管电源：2 挡，$-2 \sim 0$ V，$-2 \sim +30$ V，三位半数显，稳定度 $\leqslant 0.1\%$.

微电流放大器：6 挡，$10^{-8} \sim 10^{-13}$ A，分辨率为 10^{-13} A，三位半数显，稳定度 $\leqslant 0.2\%$.

实验内容

1. 实验准备

(1) 将光电效应（普朗克常量）实验仪（以下简称实验仪）和汞灯电源接通，预热 20 min.

(2) 把汞灯暗盒及光电管暗盒遮光盖盖上，将汞灯暗盒光输出口对准光电管暗盒光输入口，调整光电管与汞灯距离约为 40 cm 并保持不变.

(3) 用专用连接线将光电管暗盒电压输入端与实验仪电压输出端（后面板上）连接起来（红 — 红，蓝 — 蓝）. 用高频匹配电缆将光电管暗盒电流输出端 K 与实验仪微电流输入端（后面板上）连接起来.

(4) 将电流量程选择开关置于所选挡位，实验仪在充分预热后，进行调零. 调零时，将调零 / 测量切换开关切换到“调零”挡位，旋转电流调零旋钮使电流表示数为“0000”. 调零完成后，将调零 / 测量切换开关切换到“测量”挡位，就可以进行实验了.

注意,在进行每一组实验前,必须按照上面的调零方法进行调零,否则会影响实验测量精度.

2. 测量普朗克常量 h

(1) 问题讨论.

理论上,测出各频率的光照射阴极时电流为零对应的 U_{AK},其绝对值即该频率的截止电压,然而实际上由于光电管的阳极反向电流、暗电流、本底电流及极间接触电势差的影响,实测电流并非阴极电流,实测电流为零时对应的 U_{AK} 的绝对值也并非截止电压.

暗电流和本底电流是热电子发射所形成的热电流与杂散光照射光电管产生的光电流,可以在光电管制作或测量过程中采取适当措施以减小或消除它们的影响.

极间接触电势差与入射光的频率无关,只影响 U_0 的准确性,不影响 $U_0-\nu$ 直线的斜率,对测定普朗克常量 h 无影响.

此外,由于截止电压是光电流为零时对应的电压,若电流放大器灵敏度不够或稳定性不好,都会给测量带来较大的误差.本实验仪器的电流放大器灵敏度高、稳定性好.

本实验仪器采用了新型结构的光电管.由于其特殊结构使光不能直接照射到阳极,由阴极反射到阳极的光也很少,加上采用新型的阴极、阳极材料及制造工艺,使得阳极反向电流大大降低,暗电流水平也很低.

鉴于本实验仪的特点,在测量各谱线的截止电压 U_0 时,可不采用难于操作的拐点法,而用零电流法或补偿法.

拐点法是测量不同频率光照下的伏安特性曲线,通过曲线确定负值电流变化率开始明显增大的点对应的电压值,即为截止电压.

零电流法是直接将各谱线照射下测得的电流为零时对应的电压 U_{AK} 的绝对值作为截止电压 U_0.采用此方法的前提是阳极反向电流、暗电流和本底电流都很小,用零电流法测得的截止电压与真实值相差很小,且各谱线的截止电压都相差 ΔU,对 $U_0-\nu$ 直线的斜率无影响,因此对普朗克常量 h 的测量不会产生大的影响.

补偿法是调节电压 U_{AK} 使电流为零后,保持 U_{AK} 不变,遮挡汞灯光源,此时测得的电流 I_1 为电压接近截止电压时的暗电流和本底电流.重新让汞灯照射光电管,调节电压 U_{AK} 使电流值至 I_1,将此时对应的电压 U_{AK} 的绝对值作为截止电压 U_0.此方法可补偿暗电流和本底电流对测量结果的影响.

(2) 测量截止电压.

① 将电压切换按键置于"$-2\sim0$ V"挡位;将实验仪按照前面的方法调零;将孔径为4 mm的光阑及透射波长为365.0 nm的滤色片装在光电管暗盒光输入口位置.

② 从低到高调节电压,用零电流法或补偿法测量该波长的光照射时对应的截止电压 U_0,并将数据记于表4-8-1.依次换上透射波长分别为404.7 nm,435.8 nm,546.1 nm,577.0 nm的滤色片,重复以上测量步骤.

表4-8-1　测量截止电压数据记录表　　光阑孔径 $\Phi=$ ________ mm

次数 i	1	2	3	4	5
波长 λ_i/nm	365.0	404.7	435.8	546.1	577.0
频率 $\nu_i/(10^{14}\text{ Hz})$	8.214	7.408	6.879	5.490	5.196
截止电压 U_{0i}/V					

3. 测量光电管的伏安特性曲线

(1) 将电压切换按键置于"$-2\sim+30$ V"挡位;选择合适的电流量程挡位(建议选择"10^{-11} A"挡位);将实验仪按照前面的方法调零.将孔径为 $\Phi=2$ mm的光阑及透射波长为435.8 nm的滤色片装

在光电管暗盒光输入口位置. 记录入射距离 L.

(2) 从低到高调节电压，记录电流从零到非零点所对应的电压值作为第一组数据，以后电压每变化一定值记录一组数据于表 4-8-2.

(3) 换上孔径为 $\Phi = 4$ mm 的光阑及透射波长为 546.1 nm 的滤色片，重复步骤(2) 的测量.

表 4-8-2　测量光电管伏安特性曲线的数据记录表　$L =$ ________ mm

波长 435.8 nm 光阑孔径 2 mm	U_{AK}/V										
	$I/(10^{-11}$ A)										
波长 546.1 nm 光阑孔径 4 mm	U_{AK}/V										
	$I/(10^{-11}$ A)										

(4) 在 U_{AK} 为某一较大电压时(为避免所加电压过高从而加速光电管老化，建议将 U_{AK} 设为 25 V)，将电流量程选择开关置于适当挡位，将实验仪按照前面的方法调零. 在同一谱线同一入射距离 L 下，记录光阑孔径分别为 2 mm，4 mm，8 mm 时对应的电流值于表 4-8-3.

由于照到光电管上的光强与光阑面积成正比，用表 4-8-3 中的数据验证光电管的饱和光电流与入射光强成正比.

表 4-8-3　验证 I_M 与 P 的正比关系数据记录表 1

$U_{AK} =$ ________ V　$L =$ ________ mm

波长 435.8 nm	光阑孔径 Φ/mm	2	4	8
	$I/(10^{-10}$ A)			
波长 546.1 nm	光阑孔径 Φ/mm	2	4	8
	$I/(10^{-10}$ A)			

也可以在U_{AK} 为某一较大电压时，将电流量程选择开关置于适当挡位并将实验仪调零，测量并记录在同一谱线同一光阑下，光电管与汞灯在不同距离(如 300 mm，400 mm 等) 时对应的电流值于表 4-8-4，同样验证饱和光电流与入射光强成正比.

表 4-8-4　验证 I_M 与 P 的正比关系数据记录表 2

$U_{AK} =$ ________ V　$\Phi =$ ________ mm

波长 435.8 nm	入射距离 L/mm			
	$I/(10^{-10}$ A)			
波长 546.1 nm	入射距离 L/mm			
	$I/(10^{-10}$ A)			

数据处理

(1) 计算普朗克常量.

可用以下 3 种方法之一处理表 4-8-1 中的数据，得出 $U_0 - \nu$ 直线的斜率 k.

① 根据最小二乘法，$U_0 - \nu$ 直线的斜率 k 的最佳拟合值为

$$k = \frac{\bar{\nu} \cdot \overline{U_0} - \overline{\nu \cdot U_0}}{\bar{\nu}^2 - \overline{\nu^2}},$$

式中 $\bar{\nu} = \frac{1}{5}\sum_{i=1}^{5}\nu_i$ 表示频率 ν 的平均值，$\overline{\nu^2} = \frac{1}{5}\sum_{i=1}^{5}\nu_i^2$ 表示频率 ν 的平方的平均值，$\overline{U_0} = \frac{1}{5}\sum_{i=1}^{5}U_{0i}$ 表示截止电压 U_0 的平均值，$\overline{\nu \cdot U_0} = \frac{1}{5}\sum_{i=1}^{5}(\nu_i \cdot U_{0i})$ 表示频率 ν 与截止电压 U_0 的乘积的平均值.

② 根据$k=\frac{\Delta U_0}{\Delta\nu}=\frac{U_{0m}-U_{0n}}{\nu_m-\nu_n}$，可用逐差法从表4-8-1相邻4组数据中求出两个$k$，将其平均值作为所求斜率$k$的数值.

③ 可用表4-8-1中的数据在坐标纸上作U_0-ν直线，由图求出直线的斜率k.

求出U_0-ν直线的斜率k后，可用$h=ek$求出普朗克常量，并与h的公认值h_0做比较，求出相对误差(已知$e=1.602\times10^{-19}$ C，$h_0=6.626\times10^{-34}$ J·s)：

$$E=\frac{|h-h_0|}{h_0}.$$

(2) 用表4-8-2中的数据在坐标纸上作对应于表中两种波长下的光电管的伏安特性曲线.

(3) 用表4-8-3和表4-8-4中的数据，验证光电管的饱和光电流与入射光强成正比.

注意事项

(1) 在实验仪器的使用过程中，汞灯不宜直接照射光电管，也不宜长时间连续照射加有光阑和滤色片的光电管，以免损害光电管的使用寿命. 实验完成后，将光电管暗盒的光阑选择圈调整到“遮光”位置以保护光电管.

(2) 实验仪前面板上的“电流量程”是倍率.

预习思考题

(1) 当加在光电管两极之间的电压为零时，光电流却不为零，为什么？

(2) 什么是截止电压？影响准确测量截止电压的因素有哪些？

拓展训练

(1) 除了利用光电效应测量普朗克常量的方法外，还有哪些途径可以测量普朗克常量？

(2) 如何利用MATLAB处理光电效应法测量普朗克常量的实验数据？

拓展阅读

[1] 黄勇. 测普朗克常量实验数据处理[J]. 物理实验，2011，31(3)：25-28.

[2] 杨际青. 改进的光电效应测量普朗克常量外推法实验[J]. 大学物理，2003，22(12)：38-41.

[3] 穆翠玲. 光电效应实验的计算机采集与数据处理[J]. 实验室研究与探索，2010，29(8)：226-229.

附录

光电效应伏安特性曲线的说明

光电效应具有如下基本实验事实：

(1) 截止电压与入射光的频率呈线性关系，频率越高，截止电压越高.

(2) 对于同一频率的光，饱和光电流的大小与入射光强成正比，如图4-8-2所示.

(3) 对于不同频率的光，饱和光电流的大小取决于入射光强与光电管阴极材料在该频率的光谱灵敏度. 饱和光电流的大小与入射光频率无直接的必然联系.

对于光电管常用的阴极材料，365～577 nm的光谱灵敏度相差不大，作5条谱线的伏安特性曲线时，谱线位置的高低主要取决于该条谱线的入射光强.

需要说明的是，图4-8-3用于说明对于不同频率的光，截止电压不同. 图中频率高的光的饱和光电流大，是因为在用于举例的两条谱线中，频率高的谱线光强较大. 如果频率低的谱线光强较大，则频率低的光的饱和光电流会大于频率高的光的饱和光电流.

在光阑孔径大小一致时，不同波长的光强由汞灯在该波长处的相对强度及该波长滤色片的透射率共同决定. 图 4－8－8 为汞灯谱线的相对强度，表 4－8－5 为各滤色片的透射率.

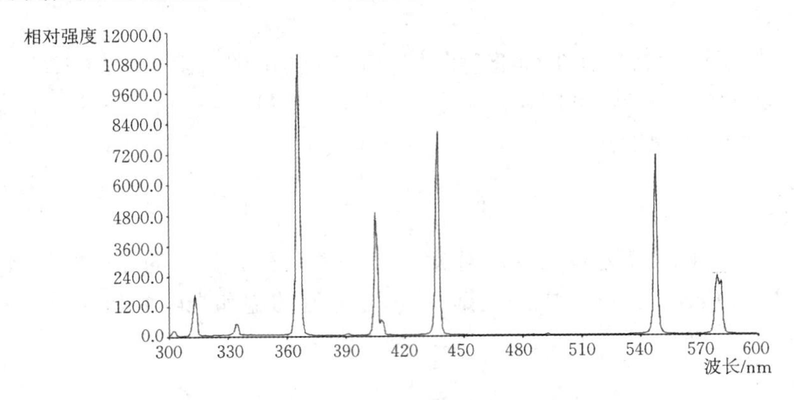

图 4－8－8　汞灯谱线的相对强度

表 4－8－5　各滤色片的透射率

滤色片的波长	365.0 nm	404.7 nm	435.8 nm	546.1 nm	577.0 nm
滤色片的透射率	35%	38%	53%	15%	20%

综合考虑汞灯谱线的相对强度和滤色片的透射率，光电管接收到的谱线强度从大到小依次是 365.0 nm，435.8 nm，404.7 nm，546.1 nm，577.0 nm. 典型情况下各谱线的伏安特性曲线的高低也依此排序.

需要说明的是，由于汞灯在生产中的差别或使用过程中条件发生改变，同一批次的各只汞灯，或同一只汞灯在使用一段时间后，光谱都可能不一样，可能导致不同频率下光电管的伏安特性曲线的高低排序发生改变.

无论各条谱线高低如何排序，只要证明饱和光电流与入射光强成正比，就与光电效应的基本实验事实相符合，而实验正好证明了这点.

4.9　弗兰克-赫兹实验

引言

弗兰克-赫兹实验是物理学史上的一个著名实验. 1913 年，玻尔发表了原子结构的量子理论. 1914 年，弗兰克和赫兹用慢电子与稀薄汞蒸气原子碰撞的方法，发现原子吸收能量是不连续的，并测定了汞原子的第一激发电势，从而直接地证明了原子能级的存在，为玻尔理论提供了实验证据. 因此，他们于 1925 年获得了诺贝尔物理学奖.

实验目的

（1）学习测定原子第一激发电势的方法.

（2）通过实验证明原子能级的存在.

（3）进一步学习示波器的使用.

实验原理

玻尔理论指出：① 原子只能较长久地停留在一些稳定状态（定态）上，这些定态的能量 $E_1, E_2, \cdots$ 是不连续的，原子状态发生改变时，只能从一个定态跃迁到另一个定态；② 原子从一个能量为 E_m 的定态跃迁到另一个能量为 E_n 的定态时，要吸收或发射一定频率（ν）的电磁辐射，电磁辐射频率的大小取决于原子所处两定态之间的能量差，且满足如下关系：

$$h\nu = E_m - E_n,$$

式中 $h = 6.63 \times 10^{-34}$ J·s 为普朗克常量.

当原子吸收或发射电磁辐射时，或当原子与其他离子发生碰撞进行能量交换时，原子状态会发生改变. 弗兰克-赫兹实验就是利用慢电子与汞原子发生碰撞，研究碰撞前后电子能量的改变，测得汞原子的第一激发电势，从而证明原子内部存在不连续的定态.

根据玻尔理论，处于基态的原子的状态发生改变时，所需能量不能小于从基态跃迁到第一激发态所需的能量(称为临界能量). 设原子基态的能量为 E_1，第一激发态的能量为 E_2，初速度为零的电子在加速电势差为 U 的加速电场作用下获得能量 eU. 当 eU 小于临界能量 $E_2 - E_1$ 时，电子与原子只能发生弹性碰撞，由于电子的质量远远小于原子的质量，电子在碰撞后几乎没有能量损失；当 eU 大于临界能量 $E_2 - E_1$ 时，电子与原子发生非弹性碰撞，原子将从电子获取大小为 $E_2 - E_1$ 的能量用于从基态到第一激发态的跃迁. 将使电子恰好具有大小为 $E_2 - E_1$ 的能量的加速电势差 U_0 定义为原子的第一激发电势(或称中肯电势)，因而有

$$eU_0 = E_2 - E_1.$$

原子处于激发态时是不稳定的，它可通过自发辐射跃迁回到基态，发射的电磁辐射的频率为

$$\nu = \frac{E_2 - E_1}{h} = \frac{eU_0}{h}.$$

弗兰克-赫兹实验的电路图如图 4-9-1 所示，在弗兰克-赫兹(F-H) 管中充有稀薄待测原子气体，阴极 K 被加热后发射电子，电子在阴极 K 与第二栅极 G2 之间的加速电压 U_{G2K}(简写为 U_{G2}) 的作用下被加速. 第一栅极 G1 的作用是消除空间电荷对阴极电子发射的影响，提高发射效率. 在第二栅极 G2 与屏极 A 之间加有反向的拒斥电压 U_{G2A}，如果电子的能量较大，它就能克服拒斥电压的作用到达屏极，形成屏极电流 I_A 并为电流计所指示，否则，就到达不了屏极 A.

实验中，采用充氩的 F-H 管测定氩原子的第一激发电势. 当加速电压 U_{G2} 逐渐增大时，可观察到屏极电流 I_A 随 U_{G2} 变化的规律，I_A-U_{G2} 关系曲线如图 4-9-2 所示，它反映了氩原子在 KG2 空间与电子进行能量交换的情况.

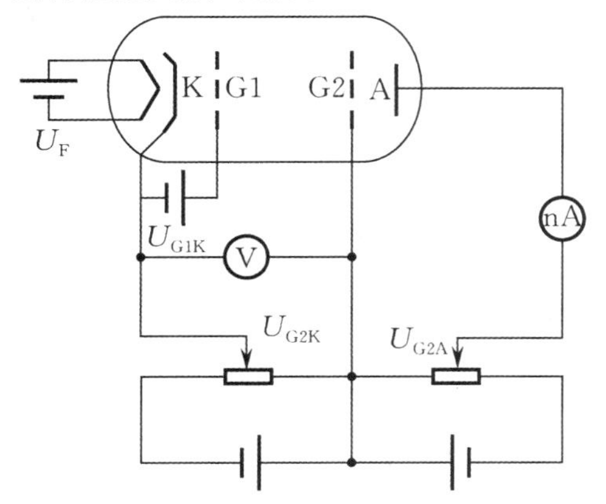

图 4-9-1 弗兰克-赫兹实验电路图

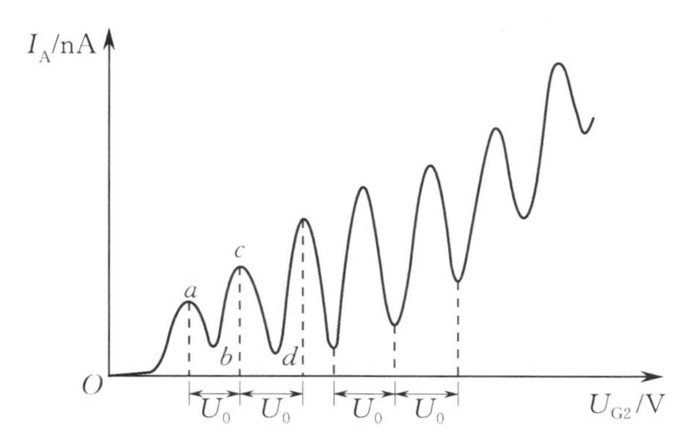

图 4-9-2 I_A-U_{G2} 关系曲线

如图 4-9-2 所示，在 U_{G2}(加速电压) $\leqslant U_{G2A}$(拒斥电压) 时，屏极电流 I_A 为零，当 $U_{G2} > U_{G2A}$(这里强调“$>$”，是考虑了发射电子需要的逸出功) 并继续增加时，屏极电流 I_A 出现并随之升高(见曲线中的 Oa 段). 当加速电压 U_{G2} 再增大到等于或大于氩原子的第一激发电势时，在第二栅极 G2 附近，由于电子与氩原子发生非弹性碰撞，几乎把全部能量都传给了氩原子并使之激发，而电子本身因损失了能量不能克服拒斥电场到达屏极，屏极电流 I_A 会显著减少，如曲线中的 ab 段. 继续增加 U_{G2}，电子能

量也随之增加，在与氩原子碰撞后仍有足够的能量克服拒斥电场到达屏极，这时屏极电流 I_A 又开始上升（见曲线中的 bc 段），直到 U_{G2} 是氩原子第一激发电势的2倍（$2U_0$）时，电子在第二栅极G2附近又会因两次与氩原子碰撞损失能量而不能克服拒斥电场的作用到达屏极，屏极电流 I_A 第二次下跌（见曲线中的 cd 段）. 同理，只要在 $U_{G2} = nU_0(n = 1,2,\cdots)$ 处，屏极电流都会减小，形成有规则起伏的 $I_A - U_{G2}$ 关系曲线. 曲线中相邻峰（或谷）所对应的加速电压之差，就是氩原子的第一激发电势 U_0. 其公认值为 $U_0 = 11.55$ V.

若在F－H管中充以汞蒸气，则可以测定汞原子的第一激发电势.

实验仪器

ZKY－FH－2型智能弗兰克-赫兹实验仪，GDS－1102A－U数字示波器（可选）. 弗兰克-赫兹实验仪的前面板如图4－9－3所示.

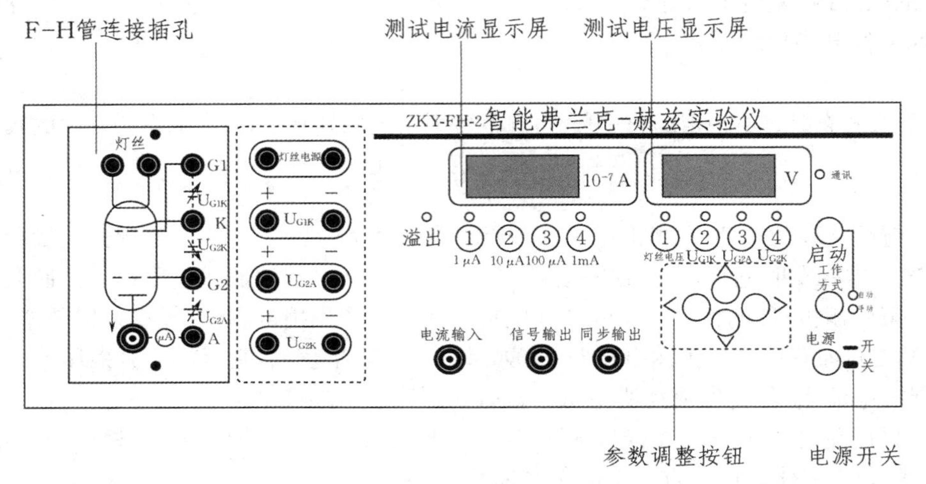

图4－9－3　弗兰克-赫兹实验仪前面板图

F－H管中的灯丝由灯丝电源提供电流，具有短路报警功能，U_{G1K}，U_{G2A} 电源具有短时间短路保护功能，无短路报警功能. 因此在实验过程中务必严格按照图4－9－4所示进行连线，经教师确认无误后再打开电源.

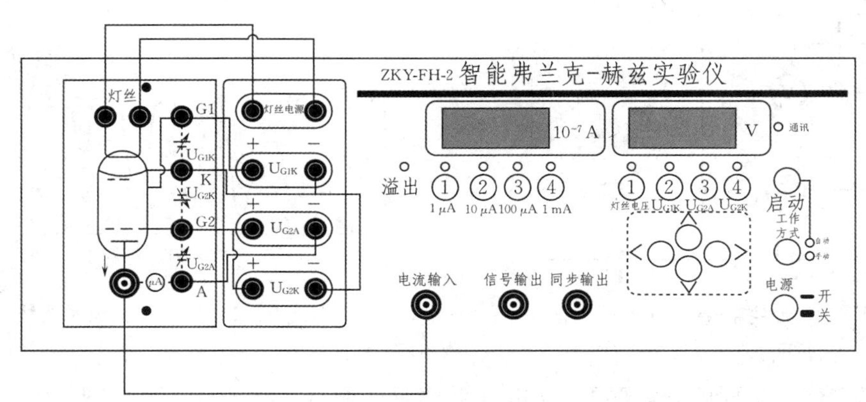

图4－9－4　弗兰克-赫兹实验仪连线示意图

实验内容

手动测量氩原子的第一激发电势.

(1) 按图 4-9-4 所示进行连线. 如果实验过程中使用数字示波器观察 F-H 管的输出信号,则可将弗兰克-赫兹实验仪的信号输出插孔连接数字示波器的 CH1 通道,实验仪的同步输出插孔连接数字示波器的“EXT TRIG”接口.

(2) 按下实验仪的电源开关打开实验仪,并预热 20 ~ 30 min.

(3) 检查实验仪开机后的初始状态(如下),确认仪器工作正常:

① 实验仪的 1 mA 电流挡位指示灯亮,测试电流显示屏的数值为“0000”.

② 实验仪的灯丝电压挡位指示灯亮,测试电压显示屏的数值为“000.0”.

③ 工作方式按钮处于“手动”模式,手动指示灯亮.

(4) 观察实验仪顶部的推荐参数设定表,按下相应的电流量程按钮,设定电流量程(一般为“10 μA”挡,以推荐参数设定表为准),此时可观察到对应量程的指示灯点亮.

(5) 根据推荐参数设定表,点击测试电压显示屏下方的电压挡位设定按钮和“↑ ↓ ←→”参数调整按钮,依次设定灯丝电压 U_F、第一加速电压 U_{G1K} 和拒斥电压 U_{G2A} 的数值(一般为$U_F = 2.0$ V, $U_{G1K} = 2.0$ V,$U_{G2A} = 10.0$ V,以推荐参数设定表为准).

(6) 在“手动”工作状态下按下启动键,并按下“U_{G2K}”挡位键.

(7) 以 0.0 V 作为起始点,通过参数调整按钮“↑”以每次 0.5 V 的步长逐步单向调节加速电压值 U_{G2K}(回调电压值可能造成较大的实验误差),观察屏极电流 I_A 的数值,当屏极电流 I_A 第一次发生变化时开始,记录每次调节过程中屏极电流 I_A 随加速电压 U_{G2K} 的变化情况,直到电压 U_{G2K} 达到 85.0 V.

(8) 按下数字示波器的自动设置按钮(Autoset),调节合适的水平 / 垂直挡位,观察数字示波器所显示的波形(若未使用数字示波器则跳过此步骤). 根据记录的数据,寻找屏极电流 I_A 随加速电压 U_{G2K} 变化过程中出现的波峰和波谷值,以及峰谷值出现时分别对应的加速电压 U_{G2K} 的大小,并记录于表 4-9-1.

表 4-9-1　波峰、波谷位置加速电压的数据记录表

次数 i	1	2	3	4	5	6
波峰 i 对应的 U_{G2K}/V						
波谷 i 对应的 U_{G2K}/V						

数据处理

使用逐差法计算氩原子第一激发电势的实验值,分析实验值与氩原子第一激发电势公认值 $U_0 = 11.55$ V 的相对误差,并将计算结果填入表 4-9-2.

表 4-9-2　数据处理记录表

	$U_{G2K(4)} - U_{G2K(1)}$	$U_{G2K(5)} - U_{G2K(2)}$	$U_{G2K(6)} - U_{G2K(3)}$
波峰逐差计算值 $3U_0$/V			
波谷逐差计算值 $3U_0$/V			
平均值 $\overline{U}_0 = \frac{1}{6}\sum_{i=1}^{6} U_{0(i)} \Big/ \text{V}$			
相对误差 $E = \frac{\lvert \overline{U}_0 - U_0 \rvert}{U_0}$			

注意事项

(1) 实验过程中如弗兰克-赫兹实验仪发出蜂鸣报警声,应第一时间关闭实验仪的电源,严格检查连线,确认无误后重新开启电源.

(2) 加速电压 U_{G2K} 的调节过程中,其数值严禁超过 85.0 V,且在完成后应立刻调低电压或者关闭电源,避免长时间高压造成 F-H 管击穿.

拓展阅读

[1] 牛中明,方基宇,王晓伟,等. 弗兰克-赫兹实验参数的确定及数据处理[J]. 赤峰学院学报(自然科学版),2019,35(4):28-30.

[2] 钮婷婷,张志华,于婷婷,等. 影响弗兰克-赫兹实验激发电位的因素探究[J]. 物理实验,2018,38(增刊):11-15,18.

[3] 刘齐斌,管冬,韩广兵. 弗兰克-赫兹实验中重复实验的数据稳定性研究[J]. 物理实验,2018,38(增刊):99-102.

4.10 晶体电光效应

引言

电光效应是指对晶体施加电场时,晶体的折射率发生变化的现象. 有些晶体内部由于自发极化存在着固有电偶极矩,当对这种晶体施加电场时,外电场使晶体中的固有电偶极矩的取向倾向于一致或某种优势取向,因此会改变晶体的折射率,即外电场使晶体的光率体发生变化. 具有电光效应的晶体材料可用于制备多种能够实现高速调谐的光通信器件,如电光调制器、光开关、波长转换器和波导光栅等,被广泛应用于激光通信、激光测距、激光显示和光学数据处理等方面.

实验目的

(1) 了解电光晶体的电光效应及电光调制器的基本原理.

(2) 掌握电光调制器的消光比和半波电压的测量方法.

(3) 观察电光调制现象.

实验原理

1. 电光效应

在外电场作用下,构成晶体的原子(或分子)的排列和它们之间的相互作用随外电场 E 的改变发生相应的变化,因而某些各向同性的晶体,在电场作用下,显示出折射率的改变. 这种由于外电场作用而引起晶体折射率改变的现象称为电光效应,能产生电光效应的晶体称为电光晶体. 电光晶体的折射率 n 和外电场 E 的关系如下:

$$\frac{1}{n^2}-\frac{1}{n_0^2}=rE+RE^2+\cdots, \tag{4-10-1}$$

式中 n_0 为电光晶体未加外电场时某一方向的折射率,r 为线性电光系数,R 为二次电光系数. 通常把电场一次项引起的电光效应叫作线性电光效应,又称泡克耳斯效应;把二次项引起的电光效应叫作二次电光效应,又称克尔效应.

目前普遍利用线性电光效应制作电光调制器，这样就不用考虑式(4-10-1)中电场E的二次项和高次项.因此，式(4-10-1)可写为

$$\Delta\left(\frac{1}{n^2}\right)=\frac{1}{n^2}-\frac{1}{n_0^2}=rE. \qquad (4-10-2)$$

利用电光效应可以控制光的强度和相位，其在光电技术中得到了广泛的应用，如激光通信、激光显示中的电光调制器、激光的Q开关、电光偏转等.

2. 电光调制

本实验中，利用铌酸锂($LiNbO_3$)晶体的线性电光效应，制成电光调制器来调制激光的光强，此过程称为振幅调制.

如图4-10-1所示，入射光经起偏器射到$LiNbO_3$晶体上，光通过晶体后由检偏器检测.起偏器的偏振化方向与X_1轴平行，检偏器的偏振化方向与X_2轴平行，入射光沿X_3轴方向传播，其中X_1轴、X_2轴、X_3轴的方向就是$LiNbO_3$晶体的三个结晶轴方向.出射光的光强(经检偏器后)将由加到$LiNbO_3$晶体上的电压来调制.

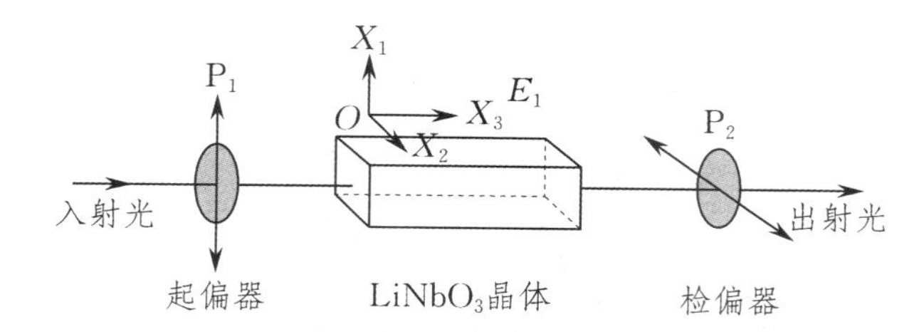

图4-10-1　电光调制原理图

(1) 光在$LiNbO_3$晶体中的传播情况.

如图4-10-1所示，入射光经起偏器P_1后，获得振动面与X_1轴平行的线偏振光，射到$LiNbO_3$晶体上，当外电场E_1加到晶体上时，产生双折射.设$LiNbO_3$晶体在X_3轴方向的长度为l，X_1轴方向的长度为d，由于电场E的数值不易测量，故实验中用垂直于E的两个晶体表面的电压($U=Ed$)来代替，则由双折射产生的两束光通过$LiNbO_3$晶体时产生的相位差为

$$\delta=\frac{2\pi}{\lambda}n_0^3 r_{22}U\frac{l}{d}, \qquad (4-10-3)$$

式中r_{22}为晶体折射率张量的一个分量.当外电场加到某一确定值时，两束光通过晶体时产生的相位差正好等于π，此时的电压称为半波电压，用U_π或$U_{\frac{\lambda}{2}}$表示.用半波电压这一概念形象地表示：加上这样的电压，电光晶体内部的两个正交分量的光程差刚好等于半个波长，相应的相位差等于π.因此，可以得到

$$U_\pi=\frac{\lambda}{2n_0^3 r_{22}}\cdot\frac{d}{l}. \qquad (4-10-4)$$

半波电压是电光调制器的一个重要参量，在实际应用中，半波电压越小越好.由式(4-10-4)可知，半波电压的大小与制成电光调制器的材料及外形尺寸有关.为获得半波电压小的电光调制器，首先要选用半波电压小的电光晶体材料，一旦材料确定以后，常用降低d/l比值来减小电光调制器的半波电压.

当半波电压确定后，可以得到由双折射产生的两束光通过电光晶体时，相位差和外加电压之间的关系为

$$\delta=\pi\cdot\frac{U}{U_\pi}. \qquad (4-10-5)$$

(2) $LiNbO_3$晶体调制器.

本实验采用$LiNbO_3$晶体调制器，使用条件是沿X_1轴加电场，沿X_3轴传播光束. 设从检偏器后得到的输出光强为I，则根据偏振光干涉的原理，可以得到输出光强I和输入光强I_0之间的关系为

$$I = I_0 \sin^2 \frac{\pi}{2U_\pi} U. \tag{4-10-6}$$

由式(4-10-6)可知，输出光强随外加电压的变化而变化，因而可以通过控制外加电压的方法来达到调制输出光强的目的.

由式(4-10-6)可得输出光强与外加电压的关系曲线，如图4-10-2所示. 从图中可以看出，当外加电压$U=0$时，输出光强最小；当$U=U_\pi$时，输出光强达到最大，从理论上讲，当$U=(2k+1)U_\pi$ $(k=0,\pm1,\pm2,\cdots)$时，输出光强应等于输入光强，即达到100%的调制，但实际上由于电光晶体的光学均匀性及加工精度，起偏器的质量与取向精度，入射光的发射角，所加电场的均匀性等因素的影响，使$U=2kU_\pi(k=0,\pm1,\pm2,\cdots)$时，输出光强不为零，而达到一个最小值$I_{min}$，当$U=(2k+1)U_\pi(k=0,\pm1,\pm2,\cdots)$时，输出光强$I\neq I_0$，而达到一个最大值$I_{max}$，在一般情况下，$I_{max}<I_0$.

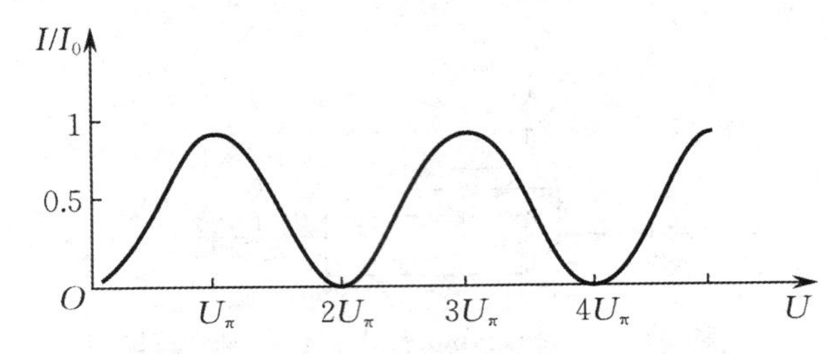

图4-10-2　输出光强随外加电压变化图

电光调制器的最大输出光强I_{max}与最小输出光强I_{min}的比值称为电光调制器的消光比，即

$$M = \frac{I_{max}}{I_{min}}. \tag{4-10-7}$$

它是衡量电光调制器质量的一个重要技术指标. 消光比越大，说明电光晶体的光学质量好，加工精度高. 一般情况下，电光调制器的消光比范围在几十到几百之间.

当施加调制电压于$LiNbO_3$晶体调制器上时，输出光强随调制电压的变化情况如图4-10-3所示. 显然，如果取调制电压为$U=U_m\sin\omega t$，则从图4-10-3中曲线所对应的情况可知，输出光强被调制的范围很小，而且发生了严重的畸变，所以应考虑加一个直流偏置电压.

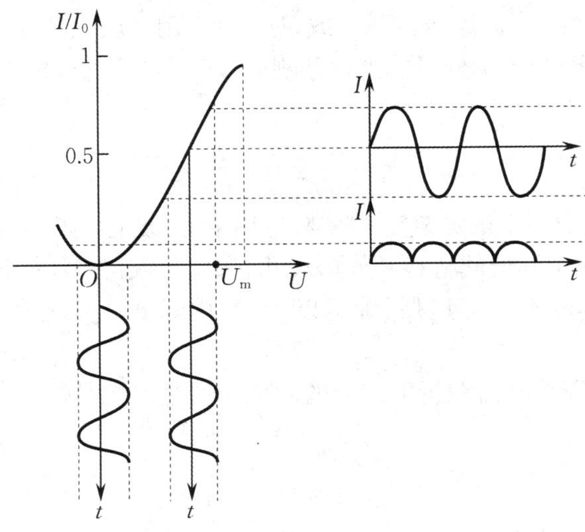

图4-10-3　$LiNbO_3$晶体调制器输出光强随调制电压的变化图

通常在 $LiNbO_3$ 晶体前(或后)放置一个 $\frac{1}{4}$ 波片,就能产生 $\frac{\pi}{2}$ 的相位差,这种方法叫作光学偏压法. 放置一个 $\frac{1}{4}$ 波片和添加直流偏压的效果是等价的,两者择其一. 选择合适的工作点不仅有助于消除畸变,而且可获得较大的光强调制度.

实验仪器

晶体电光效应实验仪,光功率计,音频转换器,高压电源,半导体激光器及电源,$LiNbO_3$ 晶体调制器,硅光电池传感器,$\frac{1}{4}$ 波片,偏振片(起偏器、检偏器),光纤,光学导轨,收音机,耳机等.

(1) 晶体电光效应实验仪的前面板如图 4-10-4 所示.

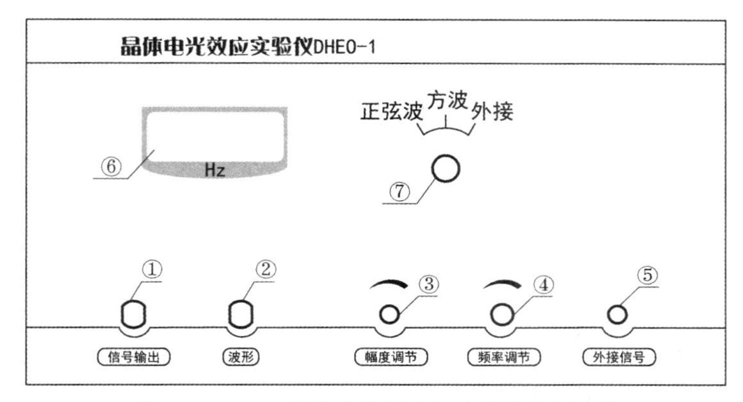

图 4-10-4　晶体电光效应实验仪的前面板图

① 交流调制信号输出接口:用于连接晶体调制器.

② 交流调制信号波形输出接口:用于连接示波器.

③ 交流调制信号幅度调节旋钮.

④ 交流调制信号频率调节旋钮(仅正弦波和方波输出时有效,频率调节范围为 100 Hz ~ 5 kHz).

⑤ 外接信号输入接口:可以连接收音机的信号输出接口,将收音机信号进行放大作为交流调制信号输出;选择外接信号时,信号选择开关 ⑦ 必须打向"外接".

⑥ 频率显示窗口(仅正弦波和方波输出时有效):为四位数显,最小分辨率为 0.01 Hz,最大量程为 10 kHz.

⑦ 信号选择开关.

(2) 光功率计的前面板如图 4-10-5 所示.

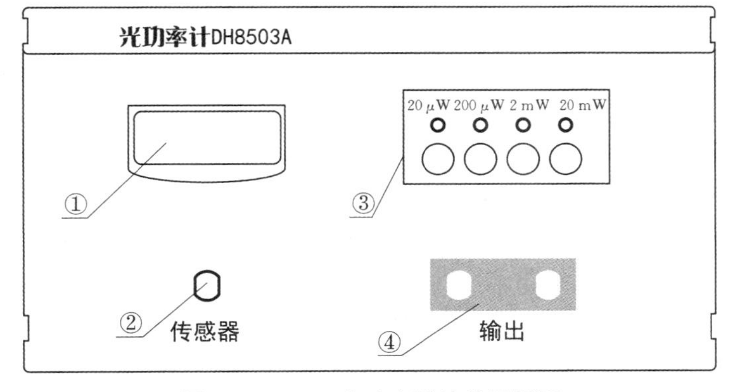

图 4-10-5　光功率计的前面板图

① 光功率显示窗口.

② 硅光电池传感器输入接口(光功率计探头).

③ 光功率计量程切换开关与指示灯(分 20 μW,200 μW,2 mW 和 20 mW 四挡,最小分辨率为 0.01 μW).

④ 信号输出接口:将硅光电池传感器接收的光信号转变为电压信号输出,接音频转换器的 ①,④.

(3) 音频转换器的接线示意图如图 4-10-6 所示. ①,④ 接光功率计的信号输出接口(红对红,黑对黑),② 接耳机正极,③ 接示波器(观察波形).

音频转换器将光功率计输出的直流电压进行隔离直流成分,当光功率计接收到变化的光信号时,输出交流电压信号.

(4) 高压电源的前面板如图 4-10-7 所示.

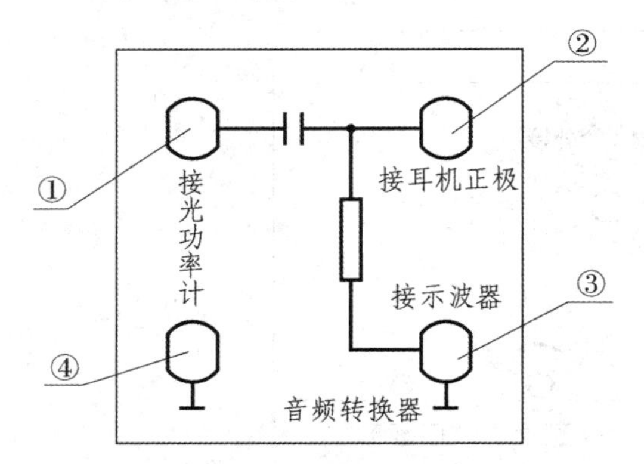

图 4-10-6 音频转换器的接线示意图

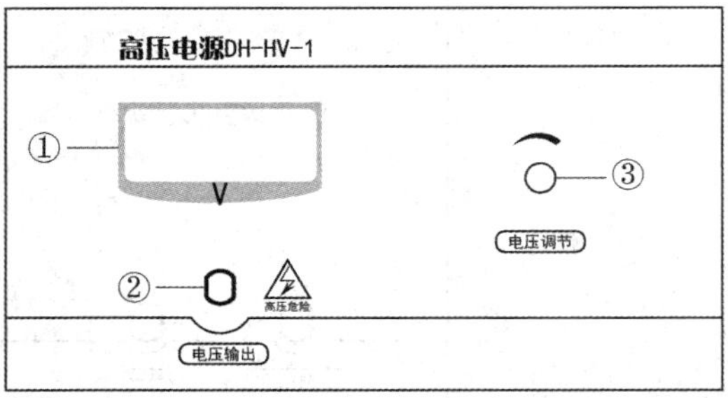

图 4-10-7 高压电源的前面板图

① 高压电源电压指示窗口:量程范围为 0 ~ 2 000 V,最小分辨率为 1 V.

② 高压输出接口.

③ 电压调节旋钮:电压调节范围为 0 ~ 650 V.

实验内容

1. 仪器放置与光路调整

(1) 检查半导体激光器与激光电源的连接,开启电源,点亮激光器.

(2) 将光学元件按图 4-10-8 所示置于光学导轨上,调整各元件的高度.

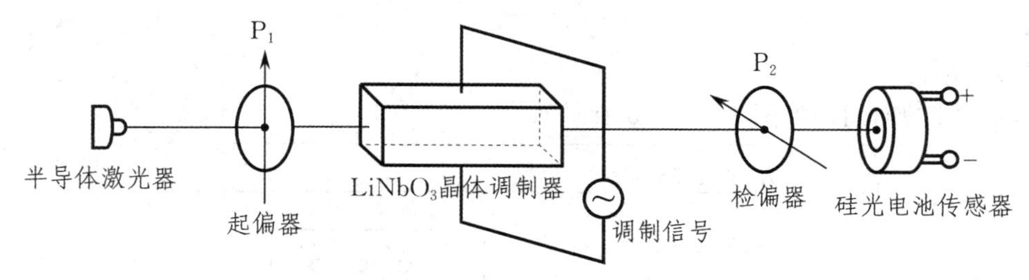

图 4-10-8 光路调整示意图

(3) 将光学导轨上的其他光学元件取下,只保留半导体激光器和硅光电池传感器. 调整激光束的位置,使之与光学导轨的中心线平行. 先将硅光电池传感器移至半导体激光器近处,调整传感器的高度和角度,使激光射入传感器前端的孔中. 再将硅光电池传感器移至光学导轨远端约 88 cm 处,调节激光器的俯仰角,使光功率计的示数最大. 安装其他光学元件时,应保证各元件表面垂直于激光束.

(4) 测量输入光强. 先使起偏器的偏振化方向平行于 X_1 轴,即调整到零位置,让检偏器的偏振化方向与起偏器的偏振化方向平行，也位于零位置．此时测得的光强就是输入光强 I_0．

（5）调节检偏器与起偏器，使其偏振化方向相互垂直，使光功率计的示数小于或等于0.001 mW．

（6）先把高压电源的电压调节旋钮逆时针旋到底，使输出最小．将高压电源的高压输出接口用专用连接线与 $LiNbO_3$ 晶体调制器连接起来，把 $LiNbO_3$ 晶体调制器置于光学导轨上．$LiNbO_3$ 晶体调制器的 X_1 轴为垂直方向，X_2 轴为水平方向，X_3 轴与激光束平行．保证激光束的入射方向与 X_3 轴平行．调节时保证激光束入射进 $LiNbO_3$ 晶体中，接着调节 $LiNbO_3$ 晶体调制器上的四颗螺钉，使得光功率计的示数达到最小．

2．测量 $LiNbO_3$ 晶体调制器的消光比和半波电压

（1）改变加在 $LiNbO_3$ 晶体调制器上的直流电压值 U，并记录光功率计对应的光强读数 I 于自拟表格中．

（2）测量最小输出光强 I_{min}、最大输出光强 I_{max} 以及对应的电压数值．重复测量3次取平均值，求消光比和半波电压．

（3）断开高压电源与 $LiNbO_3$ 晶体调制器的连接线，将晶体电光效应实验仪前面板上的交流调制信号输出接口与 $LiNbO_3$ 晶体调制器连接起来；将硅光电池传感器与光功率计前面板上的硅光电池传感器输入接口连接起来，将光功率计前面板上的信号输出接口与音频转换器的相应接口相连，将音频转换器的示波器输出接口与示波器的CH2通道连接起来；将晶体电光效应实验仪前面板上的交流调制信号波形输出接口与示波器的CH1通道连接起来，并将示波器上的触发信号调成CH1通道触发．将光功率计量程切换开关置于“20 μW”挡．观察在 $LiNbO_3$ 晶体调制器上加载交变信号时，输出光强被调制的情况．如图4－10－9所示，在检偏器 P_2 和 $LiNbO_3$ 晶体调制器之间插入1/4波片，并旋转波片，观察信号被调制的情况．

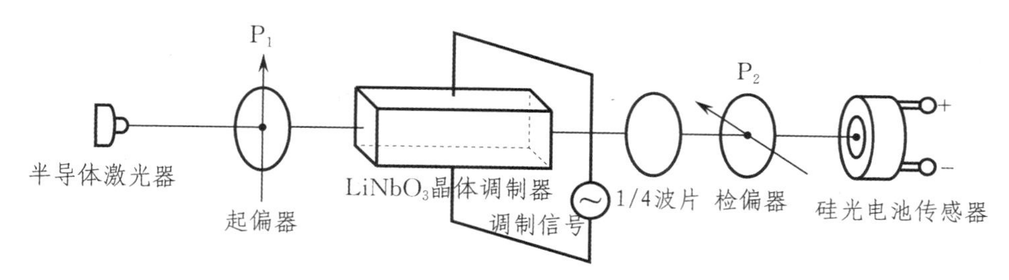

图4－10－9　观察调制信号光路示意图

3．电光调制与光纤通信实验

（1）将音频信号（来自收音机）输入到晶体电光效应实验仪前面板上的外接信号输入接口，将信号选择开关打向“外接”，并将交流调制信号输出接口与 $LiNbO_3$ 晶体调制器连接起来；将硅光电池传感器与光功率计前面板上的硅光电池传感器输入接口连接起来，将光功率计前面板上的信号输出接口与音频转换器的对应接口连接起来，音频转换器的耳机接口与耳机的一端相连，耳机另外一端与音频转换器的接光功率计接口负极相连．将光功率计量程切换开关置于“20 μW”挡．通过光学偏压调节（调节1/4波片），使晶体偏压至调制特性曲线的线性区域，适当调节调制信号幅度即可在耳机中听到声音．改变光学偏压试听音量与音质的变化．

（2）接入光纤．在检偏器和硅光电池传感器之间加入光纤座，使经过检偏器的激光入射到光纤的一端，将光纤的另一输出端调节到靠近硅光电池传感器并使激光垂直入射到传感器表面，重复上述音频信号传输实验．

数据处理

（1）根据自拟表格中的数据，绘制 $I-U$ 关系曲线；求消光比和半波电压．

(2) 画出$I/I_{max}-U$关系曲线.

(3) 本实验用的晶体,它的相位差与外加电压之间的关系为

$$\delta(U)=\pi\cdot\frac{U}{U_\pi}+\delta_0,$$

式中U_π与δ_0都与电光晶体材料及其切割方式有关,并且都是波长的函数.对于有些电光晶体,U_π,δ_0还受温度的影响.画出$\delta(U)-U$关系曲线,并求出δ_0的值.

注意事项

(1) 不要随意调换光学元件,硅光电池传感器与光功率计需配套使用.

(2) 光学元件需轻拿轻放,请勿用手触摸其光学表面.

(3) 本实验有高压装置,做实验时,一定要谨慎小心,注意安全.拔插连接线之前,应把高压电源电压调节旋钮逆时针旋到底,使输出最小.

预习思考题

(1) 试简述电光效应和电光调制的基本原理,并举例说明电光效应的实际应用.

(2) 什么是半波电压?在实际应用中,电光调制器的半波电压越大越好吗?

讨论思考题

(1) 根据实验测得的$I-U$关系曲线,简述如何选择合适的工作点进行电光调制.

(2) 在电光调制与光纤通信实验中,耳机中听到的声音的音量和音质与哪些因素有关?如何提高音质?

拓展阅读

[1] 李克武,王志斌,张瑞,等.沿光轴通光的$LiNbO_3$的横向电光调制特性[J].光学精密工程,2015,23(5):1227-1232.

[2] 邱跳文,唐芳.单向偏置电压下晶体电光效应实验的讨论[J].物理与工程,2012,22(2):61-63.

第 5 章 设计性与应用性实验

5.1 用谐振法测量电感

引言

电感器是电子电路中常用的元器件之一. 在电子制作和设计中，经常会用到不同参数的电感线圈. 用一般的多用表最小电阻挡只能测量电感器通断是否正常，电感的精确测量需要用专门的仪器仪表、电桥电路等. 谐振法测量电感是电感精确测量中较常用的一种方法. 电感器是储能元件，可利用它与电容器组成 LC 谐振电路，由于 LC 谐振电路可产生较高的谐振频率，从而可获得较高精度的电感测量值.

实验目的

(1) 认识 LC 谐振电路的谐振现象.

(2) 学会一种测量电感的方法.

实验原理

当电容器和电感器同时接入交流电路中时，会产生谐振现象，通常把这种电路称为 LC 谐振电路. 图 5-1-1(a)，(b) 分别为 LC 串联谐振电路和 LC 并联谐振电路，图中 C 为电容器的电容，L 为电感器的电感，r 为电感器的直流内阻，R 为取样电阻.

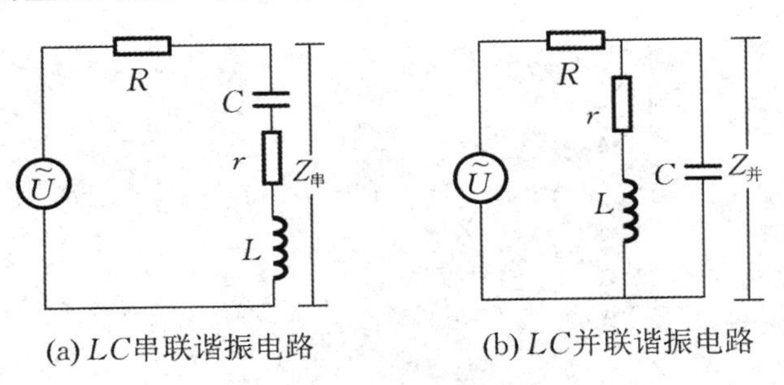

图 5-1-1　LC 谐振电路

1. 串联谐振

在图 5-1-1(a) 所示的 LC 串联谐振电路中，复阻抗可表示为

$$\widetilde{Z}_{串} = r + \mathrm{j}\left(\omega L - \frac{1}{\omega C}\right), \tag{5-1-1}$$

式中 ω 为正弦电压 U 的角频率($\omega = 2\pi f$). 阻抗之间的相位关系可用矢量图 5-1-2 表示. 由图可知，$\widetilde{Z}_{串}$ 的模为

$$Z_{串} = \sqrt{Z_r^2 + (Z_L - Z_C)^2} = \sqrt{r^2 + \left(\omega L - \frac{1}{\omega C}\right)^2}. \tag{5-1-2}$$

当 $\omega^2 = \omega_0^2 = \frac{1}{LC}$，即 $\omega_0 L = \frac{1}{\omega_0 C}$ 时，$Z_{串} = r$，LC 串联谐振电路谐振，此时阻抗最小，$Z_{串}$ 两端电压有最小值，R 上的电压 U_R，$Z_{串}$ 上的电压 $U_{Z串}$ 与电源电压 U 同相.

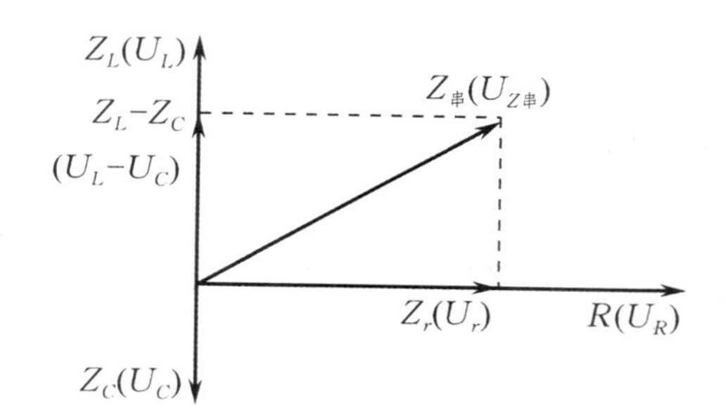

图 5-1-2 LC 串联谐振电路中阻抗之间的相位关系矢量图

2. 并联谐振

在图 5-1-1(b) 所示的 LC 并联谐振电路中,复导纳可表示为

$$\widetilde{Y}=\frac{1}{\widetilde{Z}_{并}}=\frac{1}{r+\mathrm{j}\omega L}+\frac{1}{\dfrac{1}{\mathrm{j}\omega C}}=\frac{r}{r^2+(\omega L)^2}+\mathrm{j}\left[\omega C-\frac{\omega L}{r^2+(\omega L)^2}\right]. \tag{5-1-3}$$

LC 并联谐振电路发生谐振时,复导纳的虚部应为零,即

$$\omega C-\frac{\omega L}{r^2+(\omega L)^2}=0, \tag{5-1-4}$$

解得谐振角频率为

$$\omega_0=\sqrt{\frac{1}{LC}-\left(\frac{r}{L}\right)^2}\quad\left(\sqrt{\frac{L}{C}}>r\right). \tag{5-1-5}$$

谐振时,$Z_{并}=\dfrac{r^2+(\omega_0 L)^2}{r}=\dfrac{L}{rC}$,此时阻抗最大,$Z_{并}$ 两端电压有最大值,R 上的电压 U_R,$Z_{并}$ 上的电压 $U_{Z并}$ 与电源电压 U 同相.

实际电感器的直流内阻 r 很小,接近谐振时,$\omega L\gg r$,式(5-1-3) 可写为

$$\widetilde{Y}\approx\frac{r}{(\omega L)^2}+\mathrm{j}\left(\omega C-\frac{1}{\omega L}\right). \tag{5-1-6}$$

当 $\omega^2=\omega_0^2=\dfrac{1}{LC}$,即 $\omega_0 C=\dfrac{1}{\omega_0 L}$ 时,LC 并联谐振电路谐振.

3. 谐振法测量电感

在实验中可用适当的方法测出 LC 谐振电路谐振时的频率 f_0. 在电容 C 已知的条件下,根据

$$f_0=\frac{1}{2\pi\sqrt{LC}}, \tag{5-1-7}$$

可计算出电感为

$$L=\frac{1}{(2\pi f_0)^2 C}. \tag{5-1-8}$$

实验仪器

标准电容箱(μF 级),待测电感箱(mH 级标准电感箱),电阻箱,信号发生器(内阻为50 Ω),双踪示波器.

实验要求

(1) 明确实验原理,拟定测量方案,列出实验步骤,画出实验电路图,绘制数据记录表.

(2) 根据实验室提供的元器件,选择适当的测量参数.

(3) 根据测量方案进行测量与数据处理,得出实验结果 $\overline{L}$ 及扩展不确定度 $U(L)$.

拓展阅读

[1] 宦强，王文颖，周嘉源，等. LRC 电路谐振法应用的设计性实验[J]. 物理实验，2002，22(7)：6-9.

[2] 闵安东，杨薇薇. 一种高精度电感测量方法[J]. 电子测量与仪器学报，1996，10(3)：40-45.

[3] 曾天海，徐加勤，谢路平. 用示波器粗测电容电感值[J]. 大学物理实验，1996，9(4)：26-28.

5.2 热敏电阻特性测量及应用

引言

热敏电阻是一种电阻值随温度变化的电子元件，它可以将温度直接转换为电阻值. 在工作温度范围内，其电阻值随温度升高而增加的热敏电阻称为正温度系数热敏电阻，简称 PTC 热敏电阻；反之称为负温度系数热敏电阻，简称 NTC 热敏电阻. 热敏电阻广泛应用于温度测控、现代电子仪器及家用电器（如电视机消磁电路、电子驱蚊器）中.

实验目的

(1) 了解热敏电阻的电阻-温度特性.

(2) 学会测量热敏电阻的参数.

(3) 通过制作温控开关学习热敏电阻的应用.

实验原理

NTC 热敏电阻的电阻值 R 与温度 T 的关系为

$$R = R_{25} e^{B_n\left(\frac{1}{298}-\frac{1}{T}\right)}, \qquad (5-2-1)$$

式中 R_{25} 为热敏电阻在 25 ℃ 时的电阻值，B_n 为材料常量，T 为热力学温度(单位：K).

实验中通过测定两个特定温度下热敏电阻的电阻值，确定其参数 R_{25} 与 B_n，那么通过测量某一温度下热敏电阻的电阻值，则可由式(5-2-1) 计算得出此时的温度.

实验仪器

数字多用表，保温瓶，冰块，电炉，烧杯，试管，直流稳压电源，实验电路板，集成运算放大器(LM324)，电阻及发光二极管等电子元件.

实验内容

(1) 拟订测量热敏电阻的参数 R_{25} 与 B_n 的实验方案.

(2) 利用热敏电阻测量环境温度.

(3) 用热敏电阻为测温元件，制作一个温控开关.

参考资料

集成运算放大器是一种电子元件，用来放大电压，但输出电压不大于电源电压，其表示符号如图 5-2-1 所示. 如用 A_{DV} 表示集成运算放大器的直流开环电压增益，则放大器的输出电压为

$$U_o = A_{DV}(U_+ - U_-).$$

在电子电路中，常利用集成运算放大器高电压增益的特性，将其用作电压比较器输出开关信息. 当U_+大于U_-时就输出高电平，相反则输出低电平.

LM324是一种四运算放大器，其直流开环电压增益$A_{DV} > 10^5$，最高电源电压为32 V，最高输出电压略小于电源电压，其引脚排列如图5-2-2所示.

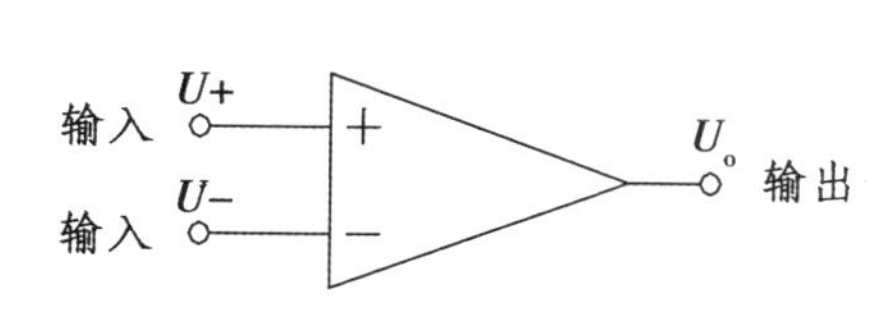

图5-2-1 集成运算放大器的表示符号

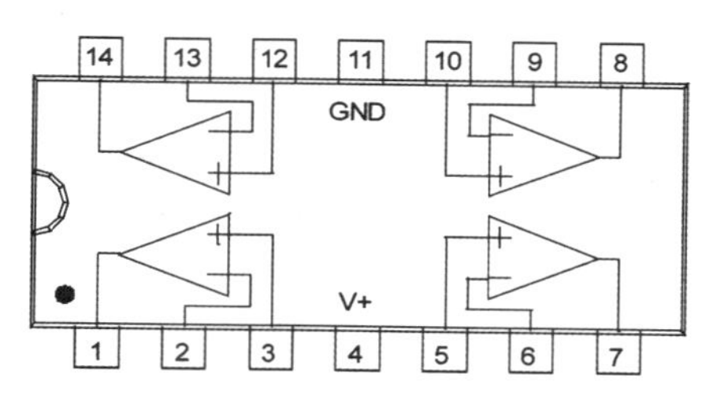

图5-2-2 LM324的引脚排列图

注意事项

LM324的引脚4须接电源正极，引脚11须接电源负极，否则该元件会被烧坏.

拓展阅读

[1] 《无线电》编辑部. 电子爱好者实用资料大全[M]. 北京：电子工业出版社，1989.

[2] 《中国集成电路大全》编写委员会. 中国集成电路大全：集成运算放大器[M]. 北京：国防工业出版社，1985.

5.3 磁耦合谐振式无线电能传输实验

引言

无线电能传输技术是一种无须导线或其他物理接触，直接将电能转换成电场、磁场、电磁波、光波、声波等形式，通过空间将能量从电源传递到负载的传输技术. 该技术现已用于电动汽车、无线家用电器、医学仪器和航空航天等领域. 根据传输特点的不同，无线电能传输技术的研究和应用主要集中在三个方向：电磁感应式、磁耦合谐振式和微波式.

本实验研究的是磁耦合谐振式无线电能传输技术，它于2007年由麻省理工学院的索尔亚契奇教授所在团队实践成功(其相关理论在2006年11月被提出). 该技术利用近场低频电磁波的共振现象，即非辐射性磁耦合谐振原理，来进行较远距离的能量传输. 作为新型无线电能传输方式，它具有中等的传输间距、低辐射性、安全性、穿透性、无方向性等特点，具有广阔的应用前景.

实验目的

(1) 掌握等效电路理论分析法，分析磁耦合谐振式无线电能传输技术的原理.

(2) 掌握磁耦合谐振式无线电能传输技术的特点(频率分裂现象等).

(3) 掌握磁耦合谐振式无线电能传输技术的影响因素(传输距离、信号频率、负载等).

实验原理

1. 磁耦合谐振式无线电能传输技术的物理基础

磁耦合谐振式无线电能传输技术利用的是近场磁耦合而非远场电磁辐射. 在辐射近场区

$\left(\text{间距小于}\frac{\lambda}{2\pi},\lambda\text{ 为电磁波的波长}\right)$，能量并不会像辐射远场区那样辐射出去，十分有利于能量的传输.

作为基本单元的谐振线圈可视为由电感和电容构成的回路，其中线圈电感对应的是磁场储能及释放，因此线圈之间传输能量的媒介是时变磁场，传输方式属于磁耦合方式. 另外，电场主要收敛在电容中，因此对人体及环境危害小、安全性高. 当两谐振线圈之间存在一定的距离时，一般情况下两者只存在弱的电磁耦合，但当两谐振线圈固有频率一致，发生谐振时，系统阻抗最小，能量耦合将得到加强. 此时若发射端谐振线圈存在稳定的电源激励，则接收端谐振线圈存在一定的损耗输出，即实现了无线电能传输. 在整个传输过程中，强调的是谐振，因此称之为磁耦合谐振无线电能传输. 它具有以下特点：

(1) 采用共振原理，在相对较远的距离仍能得到较高的效率和较大的功率；

(2) 传输媒介是时变磁场，而非电场，对人体危害小(人体是非磁性物质)；

(3) 具有良好的穿透性，传输不受空间非磁性障碍物的影响；

(4) 近场传输，能量只往有谐振对象的方向传输，对周围物体影响小；

(5) 无严格方向性，通过适当的设计甚至可以做到无方向性.

常见的磁耦合谐振式无线电能传输有两线圈和四线圈两种结构. 本实验中，选用的是最为简单的两线圈结构，如图 5－3－1 所示.

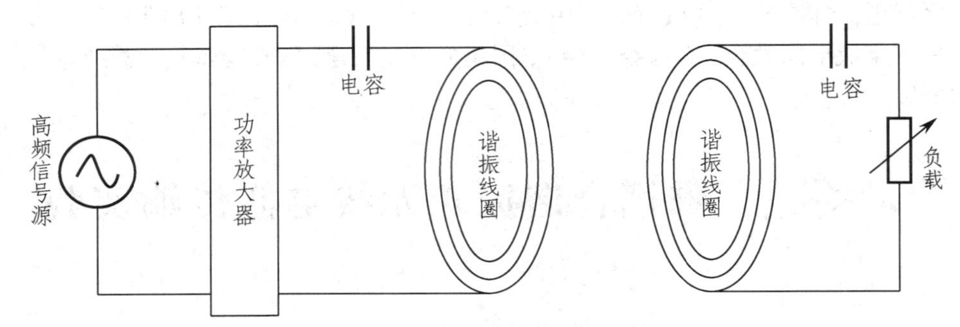

图 5－3－1　两线圈的磁耦合谐振式无线电能传输结构

不考虑功率放大器，可简单将图 5－3－1 看作由发射、接收回路组成，回路中的谐振线圈可视为电感.

磁耦合谐振式无线电能传输技术是电磁学、电力电子学、控制理论、耦合理论等多学科基础知识的综合，针对不同角度可选取不同方式对无线电能传输系统进行分析，采用适当的模型和合理、准确的分析方法是解决问题的前提. 最常用的方法是等效电路理论分析法和耦合模理论分析法，本实验主要介绍等效电路理论分析法.

2. 等效电路理论分析法及 Matlab 模拟

相对于耦合模理论分析法，等效电路理论分析法简单，便于理解，电路参数意义明确，方便建模分析. 该方法涉及谐振线圈电参数，需要确切知道谐振线圈的电阻 R、电感 L、电容 C、电路中存在的调节器件，以及谐振线圈之间的互感系数 M. 为讨论简便，在谐振频率附近(两谐振线圈的固有频率相等，信号的频率 f 等于谐振线圈的固有频率，即谐振频率 f_0)，忽略上述各个参数随频率的变化，都近似为谐振时的值，视为常量.

两线圈等效电路模型及各个参数如图 5－3－2 所示.

考虑到系统完全对称，设电源的电压为 U_S，角频率为 ω；谐振线圈的寄生电阻为 $R_{10}=R_{20}$；电感为 $L_1=L_2=L$；回路总电容为 $C_1=C_2=C$；电源内阻 R_S 等于负载电阻 R_L，谐振线圈之间的互感系数为 M，则回路固有频率有 $f_1=f_2=f_0$. 令 $R=R_L+R_{20}=R_S+R_{10}$，则两回路的阻抗为

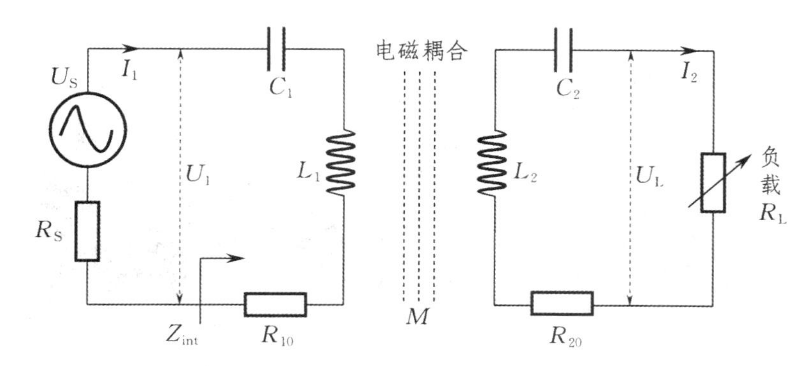

图 5-3-2　两线圈等效电路图

$$Z_1 = Z_2 = Z = R + j\omega L + \frac{1}{j\omega C}.$$

此时图 5-3-2 所示的基尔霍夫方程为

$$\begin{cases} U_S = I_1 Z - j\omega M I_2, \\ 0 = I_2 Z - j\omega M I_1. \end{cases} \tag{5-3-1}$$

方程(5-3-1) 的解为

$$\begin{cases} I_1 = \dfrac{Z}{Z^2 + (\omega M)^2} U_S = Y_1 U_S, \\ I_2 = -\dfrac{j\omega M}{Z^2 + (\omega M)^2} U_S = Y_2 U_S, \end{cases} \tag{5-3-2}$$

式中 Y 可看作电导. 当我们考虑无线传输网络的传输效率时(而非整个系统的能量利用效率),电源内阻的损耗不需要考虑,此时的网络的输入有功功率 P_{int}、输出有功功率 P_{out} 以及传输效率 τ 分别为

$$\begin{cases} P_{int} = \mathrm{Re}(U_1 \times I_1^*), \\ P_{out} = \mathrm{Re}(U_L \times I_2^*) = R_L U_S^2 |Y_2^2|, \\ \tau = \dfrac{P_{out}}{P_{int}} = \dfrac{|Y_2^2|}{|Y_1^2|} \cdot \dfrac{R_L}{\mathrm{Re}(-R_S + 1/Y_1)}, \end{cases} \tag{5-3-3}$$

式中 I^* 表示电流的共轭. 接下来使用 Matlab 对式(5-3-2) 和(5-3-3) 进行模拟,查看系统负载功率 P_L 以及传输效率 τ 的变化. 保证线圈完全对称,线圈为平面螺旋结构,其参数如表 5-3-1 所示.

表 5-3-1　某平面螺旋线圈参数

线圈外径 D_{max}	28.5 cm	等效寄生电阻 R_{10},R_{20}	0.365 Ω
平均半径 r_{avg}	12.25 cm	线圈电感 L	27 μH
匝数 N	8	谐振频率 f_0	3 MHz
电源内阻 R_S	50 Ω	负载电阻 R_L	50 Ω

谐振线圈定型后,径向间距 d、角度偏移 θ 以及水平偏移 x(见图 5-3-3) 的变化,在本质上都是耦合系数 k 的变化.

为研究最佳传输距离,仅考虑谐振线圈同轴放置($x = 0$, $\theta = 0$) 时的情形,此时线圈的耦合系数 k 可以仅看作与径向间距 d 有关,通过 Matlab 模拟后可得如图 5-3-4 所示图像.

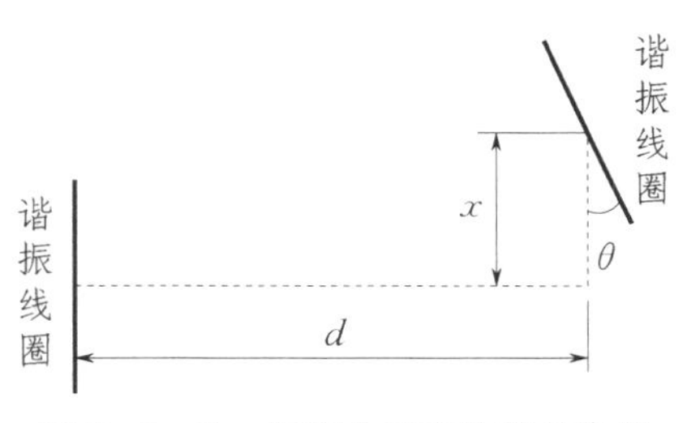

图 5-3-3　与耦合系数有关的参数

由图 5-3-4 可知,在传输系统完全对称的情况下,磁耦合谐振式无线电能传输实验可得如下结论:

(1) 当线圈径向间距 d 较大时,负载功率 P_L 与频率 f 的关系曲线为单峰,极大值对应谐振频率 f_0,且随耦合系数的减小(径向间距 d 的增大),负载功率 P_L 迅

速减小，此区域为欠耦合区域.

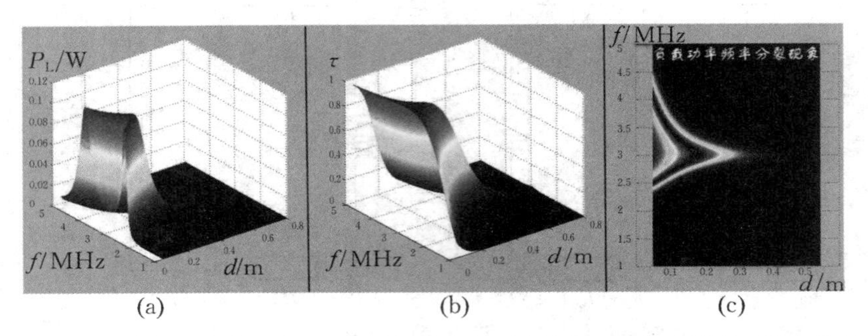

图 5-3-4　表 5-3-1 参数下负载功率 P_L 以及传输效率 τ 随频率 f 及径向间距 d 的变化(频率分裂现象)

(2) 当线圈径向间距 d 较小时，出现磁耦合谐振式无线电能传输的重要特性之一：频率分裂现象. 负载功率 P_L 随频率 f 的变化出现两个极大值和一个极小值，且在该分裂范围内，负载功率 P_L 的极大值基本不随耦合系数(径向间距) 的变化而变化，此区域为强耦合区域.

(3) 上述欠耦合区域和强耦合区域的分界点称为频率临界分裂点，其所对应的耦合系数称为临界耦合点(最佳传输距离)，该点表征能量距离的传输能力，即在尽量提高传输距离的前提下，负载功率有最大值.

(4) 系统的传输效率 τ：当耦合系数小于临界耦合点时，同频率下 τ 的大小与线圈径向间距成反比，且在谐振频率处出现极大值；当耦合系数大于或等于临界耦合点时，τ 的极大值随径向间距变化不大，出现在频率分裂范围内.

本实验重点验证和研究上述结论(1) ～ (3)，关于传输效率 τ 的结论(4) 仅在附录中对测量方法和结果加以说明，实验不做要求.

实验仪器

(1) 高频功率信号源的前面板如图 5-3-5 所示.

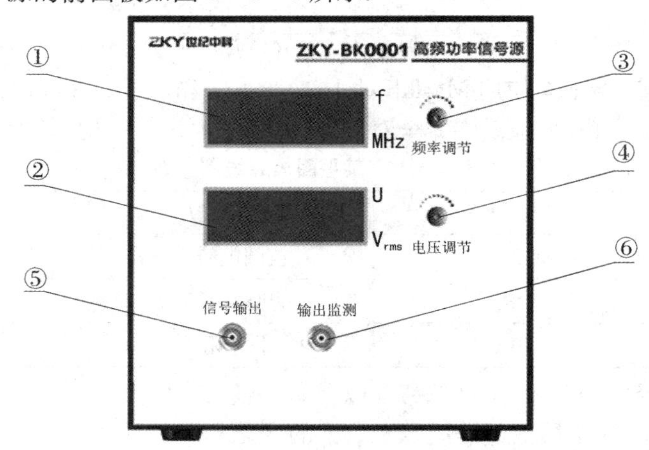

图 5-3-5　高频功率信号源的前面板

① 频率显示窗口：显示电源的驱动频率，范围为 2 ～ 4 MHz，分辨率为 0.001 MHz.

② 电压显示窗口：显示电源的驱动电压的有效值，范围为 1 ～ 10 V，分辨率为 0.01 V，稳幅输出.

③ 频率调节旋钮：用于调节电源的驱动频率.

④ 电压调节旋钮：用于调节电源的驱动电压.

⑤ 信号输出接口：用于连接发射线圈适配器，提供驱动电源.

⑥ 输出监测接口：用于连接示波器，监测高频功率信号源的输出信号.

(2) 发射线圈适配器的面板如图 5-3-6 所示.

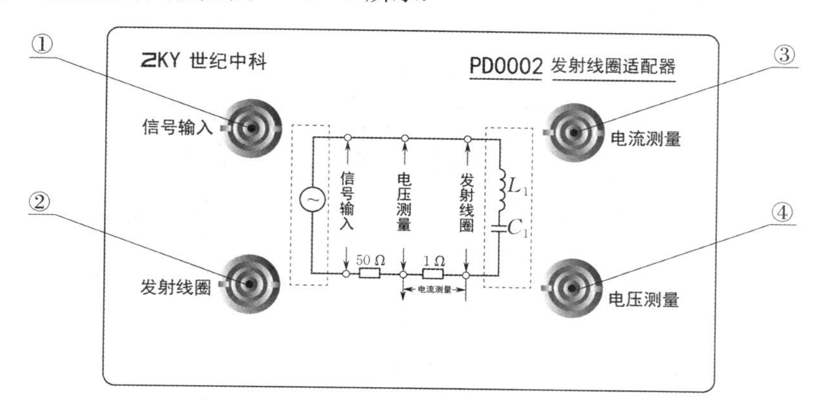

图 5-3-6　发射线圈适配器面板(标有主要部分的等效电路)

由图 5-3-6 中的电路可知,该适配器主要功能是提供 50 Ω 的电源内阻,以及 1 Ω 的电流采样电阻.

① 信号输入接口:连接高频功率信号源的信号输出接口.

② 发射线圈接口:连接发射端的谐振线圈,为线圈提供激励电源.

③ 电流测量接口(用于传输效率 τ 的测量):连接示波器测试该适配器取样电阻两端的电压(记为 U_i),此时输入电流为 $i=\dfrac{U_i}{1\ \Omega}$.

④ 电压测量接口(用于传输效率 τ 的测量):连接示波器测试发射端谐振线圈的输入电压(记为 U_v).

(3) 接收线圈适配器的面板如图 5-3-7 所示.

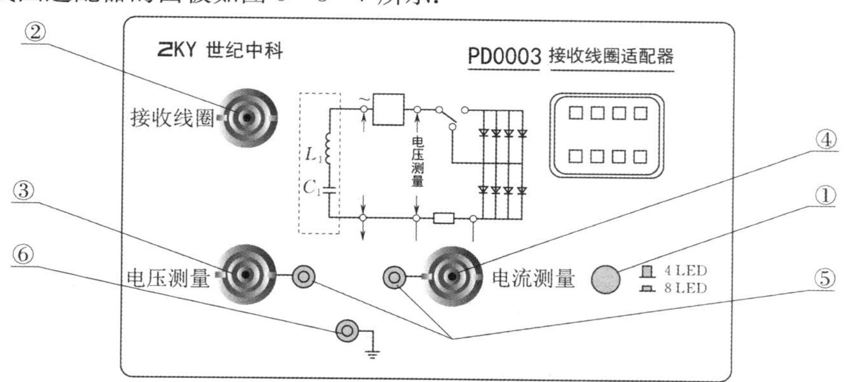

图 5-3-7　接收线圈适配器面板(标有 LED 测试电路)

由图可知,该适配器主要功能是提供 LED 负载(本实验中为实现完全对称的系统,在实验中负载由 50 Ω 匹配电阻来取代),同时根据需求可选用相关接口对 LED 工作情况进行测量.

① 4/8 LED 选择开关:可选负载为 1 个"4 并联 LED 灯",或 2 个串联的"4 并联 LED 灯",另外从电路中可知,LED 负载的驱动是经过整流滤波的.

② 接收线圈接口:连接接收端的谐振线圈,使 LED 负载接入线圈所在回路.

③ 电压测量接口:连接示波器测试 LED 负载两端的电压 U_{LED}.

④ 电流测量接口:连接示波器测试 LED 负载两端的电流 i_{LED},实际测试的是 5 Ω 采样电阻上的电压,因此实际电流为 $i_{\mathrm{LED}}=\dfrac{U_{\mathrm{LED}}}{5\ \Omega}$.

⑤ 多用表接口.

⑥ 公共接地端口.

(4) 两谐振线圈的结构均如图 5-3-8 所示，两者外观及谐振频率基本一致，封装在有机玻璃内部. 线路保护盖内部为 PCB 板，主要提供调谐电容.

图 5-3-8　谐振线圈组件

线圈的电参数为：线圈电感为 27 μH，等效串联电容为 104 pF（含调谐电容及寄生电容），谐振频率为 3 MHz，等效寄生电阻为 0.365 Ω（3 MHz 时），外接 50 Ω 电阻后线圈所在回路的品质因数 Q 为 10.2.

(5) 其他，主要包含电源线、测试用同轴线材、匹配电阻（50 Ω，可直接安装在示波器上）、数字示波器、多用表.

实验内容

1. 实验准备

为记录方便，在实验步骤及其表格中，默认符号规定如下：

R_L：负载电阻值，单位为 Ω.

d：两线圈径向间距，单位为 cm.

f：高频功率信号源的驱动频率，单位为 MHz.

U_L：负载电阻两端的电压（均方根值），单位为 V.

U_m：示波器监测得到的高频功率信号源的实际输出电压（均方根值），单位为 V.

P_L：高频功率信号源的驱动电压为 5 V 时，负载的输出功率，$P_L=\dfrac{1\,000\left(\dfrac{5U_L}{U_m}\right)^2}{R_L}$，其单位为 mW.

按图 5-3-9 所示进行连线，经教师确认无误后进行实验.

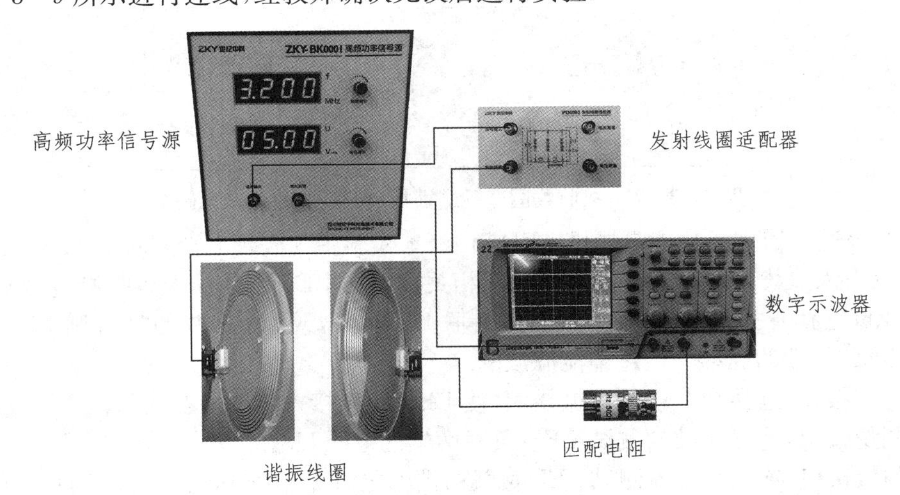

图 5-3-9　实验连线图

2. 测量远距离下负载功率 P_L 随频率 f 的变化，得到谐振频率 f_0

(1) 发射端谐振线圈位置不变，移动接收端谐振线圈使两线圈径向距离为 25 cm，打开高频功率信号源电源，调节高频功率信号源使其驱动电压为 5 V.

(2) 打开示波器电源，待启动好后点击自动设置按钮，当屏幕上出现两个正弦波信号后，点击测量按钮，确认屏幕右侧第二参数区显示的是“均方根值”.

(3) 将高频功率信号源的驱动频率调整为2.2 MHz，记录负载$R_L=50\ \Omega$两端的电压U_L(示波器通道2的均方根值)，以及高频功率信号源的实际输出电压U_m(示波器通道1的均方根值)于表5-3-2中，若均方根值跳动影响读数，可通过运行 / 停止按钮进行锁定(注意，测下一个数据前务必还原至动态).

(4) 两线圈径向距离不变，按照表5-3-2所设频率范围重复步骤(3)进行测量.

① 调节频率过程中，随时关注通道2信号的显示状态并通过通道2的两个旋钮调节至合理状态(否则所测均方根值不准确).

② 不要遗漏负载电压U_L极值点附近的数据(该范围内的频率数据在表5-3-2中需自行制定).

(5) 由U_L,U_m，根据$P_L=\dfrac{1\,000\left(\dfrac{5U_L}{U_m}\right)^2}{R_L}$计算出$P_L$并填入表5-3-2.

表5-3-2　测量远距离下负载功率随频率的变化数据记录表

线圈径向间距 d/cm	f/MHz	U_L/V	U_m/V	P_L/mW
25	2.200			
	2.500			
	2.600			
	2.700			
	2.800			
	3.200			
	3.300			
	3.400			
	3.500			
	3.800			

(6) 根据U_L极值点频率得到该系统的谐振频率f_0.

3. 测量谐振频率f_0下负载功率P_L随线圈径向间距d的变化，得到最佳传输距离(临界耦合点)

(1) 将高频功率信号源的驱动频率设置为实验内容2中得到的谐振频率f_0，驱动电压设置为5 V.

(2) 移动接收端谐振线圈使两线圈径向间距为8 cm，参考实验内容2中的方法，记录负载$R_L=50\ \Omega$两端的电压U_L和高频功率信号源的实际输出电压U_m于表5-3-3，并由U_L,U_m根据$P_L=\dfrac{1\,000\left(\dfrac{5U_L}{U_m}\right)^2}{R_L}$计算出$P_L$填入表5-3-3.

(3) 按表5-3-3中的数据依次将线圈径向间距调整为10 cm，12 cm，…，40 cm，记录U_L和U_m于表5-3-3，并计算相应P_L，也填入表5-3-3. 注意，随时关注通道2的信号显示状态并通过通道2的两个旋钮调节至合理状态.

表 5-3-3　测量谐振频率下负载功率随线圈径向间距的变化数据记录表

f/MHz	d/cm	U_L/V	U_m/V	P_L/mW
	8			
	10			
	12			
	14			
	16			
$f_0 =$ ______ MHz	18			
	20			
	24			
	28			
	34			
	40			

(4) 根据系统能量传输的谐振特性,并结合实验原理(U_L 最大值时)得到系统的最佳传输距离(临界耦合点)d_{best}.

4. 测量临界耦合点处负载功率 P_L 随频率 f 的变化,获得频率临界分裂点曲线

(1) 移动接收端谐振线圈将线圈径向间距调整为实验内容 3 中得到的最佳传输距离 d_{best},将高频功率信号源的驱动电压设置为 5 V.

(2) 将高频功率信号源的驱动频率调整为 2.2 MHz,参考实验内容 2 中的方法,记录负载 $R_L = 50\ \Omega$ 两端的电压 U_L 和高频功率信号源的实际输出电压 U_m 于表 5-3-4.

(3) 保持线圈径向间距不变,按表 5-3-4 所设频率范围重复步骤(2)的测量,注意关注通道 2 的信号显示状态,并且自定极值点附近数据.

(4) 由 U_L,U_m,根据 $P_L = \dfrac{1\,000\left(\dfrac{5U_L}{U_m}\right)^2}{R_L}$ 计算出 P_L 并填入表 5-3-4.

表 5-3-4　测量临界耦合点处负载功率随频率的变化数据记录表

线圈径向间距 d/cm	f/MHz	U_L/V	U_m/V	P_L/mW
	2.200			
	2.500			
	2.600			
	2.700			
	2.800			
$d_{best} =$ ______ cm				
	3.200			
	3.300			
	3.400			
	3.500			
	3.800			

5. 测量近距离下负载功率 P_L 随频率 f 的变化，观察频率分裂现象

(1) 移动接收端谐振线圈将线圈径向间距调整为 10 cm，将高频功率信号源的驱动电压设置为 5 V.

(2) 调整高频功率信号源的驱动频率，参考实验内容 4 中的方法和注意事项，记录负载 $R_L = 50\ \Omega$ 两端的电压 U_L 和高频功率信号源的实际输出电压 U_m 于表 5-3-5，须特别注意本实验极值区域内有两个波峰和一个波谷.

(3) 由 U_L, U_m，根据 $P_L = \dfrac{1\,000\left(\dfrac{5U_L}{U_m}\right)^2}{R_L}$ 计算出 P_L 并填入表 5-3-5.

表 5-3-5　测量近距离下负载功率随频率的变化数据记录表

线圈径向间距 d/cm	f/MHz	U_L/V	U_m/V	P_L/mW
10	2.200			
	2.400			
	2.500			
	2.600			
	2.900			
	3.100			
	3.400			
	3.500			
	3.600			
	3.800			

数据处理

(1) 根据表 5-3-2 中的数据得到线圈径向间距 25 cm 时输出功率 P_L 随频率 f 的变化曲线 P_L-f.

(2) 根据表 5-3-3 中的数据得到谐振频率 f_0 下输出功率 P_L 随线圈径向间距 d 的变化曲线 P_L-d，确认系统的欠耦合区域、临界耦合点、强耦合区域.

(3) 根据表 5-3-4 中的数据得到临界耦合点下输出功率 P_L 随频率 f 的变化曲线 P_L-f(频率临界分裂点曲线).

(4) 根据表 5-3-5 中的数据得到线圈径向间距 10 cm 时输出功率 P_L 随频率 f 的变化曲线 P_L-f，观察输出功率 P_L 的频率分裂现象.

注意,数据处理中(1),(3),(4)所得曲线需绘制在一张曲线图 P_L-f 内,便于分析系统各区域的特性.

注意事项

(1) 高频功率信号源的驱动电压请勿设置过高,不得超过 7 V.

(2) 谐振线圈有一定重量,请勿从轨道上取下以免摔坏.

(3) 示波器的操作除实验内容所要求的设置外,其他功能尽量避免使用.

预习思考题

(1) 磁耦合谐振式无线电能传输技术的特点是什么?

(2) 请简述频率分裂现象.

讨论思考题

(1) 根据实验结果,试分析负载功率、线圈径向间距、信号频率之间的关系及规律.

(2) 请列举并简述无线电能传输技术的应用实例.

拓展试验

无线电能传输的应用实验(选做).

(1) 将接收端谐振线圈的同轴线接口从示波器通道 2 口处的 50 Ω 匹配电阻上取下(匹配电阻仍留在示波器通道 2 口上),并将其接到接收线圈适配器的接收线圈接口上.

(2) 将高频功率信号源的驱动频率设置为实验内容 2 中得到的谐振频率 f_0,驱动电压设置为 7 V.

(3) 改变两线圈径向间距,自行设计并绘制表格,用多用表测量接收线圈适配器上相应接口的数据,分别测量出 4 LED 和 8 LED 情况下系统的最佳传输距离.

(4) 思考为什么最佳传输距离会发生变化,并写出结论.

附录

关于传输效率 τ 的测量和处理

1. 测量

(1) 额外使用一台数字示波器,将 CH1 和 CH2 分别与发射线圈适配器的电压测量接口和电流测量接口相连接.

(2) 在每次测量数据的同时,读取该示波器两个通道的均方根值.

(3) 在每次测量数据的同时,用该示波器读取两个通道信号之间的相位差.

相位差测量示例:当 CH1 的波形 $\tilde{U}_S$ 和 CH2 的波形 $\tilde{U}_0$ 在示波器上显示如图 5-3-10 所示时,若 $\tilde{U}_S$ 在前,则相位差为

$$\varphi_0=\varphi_0-\varphi_S=-2\pi\frac{\Delta T_1}{T}<0;$$

若 $\tilde{U}_S$ 在后,则相位差为

$$\varphi_0=\varphi_0-\varphi_S=2\pi\frac{\Delta T_1}{T}>0.$$

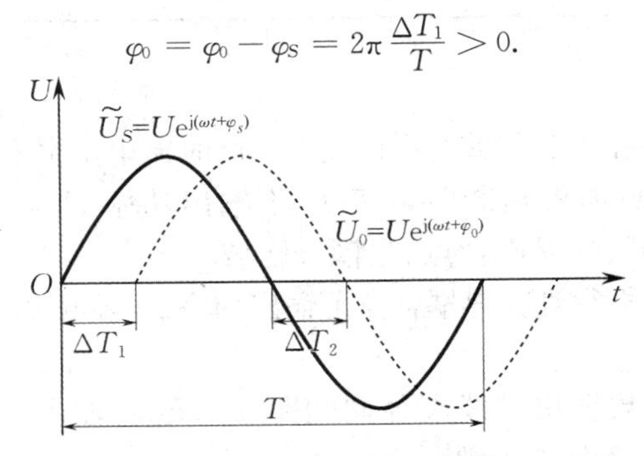

图 5-3-10 数字示波器波形显示图

为更准确地测量波形相位差，一般在示波器上显示 1～2 个周期为宜，且由于实际波形会存在失真，因此为减小实验误差，建议将上述讨论中的 ΔT_1 换为$\frac{\Delta T_1+\Delta T_2}{2}$.

2. 计算

U_v：发射线圈适配器的电压测量接口测得的输入电压(均方根值)，单位为 V.

U_i：发射线圈适配器的电流测量接口测得的采样电阻(1 Ω) 两端的电压(均方根值)，单位为 mV.

$|\Phi|$：U_v 和 U_i 相位差的绝对值，单位为 rad.

R_L：负载电阻值，单位为 Ω.

U_L：负载电阻两端的电压(均方根值)，单位为 V.

τ：传输效率，$\tau=\frac{1\ 000U_L^2}{R_LU_vU_i\cos|\Phi|}$.

3. 结论

根据某实验测得的一系列数据，作图后可得如图 5-3-11 所示曲线，当耦合系数小于临界耦合点时，传输效率 τ 整体与线圈径向间距成反比，且在谐振频率(约 3 MHz) 处出现极大值；当耦合系数大于或等于临界耦合点时，传输效率 τ 的极大值随线圈径向间距变化不大，出现在频率分叉的两个极大值范围内.

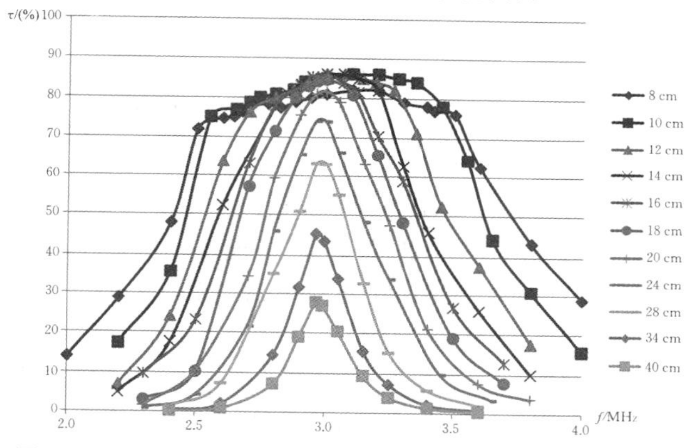

图 5-3-11　传输效率随频率和线圈径向间距的变化关系

5.4　巨磁阻效应及其应用

引言

1988 年，法国物理学家费尔在铁、铬相间的多层膜电阻中发现，微弱的磁场变化可以导致电阻大小的急剧变化，其变化的幅度比普通的磁阻效应产生的变化高十几倍，费尔把这种效应命名为巨磁阻效应. 在同一时期，德国物理学家格林贝格尔领导的研究小组在具有层间反平行磁化的铁、铬、铁三层膜结构中也发现了相同的现象. 两位科学家也因此共同获得 2007 年的诺贝尔物理学奖. 得益于巨磁阻效应在读写硬盘数据技术的应用，硬盘的容量一跃提高了几百倍. 科技促进人类进步，如今巨磁阻效应已广泛应用于各类传感器技术、磁阻存储技术等领域.

实验目的

(1) 了解巨磁阻效应的原理和相关特性.

① 学习巨磁阻效应产生的原理.

② 了解巨磁阻传感器的结构，测绘巨磁阻传感器的磁电转换特性曲线($U-B$)和磁阻特性曲线($R-B$).

(2) 通过实验了解巨磁阻效应的相关应用.

测绘巨磁阻开关传感器的磁电转换开关特性曲线、电流测量曲线($U-I$)，以及巨磁阻梯度传感器的特性曲线($U-\theta$)，了解巨磁阻效应在磁记录与读取方面的应用.

实验原理

1. 巨磁阻效应的原理

(1) 自旋散射.

根据微观电子学理论，电子在导电时并不是沿电场直线前进，而是不断和晶格中的原子产生碰撞(又称散射)，每次散射后电子都会改变运动方向，电子总的运动是电场对电子的定向加速与这种无规则散射的叠加. 电子在两次散射之间走过的平均路程称为平均自由程. 电子散射概率小，则平均自由程长、电阻率低. 由电阻定律可知，导体的电阻 R 与它的长度 l、电阻率 ρ 成正比，与它的横截面积 S 成反比，即

$$R=\rho\frac{l}{S}. \tag{5-4-1}$$

一般将电阻率 ρ 视为常量，与材料的几何尺度无关，这是忽略了边界效应的结果. 当材料的几何尺度小到纳米量级(只有几个原子的厚度)时，电子在边界上的散射概率将大大增加，就可以明显观察到随着材料厚度的减小，电阻率增加的现象.

电子除携带电荷外，还具有自旋特性，自旋方向有平行或反平行于外磁场方向两种取向. 早在 1936 年，就有理论指出，在过渡金属中，自旋方向与材料的磁场方向平行的电子，所受散射概率远大于自旋方向与材料的磁场方向反平行的电子. 总电流是两类自旋电流之和，总电阻是两类自旋电流的并联电阻，这就是所谓的两电流模型.

(2) 巨磁阻效应.

巨磁阻效应是指磁性材料的电阻率在有外磁场作用时较之无外磁场作用时存在巨大变化的现象. 它是一种量子力学效应，产生于层状的磁性薄膜结构. 这种结构是由铁磁材料薄层和非磁性材料薄层交替叠合而成，外面两层为铁磁材料，中间夹层为非磁性材料. 无外磁场时，外面两层铁磁材料的磁化方向是反平行(反铁磁)耦合的，此时载流子与自旋有关的散射最强，材料的电阻最大. 施加足够强的外磁场后，两层铁磁材料的磁化方向都与外磁场方向一致，外磁场使两层铁磁材料的磁化方向从反平行耦合变成了平行耦合，此时载流子与自旋有关的散射最小，材料有最小的电阻. 铁磁材料磁矩的方向是由加到材料的外磁场控制的，因而较小的磁场也可使材料的电阻变化较大.

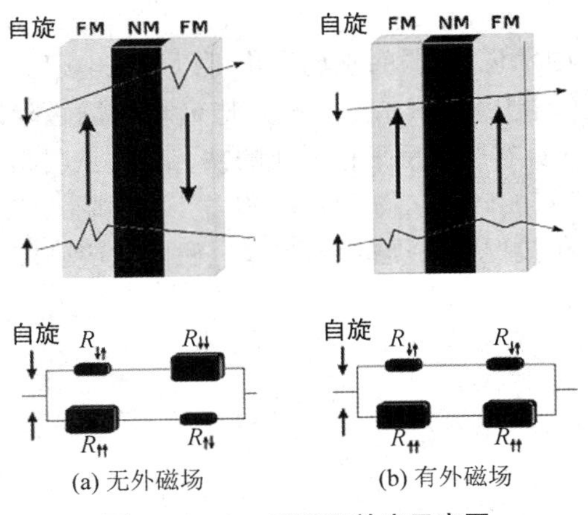

图 5-4-1　巨磁阻效应示意图

上述过程如图 5-4-1 所示，左边和右边的材料结构相同，FM(ferromagnetic) 表示铁磁材料(灰色)，NM(nonmagnetic) 表示非磁性材料(黑色)，FM 中的箭头表示磁化方向. 自旋的箭头表示通过电子的自旋方向，自旋方向与材料磁化方向相同，电子散射概率大；自旋方向与材料磁化方向相反，电子散射概率小.

图 5-4-1(a) 所示的结构处于无外磁场环境中，两层铁磁材料的磁化方向相反. 当一束自旋方向与第一层铁磁材料磁化方向相反的电子通过时，电子较容易通过第一层铁磁材料，此层铁磁材料呈现小电阻；但较难通过第二层铁磁材料，此层铁磁材料呈现大电阻. 当一束

自旋方向与第一层铁磁材料磁化方向相同的电子通过时，电子较难通过第一层铁磁材料，此层铁磁材料呈现大电阻；但较容易通过第二层铁磁材料，此层铁磁材料呈现小电阻. 等效电路图相当于两个电阻值大小相同的电阻并联.

而图5-4-1(b)的结构处于有外磁场的环境中，两层铁磁材料受外磁场作用磁化方向相同. 当一束自旋方向与铁磁材料磁化方向都相反的电子通过时，电子较容易通过两层铁磁材料，两层铁磁材料都呈现小电阻. 当一束自旋方向与铁磁材料磁化方向都相同的电子通过时，电子较难通过两层铁磁材料，两层铁磁材料都呈现大电阻. 等效电路图相当于小电阻和大电阻并联.

显而易见，图5-4-1(b)的并联电阻比图5-4-1(a)的并联电阻要小. 因而得出结论：随外磁场变大，磁阻是变小的.

图5-4-2为某巨磁材料的磁阻特性曲线，无论磁场方向如何，随着外磁场的增大，磁阻减小. 需要注意的是，图中所示的不重合的两条曲线，分别对应磁场增大和磁场减小，这是由于铁磁材料都具有磁滞特性.

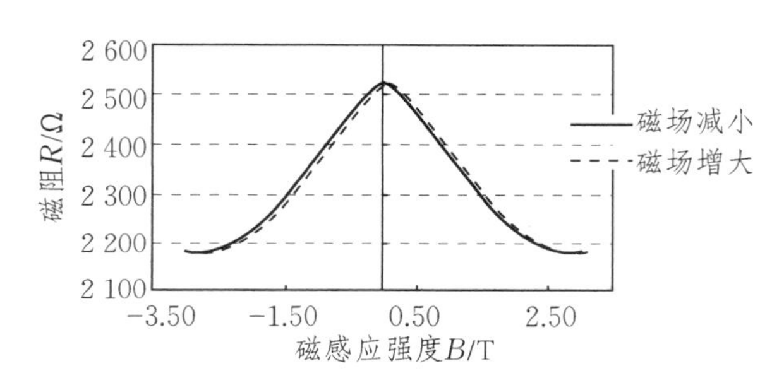

图5-4-2　巨磁材料的磁阻特性曲线

2. 巨磁阻传感器

利用巨磁阻原理可制成巨磁阻传感器. 为了消除温度变化等环境因素对传感器输出稳定性的影响，增加传感器的灵敏度，一般采用4个相同的巨磁电阻的桥式结构(见图5-4-3).

对于这种结构，如果4个巨磁电阻对磁场的响应完全同步，就不会有信号输出. 因此将处在电桥对角位置的2个巨磁电阻R_3，R_4覆盖一层高磁导率材料(如坡莫合金)，以屏蔽外磁场对它们的影响(但在测量巨磁阻梯度传感器的特性中不屏蔽)，而R_1，R_2的电阻值随外磁场改变. 设无外磁场时，4个巨磁电阻的电阻值均为R，R_1，R_2在外磁场作用下电阻减小ΔR，输入电压为U_{IN}，简单分析表明，输出电压为

$$U_{OUT}=\frac{U_{IN}\Delta R}{2R-\Delta R}. \qquad (5-4-2)$$

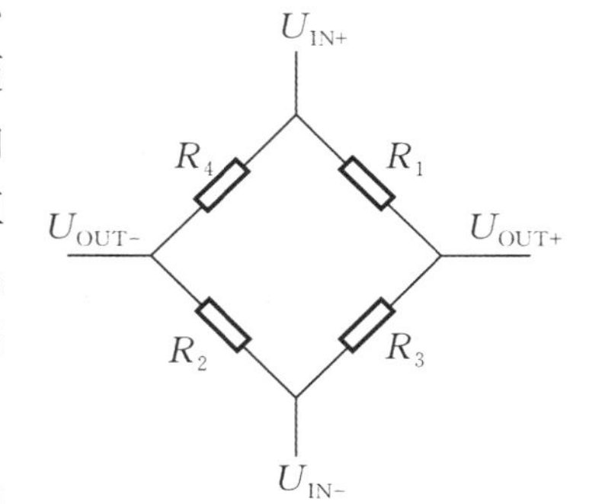

图5-4-3　巨磁阻传感器桥式结构电路图

实验仪器

巨磁阻效应及应用实验仪和相关组件如图5-4-4所示.

(1) 巨磁阻效应及应用实验仪(以下简称实验仪).

电流表：作为一个独立的电流表使用，具有2 mA和200 mA两种挡位.

电压表：作为一个独立的电压表使用，具有2 V和200 mV两种挡位.

恒流源：可变恒流源.

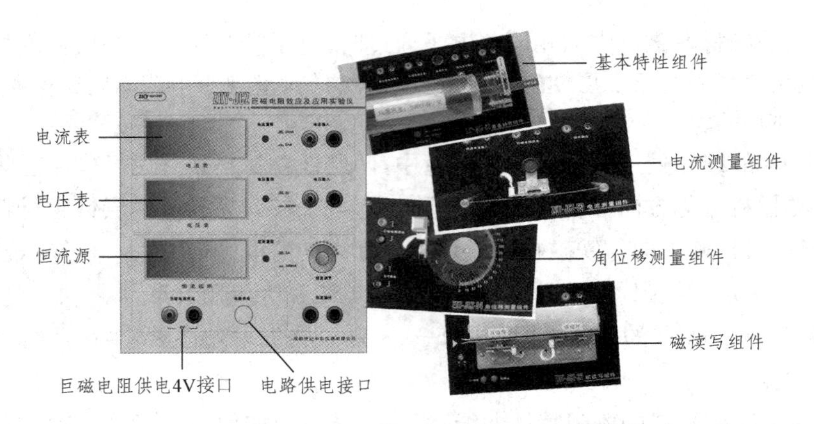

图 5-4-4　巨磁阻效应及应用实验仪和相关组件

实验仪还提供各组件巨磁阻传感器工作所需的 4 V 电源和某些组件电路供电所需的 ±8 V 电源.

(2) 基本特性组件.

由巨磁阻传感器、螺线管线圈和比较电路组成,用于测量巨磁阻传感器的磁电转换特性和磁阻特性.

(3) 电流测量组件.

将导线置于巨磁阻传感器近旁,用巨磁阻传感器可测量导线通过不同大小的电流时导线周围的磁场变化.

(4) 角位移测量组件.

用巨磁阻梯度传感器作为传感元件,铁磁性齿轮转动时,齿牙干扰了巨磁阻梯度传感器上偏置磁场的分布,每转过一齿,就输出类似正弦波一个周期的波形.

(5) 磁读写组件.

用于演示磁记录与读出的原理.将磁卡作为记录介质,可通过写磁头写入数据,又可通过巨磁阻传感器将写入的数据读出来.

实验内容

1. 测量巨磁电阻的磁电转换特性及其开关特性

该实验用到实验仪和基本特性组件.

(1) 测量巨磁阻传感器的磁电转换特性.

如图 5-4-5 所示,将巨磁阻传感器置于螺线管磁场中.实验步骤如下:

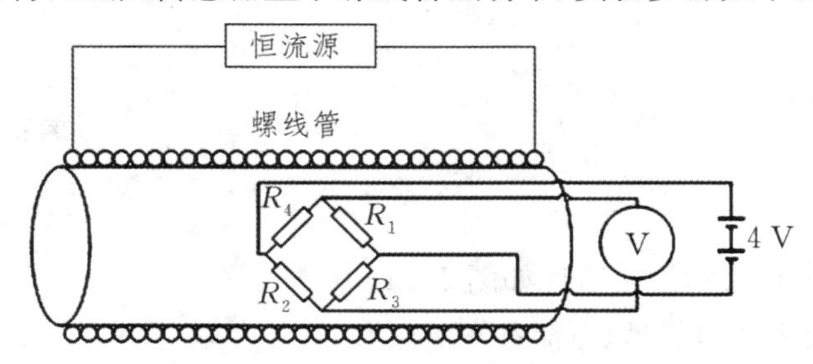

图 5-4-5　巨磁阻传感器磁电转换特性实验原理图

① 将实验仪上的功能切换按钮切换至“传感器测量”,巨磁电阻供电 4 V 接口接至基本特性组件的巨磁电阻供电接口,恒流源输出接口接至基本特性组件的螺线管电流输入接口,电压表接至基本特

性组件的模拟信号输出接口.

② 按表 5-4-1 的“励磁电流 I”列的数据来调节恒流源旋钮. 先从 100 mA 的数值开始，逆时针调节恒流源旋钮以减小励磁电流，记录相应的电压表数据于表 5-4-1 的“磁场减小”列. 由于恒流源本身不能提供负向电流，当励磁电流减至 0 后，交换励磁电流接线柱的极性使电流反向，然后顺时针调节恒流源旋钮以增大励磁电流，此时励磁电流(磁场)方向为负. 注意，在励磁电流反向的小范围区域内，需找到输出电压最小时的励磁电流值，并将此时的电压和电流均记入表 5-4-1.

③ 按步骤②记录完数据后，仿照步骤②从 100 mA(实际为 −100 mA)的数值开始，调节恒流源旋钮改变励磁电流，记录相应的电压表数据于表 5-4-1 的“磁场增大”列.

表 5-4-1　测量巨磁阻传感器的磁电转换特性数据记录表

磁场减小			磁场增大		
励磁电流 I /mA	磁感应强度 B /T	输出电压 U /mV	励磁电流 I /mA	磁感应强度 B /T	输出电压 U /mV
100			−100		
80			−80		
60			−60		
40			−40		
20			−20		
10			−10		
−10			10		
−20			20		
−40			40		
−60			60		
−80			80		
−100			100		

(2) 测量巨磁阻开关传感器的磁电转换开关特性.

将巨磁阻传感器(GMR 电桥)与比较电路、晶体管放大电路集成在一起，即可构成巨磁阻开关传感器，其结构如图 5-4-6 所示.

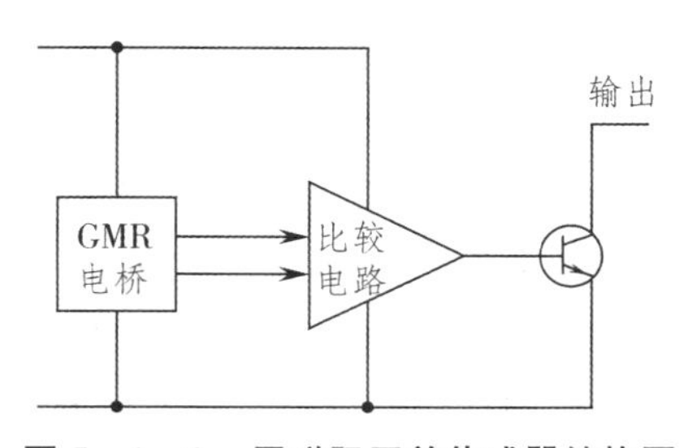

图 5-4-6　巨磁阻开关传感器结构图

该实验用到实验仪和基本特性组件. 实验步骤如下：

① 将实验仪的电路供电接口接至基本特性组件对应的电路供电插孔，电压表接至基本特性组件的开关信号输出接口，其他接线与实验(1)一致.

② 先记录表 5-4-2 的“磁场减小”列的数据. 从 30 mA 的数值开始，逆时针调节恒流源旋钮以减小励磁电流，当电压表示数从 1(高电平)转变为 −1(低电平)时记录相应的临界电流值；当励磁电流

减至 0 后，交换励磁电流接线柱的极性使电流反向，然后顺时针调节恒流源旋钮以增大励磁电流，当电压表示数从 −1(低电平) 转变为 1(高电平) 时记录相应的临界电流值.

③ 按步骤 ② 记录完数据后，仿照步骤 ② 从 30 mA(实际为 −30 mA) 的数值开始，调节恒流源旋钮改变励磁电流，记录相应的临界电流值于表 5-4-2 的“磁场增大”列.

表 5-4-2　测量巨磁阻开关传感器的磁电转换开关特性数据记录表

磁场减小			磁场增大		
励磁电流 I/mA	电压表显示	电平	励磁电流 I/mA	电压表显示	电平
30	1	高	−30	1	高
临界值：	1 变 −1	高变低	临界值：	1 变 −1	高变低
0	−1	低	0	−1	低
临界值：	−1 变 1	低变高	临界值：	−1 变 1	低变高
−30	1	高	30	1	高

2. 测量巨磁阻传感器的磁阻特性

该实验用到实验仪和基本特性组件.

如图 5-4-7 所示，将被磁屏蔽的 2 个巨磁电阻 R_3，R_4 短路，而 R_1，R_2 并联. 将电流表串联进电路中，测量不同磁场时回路中电流的大小，就可计算磁阻.

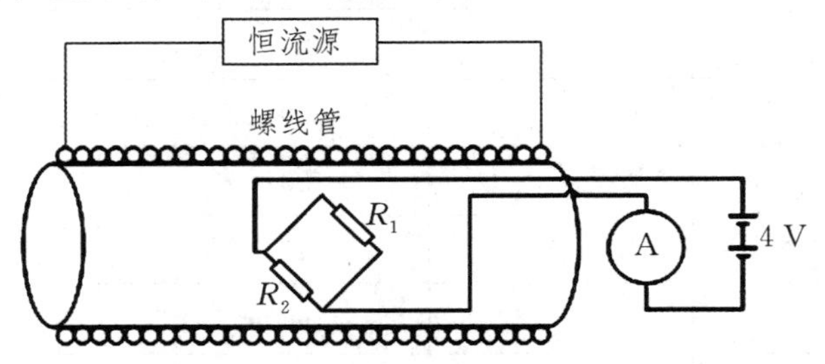

图 5-4-7　巨磁阻传感器磁阻特性实验原理图

实验步骤如下：

① 将实验仪上的功能切换按钮切换至“巨磁阻测量”，电流表串联进巨磁阻供电电路(实验仪的巨磁电阻供电 4 V 接口的正极接至基本特性组件的巨磁电阻供电接口的正极，而基本特性组件的巨磁电阻供电接口的负极接至实验仪电流表的正极，电流表的负极接至实验仪的巨磁电阻供电 4 V 接口的负极)，恒流源输出接口接至基本特性组件的螺线管电流输入接口.

② 按表 5-4-3 的“励磁电流 I”列的数据来调节恒流源旋钮，记录相应的电流表数据(磁阻电流)于表 5-4-3. 操作方法与实验内容 1 中的(1)一致. 注意在励磁电流反向的小范围区域内，需找到磁阻电流最小时的励磁电流值，并将此时的两个电流均记入表 5-4-3.

表 5-4-3　测量巨磁阻传感器磁阻特性的数据记录表

磁场减小				磁场增大			
励磁电流 I /mA	磁感应强度 B /T	磁阻电流 I_R /mA	磁阻 R /Ω	励磁电流 I /mA	磁感应强度 B /T	磁阻电流 I_R /mA	磁阻 R /Ω
100				−100			
80				−80			
60				−60			
40				−40			
20				−20			
10				−10			
−10				10			
−20				20			
−40				40			
−60				60			
−80				80			
−100				100			

3. 利用巨磁阻传感器测量电流

该实验用到实验仪和电流测量组件.

通电直导线在周围空间某位置产生的磁感应强度与电流成正比,利用此原理,巨磁阻传感器可测量电流. 如图 5-4-8 所示,将巨磁阻传感器靠近导线一侧来测量导线电流与巨磁阻传感器输出电压的关系. 在实验中,为了使巨磁阻传感器工作在线性区,提高测量精度,需给巨磁阻传感器施加一固定已知磁场,称为磁偏置,其原理类似于电子电路中的直流偏置. 与一般测量电流需将电流表接入电路相比,这种非接触测量不干扰原电路的工作,具有特殊的优点.

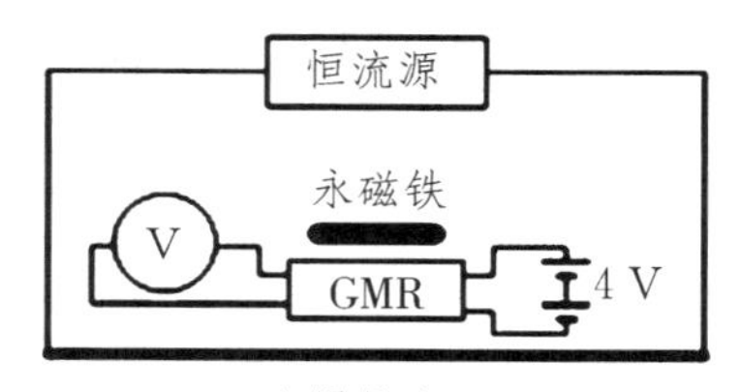

图 5-4-8　巨磁阻传感器测量电流的实验原理图

实验步骤如下:

① 将实验仪的巨磁电阻供电 4 V 接口接至电流测量组件的巨磁电阻供电接口,恒流源输出接口接至电流测量组件的待测电流输入接口,电压表接至电流测量组件的信号输出接口.

② 将恒流源电流调节至 0. 观察电压表示数,调节巨磁阻传感器背后的偏置磁铁与传感器的距离,使电压表示数约为 25 mV,然后固定偏置磁铁,此时作为低磁偏置进行实验.

③ 先记录表 5-4-4 的“电流减小”列数据. 从 300 mA 的数值开始,逆时针调节恒流源旋钮以减小导线电流,当导线电流减至 0 后,交换电流接线柱的极性使电流反向,然后顺时针调节恒流源旋钮以增大导线电流,记录相应的电压表示数于表 5-4-4.

④ 按步骤 ③ 记录完数据后,仿照步骤 ③ 从 300 mA(实际为−300 mA) 的数值开始,调节恒流源旋钮改变导线电流,记录相应的电压表数据于表 5-4-4 的“电流增大”列.

⑤ 将恒流源电流再次调节至 0. 观察电压表示数,调节巨磁阻传感器背后的偏置磁铁与传感器的距离,使电压表示数约为 125 mV,然后固定偏置磁铁,此时作为高磁偏置进行实验.

⑥ 仿照步骤 ③,④ 测得相应数据,记录于表 5-4-4.

表 5-4-4　利用巨磁阻传感器测量电流的数据记录表

低磁偏置(约 25 mV)				高磁偏置(约 125 mV)			
电流减小		电流增大		电流减小		电流增大	
导线电流 I /mA	输出电压 U /mV	导线电流 I /mA	输出电压 U /mV	导线电流 I /mA	输出电压 U /mV	导线电流 I /mA	输出电压 U /mV
300		−300		300		−300	
200		−200		200		−200	
100		−100		100		−100	
0		0		0		0	
−100		100		−100		100	
−200		200		−200		200	
−300		300		−300		300	

4. 测量巨磁阻梯度传感器的特性

该实验用到实验仪和角位移测量组件.

将巨磁阻传感器电桥的 4 个巨磁电阻都不加磁屏蔽，即构成巨磁阻梯度传感器. 这种传感器若置于均匀磁场中，由于 4 个桥臂电阻电阻值变化相同，电桥输出为零. 如果磁场存在一定的梯度，各巨磁电阻感受到的磁场不同，磁阻变化不一样，就会有信号输出.

如图 5-4-9 所示，铁磁性齿轮转动时，齿牙干扰了巨磁阻梯度传感器上偏置磁场的分布，每转过一齿，就输出类似正弦波一个周期的波形. 这一原理已普遍应用于转速(速度) 与位移监控，并在汽车及其他工业领域得到广泛使用.

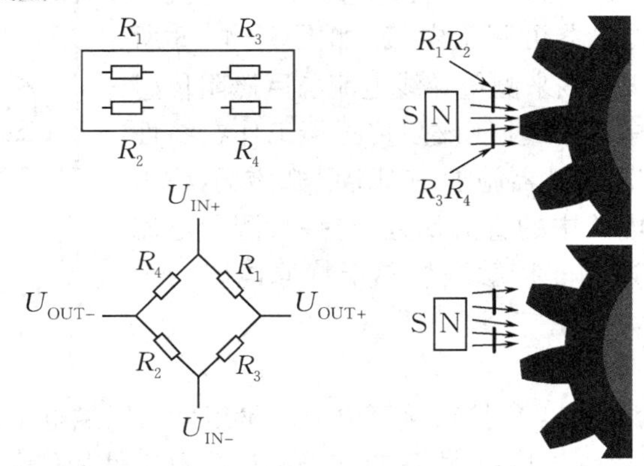

图 5-4-9　巨磁阻梯度传感器应用的示意图

实验步骤如下：

① 将实验仪的巨磁电阻供电 4 V 接口接至角位移测量组件的巨磁电阻供电接口，电压表接至角位移测量组件的信号输出接口.

② 将齿轮标线对准刻度盘 0 刻度线后开始测量，按照表 5-4-5 中“转动角度”栏所列数据逆时针慢慢转动齿轮，每转动 3° 记录一次相应电压表数据于表 5-4-5.

表 5-4-5　测量巨磁阻梯度传感器特性的数据记录表

转动角度 θ/(°)	0	3	6	9	12	15	18	21
输出电压 U/mV								
转动角度 θ/(°)	24	27	30	33	36	39	42	45
输出电压 U/mV								

5. 通过巨磁阻传感器了解磁记录与读取

该实验用到实验仪和磁读写组件.

写磁头是绕线的磁芯，线圈中通过电流时产生磁场，在磁性记录材料上记录信息. 巨磁阻读磁头利用磁性记录材料上不同磁场时电阻的变化读出信息.

实验步骤如下：

① 将实验仪的电路供电接口接至磁读写组件对应的电路供电插孔，巨磁电阻供电 4 V 接口接至磁读写组件的巨磁电阻供电接口，电压表接至磁读写组件的读出数据接口.

② 同时按住 0/1 转换按键和写确认按键将磁读写组件初始化(按住按键直至蜂鸣声消失).

③ 将进入实验室后签到时姓名前的序号填入表 5-4-6 的第一行，并将其转换成二进制数后填入第二行.

④ 将磁卡有区域编号的一面朝向自己，沿着箭头标识的方向插入划槽，将转换好的二进制数对应磁卡上编号 8～1 区域依次写入“1”(高电平)或“0”(低电平). 按下 0/1 转换按键，当状态指示灯显示红色时表示当前为“写 1”状态，显示绿色时表示当前为“写 0”状态，写入数据的操作通过长按写确认按键 2 s 来实现. 要写入数据的磁卡相应区域需对准“写组件”，注意磁卡槽左端有清除永磁体，写完数据的区域不可往回退出.

⑤ 写完全部 8 位数据后，将磁卡移至“读组件”通过实验仪电压表示数依次读出 8～1 区域的电压并记入表 5-4-6.

表 5-4-6　磁性记录与读取的数据记录表

签到的序号								
序号转二进制数								
磁卡区域	8	7	6	5	4	3	2	1
读出电压 /V								

数据处理

(1) 根据表 5-4-1 中的测量数据，螺线管内的磁感应强度 B 可由下式计算得出：

$$B = \mu n I, \tag{5-4-3}$$

式中 $\mu = 4\pi \times 10^{-7}$ H/m，$n = 24\,000$ 匝/m. 以磁感应强度 B 为横坐标，所记录的输出电压 U 为纵坐标作出巨磁阻传感器的磁电转换特性曲线(U-B).

(2) 根据表 5-4-2 中的测量数据，以励磁电流 I 为横坐标，电平变化(高或低)为纵坐标作出巨磁阻开关传感器的磁电转换开关特性曲线.

(3) 根据表 5-4-3 中的测量数据，按式(5-4-3)计算出磁感应强度 B，由下式计算磁阻：

$$R = \frac{U}{I_R}, \tag{5-4-4}$$

式中 $U = 4$ V. 以磁感应强度 B 为横坐标，磁阻 R 为纵坐标作出巨磁阻传感器的磁阻特性曲线(R-B).

(4) 根据表 5-4-4 中的测量数据，以导线电流 I 为横坐标，输出电压 U 为纵坐标作出电流测量曲线(U-I).

(5) 根据表 5-4-5 中的测量数据，以转动角度 θ 为横坐标，输出电压 U 为纵坐标作出巨磁阻梯度传感器的特性曲线(U-θ).

注意事项

（1）由于巨磁阻传感器具有磁滞现象，在实验中，恒流源应单方向调节，不可大范围回调，否则测得的实验数据将不准确.

（2）各组件上的巨磁电阻供电接口只能与实验仪上的巨磁电阻供电 4 V 接口相连，接错可能会烧毁组件电路.

（3）磁读写组件不能长期处于"写"状态.

（4）实验过程中，实验环境不得处于强磁场中.

预习思考题

（1）由巨磁阻效应的原理可知，外磁场增大，磁阻减小，那么磁阻最后会减小到零吗？

（2）在图 5-4-2 所示的某巨磁材料的磁阻特性曲线中，为什么会有两条并不重叠的曲线？

（3）在测量巨磁阻传感器的磁电转换特性实验中，怎样确定磁感应强度的大小？

讨论思考题

（1）在利用巨磁阻传感器测量电流的实验中，为什么要设置磁偏置？通过两种磁偏置的测量结果能够得出什么结论？

（2）列举并简述几种巨磁阻效应的实际应用(不少于两种).

拓展阅读

[1] 邢定钰. 自旋输运和巨磁电阻：自旋电子学的物理基础之一[J]. 物理，2005，34(5)：348-361.

[2] 颜冲，于军，周文利，等. 巨磁电阻传感器[J]. 电子元件与材料，2000，19(5)：32-33，39.

[3] 庄明伟，王小安，徐图，等. 基于巨磁电阻效应的多功能测量仪[J]. 物理实验，2012，32(1)：18-20，24.

5.5 超声定位和形貌成像

引言

超声波是频率高于 20 000 Hz 的声波，因其频率下限大约等于人的听觉上限而得名.

超声波的波长比一般声波要短，具有较好的方向性，能量易于集中，而且能透过不透明的物质，这一特性被广泛用于超声探伤、测厚、测距、遥控和成像技术. 利用超声波的机械作用、空化作用、热效应和化学效应，可进行超声焊接、钻孔、固体的粉碎、乳化、脱气、除尘、去垢、清洗、灭菌、化学反应的促进和生物学研究等. 超声波已在工矿业、农业、医疗、环境保护等领域获得了极其广泛的应用.

实验目的

（1）了解脉冲回波型声成像的原理.

（2）掌握超声定位综合实验仪的使用方法.

（3）观察脉冲回波波形.

（4）应用脉冲回波法测量水中声速.

(5) 应用脉冲回波法对目标物体进行定位.

(6) 应用脉冲回波法研究物体的运动状态.

(7) 利用脉冲回波型声成像实验仪对给定目标物体进行扫描成像.

实验原理

1. 超声定位的基本原理

超声定位的基本原理是由超声波发生器向目标物体发射脉冲波,然后接收回波信号. 当超声波发生器(声源)正对目标物体时,接收到的回波信号强度将最大,这时得到声源发射波与接收波之间的时间差为 Δt,再根据脉冲波在介质中的传播速度 v 得到目标物体离声源的距离. 这样就可以得出目标物体离声源的方位和距离,即图 5-5-1 中的 θ 和 S,$S = v\Delta t/2$.

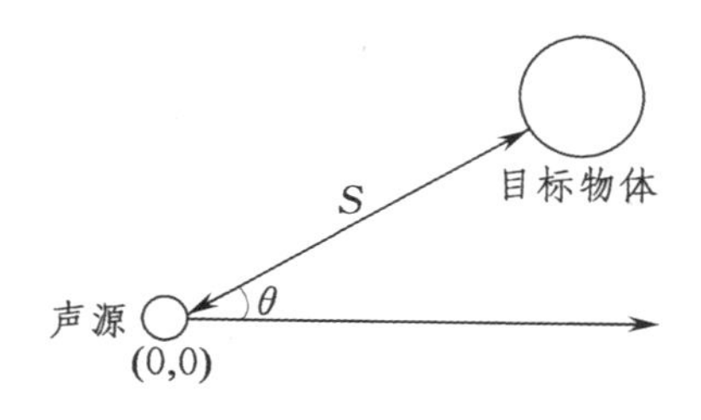

图 5-5-1　超声定位的基本原理示意图

2. 水中声速的测量

用脉冲回波法测量水中声速的原理如下:改变目标物体与声源的距离得到不同的时间差,用时差法测量水中声速. 如图 5-5-2 所示,假设目标物体到声源的垂直距离为 S_1(单位:cm)时,声源发射波与接收波之间的时间差为 t_1(单位:s),改变目标物体到声源的垂直距离为 S_2(单位:cm),此时声源发射波与接收波之间的时间差为 t_2(单位:s),这样,水中的声速为 $v = 2\dfrac{|S_2 - S_1|}{|t_2 - t_1|} = 2\dfrac{\Delta S}{\Delta t}$(单位:cm/s).

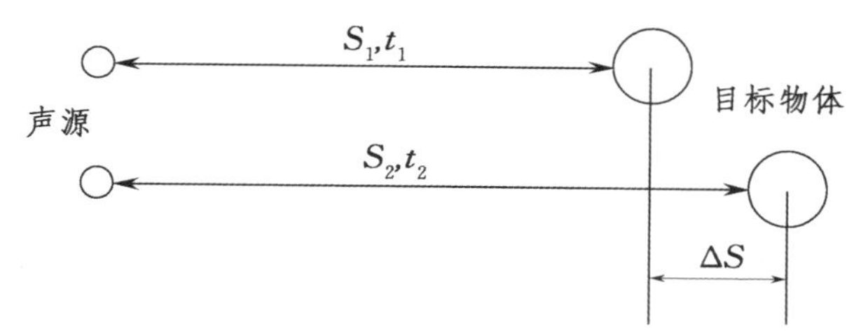

图 5-5-2　时差法测量水中声速示意图

3. 超声成像的基本原理

超声成像是使用超声波的声成像. 它包括脉冲回波型声成像和透射型声成像. 前者是利用发射脉冲声波,接收其回波而获得物体图像的一种声成像方法;后者是利用透射声波获得物体图像的一种声成像方法. 目前,在临床应用的超声诊断仪都是采用脉冲回波型声成像. 透射型声成像的一些成像方法仍处于研究之中,如声速 CT 成像和声衰减 CT 成像.

本实验以脉冲回波型声成像(也称反射式声成像)为对象,来介绍和研究超声成像. 也就是利用超声波照射目标物体,通过接收和处理载有目标物体组织或结构性质特征信息的回波,获得目标物体组织与结构的可见图像的方法和技术. 与其他成像技术相比,它有独特的优点,如装置较为简明、直观,容易理解成像的原理;没有放射性,实验者可以进行不同物体的形貌成像实验.

4. 超声成像的一般规律

所有脉冲回波型声成像凭借回声反映物体组织的信息,而回声则来自组织界面的反射和散射体的后散射. 回声的强度取决于界面的反射系数、粒子的后散射强度和组织的衰减.

组成界面的物体组织之间的声阻抗(介质密度与超声波在介质中传播速度的乘积称为声阻抗,一般情况下,固体的声阻抗 > 液体的声阻抗 > 气体的声阻抗)差异越大,则反射的回声越强. 反射声强还和声束的入射角度有关,入射角越小,反射声强越大,当声束垂直入射时,即入射角为 0° 时,反射声强最大,而入射角为 90° 时,反射声强为 0.

物体组织对声能的衰减取决于该组织对声强的衰减系数和声束的传播距离(检测深度). 物体衰减特征主要表现在回声.

超声波遇强反射界面,在界面后出现一系列的间隔均匀的依次减弱的影像,称为多次反射,这是由声束在探头与界面之间往返多次而形成的.

实验仪器

DH6001 超声定位综合实验仪.

DH6001 超声定位综合实验仪由 DH6001 超声定位与形貌综合实验仪(以下简称实验仪)、超声换能器、水槽、测试架、VC++ 电脑数据处理软件、数据线以及电脑等部分组成.

实验内容

1. 观察水中物体的回波波形

(1) 如图 5-5-3 所示,超声换能器安装在测试架上的固定座 11 处并放在水槽 22 中,载物台 21 上放置表面不规则的有机玻璃样品(不规则面朝向超声换能器);调整超声换能器探头,使之对准水槽正面的载物台上的样品.

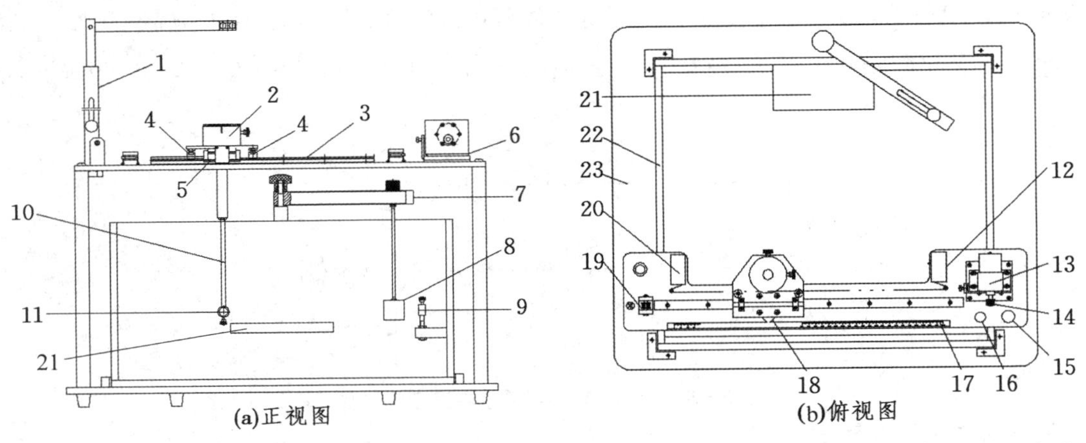

1—撑线杆;2—角度旋转座;3—导轨;4—行程撞块;5—滑块;6—电机座;7—旋转梁;8—定位物体;9—固定座(用于放置超声换能器或目标物体);10—吊杆;11—固定座(用于放置超声换能器或运动目标物体);12—右行程开关;13—直流减速电机;14—主动轮;15—电机控制插座;16—限位插座;17—标尺;18—指针;19—从动轮;20—左行程开关;21—载物台;22—水槽;23—底板

图 5-5-3 测试架

(2) 连接超声换能器与信号源前面板上的传感器插座,并把实验仪后面板上的串口与电脑相连,开启电源(注意,通电工作时,确保超声换能器置于水中).

(3) 打开电脑软件,在显控画面右边选择串口(一般为 COM2 口),再点击旁边的串口通信按钮,串口状态框上出现“OK!!”,然后变成“END”,说明电脑的串口已打开,可以与实验仪进行数据和命令通信. 如串口状态框上未出现“OK!!”“END”,应改变串口选择.

(4) 单击显控画面上的 工作方式 框中的波形按钮,工作状态下面显示红色的“波形显示”,松开角度旋转座 2 下方的螺帽,旋转角度盘至 0 刻度线后,判断超声换能器是否对准水槽正面的载物台上的样品(水槽后壁方向),若未对准则须对角度盘进行调零.

(5) 观察软件绿色背景中的实时回波波形,点击信号放大按钮或信号缩小按钮可改变波形的幅度,缓慢调整到合适的波形幅度大小.

2. 对水中物体进行定位

(1) 转动测试架后方的旋转梁7,使定位物体8处在某个位置.

(2) 启动电机控制系统,使滑块5移动到导轨3的中间位置(标尺230 mm处).

(3) 保持波形工作方式,通过角度旋转座2,缓慢旋转超声换能器,当超声换能器对准定位物体后,电脑软件界面上将显示最大的回波值,此时记录角度旋转座2上的物体方位角度值 θ;然后点击 工作方式 框中的定位按钮切换成定位状态,记录软件上显示的定位物体与超声换能器之间的距离 Y(单位:cm).将 Y 和 θ 分别填入表5-5-1.

(4) 转动旋转梁7改变定位物体的位置,重新测量定位物体与超声换能器的距离和方位,并将测量数据填入表5-5-1,共测量5个不同目标位置的数据.

3. 水中声速的测量

(1) 将锥形有机玻璃目标物体固定在水槽右侧面的固定座9上.

(2) 将工作方式切换回"波形",旋转角度盘使超声换能器的方向与导轨3的方向一致,即超声换能器正对固定座9处的目标物体,微调超声换能器的方向使软件显示画面上的反射波形最大,软件底部将显示发射波到接收波之间的时间差,即回波时间.

(3) 启动电机控制系统,使超声换能器移动到位置 S_1(单位:cm)后停止,记下此时的回波时间 t_1(单位:μs);再启动电机控制系统,改变超声换能器到位置 S_2(单位:cm),记下此时的回波时间 t_2(单位:μs).

(4) 计算水中声速:$v = 2\dfrac{|S_2 - S_1| \times 10^{-2}}{|t_2 - t_1| \times 10^{-6}}$(单位:m/s).

(5) 用同样的方法测量6次,并将数据记录于表5-5-2,求声速平均值,并与水温20 ℃时水中声速的理论值 $v_{理} = 1\ 483$ m/s进行比较,忽略温度的影响.

4. 测量水中物体的运动速度

(1) 保持超声换能器的方向不变(对准右侧目标物体),将其移动到导轨靠左端某位置,记录此时的初始位置 S_1(单位:cm),适当调节回波信号幅度.

(2) 单击 工作方式 框中的测速按钮,此时左边数据显示框显示目标物体的运动速度(单位:cm/s),同时画面上显示成像图,X 轴代表时间 t,Y 轴代表目标物体与超声换能器的距离 S.

(3) 打开电脑或手机的秒表计时软件,开始计时的同时,启动电机控制系统使超声换能器往右运动,观察软件上绘制的 $S-t$ 曲线,当超声换能器接近导轨右端时,关闭电机并同步停止秒表计时,记录此时的结束位置 S_2(单位:cm),将 S_1,S_2 以及秒表计时软件的读数 T 填入表5-5-3.

(4) 分析 $S-t$ 曲线,可以通过 $\Delta S/\Delta t$ 得到目标物体的平均速度.具体方法是在 $S-t$ 曲线上单击两个坐标点,两个坐标点的坐标以及两坐标点之间的平均速度 v_W 将在界面中显示出来,将数据填入表5-5-3.

(5) 通过直流电机调速器旋钮,改变目标物体的运动速度,再次测量物体的运动曲线并计算其平均速度,共测量3种不同速度下的数据,并将数据填入表5-5-3.

5. 扫描成像物体表面形貌

(1) 将超声换能器移动到导轨最左端,并旋转角度盘使超声换能器对准水槽后壁(角度盘0刻度线处),并调整合适的回波信号幅度大小.

(2) 成像操作.单击显控画面上 工作方式 框中的成像采集按钮,工作状态下面显示红色的"成像",画面上有成像图显示.启动直流减速电机,使超声换能器从左往右移动垂直扫描物体,观察实时成像图.为使成像效果好,需通过调速旋钮调整合适的扫描速度.在扫描的过程中,可以通过信号放大按钮和信号缩小按钮来调整信号的强度. 扫描采集结束后(超声换能器到达最右端),点击串口通信按钮断开信号以固定画面,再单击显控画面上 成像操作 框中的轮廓成像按钮,显示处理后的成像画面.

(3) 该成像不仅可以显示物体的表面轮廓图(形貌),对于超声透射效果比较好的物体,点击剖面成像,还可以清晰地观察出二维剖面图.

(4) 要使成像效果好,需要选择合适的扫描距离,也就是成像物体与超声换能器的距离要合适,可以通过观察回波信号强度并通过信号放大按钮和信号缩小按钮来调整. 还有可以通过速度调节按钮,使扫描处于相对较慢的扫描速度. 最后扫描完成以后,可以用鼠标滑动调整门限按钮,对成像进行处理,得到较好的成像图.

数据处理

1. 对水中物体进行定位

表 5-5-1　对水中物体进行定位数据记录表

位置	距离 Y/cm	角度 θ/(°)
1		
2		
3		
4		
5		

根据定位数据,在图 5-5-4 中清晰地标出定位物体的定位点.

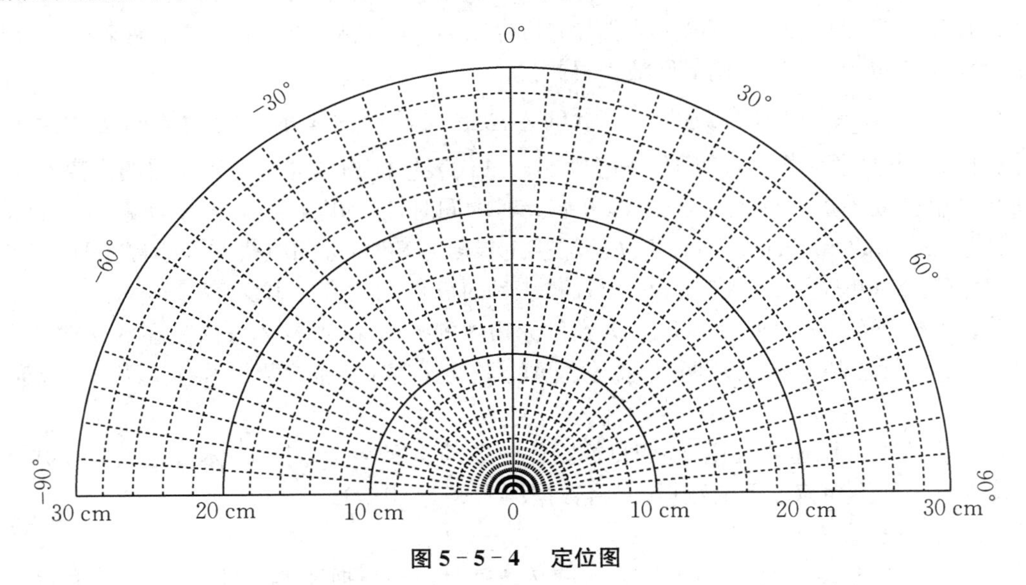

图 5-5-4　定位图

2. 计算水中声速

(1) 根据表 5-5-2,填入对水中声速所做 6 次测量的实验数据.

表 5-5-2 测量水中超声波波速的实验数据记录表

$v_{理} = 1\,483$ m/s

测量次数	S_1/cm	S_2/cm	t_1/μs	t_2/μs	v/(m/s)
1					
2					
3					
4					
5					
6					

$\bar{v} =$ ____________ m/s $\left(表中\ v = 2\dfrac{|S_2 - S_1| \times 10^{-2}}{|t_2 - t_1| \times 10^{-6}}\right)$.

(2) 计算水中声速的算术平均值、不确定度、扩展不确定度及相对不确定度,并报告测量结果(不考虑B类不确定度).

3. 计算水中物体的运动速度

表 5-5-3 测量水中物体运动速度的数据记录表

速度	坐标点一		坐标点二		平均速度	起始位置	停止位置	T/s	平均速度
	时间 /s	距离 /cm	时间 /s	距离 /cm	v_W/(cm/s)	S_1/cm	S_2/cm		v_T/(cm/s)
1									
2									
3									

4. 描绘扫描成像物体的二维剖面图或表面形貌图(比例图)

注意事项

(1) 超声换能器在通电工作时,须确保置于水中.

(2) 点击信号放大按钮和信号缩小按钮调节波形时反馈较慢,不要快速点击.

预习思考题

(1) 实验中,超声换能器与被测物体是否应处于同一水深?为什么?

(2) 在水中声速的测量实验中,能否使用定位实验中的距离数据代替标尺数据?为什么?

讨论思考题

(1) 如何区别回波信号中的二次反射波和杂散波?

(2) 在扫描成像物体表面形貌实验中,哪些操作会影响到成像效果?为什么?

(3) 在扫描成像物体表面形貌实验中,对比扫描图与有机玻璃实物,是否完全一致?如果不一致,请分析原因.

拓展阅读

[1] 刘凤然. 基于单片机的超声波测距系统[J]. 传感器世界,2001(5):29-32.

[2] 陈建,孙晓颖,林琳,等. 一种高精度超声波到达时刻的检测方法[J]. 仪器仪表学报,2012,33(11):2422-2428.

附录

软件界面功能介绍

数据读写:对采集数据进行读取和存储.

工作方式:提供成像采集、定位、测速以及波形 4 种工作方式.

工作状态:窗口显示当前的工作方式.

清除显示:用于清除显示的波形或成像图.

成像操作:对采集的数据进行成像处理,处理的时候可以用鼠标滑动调整门限按钮来调整成像图.

信号放大 / 信号缩小:对接收信号的显示强度进行放大和缩小.

串口通信:用于启动和关闭通信口,启动后串口状态显示“END”,关闭后显示“Close!!”.

坐标点一 / 坐标点二:显示坐标点的具体坐标,分别对应时间和距离,表示该时刻超声换能器扫过物体时对应的垂直距离.

平均速度:两坐标点之间的平均速度.

回波时间:显示发射脉冲波到接收波之间的时间差.

5.6 液晶的电光效应及其应用

引言

液晶是介于液体与晶体之间的一种物质状态.一般的液体,其分子排列是无序的,而液晶既具有液体的流动性,其分子又按一定规律有序排列,使它呈现晶体的各向异性.当光通过液晶时,会产生偏振面旋转、双折射等效应.液晶分子是含有极性基团的极性分子,在电场作用下,偶极子会按电场方向取向,导致分子原有的排列方式发生变化,液晶的光学性质也随之发生改变,这种因外电场引起的液晶光学性质的改变称为液晶的电光效应.

1888 年,奥地利植物学家莱尼茨尔在做有机物溶解实验时,在一定的温度范围内观察到液晶. 1961 年,美国无线电公司的海麦尔发现了液晶的一系列电光效应,并制成了显示器件.从 20 世纪 70 年代开始,日本公司将液晶与集成电路技术结合,制成了一系列液晶显示器,至今日本仍在这一领域保持领先地位.液晶显示器由于具有驱动电压低(一般为几伏)、功耗极小、体积小、寿命长、环保无辐射等优点,在当今各种显示器的竞争中独领风骚.

目前已合成液晶材料超过 1 万种,每种材料的光学性质都不相同.常用的液晶显示材料有上千种,生物体内有大量液晶物质,肥皂水也是液晶的一种.

实验目的

(1) 学习液晶光开关的工作原理.

(2) 了解液晶光开关的电光特性、时间响应特性和视角特性.

(3) 应用图像矩阵了解液晶显示器的显示原理.

实验原理

1. 液晶光开关的工作原理

液晶的种类很多,本实验以常用的扭曲向列型液晶为例,其光开关的结构如图 5-6-1 所示.在两块玻璃板之间夹有正性向列相液晶分子,其形状如同火柴棍一样,长度为十几埃($1\ \text{Å} = 10^{-10}\ \text{m}$),直径为4～6 Å，液晶层厚度一般为5～8 μm. 玻璃板的内表面涂有透明电极，电极的表面预先做了定向处理(可用软绒布朝一个方向摩擦，也可在电极表面涂取向剂)，这样液晶分子在电极表面就会躺倒在摩擦所形成的微沟槽里；电极表面的液晶分子按一定方向排列，且上、下电极上的定向方向相互垂直. 上、下电极之间的那些液晶分子因范德瓦耳斯力的作用，趋向于平行排列. 由于上、下电极上的定向方向相互垂直，从俯视方向看，液晶分子的排列从上电极到下电极均扭曲了90°，如图5-6-1(a)所示.

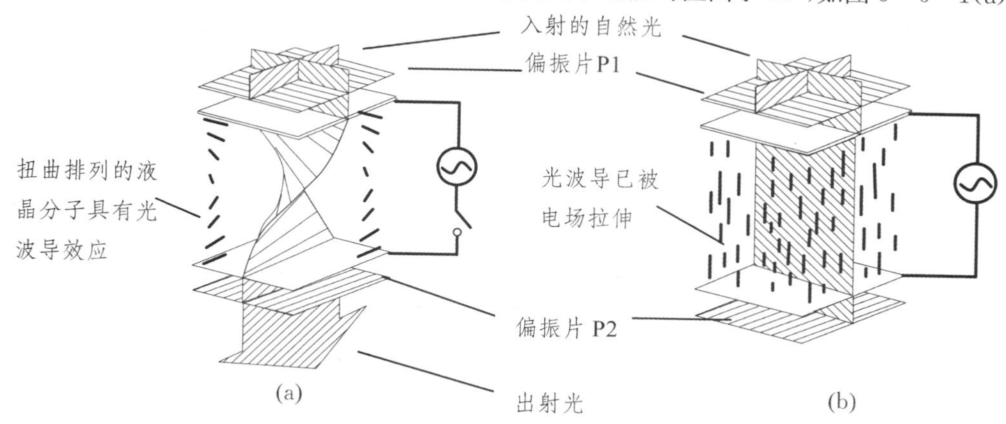

图5-6-1　液晶光开关的工作原理

理论和实验都证明，上述扭曲排列的液晶分子具有光波导效应，即线偏振光从上电极表面透过扭曲排列的液晶分子传播到下电极表面时，偏振方向会旋转90°. 取两块偏振片P1，P2贴在玻璃板的外表面，其偏振化方向分别与上、下电极上的定向方向相同，因此P1和P2的偏振化方向相互垂直.

如图5-6-1(a)所示，在未加驱动电压的情况下，自然光经过偏振片P1后只剩下平行于偏振化方向的线偏振光，该线偏振光到达下电极时，其偏振面旋转了90°，这时光的偏振面与P2的偏振化方向平行，因而有光通过.

如图5-6-1(b)所示，当在上、下电极施加足够的电压时(一般为1～2 V)，在静电场的作用下，除了电极附近的液晶分子被“锚定”以外，其他液晶分子趋向平行于电场方向排列. 于是液晶分子的扭曲结构被破坏，变成均匀结构. 从P1透射出来的线偏振光的偏振面在液晶中传播时不再旋转，保持原来的偏振面到达下电极. 这时光的偏振面与P2的偏振化方向垂直，因而光被关断.

上述液晶光开关在无电场的情况下让光通过，加上电场的时候光被关断，因此叫作常通型光开关，又叫作常白模式. 若P1和P2的偏振化方向相互平行，则构成常黑模式.

2. 液晶光开关的特性

(1) 电光特性.

图5-6-2所示为光线垂直液晶面入射时本实验所用液晶的透射率(以不加电场时的透射率为100%)与外加电压(驱动电压)的关系曲线.

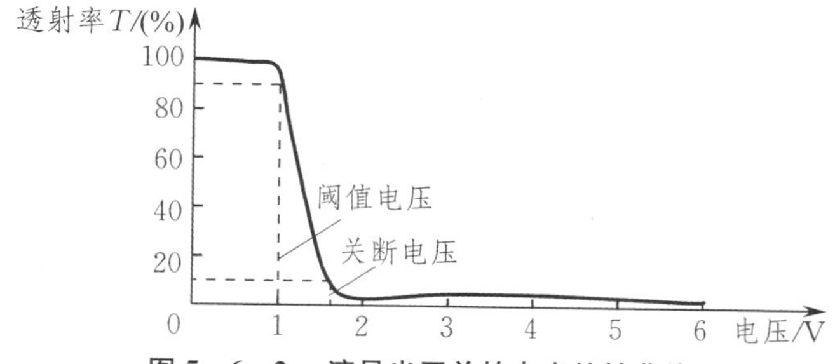

图5-6-2　液晶光开关的电光特性曲线

由图可知，对于常白模式的液晶，其透射率随外加电压的升高而逐渐降低，在一定的电压下达到最低点，此后略有变化. 可以根据此电光特性曲线得出液晶的阈值电压（透射率为 90% 时的驱动电压）和关断电压（透射率为 10% 时的驱动电压）.

液晶光开关的电光特性曲线越陡，阈值电压与关断电压的差值越小，由液晶光开关单元构成的显示器允许的驱动路数就越多. 扭曲向列型液晶最多允许 16 路驱动，故常用于数码显示. 在电脑、电视等需要高分辨率的显示器中，常采用超扭曲向列型液晶，以改善电光特性曲线的陡度，增加驱动路数.

（2）时间响应特性.

加上（或去掉）驱动电压能使液晶的开关状态发生改变，是因为液晶的分子排序发生了改变，这种重新排序需要一定的时间，反映在时间响应特性曲线上，用上升时间（透射率由 10% 升到 90% 所需时间）τ_r 和下降时间（透射率由 90% 降到 10% 所需时间）τ_d 来描述. 给液晶光开关加上一个如图 5-6-3(a) 所示周期性变化的电压，就可以得到如图 5-6-3(b) 所示的时间响应特性曲线.

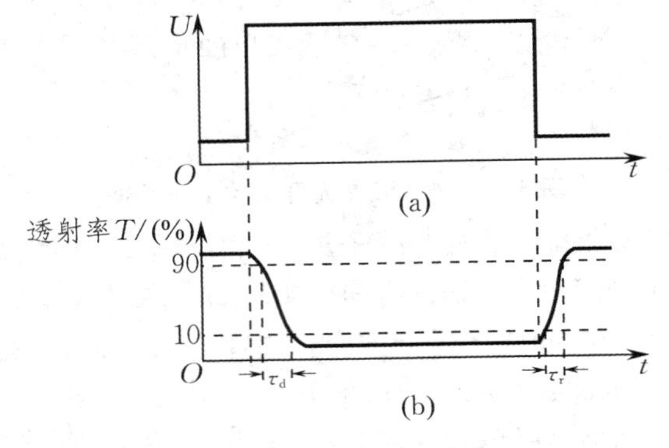

图 5-6-3　液晶光开关的时间响应特性曲线

液晶的响应时间越短，液晶显示器显示动态图像的效果就越好，这是显示器的重要指标. 早期的液晶显示器在这方面逊色于其他显示器，现已通过结构方面的技术改进达到了很好的效果.

（3）视角特性.

液晶光开关的视角特性表示对比度与视角的关系. 对比度定义为液晶光开关打开和关断时出射光强度之比，当对比度大于 5 时，可以获得满意的图像；当对比度小于 2 时，图像就模糊不清了.

图 5-6-4 表示了某种液晶的视角特性，如图(a) 所示，入射光线与液晶屏法线之间的夹角 θ 为垂直视角，入射光线在液晶屏上的投影与 x 轴的夹角 φ 为水平视角；图(b) 所示同心圆对应垂直视角，其角度分别为 30°，60° 和 90°. 90° 同心圆外标注的数字表示水平视角. 图中的闭合曲线为不同对比度时的等对比度曲线.

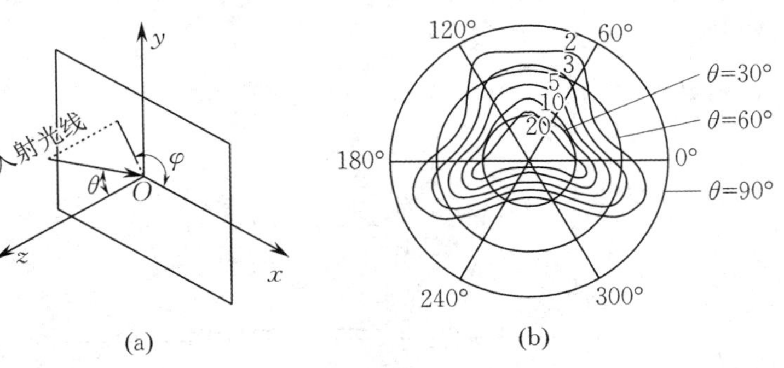

图 5-6-4　液晶光开关的视角特性

可以看出，液晶的对比度与垂直视角和水平视角都有关，而且具有非对称性. 若将具有图5-6-4所示视角特性的液晶光开关逆时针旋转，对比度大于5时，可以获得满意的图像；对比度小于2时，图像模糊不清.

3. 液晶光开关图像显示矩阵的原理

液晶显示器通过对外部光源的开关控制来完成信息显示任务，为非主动发光型显示，其最大的优点在于能耗极低. 正因为如此，液晶显示器在便携式装置的显示方面（如电子表、多用表、手机等）具有不可替代的地位.

利用液晶光开关可组成矩阵型显示器，如图5-6-5(a)所示，将横条形状的透明电极（称为行电极）做在一块玻璃片上，将竖条形状的电极（称为列电极）做在另一块玻璃片上，两块玻璃片面对面组合起来，将液晶灌注于这两块玻璃片之间构成液晶盒，即组成了矩阵型显示器. 为了表示方便，将电极玻璃片抽象为横线和竖线，如图5-6-5(b)所示.

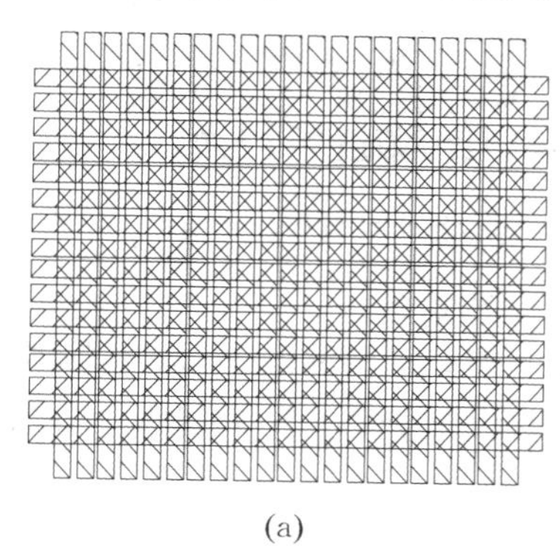
(a)

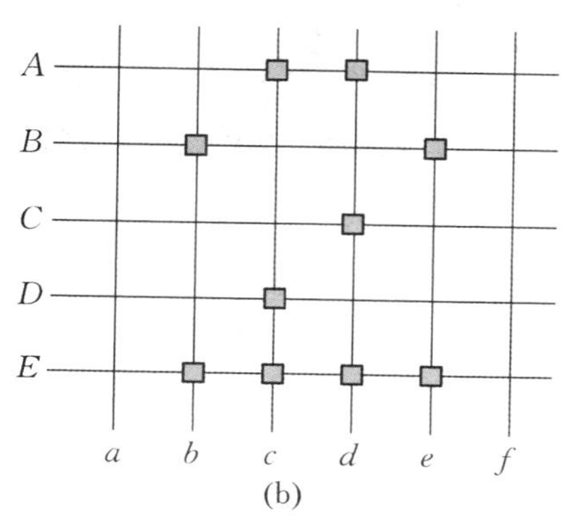

(b)

图5-6-5　液晶光开关组成的矩阵型显示器

矩阵型显示器若要显示图5-6-5(b)的那些有方块的像素，首先在第A行加上高电平，其余行加上低电平，同时在对应列c,d列上加上低电平，并通过锁存器锁定对应像素点的电平，于是A行的那些带有方块的像素就被显示出来了. 然后重新在第B行加上高电平，其余行加上低电平，同时在对应列b,e列上加上低电平，再次锁存，因而B行的那些带有方块的像素被显示出来了. 然后是第C行、第D行、第E行，最后显示出一整场的图像. 矩阵型显示器的这种工作方式称为扫描式.

这种分时间扫描每一行的方式是平板显示器共同的寻址方式，根据这种方式，可以让每一个液晶光开关按照其上的电压的幅值让外界光关断或通过，从而显示出任意文字、图形和图像.

实验仪器

液晶光开关电光特性综合实验仪（以下简称实验仪），数字存储示波器. 实验仪的外部结构如图5-6-6所示，下面介绍各个部分的功能.

(1) 模式转换开关：切换液晶光开关的工作模式（静态和动态（图像显示）两种）. 在静态模式下，所有的液晶光开关单元所加电压相同；在动态模式下，每个单元所加的电压由开关矩阵控制. 同时，当液晶光开关处于静态模式时发射器光源会自动打开，处于动态模式时发射器光源会关闭.

(2) 静态闪烁/动态清屏切换开关：在静态模式下，此开关可以切换到闪烁和静止两种方式；在动态模式下，此开关可以清除液晶屏因按动开关矩阵而产生的斑点.

(3) 供电电压显示屏：显示加在液晶板上的电压，范围为0.00～7.60 V.

(4) 供电电压调节按键：改变加在液晶板上的电压，调节范围为0.00～7.60 V. 单击+按键（或−按键）供电电压可以增大（或减小）0.01 V. 长按+按键（或−按键）2 s以上供电电压可以快速增大

（或减小），但当供电电压大于或小于一定范围时需要单击按键才可以改变其数值.

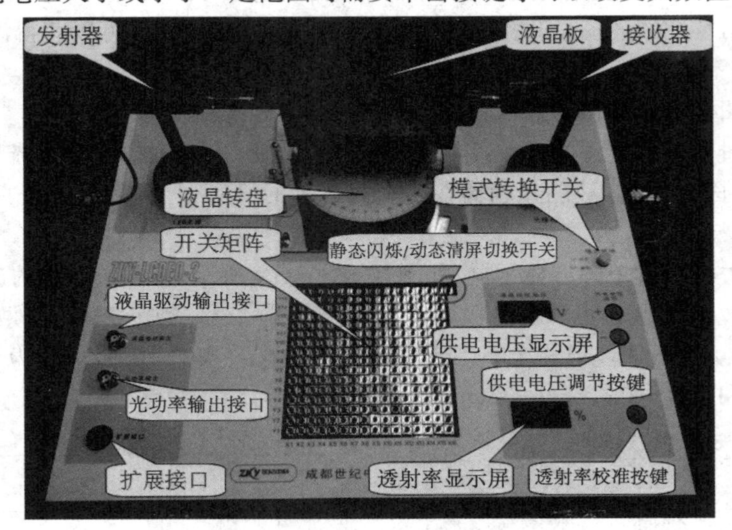

图 5-6-6　液晶光开关电光特性综合实验仪

（5）透射率显示屏：显示光透过液晶板后光强的相对百分比.

（6）透射率校准按键：当供电电压为 0.00 V 时，如果透射率显示大于"250"，则长按该按键 3 s 可以将透射率校准为 100%；如果供电电压不为 0.00 V，或透射率显示小于"250"，则该按键无效，不能校准透射率.

（7）液晶驱动输出接口：接数字存储示波器，一般接 CH1 通道，显示液晶光开关的驱动电压.

（8）光功率输出接口：接数字存储示波器，一般接 CH2 通道，显示液晶光开关的时间响应特性曲线.

（9）发射器：为仪器提供较强的光源.

（10）液晶板：本实验仪器的测量样品.

（11）接收器：将透过液晶板的光强信号转换为电压信号.

（12）开关矩阵：为 16×16 的按键矩阵，用于液晶的图像显示原理实验.

（13）液晶转盘：承载液晶板一起转动，用于液晶光开关的视角特性实验.

在进行液晶光开关的时间响应特性实验时需要用到数字存储示波器，其操作面板如图 5-6-7 所示.

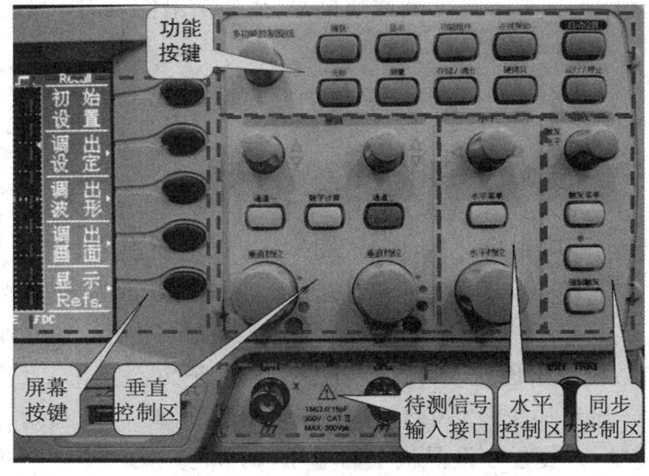

图 5-6-7　数字存储示波器的操作面板

在液晶光开关的时间响应特性实验中将用到该示波器的光标测量功能，其基本操作如下：

(1) 调出光标：通过功能按键的光标按钮切换光标显示或不显示.

(2) 光标模式：通过屏幕按键的“X → Y”切换 X 光标模式或 Y 光标模式.

(3) 选择通道：通过屏幕按键的“信源”切换测量 CH1 或 CH2 信号.

(4) 选中光标：通过屏幕按键选中光标 1、光标 2 或同时选中两个.

(5) 移动光标：通过功能按键的多功能控制旋钮移动当前选中的光标.

(6) 读取数据：在屏幕右侧所对应的光标窗口下显示某光标与所选择通道信号交点的坐标值(时间、电压) 以及两个交点的坐标差值.

实验内容

1. 实验准备

(1) 将液晶板(见图 5-6-8(a)) 以水平方向插入液晶转盘上的插槽，液晶凸起面必须正对光源发射方向，将角度盘对准 0 刻度线.

(2) 打开电源开关，选择模式转换开关为静态模式，使光源预热 10 min 左右.

(3) 请勿调整发射器和接收器的方向，如发现方向未对准请报告教师.

(4) 在静态 0.00 V 供电电压条件下，将透射率校准为 100%.

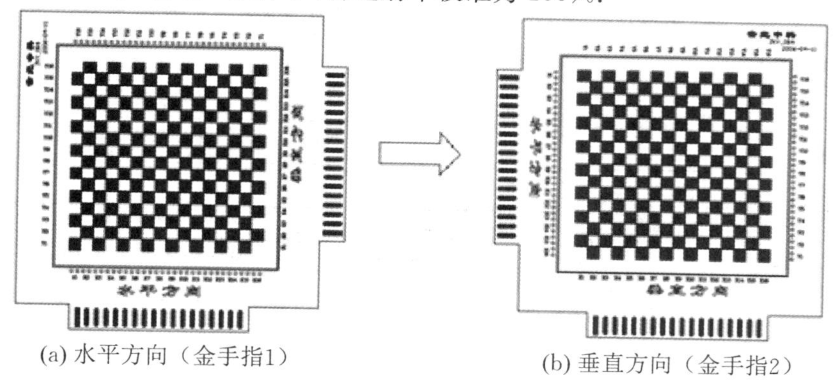

(a) 水平方向（金手指1）　　(b) 垂直方向（金手指2）

图 5-6-8　液晶板方向示意图(视角为正视液晶凸起面)

2. 液晶光开关的电光特性实验

按表 5-6-1 中的数据改变供电电压 U，记录相应供电电压下的透射率 T，重复实验 3 次.

表 5-6-1　液晶光开关电光特性的数据记录表

U/V		0.00	0.50	0.80	1.00	1.20	1.30	1.40	1.50	1.60	1.70	1.80	1.90	2.00	3.00	4.00	5.00
T/(%)	1																
	2																
	3																
	平均值																

3. 液晶光开关的时间响应特性实验

(1) 将实验仪的液晶驱动输出接口接入数字存储示波器的 CH1 通道，光功率输出接口接入 CH2 通道.

(2) 重新校准透射率，然后再将驱动电压调到 2.00 V，通过静态闪烁 / 动态清屏切换开关使液晶变为闪烁状态.

(3) 打开数字存储示波器的电源，依次按下功能按键的存储 / 调出按钮、屏幕按键的“初始设置”

并调整水平挡位旋钮为 250 ms(屏幕下方显示)，通过功能按键的运行 / 停止按钮来捕获波形(显示完整的上升沿、下降沿).

(4) 用 X 光标模式描点测绘曲线.

① 测量驱动信号上升沿、下降沿的横坐标并填入表 5-6-2.

表 5-6-2　驱动信号上升沿和下降沿数据记录表

上升沿横坐标 /ms	下降沿横坐标 /ms

② 移动光标(步距为 10 ms) 测量响应信号的上升沿、下降沿坐标值(电压、时间)，要求覆盖响应信号完整的上升沿、下降沿，将数据填入表 5-6-3(可根据需要酌情扩展表格).

(5) 测量响应信号的上升时间和下降时间.

① 通过功能按键的运行 / 停止按钮使波形重新运行.

② 取消光标显示，按下功能按键的测量按钮，在屏幕右下角的“上升时间(或下降时间)”框读出 CH2 通道的数据；按下该屏幕按键，切换显示之后按下屏幕按键的“时间设置”，通过“多功能控制”选择“FallTime(或 RiseTime)”，返回“上页”并读取数据.

③ 重复 3 次测量，将数据填入表 5-6-4.

表 5-6-3　响应信号上升沿和下降沿描点数据记录表

上升沿	横坐标 t/ms							…
	纵坐标 U/mV							…
下降沿	横坐标 t/ms							…
	纵坐标 U/mV							…

表 5-6-4　响应时间数据记录表

测量次数	上升时间 /ms	下降时间 /ms
1		
2		
3		
平均值		

4. 液晶光开关的视角特性实验

(1) 水平方向视角特性实验.

① 校准透射率为 100%.

② 在 0.00 V 供电电压下按表 5-6-5 的角度调节液晶转盘，依次记录对应的透射率到 T_{max} 行.

③ 将供电电压调到 2.00 V，按照同样的步骤依次记录数据到 T_{min} 行.

④ 完成表中对比度 $R\left(R=\dfrac{T_{max}}{T_{min}}\right)$ 的计算.

表 5-6-5　水平方向视角特性数据记录表

角度 φ/(°)	−70	−60	−50	−40	−30	−20	−10	0	10	20	30	40	50	60	70
T_{max}/(%)															
T_{min}/(%)															
对比度 R															

(2) 垂直方向视角特性实验.

① 关闭实验仪总电源，更换液晶板以垂直方向插入插槽（见图 5-6-8(b)），校准透射率为 100%.

② 参照水平方向视角特性的测量方法，记录数据于表 5-6-6.

③ 完成表中对比度 $R\left(R=\dfrac{T_{max}}{T_{min}}\right)$ 的计算.

表 5-6-6　垂直方向视角特性数据记录表

角度 φ/(°)	−60	−50	−40	−30	−20	−10	−5	0	5	10	20	30	40	50	60
T_{max}/(%)															
T_{min}/(%)															
对比度 R															

5. 液晶的图像显示原理实验

将模式转换开关置于动态模式，供电电压调到 5.00 V，转动液晶转盘使液晶板正面朝向实验者. 通过矩阵按键关断(或打开) 液晶板上某个液晶光开关来组合成图像或文字.

按授课教师的要求在液晶板上显示出图像并请教师检查.

数据处理

(1) 根据液晶光开关的电光特性实验数据计算各平均值，以透射率 T 的平均值为纵坐标，供电电压 U 为横坐标绘制电光特性曲线 $T-U$.

(2) 根据液晶光开关的时间响应特性实验中表 5-6-2 和表 5-6-3 的数据绘制驱动信号和响应信号的 $U-t$ 关系曲线.

在响应信号的 $U-t$ 关系曲线上读出上升时间和下降时间(以 $U-t$ 关系曲线的高电平为 100% 进行计算)，并填入表 5-6-7；计算表 5-6-4 的响应时间平均值；比较两种方式测得的响应时间.

表 5-6-7　曲线测得的响应时间数据记录表

上升时间 /ms	下降时间 /ms

(3) 根据液晶光开关的视角特性实验所测得的数据分别绘制水平视角、垂直视角的特性曲线.

注意事项

(1) 校准透射率 100% 时，必须将液晶供电电压调到 0.00 V，且不要长时间按住透射率校准按键.

(2) 在首次调节透射率 100% 时，如果透射率显示不稳定，则可能是光源预热时间不够.

(3) 更换液晶板方向时，务必断开总电源后再进行插取，否则将会损坏液晶板.

(4) 液晶板凸起面必须正对光源发射方向，否则实验记录的数据为错误数据.

(5) 切勿调节发射器和接收器，如需调节请报告教师.

预习思考题

(1) 利用液晶光开关的工作原理分析，当给一块液晶板上的所有液晶光开关都加上足够高的电压时，液晶板看上去是深色的还是浅色的？为什么？

(2) 液晶响应特性的上升时间和下降时间分别指什么？这两个时间的大小和液晶板的性能有何关系？

(3) 在测量液晶光开关的视角特性实验中，为什么要更换液晶板的方向测两组数据？

讨论思考题

(1) 在液晶光开关的时间响应特性实验中，驱动信号的高电平为 2 V，若增大到 5 V，响应信号的 $U-t$ 关系曲线及其响应时间会有哪些变化？为什么？

(2) 通过两种测量响应时间的方法可以看出其结果大小存在差异，请分析造成这种差异的主要原因.

拓展阅读

[1] 王庆凯，吴杏华，王殿元，等. 扭曲向列相液晶电光效应的研究[J]. 物理实验，2007，27(12)，37－39.

[2] 靳鹏飞. 液晶电光特性研究[J]. 应用光学，2013，34(1)，143－147.

5.7 混沌通信

引言

牛顿力学最显著的特征之一就是确定性，即只要给出系统的初始条件，描述系统的运动方程就有唯一确定的一组解. 与确定论系统的行为方式显著不同的是随机性运动，如液体中花粉颗粒的无规则运动. 然而自然界中最常见的运动形态，往往既不是完全确定的，也不是完全随机的，而是介于两者之间. 对于这类运动，人们在很长时间内都没有给出恰当的描述体系. 1963 年，美国气象学家洛伦兹在分析天气预报模型时，首先发现空气动力学中的混沌现象. 混沌现象的理论为更好地了解自然界提供了一个很好的框架. 混沌现象的发现和混沌学的建立，与相对论和量子理论一样，是对牛顿确定性理论的重大突破，为人类观察物质世界打开了一个新的窗口.

混沌现象是指在确定论系统中产生的随机性行为. 随着混沌理论研究的不断深入，混沌保密通信成为现代通信技术中的前沿课题. 混沌同步是混沌通信的关键问题，混沌系统的同步已成为非线性复杂性科学研究的重要内容. 由于混沌信号具有非周期性、类噪声、宽频带和长期不可预测等特点，特别适用于保密通信领域. 混沌保密通信的基本思想是把要传送的信息按照某种方式加载到一个由混沌系统产生的混沌信号上，实现对信息的隐藏. 混合信号经信道发送到接收端后，由一相同的混沌系统重构出混沌信号，进而解调出混合信号所携带的信息.

本实验将通过蔡氏电路，观察非线性电路振荡周期的分岔现象与混沌现象，测量非线性负阻元件的伏安特性曲线，从而了解非线性电路中的混沌现象. 通过混沌同步实验、混沌键控实验、混沌掩盖与解密实验了解混沌在通信中的应用.

实验目的

(1) 测量非线性负阻元件的伏安特性曲线.

(2) 调节并观察非线性电路振荡周期的分岔现象和混沌现象.

(3) 调试并观察混沌同步波形.

(4) 用混沌电路方式传输键控信号.

(5) 用混沌电路方式实现传输信号的掩盖与解密.

实验原理

1. 非线性电路中的混沌现象

蔡氏电路原理图如图5-7-1所示，电感 L_1 和电容 C_2 组成一个损耗可以忽略的谐振回路(振荡器)．通过电位器 W_1 与电容 C_1 组成的移相器将振荡器产生的信号移相输出，将示波器两个通道的输入信号做X-Y合成，可以在相图中观察到倍周期分岔现象及混沌现象．NR_1 为有源非线性负阻元件，电路的非线性动力学方程为

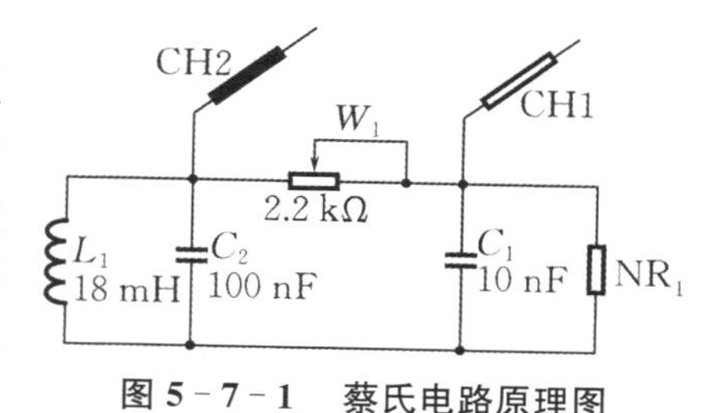

图5-7-1　蔡氏电路原理图

$$\begin{cases} C_2 \dfrac{dU_{C_2}}{dt} = G(U_{C_1} - U_{C_2}) + i_{L_1}, \\ C_1 \dfrac{dU_{C_1}}{dt} = G(U_{C_2} - U_{C_1}) - gU_{C_1}, \\ L_1 \dfrac{di_{L_1}}{dt} = -U_{C_2}, \end{cases} \tag{5-7-1}$$

式中 U_{C_1}，U_{C_2} 分别是电容 C_1，C_2 上的电压；i_{L_1} 为流过电感 L_1 的电流；$G=\dfrac{1}{W_1}$ 为电导；g 为 NR_1 的伏安特性函数．如果 NR_1 是线性元件，g 为常数，电路就是一般的正弦振荡电路．电位器 W_1 的作用是调节 U_{C_1} 和 U_{C_2} 的相位差．实际电路中，NR_1 是非线性元件，其伏安特性曲线如图5-7-2所示，NR_1 呈分段线性电阻的特性，整体上呈现出非线性．由于 g 总体是非线性函数，三元非线性方程组(5-7-1)没有解析解．当选取合适的电路参数时，通过数值计算可模拟电路的混沌现象．

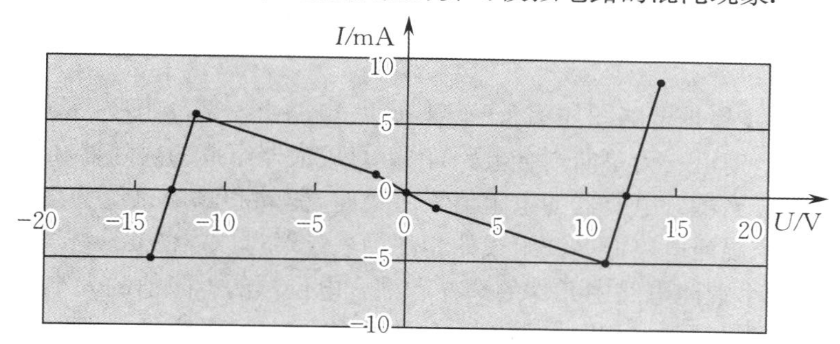

图5-7-2　非线性负阻 NR_1 的伏安特性曲线

实验中，可用示波器来观察电路的混沌现象．调节电位器 W_1，即改变电导值 G，则示波器上由 U_{C_1}，U_{C_2} 合成的李萨如图形发生变化．G 取最小值时，李萨如图形表现为一个光点，随着 G 的增加，李萨如图形接近一个斜椭圆，表明电路系统开始自激振荡，其振荡频率取决于电感与非线性负阻组成的回路特性．继续增加电导 G，此时示波器上显示两相交的椭圆，原先的一倍周期变为两倍周期，即电路系统需两个周期才恢复原状．这在非线性理论中称为倍周期分岔，如图5-7-3所示．继续增加电导 G，依次出现四倍周期、八倍周期、多周期分岔．随着 G 的进一步增加，电路系统完全进入了混沌，相图呈现随机性和非周期性，并对初始条件十分敏感，电路系统的状态无法确定，但类似"线圈"的相图有一个复杂但明确的边界，在边界内部具有无穷嵌套的自相似结构，显然有某种规律，把这时的解集称为奇异吸引子或混沌吸引子．

有源非线性负阻元件 NR_1 是本实验电路的关键，它主要由一个正反馈电路组成，能够输出电流维持振荡器不断振荡，其作用是使振动周期产生分岔和混沌等一系列现象．

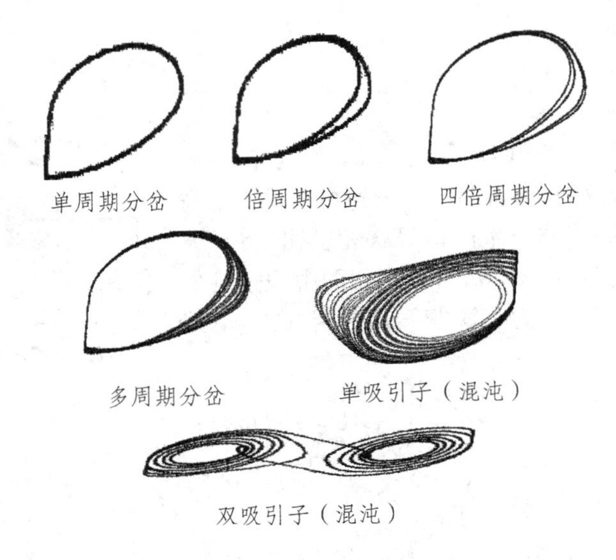

图 5－7－3　混沌相图

2. 混沌电路的同步

1990 年，皮科拉和卡罗尔首次提出了混沌同步的概念，从此研究混沌系统的完全同步以及广义同步、相同步、部分同步等问题成为混沌领域中非常活跃的课题，利用混沌同步进行保密通信也成为混沌理论研究的一个重要应用方向.

如果两个或多个混沌动力学系统，除了自身随时间的演化外，还有相互耦合作用，这种作用既可以是单向的，也可以是双向的. 当满足一定条件时，在耦合的影响下，这些系统的输出就会逐渐趋于相近，进而完全相等，称之为混沌同步. 实现混沌同步的方法很多，本实验利用驱动-响应方法实现混沌同步.

本实验中的混沌同步原理电路图如图 5－7－4 所示. 电路由三部分组成，混沌单元 2 为驱动系统，混沌单元 3 为响应系统，信道一为单向耦合电路，由运算放大器组成的射随器和耦合电位器实现单向耦合和耦合强度的控制. 当耦合电位器的电阻值无穷大时，驱动和响应系统为两个独立的混沌电路. 当混沌同步实现时，两个混沌电路振荡波组成的相图为一条通过原点的 45° 线段. 影响这两个混沌系统同步的主要因素是两个混沌电路中元件的选择和耦合电位器的电阻值的大小. 在实验中，当两个混沌电路的各元件参数基本相同时（相同标称值的元件也有 ±10% 的误差），混沌同步较容易实现.

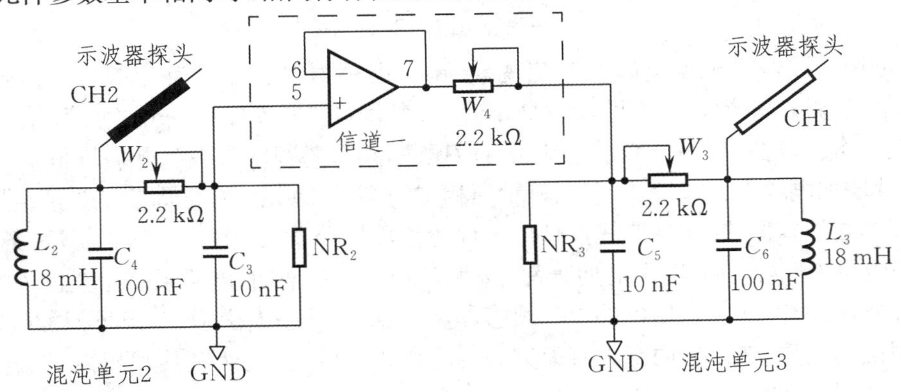

图 5－7－4　混沌同步原理电路图

其工作原理如下：

(1) 由于混沌单元 2 与混沌单元 3 的电路参数基本一致，它们自身的振荡周期也具有很大的相似性，只是因为它们的相位不一致，所以看起来都杂乱无章，看不出它们的相似性.

(2) 如果能让它们的相位同步，将会发现它们的振荡周期非常相似. 特别是将电位器 W_2 和 W_3 做适当调整，会发现它们的振荡波形不仅周期非常相似，幅度也基本一致. 整个波形具有相当大的等同性.

(3) 让它们相位同步的方法之一就是让其中一个单元受另一个单元的影响. 受影响大，则能较快同步；受影响小，则同步较慢，或不能同步. 为此，在两个混沌单元之间加入了信道一.

(4) 信道一由一个射随器、一只耦合电位器及一个信号观测口组成.

射随器的作用是单向隔离，它让前级(混沌单元 2) 的信号通过，再经耦合电位器 W_4 后去影响后级(混沌单元 3) 的工作状态，而后级的信号却不能影响前级的工作状态.

混沌单元 2 的信号经射随器后，其信号特性基本可认为没发生改变，等于原来混沌单元 2 的信号，即 W_4 左方的信号为混沌单元 2 的信号，右方的信号为混沌单元 3 的信号.

耦合电位器 W_4 的作用：调整它的电阻值可以改变混沌单元 2 对混沌单元 3 的影响程度.

3. 用混沌电路方式传输键控信号

混沌键控方法属于混沌数字通信技术，是利用所发送的数字信号调制发送端混沌系统的参数，使其在两个值中切换，将信息编码在两个混沌吸引子中；接收端则由与发送端相同的混沌系统构成，通过检测发送端与接收端混沌系统的同步误差来判断所发送的消息. 实验原理框图如图 5-7-5 所示.

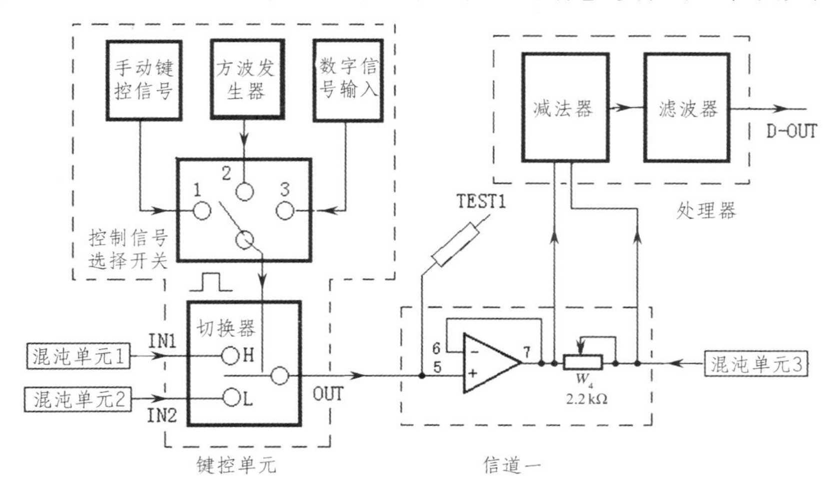

图 5-7-5　混沌键控实验原理框图

键控单元主要由三个部分组成：

(1) 控制信号部分：控制信号有三个来源.

① 手动按键产生的键控信号. 低电平 0 V，高电平 5 V.

② 电路自身产生的方波信号，周期约为 40 ms. 低电平 0 V，高电平 5 V.

③ 外部输入的数字信号. 要求最高频率小于 100 Hz，低电平 0 V，高电平 5 V.

(2) 控制信号选择开关：

① 开关拨到“1”时，选择手动按键产生的键控信号. 按键不按时输出低电平，按下时输出高电平.

② 开关拨到“2”时，选择电路自身产生的方波信号.

③ 开关拨到“3”时，选择外部输入的数字信号.

(3) 切换器：利用控制信号选择开关送来的信号控制切换器的输出选通状态. 当送来的控制信号为高电平时，选通混沌单元 1；当为低电平时，选通混沌单元 2.

使发送端混沌单元1和混沌单元2产生等幅的混沌信号1和混沌信号2，当控制信号为低电平时，端口OUT传来的混沌信号2与接收端的混沌信号3差异较小，同步作用可使混沌信号3与混沌信号2同步，减法器输出为零，端口D-OUT输出低电平0 V；当控制信号为高电平时，端口OUT传来的混沌信号1与混沌信号3差异较大，不能使混沌信号与之同步，减法器输出不为零，端口D-OUT输出高杂波电平.

4. 用混沌电路方式实现传输信号的掩盖与解密

混沌掩盖是较早提出的一种混沌加密通信方式，其基本思想是在发送端利用混沌信号作为载体来隐藏或遮掩所要传送的信息. 由于混沌信号的宽频带、类噪声的特点，将消息信号叠加到混沌信号上发送出去，别人很难从混合信号中提取消息信号，从而达到保密的效果. 在接收端则利用与发送端同步的混沌信号解密，恢复发送端发送的信息. 混沌信号和消息信号结合的主要方法有相乘、相加或加乘结合. 本实验采用消息信号和混沌信号直接相加的掩盖方法.

实验原理如图 5-7-6 所示，在混沌同步的基础上，接通图中的开关 S_1，S_2，可以进行混沌掩盖与解密实验.

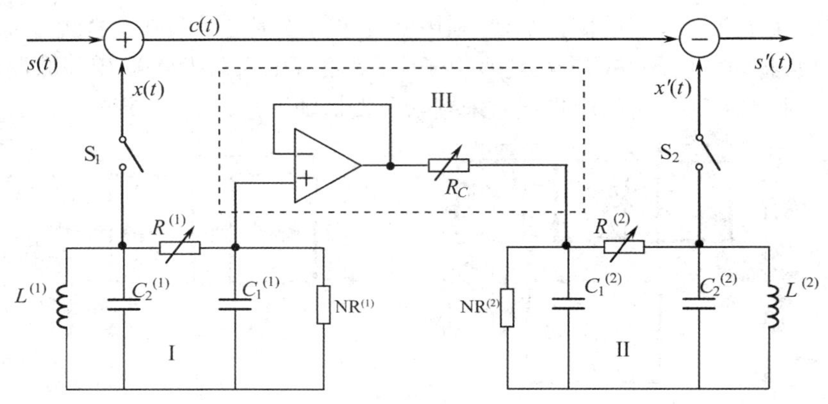

图 5-7-6　混沌掩盖与解密实验参考图

假设 $x(t)$ 是发送端产生的混沌信号，$s(t)$ 是要传送的消息信号，实验中消息信号由信号发生器产生，为方波或正弦信号. 经过混沌掩盖后，传输信号为 $c(t)=x(t)+s(t)$. 接收端产生的混沌信号为 $x'(t)$，当接收端和发送端同步时，有 $x'(t)=x(t)$，由 $c(t)-x'(t)=s(t)$，可知 $s'(t)=s(t)$，即可恢复消息信号. 用示波器可以观察传输信号，并比较要传送的消息信号和恢复的消息信号. 实验中，信号的加法运算及减法运算可以通过运算放大器来实现.

需要指出的是，在实验中采用的是信号直接相加进行混沌掩盖，当消息信号幅度较大，而混沌信号相对较小时，消息信号不能被掩盖在混沌信号中，传输信号中就能看出消息信号的波形. 因此，实验中要求信号发生器产生的消息信号比较小.

实验仪器

混沌原理及应用实验仪(以下简称实验仪，实验仪面板见附录2图5-7-18)，数字双踪示波器，信号发生器.

实验内容

1. 测量非线性负阻的伏安特性曲线

实验原理框图如图 5-7-7 所示.

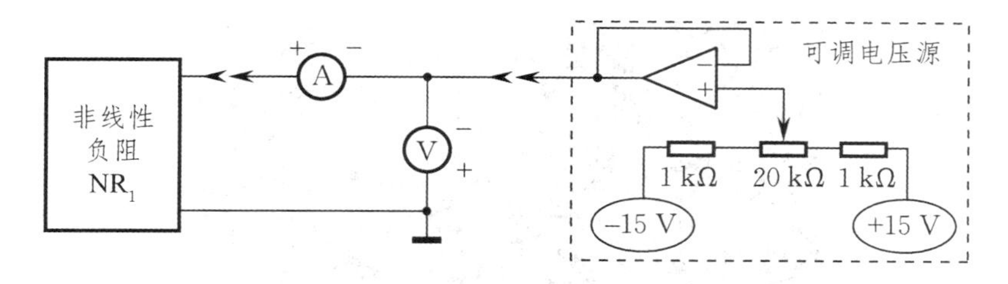

图 5-7-7　测量非线性负阻伏安特性曲线的原理框图

(1) 在实验仪面板上插上跳线 J1, J2，并将可调电压源处电位器逆时针旋到头，在混沌单元 1 中插上非线性负阻 NR_1.

(2) 连接实验仪电源，打开机箱后侧的电源开关. 面板上的电流表应有示数，电压表也应有示数.

(3) 顺时针方向慢慢旋转可调电压源处的电位器，并观察面板上的电压表示数，每隔 0.2 V 记录面板上的电压表和电流表示数，直到电位器顺时针旋到头，将数据记录于表 5-7-1.

表 5-7-1　测量非线性负阻伏安特性曲线的数据记录表

电压 /V	…	0.0	0.2	0.4	0.6	0.8	1.0	1.2	1.4	…
电流 /mA										

2. 调节并观察非线性电路振荡周期的分岔现象和混沌现象

(1) 拔除跳线 J1, J2（本实验和接下来的实验均不需要用跳线 J1, J2），在实验仪面板上的混沌单元 1 中插上电位器 W_1、电感 L_1、电容 C_1、电容 C_2、非线性负阻 NR_1，并将电位器 W_1 顺时针旋到头.

(2) 用两根电缆线分别连接示波器的 CH1 和 CH2 通道到实验仪面板上的标号 Q8 和 Q7 处. 打开机箱后侧的电源开关.

(3) 把示波器的时基挡切换到“X-Y”. 调节示波器 CH1 和 CH2 通道的电压挡位使示波器荧光屏上能显示整个波形，逆时针旋转电位器 W_1 直到示波器上的混沌波形变为一个点，然后慢慢顺时针旋转电位器 W_1 并观察示波器，示波器上应该逐次出现单周期分岔、倍周期分岔、四倍周期分岔、多周期分岔、单吸引子、双吸引子现象（见图 5-7-3）.

注意，在调试出双吸引子相图时，注意感觉电位器的可变范围，即在某一范围内变化，双吸引子都会存在. 最终应将电位器调节到这一范围的中点，这时双吸引子最为稳定，并易于观察.

3. 调试并观察混沌同步波形

(1) 插上实验仪面板上的混沌单元 1、混沌单元 2 和混沌单元 3 的所有电路模块，即在实验仪面板的 3 个混沌单元中对应插上电位器 W_1, W_2, W_3，电感 L_1, L_2, L_3，电容 C_1, C_2, C_3, C_4, C_5, C_6，非线性负阻 NR_1, NR_2, NR_3. 按照实验内容 2 的方法将混沌单元 1、混沌单元 2 和混沌单元 3 分别调节到混沌状态，即双吸引子状态. 电位器调节到保持双吸引子状态的中点.

调试混沌单元 2 时，示波器接到实验仪面板上的标号 Q5, Q6 处.

调试混沌单元 3 时，示波器接到实验仪面板上的标号 Q3, Q4 处.

(2) 插上实验仪面板上的信道一和键控单元，键控单元上的控制信号选择开关置于“1”. 用电缆线连接面板上的 Q3 和 Q5 到示波器上的 CH1 和 CH2 通道，调节示波器 CH1 和 CH2 通道的电压挡位到 0.5 V.

(3) 细心微调混沌单元 2 的 W_2、混沌单元 3 的 W_3 和键控单元的 W_5，直到示波器上显示的波形成为过中点约 45° 的细斜线，如图 5-7-8 所示.

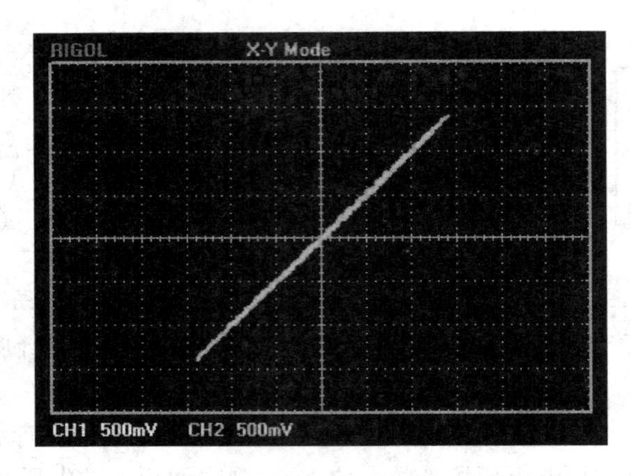

图 5-7-8　混沌同步调节好后示波器上波形状态示意图

这幅相图表达的含义是:若两路波形完全相等,这条线将是一条倾角为 45° 的线段. 45° 表示两路波形的幅度基本一致. 线的长度表示波形的振幅,线的粗细代表两路波形的幅度和相位在细节上的差异. 这条线的优劣表达了两路波形的同步程度,所以应尽可能地将这条线调细,但同时必须保证混沌单元 2 和混沌单元 3 处于混沌状态.

(4) 用电缆线将示波器的 CH1 和 CH2 通道分别连接到实验仪面板上的标号 Q6 和 Q5 处,观察示波器上是否存在混沌波形,如不存在混沌波形,调节 W_2 使混沌单元 2 处于混沌状态. 再用同样的方法检查混沌单元 3,确保混沌单元 3 也处于混沌状态,显示出双吸引子.

(5) 用电缆线将示波器的 CH1 和 CH2 通道分别连接到实验仪面板上的标号 Q3 和 Q5 处,检查示波器上显示的波形为过中点约 45° 的细斜线.

(6) 在使 W_4 的电阻值尽可能大(逆时针旋转为增大) 的情况下调节 W_2,W_3,使示波器上显示的细斜线尽可能最细. 在调整到示波器中显示 45° 细斜线后,需检查混沌单元,应处于双吸引子状态.

4. 用混沌电路方式传输键控信号

(1) 在实验仪面板上插上混沌单元 1、混沌单元 2 和混沌单元 3(在实验仪面板的 3 个混沌单元中对应插上电位器 W_1,W_2,W_3,电感 L_1,L_2,L_3,电容 C_1,C_2,C_3,C_4,C_5,C_6,非线性负阻 NR_1,NR_2,NR_3)、键控单元以及信号处理,按照实验内容 2 的方法将混沌单元 1、混沌单元 2 和混沌单元 3 分别调节到混沌状态,键控单元上的控制信号选择开关置于“1”(注意,调节混沌单元 2 和混沌单元 3 的状态时,信道一模块必须取下).

(2) 将 CH1 通道与实验仪面板上的 Q6 连接,示波器时基切换到“Y-T”,在混沌单元 2 的混沌状态内,调整 W_2 以挑选一个输出波形的峰-峰值(如选择 9 V 左右),然后保证 W_2 不动.

(3) 将 CH1 通道与实验仪面板上的 Q4 连接,在混沌单元 3 的混沌状态内,调整 W_3 使输出波形峰-峰值与步骤(2) 中一致,然后保证 W_3 不动.

(4) 在实验仪面板上将信道一插上(本次实验暂未用到其他模块),W_4 置中或更大,将 CH1 通道与信道一上的测试插座“TEST1” 连接好. 此时按住键控单元上的蓝色按键,示波器上将显示混沌单元 1 的输出波形. 松开键控单元上的蓝色按键,示波器上将显示混沌单元 2 的输出波形.

(5) 按下键控单元上的蓝色按键,在混沌单元 1 的混沌状态内,调整 W_1,使此时混沌单元 1 的输出波形峰-峰值为 V_{pp}(如调到 10 V 左右). 然后松开键控单元上的蓝色按键,调整 W_5 使混沌单元 2 的输出波形峰-峰值也为 V_{pp}. 随后将键控单元上的控制信号选择开关置于“2”,此时示波器上显示的波形为混沌单元 1 与混沌单元 2 的交替输出的波形,如图 5-7-9 所示,此波形的峰-峰值应看不出交替的痕迹. 最后保证 W_1 和 W_5 不动.

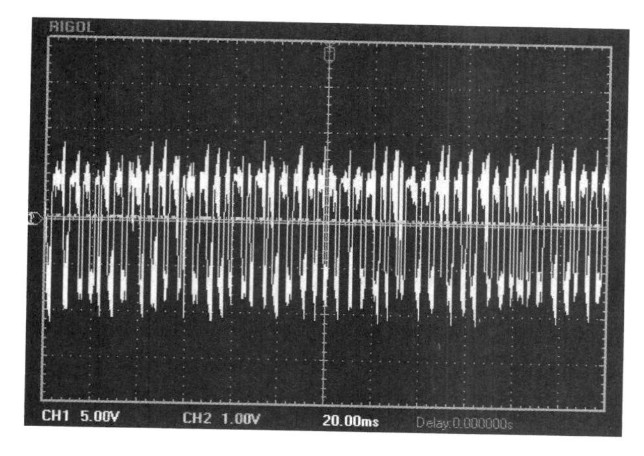

图 5-7-9　混沌单元1与混沌单元2交替输出的波形

(6) 示波器时基切换到"X-Y",将键控单元上的控制信号选择开关置于"1",CH1换接Q4,CH2接Q6,示波器上将显示一条约45°的过中心的斜线(见图5-7-10).

(7) CH2换接Q8,按下键控单元上的蓝色按键,也将出现一条约45°的过中心的斜线(见图5-7-11).若保证前面步骤调整过程中仔细正确,可以发现图5-7-11中的斜线粗细明显大于图5-7-10中的斜线(否则按本实验内容最后的"注意"操作).

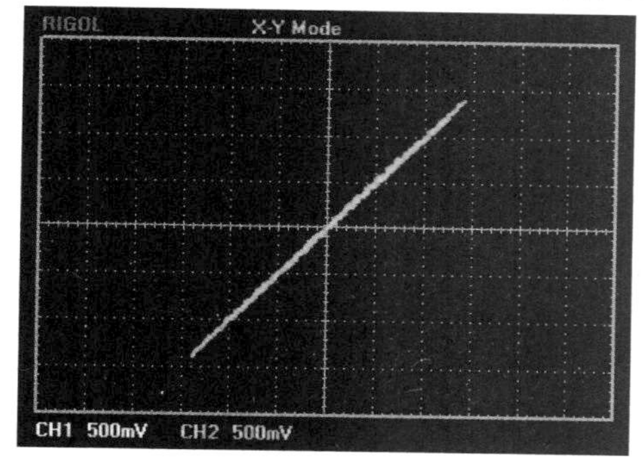

图 5-7-10　混沌单元3与混沌单元2的同步图形

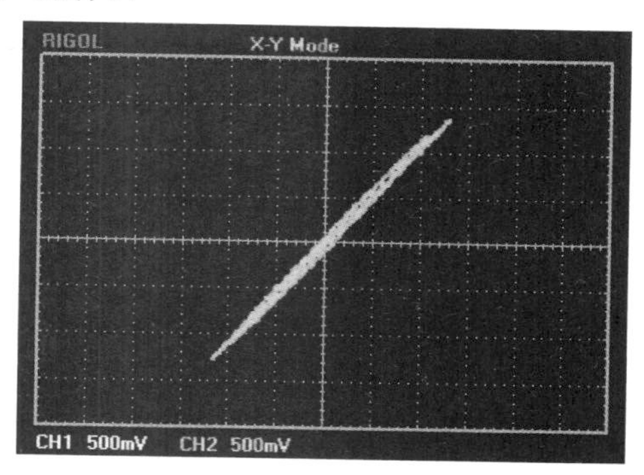

图 5-7-11　混沌单元3与混沌单元1的不同步图形

(8) 将示波器时基切换到"Y-T",CH1接Q1,将键控单元上的控制信号选择开关置于"2",示波器将显示解密波形(见图5-7-12).要得到图5-7-12,可调整W_4,使低电平尽可能低,高电平尽可能高.

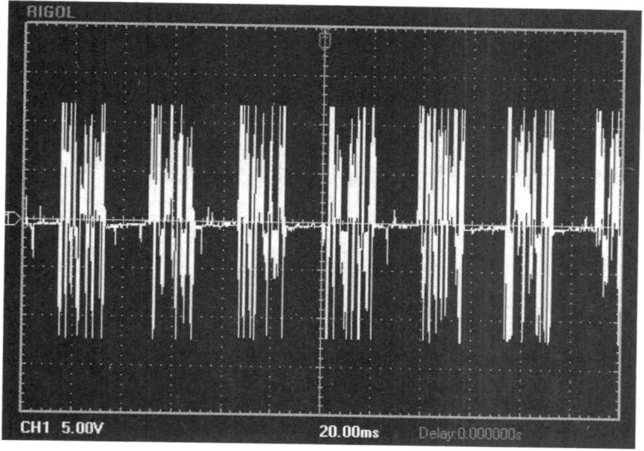

图 5-7-12　控制信号为方波的混沌解密波形

(9) 将键控单元上的控制信号选择开关置于“1”，快速敲击蓝色按键，观测示波器波形随蓝色按键的变化.

(10) 控制信号为外部输入波形的情况下混沌加、解密波形的观察.

将键控单元上的控制信号选择开关置于“3”，此时的控制信号为外部接入信号. 接入信号的位置为 Q9，外接输入信号幅值须为 0～+5 V，频率须小于 100 Hz. 输出到示波器上的信号如下：当外输入为高电平时，信号为高杂波电平；当外输入为低电平时，波形幅度约为 0 V. 观察输出信号周期与输入信号周期的关系，以及输入波形改变时占空比的变化.

(11) 用示波器探头测量信道一上面的测试座“TEST1”的输出信号波形，该波形即键控加密波形，比较该波形与外部接入信号，解调输出信号，观察键控混沌的效果.

注意，① 按上述步骤进行实验的过程中，可能出现图 5-7-10 与图 5-7-11 中斜线粗细对比不明显而导致后续结果很难得到的情况，这时可以通过返回步骤(5)，改变 W_1 与 W_5，使混沌单元 1 和混沌单元 2 的 V_{pp} 改变到一个新的值(需保证混沌单元 1 和混沌单元 2 仍处于混沌状态).

② 通过以上实验步骤和注意 ①，仍有很小概率难以得到所需的实验结果，此时是步骤(2)，(3) 设定的输出波形峰-峰值过大或过小造成的，需根据情况重新设定.

5. 用混沌电路方式实现传输信号的掩盖与解密

实验原理框图如图 5-7-13 所示.

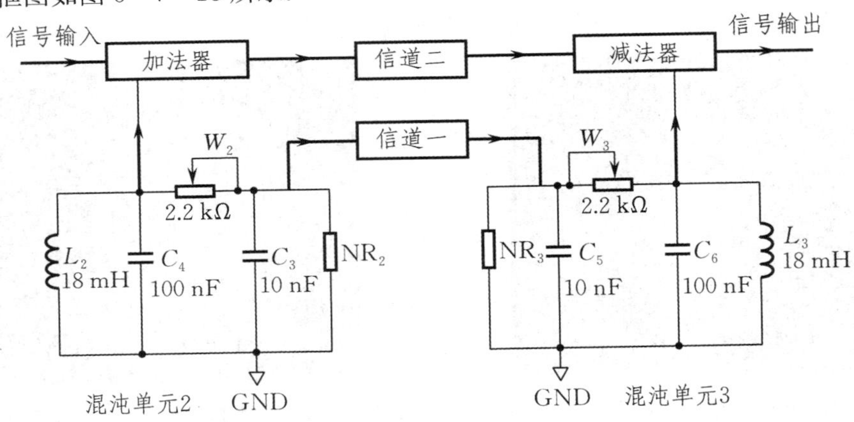

图 5-7-13　混沌掩盖与解密的原理框图

(1) 在实验仪的面板上插上混沌单元 1、混沌单元 2 和混沌单元 3 的所有电路模块，即在实验仪面板上的 3 个混沌单元中对应插上电位器 W_1，W_2，W_3，电感 L_1，L_2，L_3，电容 C_1，C_2，C_3，C_4，C_5，C_6，非线性负阻 NR_1，NR_2，NR_3. 按照实验内容 2 的方法将混沌单元 2 和混沌单元 3 调节到混沌状态.

(2) 在实验仪的面板上插上键控单元模块、信号处理模块、信道一模块，按照实验内容 3 的步骤将混沌单元 2 和混沌单元 3 调节到混沌同步状态.

(3) 在实验仪的面板上插上减法器模块、信道二模块、加法器模块，将示波器的 CH1 通道连接到 Q2 处.

(4) 将示波器的时基切换到“Y-T”并将电压挡旋转到 500 mV 位置、时间挡旋转到 10 ms 位置、耦合挡切换到交流位置，Q10 处连接信号发生器的输出口，调节信号发生器使其输出频率为 100～200 Hz、幅度为 50 mV 左右的正弦信号.

(5) 逆时针调节电位器 W_4，直到示波器上出现频率为输入频率、幅度为 0.7 V 左右叠加有一定噪声的正弦信号，细心调节 W_2 和 W_3，使噪声最小，如图 5-7-14 所示.

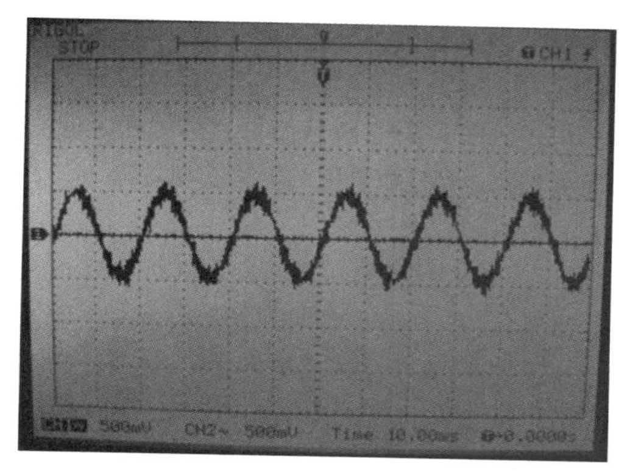

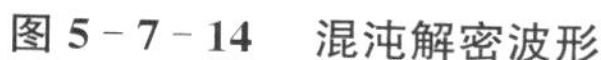
图 5-7-14　混沌解密波形

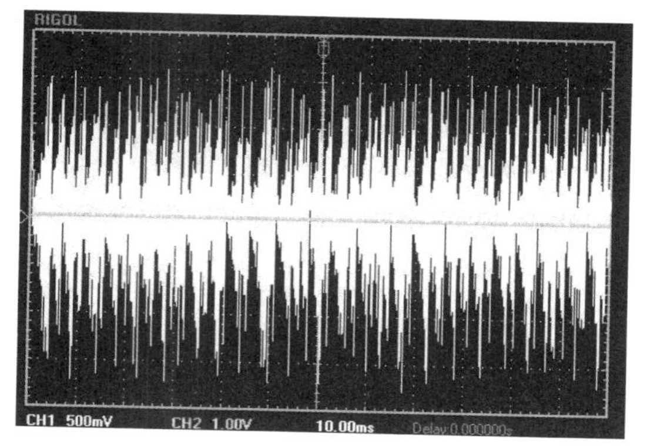

图 5-7-15　正弦信号的混沌掩盖波形

(6) 用示波器探头测量信道二上面的测试口“TEST2”的输出波形(见图 5-7-15). 观察外输入信号被混沌信号掩盖的效果,并比较输入信号波形与解密后的信号波形的差别.

数据处理

(1) 根据表 5-7-1 中的实验数据,以电压为横坐标,电流为纵坐标绘制非线性负阻的伏安特性曲线,找出曲线拐点,分别计算 5 个区间的等效电阻值.

(2) 记录单周期分岔、倍周期分岔、四倍周期分岔、多周期分岔、单吸引子和双吸引子 6 个相图以及相应的 U_{C_1}, U_{C_2} 输出的波形.

(3) 记录混沌同步实验中混沌单元 2 与混沌单元 3 的相图.

(4) 记录混沌键控实验中控制信号为方波信号时示波器上显示的解密波形.

(5) 记录混沌掩盖与解密实验中的输入信号波形与解密后的信号波形.

预习思考题

(1) 有源非线性负阻元件在本实验中的作用是什么?

(2) 调节混沌同步时,为什么要将电位器 W_4 的电阻值尽可能调大呢? 如果电阻值很小,或者为零,代表什么意义? 会出现什么现象?

拓展阅读

[1]　ZKY-HD 混沌原理及应用实验仪实验指导及操作说明书. 成都世纪中科仪器有限公司. 2014.

[2]　郝柏林. 分岔、混沌、奇怪吸引子、湍流及其它:关于确定论系统中的内在随机性[J]. 物理学进展,1983,3(3):329-416.

[3]　高金峰. 非线性电路与混沌[M]. 北京:科学出版社,2005.

[4]　杨晓松,李清都. 混沌系统与混沌电路[M]. 北京:科学出版社,2007.

[5]　黄秋楠,陈菊芳,彭建华. 离散混沌电路的实现[J]. 物理实验,2003,23(7):10-12,22.

附录1

离散混沌系统的电路实验原理

一般说来,非线性离散系统可以写成

$$\boldsymbol{X}_{n+1} = G(\boldsymbol{X}_n, \mu), \tag{5-7-2}$$

式中 $\boldsymbol{X}\in\mathbf{R}^{N}$（$N$ 维空间的矢量），μ 为系统的参量集合，G 为非线性函数. 构造离散系统的电路大致可以分两步进行：首先由方程(5-7-2) 中的函数 G 建立对应的模拟电路，为了简便起见，假设函数 G 是多项式的形式，且最高次幂是二阶的，这样只需用运算放大器、乘法器、电阻和电容等器件就可以组成相应的模拟电路；然后再利用采样保持电路实现连续状态量的离散化. 下面以一种最典型的离散映像 —— 逻辑斯谛映象为例说明具体的电路实现过程.

逻辑斯谛映像也称为虫口模型，可以描述某些昆虫世代繁衍的规律，方程为

$$x_{n+1}=\mu x_n(1-x_n),\quad \mu\in[0,4],\quad x_n\in[0,1], \tag{5-7-3}$$

其中 μ 是系统的可调参量，x_n 是第 n 年昆虫的数目. 逻辑斯谛映像简单，只有二次项，在时间上离散，状态上连续，是一个很好的研究混沌基本特性的模型. 理论研究表明，随着 μ 值由小至大变化，系统出现倍周期分岔，并通过倍周期分岔通向混沌.

实现逻辑斯谛映像的电路如图 5-7-16 所示，虚线框 Ⅰ 内为使连续信号离散化的电路，它由采样保持器 S/H(1) 和 S/H(2) 组成，它们的工作状态分别受相位相反的脉冲电压的控制，使得 S/H(1) 的采样状态、保持状态与 S/H(2) 的采样状态、保持状态恰好相反，从而实现既离散化了连续信号，又将其做时间延迟，完成离散系统的迭代过程；虚线框 Ⅱ 内是模拟电路部分，由它实现方程(5-7-3) 右端的函数形式，电路中的运算放大器 A_1 和 A_2 分别构成反向器和反向加法器，乘法器 M 用来实现非线性平方项.

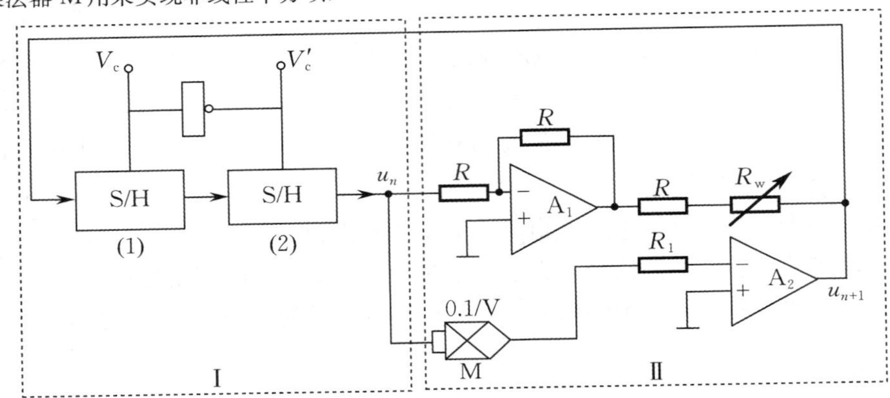

图 5-7-16　离散逻辑斯谛系统电路图

电路的状态方程为

$$u_{n+1}=\frac{R_{\mathrm{w}}}{R}u_n\left(1-\frac{0.1R}{R_1}u_n\right), \tag{5-7-4}$$

做如下标度变换：

$$x_n=\varepsilon u_n,\quad \varepsilon=\frac{0.1R}{R_1},\quad \mu=\frac{R_{\mathrm{w}}}{R}, \tag{5-7-5}$$

方程(5-7-4) 变为(5-7-3). 实验中，固定 $R=10\ \mathrm{k\Omega}$，$R_1=5\ \mathrm{k\Omega}$，标度变换因子 $\varepsilon=0.2$，引入这个因子是为了保证实验的观测值在一个合适的范围. R_{w} 为可调节电位器，调节它相当于改变方程(5-7-3) 中的参量 μ.

实验结果表明，当 R_{w} 的值从小到大改变，即 μ 由小到大变化时，可以通过示波器观察到这个电路出现了倍周期分岔现象以及混沌现象.

混沌原理及应用实验仪

下面给出混沌原理及应用实验仪的工作原理图（见图 5-7-17）和面板图（见图 5-7-18）.

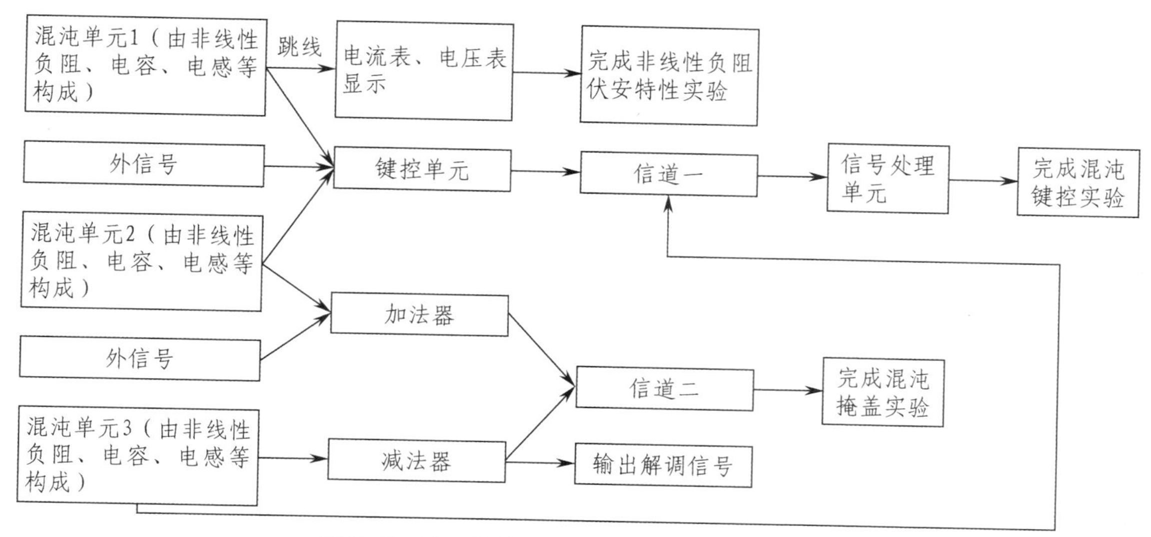

图 5-7-17　混沌原理及应用实验仪工作原理图

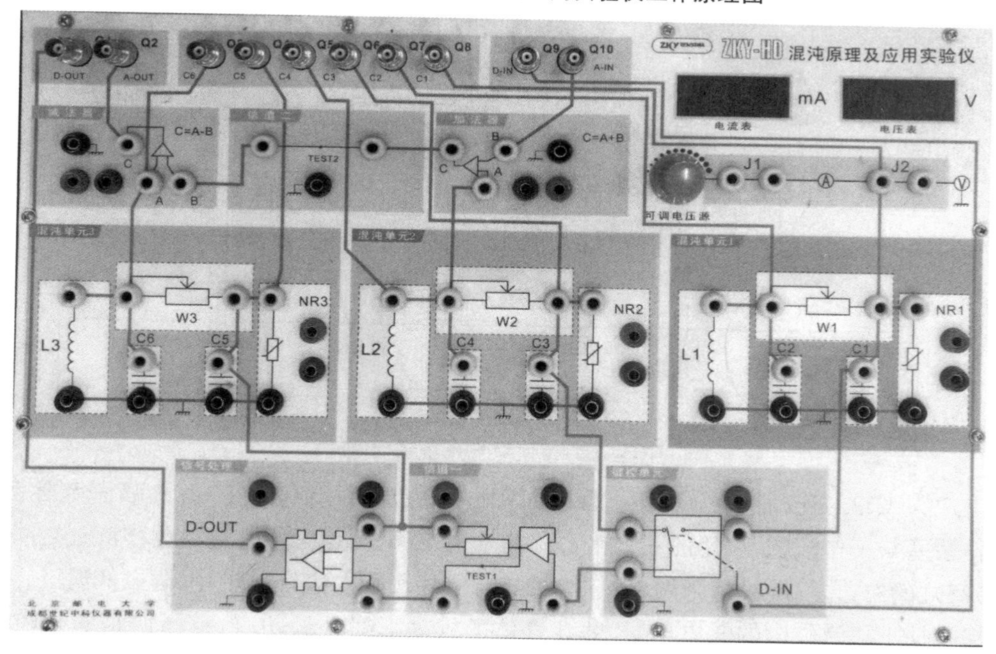

图 5-7-18　混沌原理及应用实验仪面板图

5.8　空气热机

引言

热机是将热能转换为机械能的机器. 历史上对热机循环过程及热机效率的研究，曾为热力学第二定律的确立起了奠基性的作用. 斯特林于 1816 年发明的空气热机，以空气作为工作介质，是最古老的热机之一. 虽然现在已发展了内燃机、燃气轮机等新型热机，但空气热机结构简单，有助于理解热机原理与卡诺定理等热力学中的重要内容，是很好的热学实验教学仪器.

实验目的

(1) 理解空气热机的工作原理.

(2) 测量不同冷热端温度时的热功转换值,验证卡诺定理.

(3) 测量热机输出功率随负载及转速的变化关系,计算热机实际效率.

实验原理

1. 空气热机的构造及工作原理

本实验采用电加热型热机测试仪,热机主机由高温区、低温区、工作活塞及汽缸、位移活塞及汽缸、飞轮、热源等部分组成,其构造如图 5-8-1 所示.

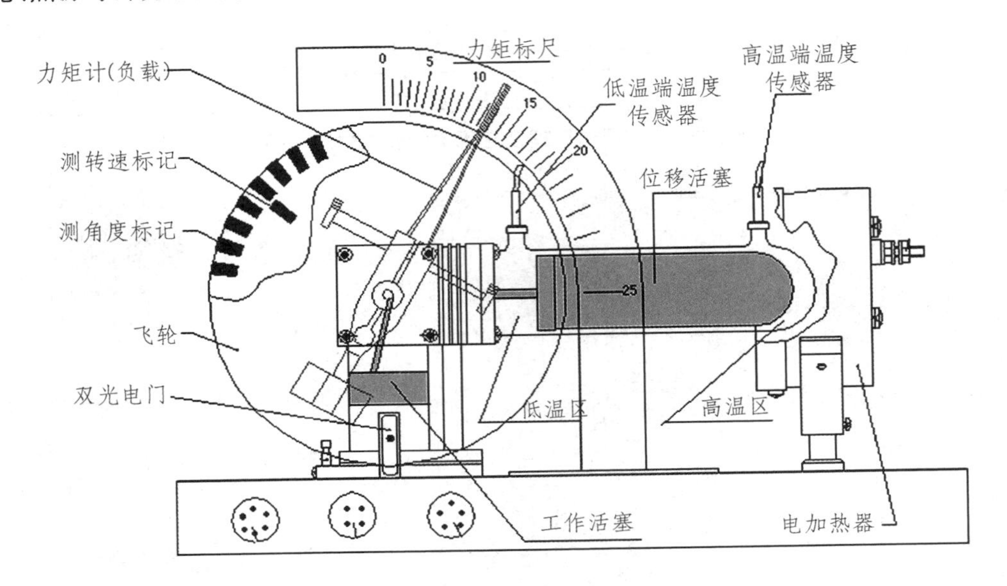

图 5-8-1　空气热机构造图

热机左边为飞轮与连杆机构,工作活塞与位移活塞通过连杆与飞轮连接,三者一起运动. 飞轮的下方为工作活塞与工作汽缸,飞轮的右方为位移活塞与位移汽缸,工作汽缸与位移汽缸之间用通气管连接. 位移汽缸的右边是高温区,采用电热方式加热,位移汽缸左边有散热片,构成低温区.

工作活塞使工作汽缸内的气体封闭,并在气体的推动下对外做功. 位移活塞是非封闭的占位活塞,其作用是在循环过程中使气体在高温区与低温区不断交换,气体可通过位移活塞与位移汽缸之间的间隙流动. 工作活塞与位移活塞的运动是不同步的,当某一个活塞处于位置极值时,它本身的速度最小,而另一个活塞的速度最大.

为方便理解空气热机的工作原理,将实验装置简化,如图 5-8-2 所示. 当工作活塞处于最底端时,位移活塞迅速左移,使位移汽缸内的气体向高温区流动,如图(a) 所示;进入高温区的气体温度升高,使位移汽缸内的压强增大并推动工作活塞向上运动,如图(b) 所示,在此过程中热能转换为飞轮转动的机械能;工作活塞在最顶端时,位移活塞迅速右移,使位移汽缸内的气体向低温区流动,如图(c) 所示;进入低温区的气体温度降低,使位移汽缸内的压强减小,同时工作活塞在飞轮惯性力的作用下向下运动,完成循环,如图(d) 所示. 在一次循环过程中,气体对外所做净功等于 p-V 曲线所围的面积.

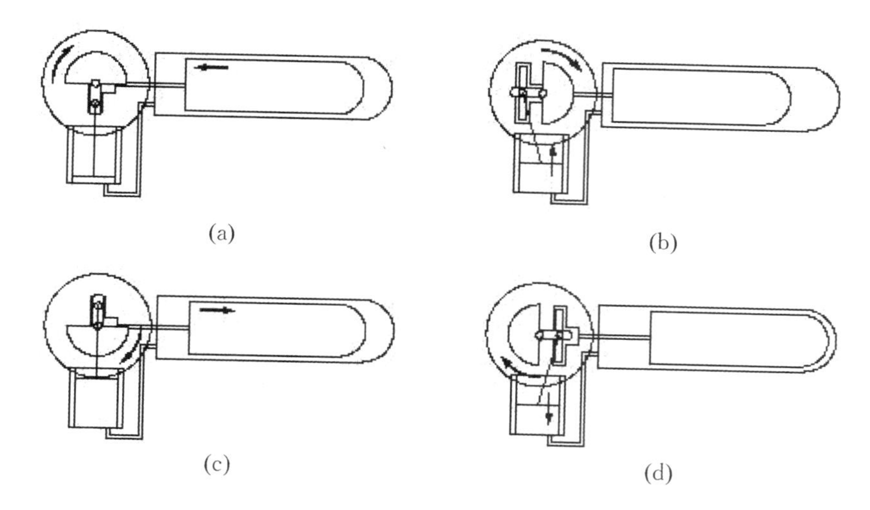

图 5-8-2　空气热机工作原理

2. 卡诺定理的验证

对于循环过程可逆的理想热机，其效率为

$$\eta=\frac{A}{Q_1}=\frac{Q_1-Q_2}{Q_1}=\frac{T_1-T_2}{T_1}=\frac{\Delta T}{T_1},$$

式中 A 为每一循环中热机做的功，Q_1 为热机每一循环从热源吸收的热量，Q_2 为热机每一循环向冷源放出的热量，T_1 为热源的热力学温度，T_2 为冷源的热力学温度.

实际的热机都不可能是理想热机，卡诺定理指出，循环过程不可逆的实际热机，其效率不可能高于理想热机，此时热机效率为

$$\eta<\frac{\Delta T}{T_1}.$$

卡诺定理指出了提高热机效率的途径，就过程而言，应当使实际的不可逆热机尽量接近可逆热机. 就温度而言，应尽量地提高冷源与热源之间的温度差.

热机每一循环从热源吸收的热量 Q_1 正比于 $\Delta T/n$（n 为热机（飞轮）转速），则 η 正比于 $nA/\Delta T$. 只需测量不同冷、热端温度时的 $nA/\Delta T$，观察它与 $\Delta T/T_1$ 的关系，即可验证卡诺定理. 如图 5-8-1 所示，热机转速 n 可由光电门进行测量，功 A 由空气热机测试仪输出信号至双踪示波器显示的 $p-V$ 曲线进行测量，T_1 由高温端温度传感器进行测量，温差 ΔT 为高、低温端传感器所测温度的差值.

此实验中，工作汽缸内的压强和容积可由空气热机测试仪测出，而功 A 的值即为工作汽缸内 $p-V$ 曲线所围的面积再乘以转换系数. 双踪示波器可将空气热机测试仪输入的压强和容积信号转换为电压信号显示出来，其转换关系如下：容积（CH1 通道），$1\ \text{V}=1.333\times10^{-5}\ \text{m}^3$；压强（CH2 通道），$1\ \text{V}=2.164\times10^{4}\ \text{Pa}$.

图 5-8-3 为双踪示波器显示的空气热机运行中某一时刻的 $p-V$ 曲线. 本实验测量 $p-V$ 曲线所围面积的方法：将图 5-8-3 所示的 $p-V$ 曲线从左右两边最远点分成上下两条曲线，利用双踪示波器读取两条曲线上若干点的横、纵坐标值，将这些值输入电脑中，利用 Excel 拟合出两条曲线的方程，用积分法求出两条曲线所围的面积. 上、下两条曲线所需读取坐标的点为曲线的端点和曲线与双踪示波器背景竖线相交的点.

3. 热机实际效率的测量

当热机带负载时，热机实际效率可用热机向负载输出的功率与电加热器端输入功率的比值来计算. 其中，热机的输出功率为 $P_o=2\pi nM$，式中 M 为飞轮摩擦力矩；电加热器的输入功率为 $P_i=UI$，

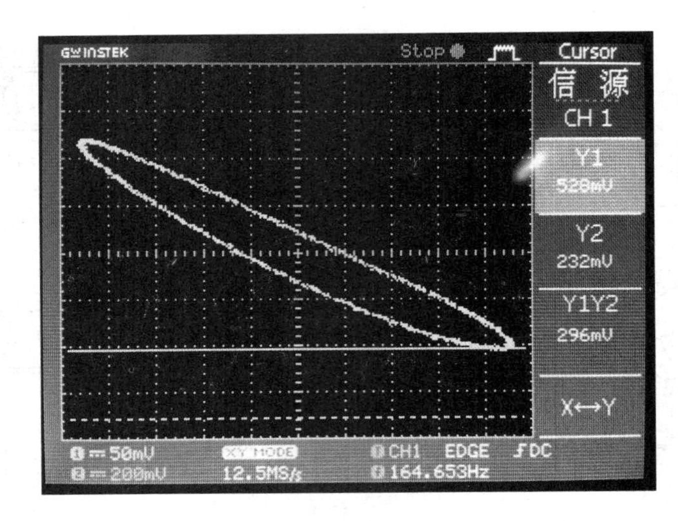

图 5-8-3 双踪示波器显示的 $p-V$ 曲线

式中 U 为输入电压，I 为输入电流. 热机实际输出功率的大小随负载的变化而变化.

如图 5-8-1 所示，力矩计悬挂在飞轮轴上，由力矩计所指位置可直接在力矩标尺上读出摩擦力矩 M；电加热器的输入电压 U 和电流 I 可在仪器面板上直接读取. 调节力矩计锁紧螺钉的松紧，即可改变力矩计与气轮轴之间的摩擦力，测量计算出不同负载大小时的热机实际效率.

实验仪器

空气热机测试仪(ZKY-RJ)，电加热器及电源(ZKY-RJDY)，数字双踪示波器(GDS-1102A-U).

实验内容

1. 理解空气热机的工作原理及循环过程

不用力矩计，将电加热器的加热电压加到第 11 挡(24 V 左右)，等待 10 ～ 15 min，用手顺时针拨动飞轮，空气热机即可运转(若运转不起来，可看看空气热机测试仪显示的温度，冷、热端温度差达 80 K 左右时易于启动)，结合图 5-8-2 仔细观察热机循环过程中工作活塞与位移活塞的运动情况，理解空气热机的工作原理.

2. 测量不同输入功率下的热机效率，验证卡诺定理

(1) 调节示波器观察容积与压强信号波形. 首先点击数字双踪示波器的存储 / 调入按钮并点击屏幕右侧的初始设置按键，随后点击 CH1 按钮，观察容积信号；点击 CH2 按钮，观察压强信号. 同时点击 CH1 按钮和 CH2 按钮可同时观察压强和容积信号及它们之间的相位关系等.

(2) 调节数字双踪示波器使其显示 $p-V$ 曲线. 按顺序点击自动设置按钮、水平菜单按钮和 X-Y 按钮，调节出 $p-V$ 曲线. 旋转 CH1 按钮和 CH2 按钮上方的上下调节旋钮，改变 $p-V$ 曲线的显示位置；旋转 CH1 按钮和 CH2 按钮下方的通道灵敏度旋钮，改变 $p-V$ 曲线的显示大小. 将 $p-V$ 曲线调节到最适合观察的位置(示波器屏幕能完整显示的最大 $p-V$ 曲线：一般将一通道灵敏度调节为 50 mV/DIV，二通道灵敏度调节为 200 mV/DIV).

(3) 等待一段时间，待温度和转速基本平衡后，点击运行 / 停止按钮，将 $p-V$ 曲线固定在示波器屏幕中，同时从空气热机测试仪面板上读取当前加热电压、热端温度、温差和转速，并记入表 5-8-1.

(4) 调节数字双踪示波器读取待测点坐标：先点击光标按钮，再点击 X1(或 Y1) 按钮，调出水平(或竖直) 测量线. 转动调节旋钮，将测量线与待测点重合，从示波器读取待测点的坐标，并记入表 5-8-2；点击 X-Y 按钮，可在屏幕切换显示水平或竖直测量线.

(5) 逐步加大加热功率，等待温度和转速平衡后，重复以上测量4次以上，将数据记入表5-8-1和表5-8-2.

(6) 本空气热机测试仪有转速保护，如果热机转速超过15 r/s，会报警并自动切断电源. 为了保证实验的连续性，建议选择较小的加热电压进行实验.

表5-8-1　测量不同冷、热端温度时热机效率的数据记录表

加热电压 U /V	热端温度 T_1 /K	温度差 ΔT /K	$\Delta T/T_1$	功 A/J	热机转速 n /(r/s)	$nA/\Delta T$

表5-8-2　测量 $p-V$ 曲线所围面积的数据记录表

V/V											
p_1/V											
p_2/V											

3. 测量热机实际输出功率随负载及转速的变化关系

(1) 调节加热电压至36 V，用手轻触飞轮让热机停止运转，然后将力矩计装在飞轮轴上，拨动飞轮，让热机继续运转. 调节力矩计的摩擦力(不要停机)，待摩擦力矩、转速、温度稳定后，读取并记录各项参数于表5-8-3.

(2) 保持输入功率不变，逐步增大摩擦力矩，重复以上测量4次.

注意，此实验测量时应尽量快.

表5-8-3　测量热机实际输出功率随负载及转速变化关系的数据记录表

输入功率 $P_i = UI =$ ____ W

热端温度 T_1/K	温度差 ΔT /K	摩擦力矩 M /(10^{-3} N·m)	热机转速 n /(r/s)	输出功率 $P_o = 2\pi nM$/W	输出效率 $\eta = P_o/P_i$/(%)

数据处理

1. 测量不同输入功率下的热机效率，验证卡诺定理

使用Excel作 $p-V$ 曲线，并计算功 A，填入表5-8-1. 表5-8-2中容积 V、压强 p 与双踪示波器输出电压的关系如下：容积(CH1通道)，1 V对应 1.333×10^{-5} m^3；压强(CH2通道)，1 V对应 2.164×10^4 Pa. 以 $\Delta T/T_1$ 为横坐标，$nA/\Delta T$ 为纵坐标，作 $nA/\Delta T$ 与 $\Delta T/T_1$ 的关系曲线，验证卡诺定理.

2. 测量热机实际输出功率随负载及转速的变化关系

使用Excel，以n为横坐标，P_o为纵坐标，作P_o-n关系曲线；以摩擦力矩为横坐标，效率为纵坐标，作效率-摩擦力矩关系曲线. 分析同一输入功率下，实际输出功率随转速及效率随摩擦力矩的变化关系.

注意事项

(1) 高温区在工作时温度很高，而且在停止加热后1 h内仍然会有很高的温度，请小心操作，不要触摸，否则会被烫伤.

(2) 空气热机在没有运转的状态下，严禁长时间大功率加热. 若热机运转过程中因各种原因停止转动，必须用手拨动飞轮帮助其重新运转或立即关闭电源，否则会损坏仪器.

(3) 记录测量数据前须保证空气热机已基本达到热平衡，即转速、温度稳定，避免出现较大误差.

(4) 在读取摩擦力矩时，力矩计可能会摇摆，这时可以用手轻托力矩计底部，缓慢放手后可以稳定力矩计. 如还有轻微摇摆，读取中间值.

(5) 飞轮在运转时，应谨慎操作，避免被飞轮边沿割伤.

预习思考题

(1) 为什么p-V曲线所围面积即等于热机在一次循环过程中对外所做净功?

(2) 数字双踪示波器能够将输入信号转换为电压信号显示出来，其中CH1(或CH2)通道灵敏度的值(单位：V/DIV)表示示波器显示的每一小方格沿X(或Y)轴的边长表示的电压值. 现在已知容积(CH1通道)：1 V对应$1.333\times10^{-5}\ \text{m}^3$，压强(CH2通道)：1 V对应$2.164\times10^{4}\ \text{Pa}$，若示波器显示的CH1，CH2通道灵敏度分别为0.1 V/DIV，0.1 V/DIV，则示波器一个小方格代表的输出功率为多少?

讨论思考题

通过本实验，试分析如何提高空气热机的输出效率.

拓展阅读

[1] 滨口和洋，户田富士夫，平田宏一. 斯特林引擎模型制作[M]. 曹其新，凌芳，等译. 上海：上海交通大学出版社，2010.

[2] 李海伟，石林锁，李亚奇. 斯特林发动机的发展与应用[J]. 能源技术，2010，31(4)：228-231.

5.9 太阳能电池和燃料电池的特性测量

引言

随着经济和技术的发展以及人口的增长，人们对能源的需求越来越大，由此产生的能源问题也愈加突出. 为了解决当今世界严重的环境污染问题以及煤、石油和天然气等石化燃料的枯竭问题，新能源的探索和研发势在必行. 太阳能的研究和利用是21世纪新型能源开发的重点课题之一，太阳能电池把太阳光中包含的能量转化为电能，自1954年，美国贝尔实验室的皮尔孙等人首次报道了能量转换效率为6%的单晶硅太阳能电池后，太阳能电池得到了越来越广泛和深入的研究和应用，如太阳能汽车、太阳能GPS系统、太阳能航天器、太阳能空间站和太阳能计算机等. 燃料电池是一种将存在于燃料和氧化剂中的化学能直接转化成电能的发电装置,1839 年英国律师兼物理学家格罗夫尔提出了燃料电池的基本原理,其工作过程是电解水的逆过程. 1959 年,英国剑桥大学的培根用高压氢氧制成了具有实用功率水平的燃料电池. 此后,燃料电池的研究和应用才有了实质性的进展,其以发电效率高、环境污染小等优点在航天、军事、交通等各个领域中得到广泛的应用.

实验目的

(1) 了解太阳能电池的工作原理,并测量其伏安特性.

(2) 了解质子交换膜电解池和质子交换膜燃料电池的工作原理,并测量燃料电池的输出特性,验证电解法拉第定律.

(3) 观察能量转换过程:光能→太阳能电池→电能→电解池→氢能→燃料电池→电能.

实验原理

1. 太阳能电池的工作原理

太阳能电池的工作原理是光伏效应. 首先介绍两种类型的杂质半导体及 pn 结的形成.

在本征半导体中掺入微量的杂质,就会使半导体的导电性能发生显著的改变. 因掺入杂质性质不同,杂质半导体可分为 p(空穴)型半导体和 n(电子)型半导体两大类. 如图 5-9-1 所示,若在硅(或锗)的晶体内掺入少量三价元素杂质,如硼(或铟)等,因硼原子只有三个价电子,它与周围硅原子组成共价键时,因缺少一个电子,在晶体中便产生一个空位,当相邻共价键上的电子受到热振动或在其他激发条件下获得能量时,就有可能填补这个空位,使硼原子成为不能移动的负离子,而原来硅原子的共价键则因缺少一个电子,形成了空穴. 这种半导体称为 p 型半导体,在这种半导体中,以空穴导电为主,空穴为多数载流子. 将少量磷、砷或锑等施主原子掺杂入硅(或锗)的晶体内,施主原子在掺杂半导体的共价键结构中多一个电子,这个多的电子易受热激发而挣脱共价键的束缚成为自由电子,如图 5-9-2 所示. 这种半导体称为 n 型半导体,在这种半导体中,以电子导电为主,电子为多数载流子.

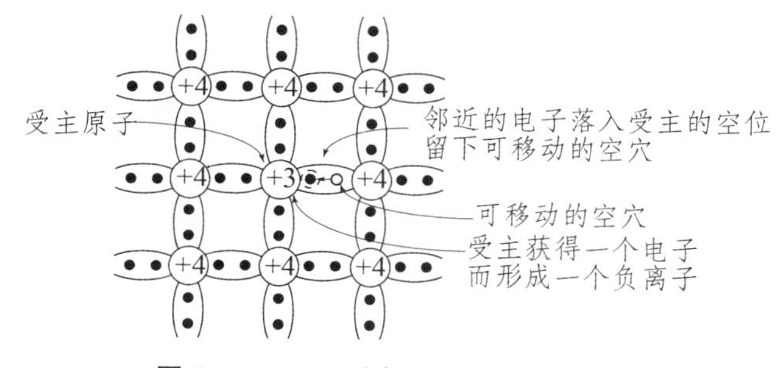

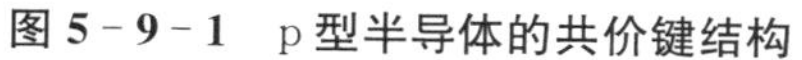
图 5-9-1 p 型半导体的共价键结构

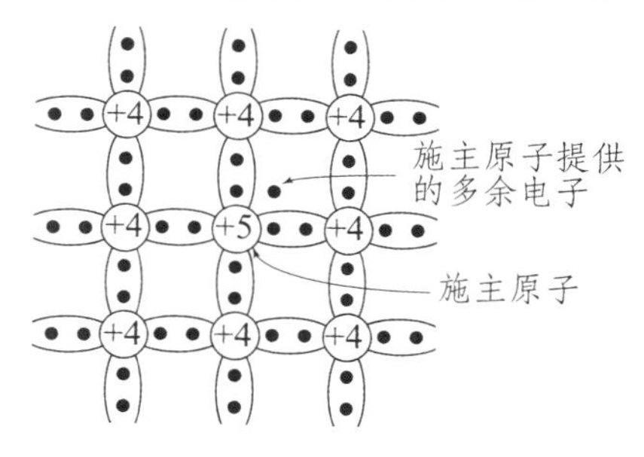

图 5-9-2 n 型半导体的共价键结构

当 p 型半导体和 n 型半导体结合后,在它们的交界处就出现了电子和空穴浓度的差别,n 区内电子很多而空穴很少,p 区内则相反,空穴很多而电子很少. 这样,电子和空穴都要从浓度高的地方向浓度低的地方扩散. 这时,有一些电子从 n 区向 p 区扩散,也有一些空穴从 p 区向 n 区扩散,扩散的结果使得 p 区和 n 区中原来保持的电中性被破坏了,p 区一边失去空穴,留下带负电的杂质离子,n 区一边失去电子,留下了带正电的杂质离子. 半导体中的离子虽然也带电,但由于物质结构的关系,它们不能任意移动,因此并不参与导电. 这些不能移动的带电离子称为空间电荷,它们集中在 p 区和 n 区的交界面附近,形成了一个很薄的空间电荷区,即 pn 结. pn 结的内电场方向从带正电的 n 区指向带负电的 p 区,如图 5-9-3 所示.

图 5-9-4 所示为太阳能电池的结构示意图,设太阳光照射在 pn 结的 p 区,当入射光子的能量大于材料的禁带宽度时,处于价带中的束缚电子激发到导带,在 p 区表面附近将产生电子-空穴对,若

p 区厚度小于载流子的平均扩散长度，则电子和空穴能够扩散到 pn 结附近. 在 pn 结区内电场的作用下，空穴只能留在 pn 结区的 p 区一侧，电子则被拉向 pn 结区的 n 区一侧，这样 pn 结两端形成了光生电动势(光生电压). 若将 pn 结与外电路连通，只要光照不停止，就会有电流通过电路，pn 结起到电源的作用，这就是太阳能电池的工作原理.

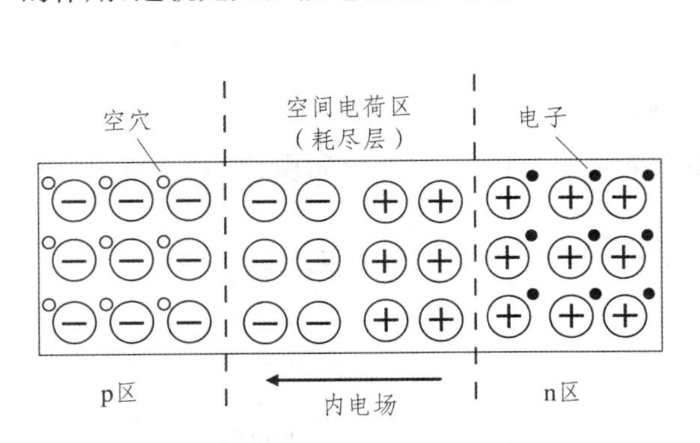

图 5-9-3　pn 结的形成

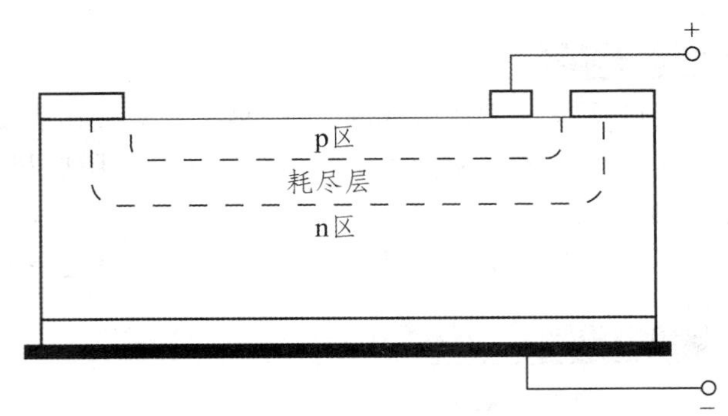

图 5-9-4　太阳能电池结构示意图

太阳能电池在没有光照时其特性与二极管相同，其正向偏压 U 与通过电流 I 的关系式为

$$I = I_0\left(e^{\frac{eU}{nk_B T}} - 1\right), \tag{5-9-1}$$

式中 I_0 为二极管的反向饱和电流，e 为元电荷，k_B 为玻尔兹曼常量，T 为热力学温度，n 为常数因子. 太阳能电池的理论模型可由一个理想电流源(光照产生光电流的电流源)、一个理想二极管、一个并联电阻 R_{sh} 与一个电阻 R_s 所组成，假定 $R_{sh} \to \infty$，$R_s \to 0$，太阳能电池可简化为图 5-9-5 所示电路，其中 I_{ph} 为太阳能电池在光照时其等效电源的输出电流，I_d 为通过太阳能电池内部二极管的电流.

由基尔霍夫定律，可得

$$I = I_{ph} - I_d = I_{ph} - I_0\left(e^{\frac{eU}{nk_B T}} - 1\right), \tag{5-9-2}$$

式(5-9-2)即为太阳能电池的输出电流和输出电压的关系式.

图 5-9-6 所示为太阳能电池的伏安特性曲线及其对应的功率-电压曲线，图中实线为伏安特性曲线，U_{oc} 为开路电压，I_{sc} 为短路电流；图中虚线为功率-电压曲线，P_m 为太阳能电池的最大输出功率. 太阳能电池的光电转换效率是指电池受光照射时的最大输出功率与照射到电池上的入射光功率的比值，用来衡量电池的质量和技术水平，与电池的结构、结特性、材料性质、工作温度和环境变化等有关. 太阳能电池的填充因子 FF 定义为

$$FF = \frac{P_m}{U_{oc} I_{sc}}. \tag{5-9-3}$$

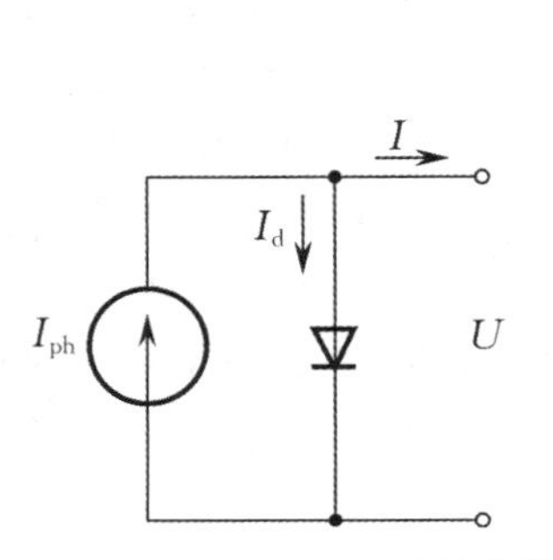

图 5-9-5　太阳能电池的简化模型

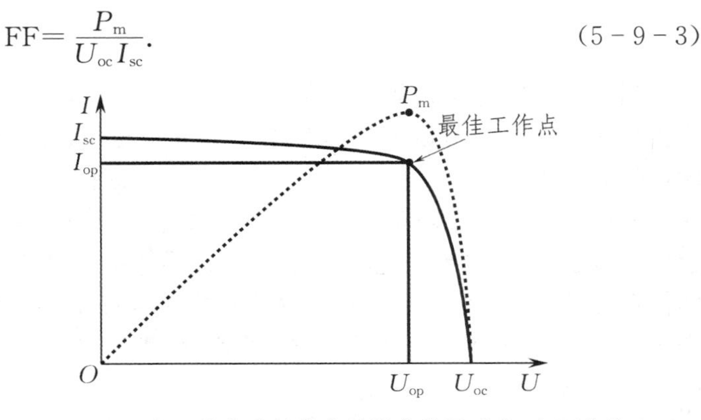

图 5-9-6　太阳能电池的伏安特性曲线及功率-电压曲线

填充因子是评价太阳能电池输出特性好坏的一个重要参数，其值取决于入射光强、材料的禁带宽

度、理想系数、串联电阻和并联电阻等. 填充因子的值越高，表明太阳能电池的输出特性曲线越趋近于矩形，电池的性能就越好.

2. 质子交换膜燃料电池

质子交换膜燃料电池是通过将氢气与空气中的氧气化合成结晶水来释放出电能的，其工作原理如图 5-9-7 所示.

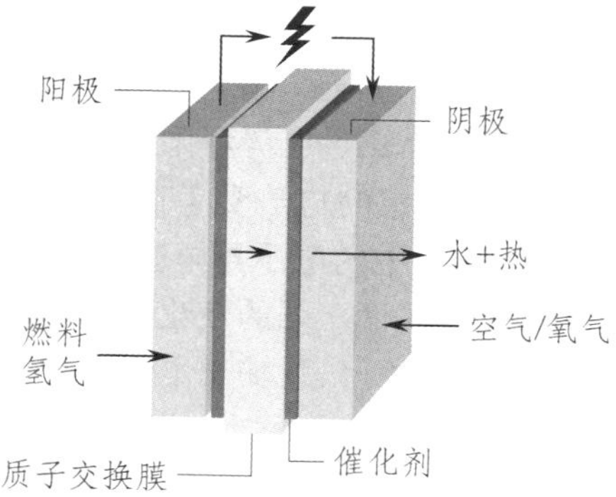

图 5-9-7　质子交换膜燃料电池的工作原理

(1) 氢气通过管道到达阳极，在阳极催化剂的作用下，氢分子解离为带正电的氢离子(质子)并释放出带负电的电子：

$$H_2\uparrow = 2H^+ + 2e^-. \qquad (5-9-4)$$

(2) 氢离子穿过质子交换膜到达阴极，电子则通过外电路到达阴极. 电子在外电路形成电流，通过适当连接可向负载输出电能.

(3) 在燃料电池的另一端，氧气通过管道到达阴极，在阴极催化剂的作用下，氧分子与氢离子及电子发生反应生成水：

$$O_2\uparrow + 4H^+ + 4e^- = 2H_2O. \qquad (5-9-5)$$

总的化学反应方程式为

$$2H_2\uparrow + O_2\uparrow = 2H_2O. \qquad (5-9-6)$$

在质子交换膜燃料电池中，阳极和阴极之间有一极薄的质子交换膜作为电解质，H^+ 从阳极通过这层膜到达阴极，并且在阴极与 O_2 结合生成 H_2O. 当质子交换膜的湿润状况良好时，燃料电池的内阻低，因此其输出电压高，负载能力强. 反之，当质子交换膜的湿润状况变坏时，燃料电池的内阻变大，因此其输出电压下降，负载能力降低. 在大负荷下，燃料电池内部的电流密度增加，电化学反应加强，燃料电池阴极侧水的生成也相应增多. 此时，如不及时排水，阴极将会被淹，正常的电化学反应将被破坏，致使燃料电池失效. 由此可见，保持燃料电池内部湿度适当，并及时排出阴极侧多余的水，是确保质子交换膜燃料电池稳定运行及延长工作寿命的重要手段. 因此，解决好质子交换膜燃料电池内的湿度调节及阴极侧的排水控制，是研究大功率、高性能质子交换膜燃料电池系统的关键.

在一定的温度与气体压力下，改变负载电阻的大小，可以测量燃料电池的输出电压与输出电流之间的关系，即燃料电池的静态特性，其特性曲线如图 5-9-8 所示. 该特性曲线分为三个区域：活化极化区(又称电化学极化区)、欧姆极化区和浓差极化区，燃料电池正常工作在欧姆极化区. 在实际工作过程中，由于有电流流过，电极的电势会偏离平衡电势，实际电势与平衡电势的差称为过电势，燃料电池的过电势主要包括活化过电势、欧姆过电势、浓差过电势.

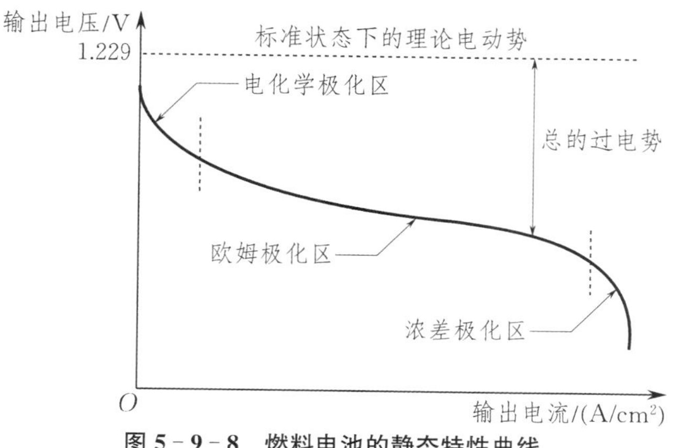

图 5-9-8　燃料电池的静态特性曲线

因此,燃料电池的输出电压可以表示为

$$U = U_r - U_{act} - U_{ohm} - U_{com}, \tag{5-9-7}$$

式中 U 为燃料电池的输出电压;U_r 为燃料电池的理论电动势,其公认值为 1.229 V;U_{act} 为活化过电势,分为阴极活化过电势和阳极活化过电势,主要由电极表面的反应速度过慢导致,在驱动电子传输到或传输出电极的化学反应时,产生的部分电压被损耗;U_{ohm} 为欧姆过电势,是由电解质中的离子导电阻力和电极中的电子导电阻力引起的;U_{com} 为浓差过电势,由电极表面反应物的压强发生变化而导致,而电极表面压强的变化主要是由电流的变化引起的. 输出电流过大时,燃料供应不足,电极表面的反应物浓度下降,使输出电压迅速降低,而输出电流基本不再增加.

3. 质子交换膜电解池

图 5-9-9 所示为质子交换膜电解池的工作原理图,其核心是一块涂覆了贵金属催化剂铂(Pt)的质子交换膜和两块钛网电极. 电解池将水电解产生氢气和氧气,与燃料电池中氢气和氧气反应生成水互为逆过程,其具体工作原理如下:

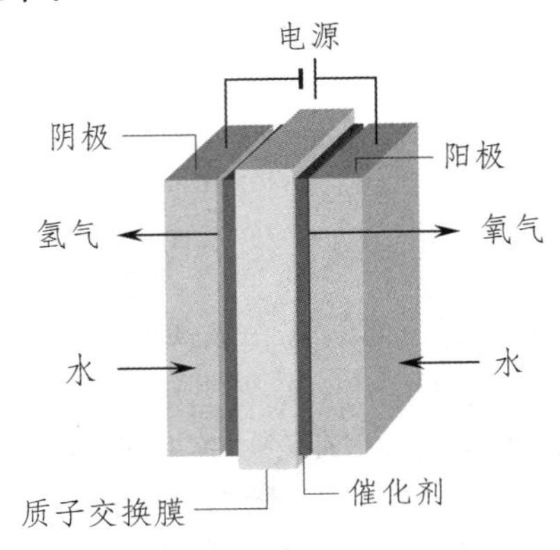

图 5-9-9　质子交换膜电解池的工作原理

(1) 外加电源向电解池阳极施加直流电压,水在阳极发生电解,生成氢离子、电子和氧分子,氧分子从氧气通道溢出. 此过程的化学反应方程式为

$$2H_2O = O_2\uparrow + 4H^+ + 4e^-. \tag{5-9-8}$$

(2) 电子通过外电路从电解池阳极流动到电解池阴极,氢离子透过质子交换膜从电解池阳极转移到电解池阴极,在阴极还原成氢分子,从氢气通道中溢出,完成整个电解过程. 此过程的化学反应方程式为

$$2H^+ + 2e^- = H_2\uparrow. \tag{5-9-9}$$

总的化学反应方程式为

$$2H_2O = 2H_2\uparrow + O_2\uparrow. \tag{5-9-10}$$

水的理论分解电压为 $U_0 = 1.23$ V,如果不考虑电解器的能量损失,在电解器上加 1.23 V 电压就可使水分解为氢气和氧气,实际上由于各种损失,输入电压在 $U_{in} = (1.5 \sim 2)U_0$ 时电解器才能开始工作. 根据法拉第电解定律,电解生成物的量与输入电量成正比. 在标准状态(1 个标准大气压,温度为零摄氏度)下,设电解电流为 I,经过时间 t 产生的氢气和氧气体积的理论值为

$$V_{H_2} = \frac{It}{2F} \times V_m, \tag{5-9-11}$$

$$V_{O_2} = \frac{1}{2} \times \frac{It}{2F} \times V_m, \tag{5-9-12}$$

式中 $F = e \times N_A = 9.6485 \times 10^4$ C/mol 为法拉第常量,这里 $e = 1.602 \times 10^{-19}$ C 为元电荷,

$N_A=6.022\times10^{23}\ \mathrm{mol^{-1}}$为阿伏伽德罗常量；$It/2F$ 为产生的气体分子的摩尔数；$V_m=22.4$ L 为标准状态下气体的摩尔体积.

实验仪器

(1) 新能源电池综合特性测试仪(以下简称测试仪,见图 5-9-10).

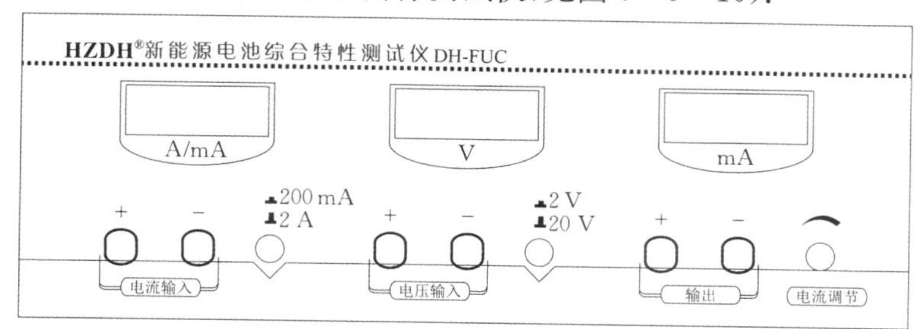

图 5-9-10　新能源电池综合特性测试仪面板

测试仪由电流表、电压表以及恒流源组成.

① 电流表:2 A 和 200 mA 两挡,三位半数显.

② 电压表:20 V 和 2 V 两挡,三位半数显.

③ 恒流源:0～400 mA,三位半数显.

(2) 太阳能电池测试架(见图 5-9-11).

图 5-9-11　太阳能电池测试架

主要技术参数如下:

① 太阳能电池参数:18 V/5 W,短路电流为 0.3 A.

② 卤钨灯光源功率:300 W.

(3) 燃料电池测试架(见图 5-9-12).

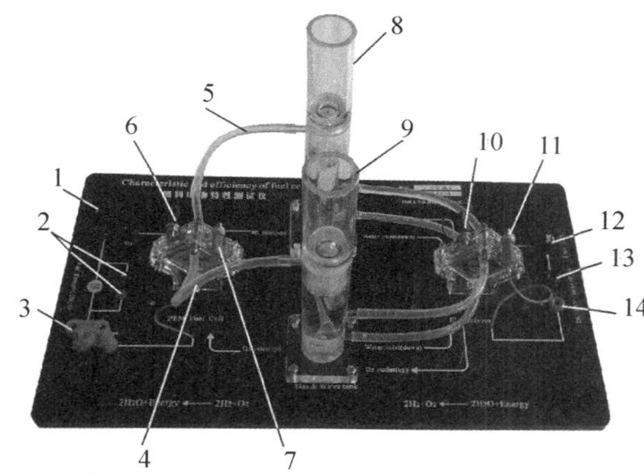

1,3—短接插口;2—燃料电池电压输出端;4—氧气连接管;5—氢气连接管;6—燃料电池负极;7—燃料电池正极;8—储水储氢罐;9—储水储氧罐;10—电解池负极;11—电解池正极;12—保险丝座(0.5 A);13—电解池电源输入负极;14—电解池电源输入正极

图 5-9-12　燃料电池测试架

主要技术参数如下:

① 燃料电池功率:50～100 mW.

② 燃料电池输出电压:500～1 000 mV.

③ 电解池工作状态:电压<2.5 V,电流<500 mA.

(4) 电阻箱(见图 5-9-13).

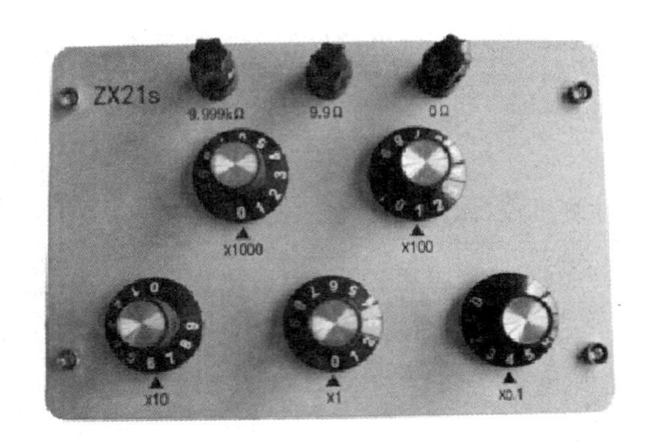

图 5－9－13　电阻箱

（5）止水止气夹(见图 5－9－14).

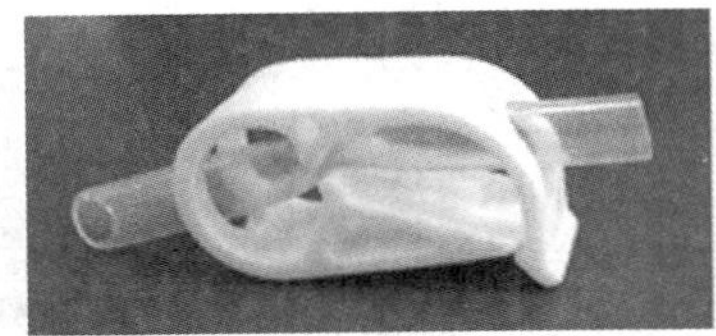

(a)关闭

(b)打开

图 5－9－14　止水止气夹

实验内容

1. 太阳能电池的特性测量

（1）按图 5－9－15 所示接线，电阻箱调到 9999.9 Ω，插上卤钨灯电源，等待太阳能电池温度达到稳定即电压表示数稳定后开始测量.

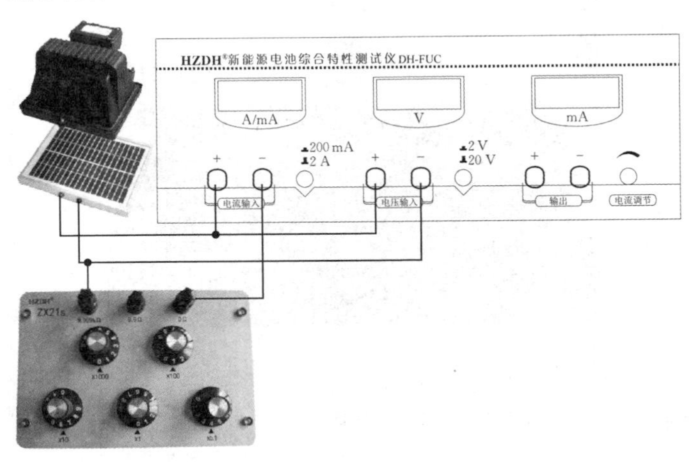

图 5－9－15　太阳能电池特性测量实验的连线图

（2）断开电阻箱接头连线，读取开路电压填入表 5－9－1(注意，此时负载电阻 $R=\infty$).

（3）再次接上电阻箱连线，按表 5－9－1 改变负载电阻 R 的大小(注意，当 R 为 9.9 Ω 及以下时需更换电阻箱接线柱)，记录太阳能电池的输出电压 U 和输出电流 I 于表 5－9－1.

表5-9-1 太阳能电池特性测量的数据记录表

负载电阻 R/Ω	∞	9999.9	7999.9	5999.9	3999.9	1999.9	999.9	899.9	799.9
输出电压 U/V									
输出电流 I/mA	0								
输出功率 P/mW	0								
负载电阻 R/Ω	699.9	599.9	499.9	399.9	299.9	199.9	99.9	89.9	86.9
输出电压 U/V									
输出电流 I/mA									
输出功率 P/mW									
负载电阻 R/Ω	83.9	79.9	76.9	73.9	69.9	59.9	49.9	39.9	29.9
输出电压 U/V									
输出电流 I/mA									
输出功率 P/mW									
负载电阻 R/Ω	19.9	9.9	7.9	5.9	3.9	1.9	0.9	0.5	0
输出电压 U/V									
输出电流 I/mA									
输出功率 P/mW									

2.质子交换膜电解池的特性测量

(1) 将测试仪的恒流源输出端接到电解池上(注意正负极),将电压表并联到电解池两端,打开燃料电池下部的排气口止气夹,燃料电池电压输出端不要接负载.

(2) 调节恒流源的输出到最大,让电解池迅速产生气体,等待约1 min(排出储水储气罐中的气体).

(3) 调节输入电流为400 mA,待电解池输出气体稳定(约1 min),用止水止气夹关闭氢气连接管,观察储水储氢罐的液面,当液面下降到临近的整刻度线时开始计时(利用手机秒表软件),等待液面下降5格(5 mL)时停止计时,读出电压表和秒表示数并填入表5-9-2.打开氢气连接管上的止水止气夹使液面回位.重复测量3次.

(4) 按步骤(3)分别测量输入电流为300 mA和200 mA时的数据.

表5-9-2 质子交换膜电解池特性的测量数据记录表

输入电流 I /mA	电压/V	时间 t/s	电量 It/C	电量平均值/C	氢气量测量值/L	氢气量理论值/L
400						
300						
200						

3. 质子交换膜燃料电池的特性测量

(1) 把测试仪的恒流源输出端连接到电解池供电输入端，调节电解电流 I_{WE} 为 300 mA，使电解池快速产生氢气和氧气，用电压表测量燃料电池的开路输出电压(负载电阻 $R=\infty$)和电解池的输入电压 U_{WE} 并填入表 5-9-3.

(2) 按图 5-9-16 所示连接燃料电池、电压表、电流表以及电阻箱，将电阻箱调到 999.9 Ω.

(3) 按表 5-9-3 改变负载电阻 R 的大小(注意，当 R 为 9.9 Ω 及以下时需更换电阻箱接线柱)，记录燃料电池的输出电压 U 和输出电流 I 于表 5-9-3.

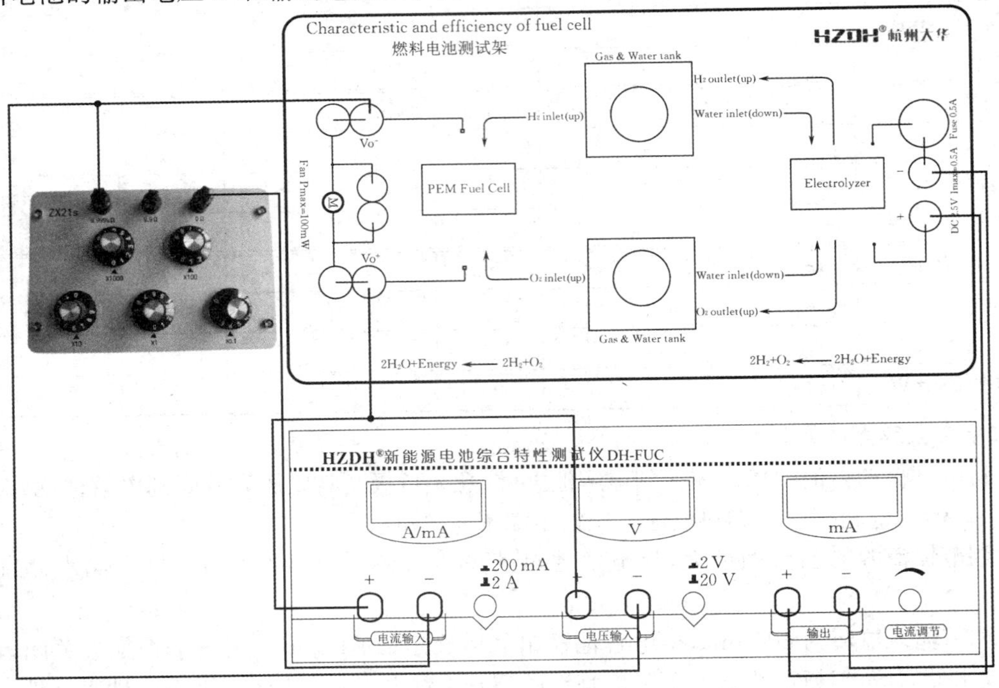

图 5-9-16　燃料电池特性测量实验的连线图

表 5-9-3　质子交换膜燃料电池特性的测量数据记录表

I_{WE} = ________ mA　U_{WE} = ________ V

负载电阻 R/Ω	∞	999.9	100.9	50.9	30.9	20.9	15.9	10.9	8.9
输出电压 U/V									
输出电流 I/mA	0								
输出功率 P/mW	0								
负载电阻 R/Ω	6.9	5.9	5.0	4.5	4.0	3.5	3.0	2.8	2.6
输出电压 U/V									
输出电流 I/mA									
输出功率 P/mW									
负载电阻 R/Ω	2.4	2.2	2.0	1.8	1.6	1.4	1.2	1.0	0.8
输出电压 U/V									
输出电流 I/mA									
输出功率 P/mW									

注意：

① 测量开始时应确保已排出储水储气罐中的气体.

② 在负载调节过程中，依次减小负载电阻值，不可突变.

③ 若负载电阻很小时输出稳定性降低，则可在测量开始时，关闭燃料电池下部的氢气排气口止气夹；测试时间要尽可能短(快速读数)；测量过程中注意监测储水储氧罐液面的上升高度，防止水通过连接管注入燃料电池导致其损坏.

④ 200 mA 挡电流表的内阻为 1 Ω，2 A 挡电流表的内阻为 0.1 Ω，在负载电阻较小时换挡，需考虑电流表内阻变化对实验的影响. 因此，建议根据燃料电池的最大输出电流值选择某一合适电流表量程并在测量过程中不改变量程.

4. 观察能量转换过程(选做)

(1) 断开实验内容 3 的所有连线，将太阳能电池输出端接到电解池上(注意正负极)，插上卤钨灯电源.

(2) 待稳定产生氢气和氧气后，用止水止气夹关闭氢气连接管和氧气连接管，观察储水储氢罐的液面，当液面下降约 5 格(5 mL)时断开卤钨灯电源，此时能量已被储存在储水储氢罐内.

(3) 将小风扇接燃料电池电压输出端，关闭燃料电池下部的排气口止气夹.

(4) 同时打开氢气和氧气连接管，小风扇在燃料电池的供电下开始运转，观察小风扇能持续运转的时长.

数据处理

(1) 根据表 5-9-1 中的数据，绘制太阳能电池的伏安特性曲线和功率-电压曲线(双纵坐标)，读取开路电压 U_{oc} 和短路电流 I_{sc}，在功率-电压曲线中找出最大输出功率 P_m，计算太阳能电池的填充因子 FF，填入表 5-9-4.

表 5-9-4　太阳能电池的开路电压、短路电流、最大输出功率和填充因子

U_{oc}/V	I_{sc}/mA	P_m/mW	FF

(2) 计算电解池输入电量和氢气产生量的理论值，填入表 5-9-2.

(3) 根据表 5-9-3 中的数据，作出燃料电池的伏安特性曲线及功率-电流曲线(双纵坐标). 在功率-电流曲线上找出燃料电池的最大输出功率 P_{max}；计算电解池燃料电池系统的最大效率：$\eta_{max} = \frac{P_{max}}{I_{WE}U_{WE}} \times 100\%$，式中 I_{WE} 为电解池的电解电流(300 mA)，U_{WE} 为电解池的输入电压.

注意事项

(1) 禁止在储水储气罐中无水的情况下接通电解池电源，以免烧坏电解池.

(2) 电解池用水必须为去离子水或者蒸馏水，否则将严重损坏电解池.

(3) 电解池禁止正负极反接，以免烧坏电解池.

(4) 禁止在燃料电池的电压输出端外加直流电压，禁止燃料电池输出短路.

(5) 光源和太阳能电池在工作时，表面温度会很高，禁止触摸；禁止用水打湿光源和太阳能电池防护玻璃，以免发生破裂.

(6) 实验完毕须打开燃料电池下部的排气口.

(7) 小风扇的额定工作电压低，禁止将其接到太阳能电池上.

预习思考题

（1）如何理解太阳能电池的转换效率？

（2）质子交换膜燃料电池的性能和质子交换膜的湿润状况有怎样的关系？研究大功率、高性能质子交换膜燃料电池需解决什么问题？

讨论思考题

（1）为什么在质子交换膜燃料电池特性测量实验中负载电阻很小时输出稳定性会降低？

（2）请简述在能量转换过程实验中，能量从太阳能电池→电解池→燃料电池输出的过程和原理.

（3）自 2005 年以来，在国家的大力扶持下，我国多晶硅、电池片以及光伏组件等高技术上中游产业目前已经在技术、产量、质量上达到全球领先水平，成了世界光伏发电行业的佼佼者，国际市场份额达到 85%以上. 截至 2020 年底，我国光伏发电实际装机量已超过 200 GW.

我国以潍柴动力、宇通客车为代表的多个企业不断推进研发国家燃料电池重大专项，实现了多款燃料电池发动机的产业化应用，大量燃料电池客车不断投放市场.

请结合本实验和以上两个案例，思考如何进一步提高光伏发电和燃料电池的转换效率？这两个行业的技术革命对我国经济有哪些促进作用？

拓展阅读

[1] 李怀辉，王小平，王丽军，等. 硅半导体太阳能电池进展[J]. 材料导报，2011，25(10)：49 - 53.

[2] 任学佑. 质子交换膜燃料电池的研究进展[J]. 中国工程科学，2005，7(1)：86 - 94.

5.10 电阻式传感器实验

引言

电阻式传感器的基本原理是将被测的非电学量转化为电阻值的变化，通过测量电阻值的变化达到测量非电学量的目的. 利用电阻式传感器可测量形变、压力、力、位移、加速度等参数. 电阻式传感器具有结构简单、灵敏度高、性能稳定、体积小、适于动态和静态测量等特点，是应用最广泛的传感器之一. 电阻式传感器的种类很多，本实验将介绍金属箔式应变片和扩散硅压阻式压力传感器.

5.10.1 金属箔式应变片：单臂、半桥、全桥比较

实验目的

（1）了解金属箔式应变片.

（2）掌握应变片直流电桥的工作原理和特性，比较单臂、半桥和全桥性能.

（3）掌握三种电桥 $U-X$ 特性测量方法.

实验原理

金属电阻丝在外力作用下发生机械变形时，其电阻值发生变化，这就是金属的应变效应. 根据这种效应制成的应变片粘贴于被测材料上，被测材料受外力作用时所产生的应变就会传送到应变片上，从而使应变片的电阻值发生变化，通过测量应变片电阻值的变化就可以得到被测材料所受的外力.

以一根长为 L、截面积为 S、电阻率为 ρ 的金属丝为例，未受力时其电阻值 R 可表示为

$$R=\rho\frac{L}{S}. \tag{5-10-1}$$

当金属丝受到轴向拉力作用时，将伸长 ΔL，截面积相应减小 ΔS，电阻率因晶格变化等因素的影响而改变 $\Delta\rho$，故引起电阻值变化 ΔR . 对式(5-10-1)全微分并用相对变化量表示，可得

$$\frac{\Delta R}{R}=\frac{\Delta L}{L}-\frac{\Delta S}{S}+\frac{\Delta\rho}{\rho}, \tag{5-10-2}$$

式中 $\frac{\Delta L}{L}$ 为电阻丝的轴向应变，用 ε 表示. 若径向应变为 $\frac{\Delta r}{r}$，电阻丝的纵向伸长和横向收缩的关系用泊松比 μ 表示，即 $\frac{\Delta r}{r}=-\mu\left(\frac{\Delta L}{L}\right)$，由于 $\frac{\Delta S}{S}=2\left(\frac{\Delta r}{r}\right)$，式(5-10-2)可写为

$$\frac{\Delta R}{R}=\frac{\Delta L}{L}(1+2\mu)+\frac{\Delta\rho}{\rho}=\left[(1+2\mu)+\frac{\Delta\rho/\rho}{\Delta L/L}\right]\frac{\Delta L}{L}=K_0\varepsilon, \tag{5-10-3}$$

式(5-10-3)为应变效应的表达式，K_0 称为金属电阻的应变系数. 由式(5-10-3)可知，K_0 受两个因素影响，一个是$(1+2\mu)$，它是由材料的几何尺寸变化引起的；另一个是 $\frac{\Delta\rho}{\rho\varepsilon}$，它是由材料的电阻率变化引起的. 对于金属材料而言，K_0 主要由几何尺寸的相对变化所决定，$K_0\approx 1+2\mu$；对于半导体材料，K_0 主要由电阻率的相对变化所决定. 实验也表明，在金属电阻丝拉伸比例极限内，其电阻的相对变化与轴向应变成正比.

金属应变片有丝式应变片、箔式应变片和薄膜应变片等类型. 其基本结构大体相同，由敏感栅、基底、引线和覆盖层构成. 金属箔式应变片的敏感栅是用很薄的金属箔通过光刻、腐蚀等工艺制成.

金属应变片的测量电路通常采用电桥电路，把金属应变片电阻的相对变化 $\Delta R/R$ 转换为电压或电流的变化. 图 5-10-1是由一个金属箔式应变片和三个固定电阻组成的单臂直流电桥电路，工作臂 R_1 为金属箔式应变片，该应变片在无形变和有形变时的电阻值分别为 R_1 和 $R_1+\Delta R_1$，而 R_2,R_3,R_4 均为固定电阻. 当应变片无形变时，电桥平衡，即 $R_1R_4=R_2R_3$，电桥的输出电压为 $U_o=0$. 当应变片发生形变时，电桥的输出电压 U_o 在满足 $\Delta R_1\ll R_1$，且 $R_1=R_2$,$R_3=R_4$ 时为

$$U_o\approx\frac{1}{4}E\frac{\Delta R_1}{R_1}. \tag{5-10-4}$$

由式(5-10-4)可知，单臂电桥的输出电压 U_o 与 ΔR_1 近似呈线性关系. 电桥电压灵敏度为

$$S_V=\frac{U_o}{\Delta R_1/R_1}\approx\frac{1}{4}E. \tag{5-10-5}$$

将图 5-10-1 中 R_2 换成与 R_1 受力方向相反的金属箔式应变片，若 $\Delta R_1=\Delta R_2$，同时 $R_1=R_2$，$R_3=R_4$，此电桥将组成半桥差动电桥(见图 5-10-2)，应变片无形变时电桥平衡，应变片发生形变时电桥的输出电压为 $U_o=\frac{1}{2}E\frac{\Delta R_1}{R_1}$. 电桥电压灵敏度为 $S_V=\frac{1}{2}E$.

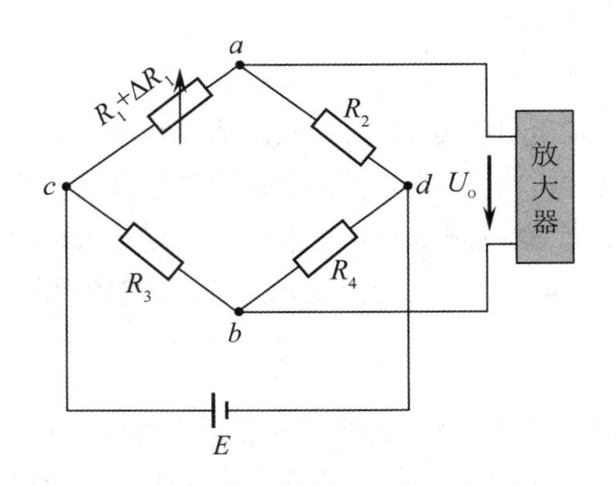

图 5－10－1　单臂直流电桥

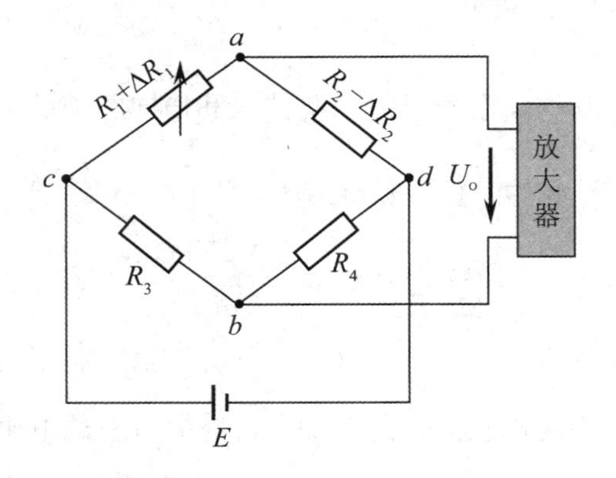

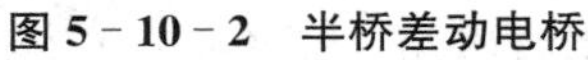
图 5－10－2　半桥差动电桥

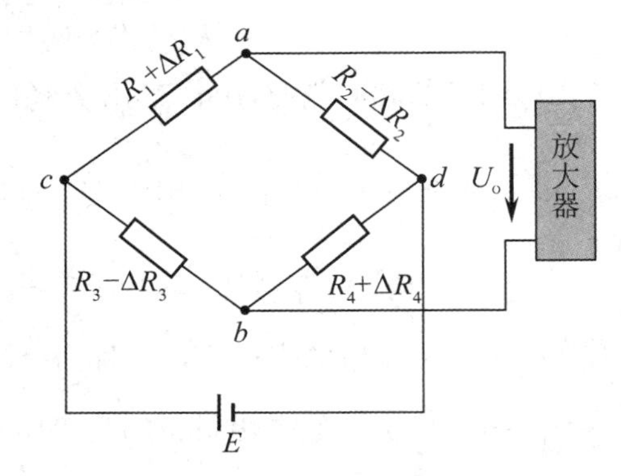

图 5－10－3　全桥差动电桥

若电桥的 4 个桥臂全部是相同的金属箔式应变片，即 $R_1 = R_2 = R_3 = R_4$，使对臂应变片的受力方向相同，邻臂应变片的受力方向相反，此电桥将组成全桥差动电桥(见图 5－10－3)，应变片无形变时电桥平衡，应变片发生形变时，$\Delta R_1 = \Delta R_2 = \Delta R_3 = \Delta R_4$，电桥的输出电压为 $U_o = E\dfrac{\Delta R_1}{R_1}$. 电桥电压灵敏度为 $S_V = E$.

实验仪器

直流恒压源 DH－VC2，差动放大器，电桥模块，多用表，测微头及连接件，传感器实验台，金属箔式应变片和九孔板接口平台.

(1) 直流恒压源 DH－VC2：直流 ±15 V，主要给差动放大器提供电源；±2 V，±4 V，±6 V 三挡输出，给实验提供直流激励源(本实验电桥连接±4 V)；0～12 V，Max 1 A 作为电机或其他设备的电源.

(2) 电桥模块：350 Ω 电阻 3 个，1 kΩ 电阻 1 个，电位器 W_1(22 kΩ)1 个.

(3) 金属箔式应变片：电阻值为 350 Ω，应变系数为 2.

(4) 差动放大器：通频带 0～10 kHz，可接成同相(或反相)增益为 1～100 倍的直流放大器，如图 5－10－4 所示.

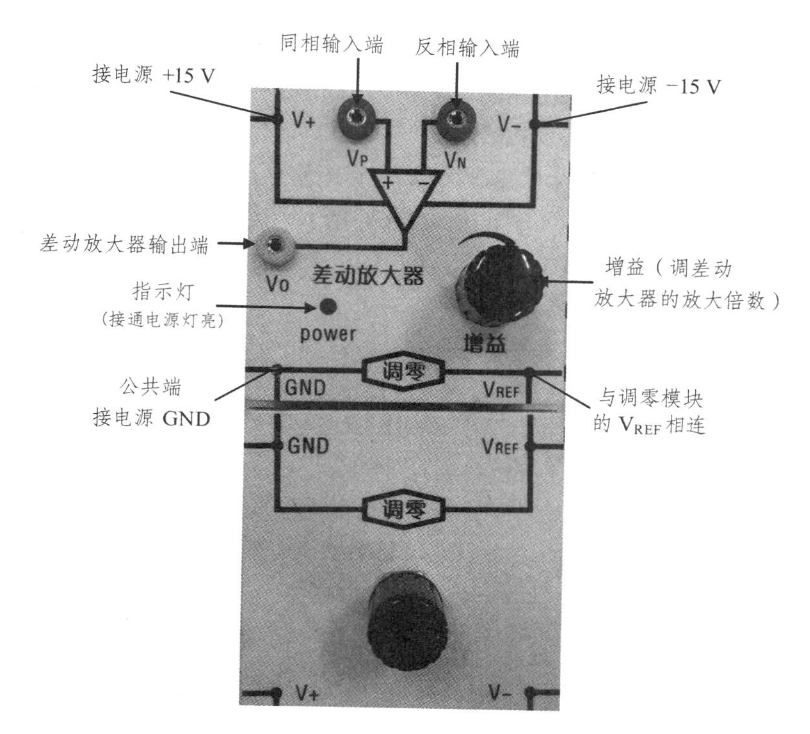

说明：在盒子的四个角上(V_+, V_-, GND, V_{REF})均从下面的铜柱引出.

图 5-10-4　差动放大器组合

(5) 传感器实验台，如图 5-10-5 所示.

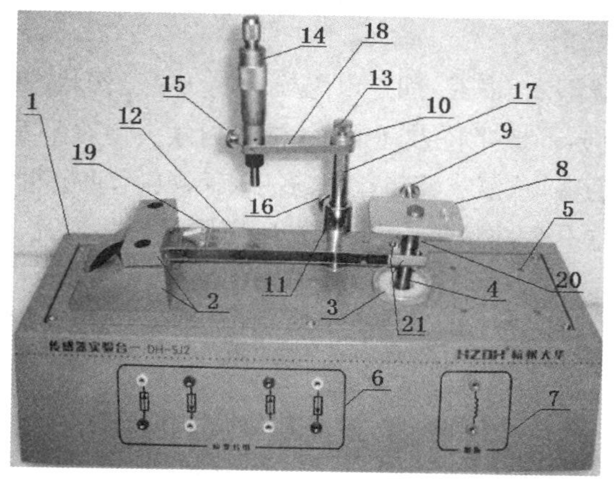

1—机箱；2—平行梁压块及座；3—激励线圈及螺母；4—磁棒；5—器件固定孔；6—应变片组信号输出端；7—激励信号输入端；8—振动盘；9—振动盘锁紧螺钉；10—垫圈；11—测微头座；12—双平行梁；13—支杆锁紧螺钉；14—测微头；15—连接板锁紧螺钉；16—支杆锁紧螺钉；17—支杆；18—连接板；19—应变片；20—磁棒锁紧螺钉(在隔块后面)；21—隔块及固定螺钉

图 5-10-5　传感器实验台

实验内容

(1) 了解所需模块和器件设备，观察梁上的金属箔式应变片，应变片为棕色衬底箔式结构小方薄片. 上、下两片梁的外表面各贴两片应变片. 测微头在双平行梁后面的支座上，可以上、下、前、后、左、右调节. 应注意观察测微头是否到达磁钢中心位置.

(2) 差动放大器调零：V_+ 端接至直流恒压源的＋15 V，V_- 端接至－15 V，调零模块的 GND 与差动放大器模块的 GND 相连，并与电源接地柱相连，调零模块的 V_{REF} 与差动放大器模块的 V_{REF} 相连，再用导线将差动放大器的同相输入端 V_P(＋)、反相输入端 V_N(－)与地短接. 用多用表测差动放大器差放输出端的电压，开启直流恒压源，选择适当的增益，调节调零旋钮使多用表示数为零(注意，多用表量程初始可置 20 V 挡，调零后减小量程再次调零，直至在 200 mV 挡多用表示数为零). 之后关闭电源.

(3) 按图 5－10－6 所示接线，图中的 R_1，R_2，R_3 为电桥模块的固定电阻(350 Ω)，R_X 为金属箔式应变片电阻，r 及 W_1 为可调平衡网络.

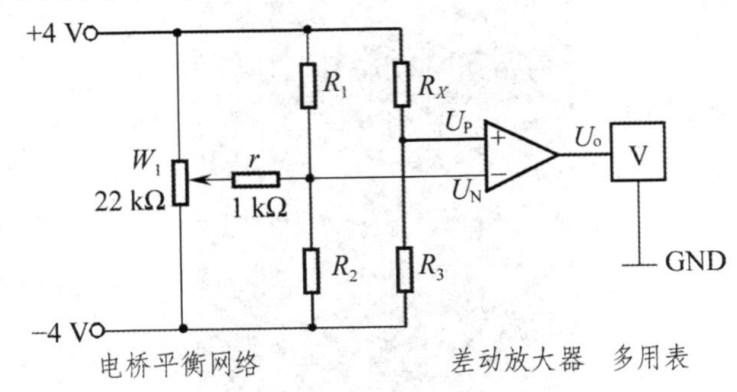

图 5－10－6　金属箔式应变片传感器的线路图

(4) 安装和调整测微头到磁钢中心位置并使双平行梁处于水平位置(目测)，记下测微头刻度值，再将直流恒压源打到±4 V 挡，多用表量程置于 20 V，开启电源. 然后调节电位器 W_1，使多用表示数为零. 接着减小多用表量程，细调电位器 W_1 使多用表示数为零.

(5) 旋转测微头，使双平行梁移动，每隔 0.5 mm 读一次多用表示数 U，将测得的数据填入表 5－10－1，然后关闭直流恒压源.

(6) 保持差动放大器增益不变，将 R_3 固定电阻换为与 R_X 工作状态相反的另一金属箔式应变片(取两片受力方向不同应变片)，形成半桥差动电桥，调节测微头使双平行梁处于水平位置(目测)，调节电位器 W_1 使多用表示数为零，重复步骤(5)读取多用表示数 U，将测得的数据填入表 5－10－1.

(7) 保持差动放大器增益不变，将 R_1，R_2 两个固定电阻换成另两片金属箔式应变片，形成全桥差动电桥(注意，对臂应变片的受力方向须相同，邻臂应变片的受力方向须相反). 调节测微头使双平行梁处于水平位置，调节电位器 W_1 同样使多用表示数为零. 重复步骤(5)读取多用表示数 U，将测得的数据填入表 5－10－1.

表 5－10－1　电桥实验的数据记录表

测微头示数 X/mm						
U/mV(单臂)						
U/mV(半桥)						
U/mV(全桥)						

数据处理

在同一坐标纸上作出三种电桥的 $U-X$ 曲线，计算并比较三种电桥的灵敏度($S=\Delta U/\Delta X$).

注意事项

(1) 确认连线正确之前请勿接通电源，在更换金属箔式应变片时应将直流恒压源关闭.

(2) 在实验过程中如发现多用表过载,应将电压量程扩大.

(3) 本实验须使用差动放大器,否则系统不能正常工作.

(4) 直流恒压源为±4 V,不能过大,以免损坏金属箔式应变片或造成严重自热效应.

(5) 接全桥时请注意区别各应变片的工作状态方向.

预习思考题

在半桥差动电桥实验中,两片不同受力状态的金属箔式应变片接入电桥时应放在________(对臂或邻臂),为什么?

讨论思考题

(1) 本实验电路对直流恒压源和差动放大器有何要求?

(2) 三种电桥的灵敏度有何区别?

5.10.2 扩散硅压阻式压力传感器实验

实验目的

了解扩散硅压阻式压力传感器的工作原理和传感特性.

实验原理

半导体材料在受到外力作用产生应变时,引起能带发生变化,从而导致其电阻率变化,这种现象称为压阻效应. 与金属应变传感器相比,半导体传感器的应变系数 K_s 主要由电阻率的变化决定,K_s 的值可达 50~100. 一般来说,半导体材料的灵敏度是金属材料的 40~100 倍.

扩散硅压阻式压力传感器是利用单晶硅的压阻效应制成的器件,也就是在单晶硅的基片上用集成电路工艺制作扩散电阻,形成平衡的电桥. 当硅片受到压力作用时,其电阻值将改变,打破电桥平衡状态,从而使输出电压发生变化.

实验仪器

九孔板接口平台,直流恒压源,差动放大器,多用表,扩散硅压阻式压力传感器,压力表.

旋钮初始位置:直流恒压源±4 V 挡,多用表量程开关置于 2 V 挡,差动放大器增益旋钮旋至合适位置.

实验内容

(1) 检查压力表指针是否处于零位,如果没有对准,可以通过工具校准或以某一值为基准(如 4 kPa,须记下该值).

(2) 按图 5-10-7 所示进行接线,注意接线正确,否则易损坏元器件,差动放大器接成同相、反相均可.

(3) 供压回路如图 5-10-8 所示.

(4) 将气压皮囊上单向调节阀的锁紧螺丝拧松.

(5) 打开直流恒压源,将差动放大器的增益调至最大,并适当调节调零旋钮,使多用表示数尽可能为零,记下此时多用表的示数.

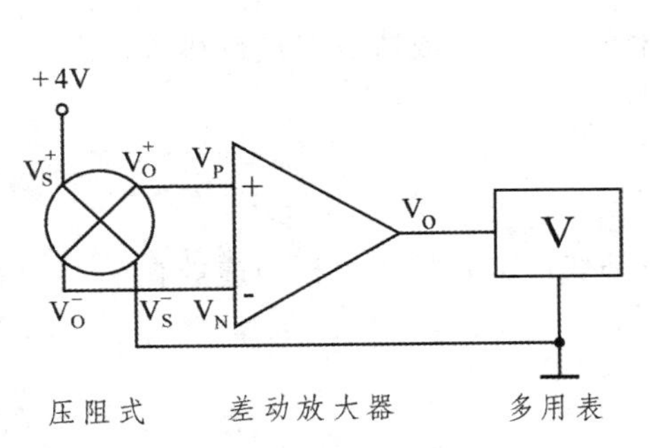

图 5-10-7　扩散硅压阻式压力传感器的电路图

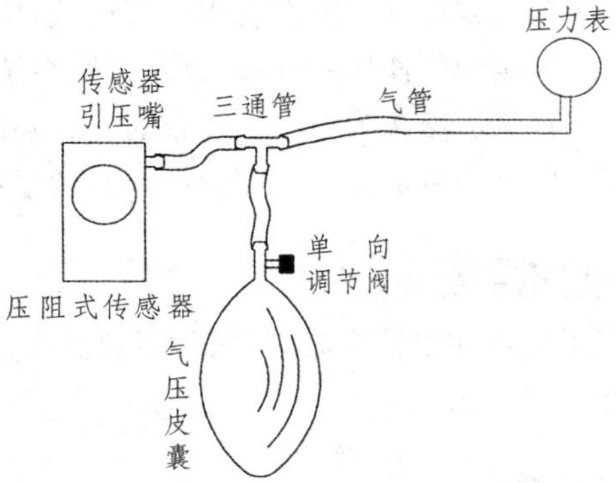

图 5-10-8　供压回路图

(6) 拧紧气压皮囊上单向调节阀的锁紧螺丝，轻按气压皮囊，注意不要用力太大，每隔一个压力差，记下多用表的示数，并将数据填入表 5-10-2.

表 5-10-2　扩散硅压阻式压力传感器的传感特性测量数据记录表

p /kPa						
U /V						

数据处理

根据所得的数据作出 $U-p$ 关系曲线，计算系统灵敏度($S=\Delta U/\Delta p$)，并找出线性范围.

注意事项

(1) 实验中若压力不稳定，应检查供压回路是否有漏气现象，气压皮囊上单向调节阀的锁紧螺丝是否拧紧.

(2) 如读数误差较大，应检查气管是否有折压现象，造成压力传感器与压力表之间的供气压力不均匀.

(3) 如觉得差动放大器增益不理想，可调节其增益旋钮，不过此时应重新调整零位，调好后在整个实验过程中不得再调节增益旋钮.

(4) 实验完毕须关闭直流恒压源后再拆去实验连接线(拆去实验连接线时，要注意手要拿住连接线头部拉起，以免拉断实验连接线).

讨论思考题

扩散硅压阻式压力传感器是否可用作真空度以及负压测试?

实验设计

如何应用扩散硅压阻式压力传感器测量人的肺活量? 请给出设计方案、电路图和必要的文字说明.

拓展阅读

俞阿龙，李正，孙红兵，等. 传感器原理及其应用[M]. 南京：南京大学出版社，2010.

5.11 微波光学

引言

1864年,英国物理学家麦克斯韦在总结前人研究成果的基础上,建立了完整的电磁波理论,并且断定了电磁波的存在;1887年,德国物理学家赫兹利用实验证实了电磁波的存在;后来,很多物理学家又进行了很多实验,发现有很多形式的电磁波,它们的波长和频率有很大的差别,但本质完全相同.常见的电磁波按频率从低到高列举如下:无线电波、微波、红外线、可见光、紫外线、X射线、γ射线.

根据美国电气电子工程师学会的定义,微波是频率在0.3～300 GHz的电磁波,其波长为1 mm～1 m.作为电磁波的一种,微波被广泛应用于各种通信业务.随着科学技术的发展,微波正在信息技术、通信、医疗、军事、勘测等领域发挥着越来越重要的作用.

微波作为一种电磁波,具有波粒二象性.微波和光波一样,都具有波动性,能产生反射、折射、干涉和衍射等现象,因此用微波做波动实验与用光做波动实验所说明的波动现象及规律是一致的.由于微波的波长比光的波长在数量级上至少相差一万倍,因此用微波来做波动实验比用光做波动实验更直观、方便.微波通常呈现出穿透、吸收、反射三个特性.对于玻璃、塑料和瓷器,微波几乎是穿透而不被吸收;水和食物等物质会吸收微波而使自身发热;而金属类物质则会反射微波.

本实验包含6个子实验,它们各自的原理、仪器均不同,以下将对这6个子实验分别进行介绍.

实验目的

(1) 理解波的反射、折射、干涉、衍射、偏振等物理原理.

(2) 观察微波的反射、折射、干涉、衍射、偏振等现象,并通过测量相应物理量来验证相应定律.

5.11.1 微波光学系统初步认识

实验目的

了解微波光学系统,通过测量认识系统的基本特性.

实验原理

(1) 微波发射器组件.

组成部分:缆腔换能器、谐振腔、隔离器、衰减器、喇叭天线、支架及微波信号源.微波信号源输出中心频率为10.5 GHz±20 MHz,波长为2.855 17 cm的微波,其功率为15 mW,频率稳定度可达2×10^{-4},幅度稳定度为10^{-2}.微波信号源相当于光学实验中的光源,将电缆中的电流信号转换为微波.喇叭天线的增益大约为20 dB,波瓣的理论半功率点宽度大约为H面20°,E面16°.当发射喇叭口的宽边与水平面平行时,发射的是电矢量振动方向垂直的微波.

调节微波强弱旋钮可改变微波发射功率;调节微波发射器组件的喇叭止动旋钮可改变发射信号电矢量的振动方向.

(2) 微波接收器组件.

组成部分:喇叭天线、检波器、支架、放大器和电流表.检波器将微波信号变为直流电流或低频电流信号.电流表分3个挡位,分别为×1挡、×0.1挡和×0.02挡,可根据实验需要来选择合适挡位,以得到合适的电流表读数.在读数时,实际电流值等于读数值乘以所选挡位的系数.

微波接收器组件只能收到与接收喇叭口宽边相垂直的光矢量(对平行的光矢量有很强的抑制,可认为它接收不到与接收喇叭口宽边相平行的光矢量),所以当两喇叭的朝向(宽边)相差θ时,它只能接收一部分信号.调节微波接收器组件的喇叭止动旋钮即可改变θ的大小.

(3) 平台.

组成部分:中心平台和4根支撑臂等.中心平台上刻有角度,直径为20 cm,3号臂为固定臂,用于固定微波发射器;1号臂为活动臂,可绕中心平台中心做$\pm 160^\circ$旋转,用于固定微波接收器;剩下两臂可以拆除.

(4) 支架.

组成部分:一个中心支架和两个移动支架,不用时可以拆除.中心支架一般放置在中心平台上,移动支架一般固定在支撑臂上.

实验仪器

微波发射器组件(以下简称发射器),微波接收器组件(以下简称接收器),平台,支架.

实验内容

(1) 将发射器和接收器分别置于固定臂和活动臂上,发射器和接收器的喇叭口正对,宽边与地面平行,活动臂刻线与180°刻线对齐.打开电源开关.

(2) 调节发射器和接收器之间的距离,将间距初始值设置为41.00 cm左右(此间距可适当调整,但须保证接收器有31.00 cm以上的移动范围),此位置为接收器测量起点(表5-11-1中的$\Delta X=0.00$ cm).

(3) 将电流表挡位开关置于"×0.1"挡.将接收器向右缓慢移动30.00 cm,在此期间观察接收器电流表指针变化,找到此段距离中电流表偏转最大的位置.在此位置上,调节发射器的微波强弱旋钮,使电流表的指针指向60~80(6.00~8.00 μA).

(4) 将接收器放回到测量起点,使其沿着活动臂缓慢向右移动30 cm,每隔1 cm观察并记录对应电流表的示数,将数据记录于表5-11-1.

表5-11-1　接收电流与距离数据记录表

初始条件:发射器距中心平台中心________ cm,接收器距中心平台中心________ cm																
ΔX/cm	0.00	1.00	2.00	3.00	4.00	5.00	6.00	7.00	8.00	9.00	10.00	11.00	12.00	13.00	14.00	15.00
I/μA																
ΔX/cm	16.00	17.00	18.00	19.00	20.00	21.00	22.00	23.00	24.00	25.00	26.00	27.00	28.00	29.00	30.00	
I/μA																

注:ΔX表示接收器在初始位置的基础上向右移动的距离.

(5) 将发射器和接收器之间的间距调节为70 cm(建议发射器和接收器到中心平台中心的距离各35 cm).将电流表挡位开关置于"×0.1"挡.调节发射器的微波强弱旋钮,使电流表指针指向60~80(6.00~8.00 μA).

(6) 松开接收器喇叭口侧面的锁紧螺丝,慢慢转动接收器喇叭口,每转10.0°记录一次电流表示数于表5-11-2.

表5-11-2　接收电流与转角数据记录表

θ/(°)	0.0	10.0	20.0	30.0	40.0	50.0	60.0	70.0	80.0	90.0
I/μA										

5.11.2 反射

实验目的

理解波的反射原理,通过测量验证反射定律.

实验原理

光从一种均匀物质射向另一种均匀物质时,在两种物质的分界面上有部分光返回原物质的现象称为反射. 反射定律表述如下:入射光线、反射光线、法线在同一平面内,反射光线和入射光线分居在法线两侧,反射角与入射角相等.

微波与光一样,都是电磁波,都能产生反射. 本实验用一块金属铝板作为反射板来研究微波在不同入射角下的反射现象,从而验证反射定律. 反射角的位置由电流表示数最大处确定.

如图 5-11-1 所示,入射波轴线与反射板法线之间的夹角为入射角,反射波轴线和反射板法线之间的夹角为反射角.

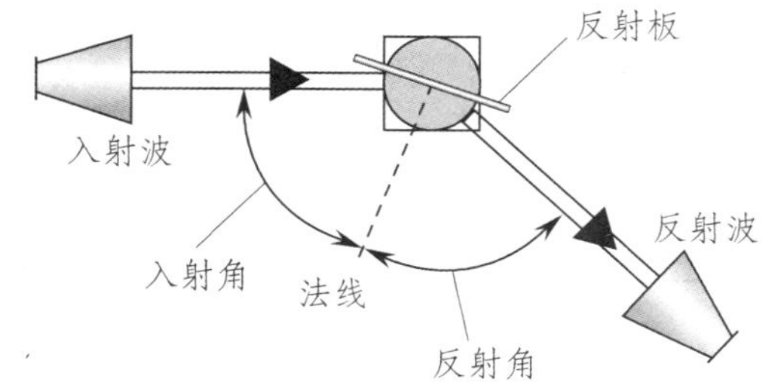

图 5-11-1 反射原理图

实验仪器

微波发射器组件(以下简称发射器),微波接收器组件(以下简称接收器),平台,中心支架,反射板.

实验内容

(1) 将发射器和接收器分别置于固定臂和活动臂上,喇叭口宽边水平. 发射器距离中心平台中心约 25.00 cm,接收器距离中心平台中心约 35.00 cm. 将反射板夹于中心支架上,并将中心支架的螺丝置于中心平台的中心孔中.

(2) 转动中心支架,调节入射角为 20.0°. 将电流表挡位开关置于"×0.1"挡. 打开电源,转动活动臂使电流表指针偏转最大后,调节发射器的微波强弱旋钮,使电流表指针指向 50 ~ 70(5.00 ~ 7.00 μA). 此时活动臂对准的方向即为反射角,将反射角记录于表 5-11-3.

(3) 分别调节入射角至 30.0°,40.0°,50.0°,60.0°,70.0°,转动活动臂找到对应的反射角,并记录于表 5-11-3. 比较入射角和反射角之间的关系.

表 5-11-3 微波反射数据记录表

入射角 /(°)	反射角 /(°)	误差度数 /(°)	相对误差 /(%)
20.0			
30.0			
40.0			
50.0			
60.0			
70.0			

5.11.3　折射

实验目的

理解波的折射原理，测量塑料棱镜的折射率.

实验原理

当光由第一介质(折射率为 n_1) 射入第二介质(折射率为 n_2) 时，在平滑界面上，部分光由第一介质进入第二介质后即发生折射(见图 5-11-2). 折射定律(斯涅耳定律) 表述如下：

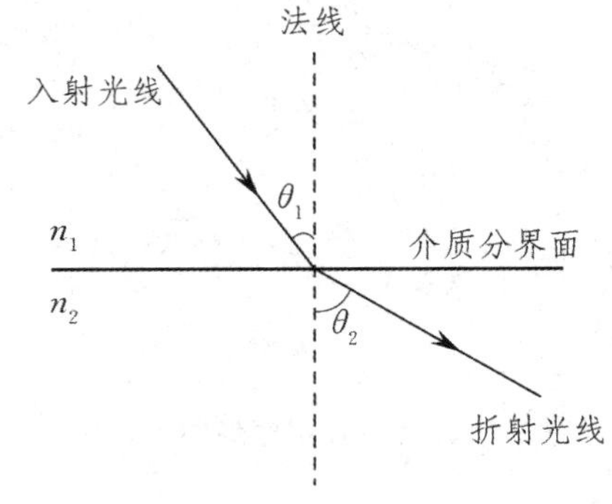

图 5-11-2　$n_1 > n_2$ 时折射原理图

(1) 折射光线、入射光线和法线位于同一平面内；

(2) 折射光线和入射光线分居在法线两侧；

(3) 入射角 θ_1 和折射角 θ_2 之间满足

$$n_1 \sin\theta_1 = n_2 \sin\theta_2. \tag{5-11-1}$$

微波也是电磁波的一种，同样满足折射定律. 介质的折射率是电磁波在真空中的传播速率与在此介质中的传播速率之比，用 n 表示. 一般而言，分界面两边介质的折射率不同，分别用 n_1 和 n_2 表示. 两种介质折射率的不同(波在两种介质中的传播速率不同) 导致了波的偏转，也就是说当波入射到两个不同介质的分界面时发生了折射.

本实验将利用折射定律测量塑料棱镜(电磁波能够穿透塑料) 的折射率.

实验仪器

微波发射器组件(以下简称发射器)，微波接收器组件(以下简称接收器)，平台，中心支架，反射板.

实验内容

(1) 将发射器和接收器分别置于固定臂和活动臂上，喇叭口宽边水平. 发射器和接收器距离中心平台中心约 35.00 cm. 将棱镜底座的螺丝置于中心平台的中心孔中，并将塑料棱镜放置于棱镜底座上(注意，塑料棱镜斜边须紧贴棱镜底座斜边)，塑料棱镜长直角边正对发射器.

(2) 顺时针转动棱镜底座，调节入射角为 20.0°(此时棱镜底座刻度线对准中心平台刻度盘上的 20.0°). 电流表挡位开关置于“×0.1”挡. 打开电源，转动活动臂使电流表指针偏转最大后，调节发射器的微波强弱旋钮，使电流表指针指向 50 ～ 70(5.00 ～ 7.00 μA). 此时活动臂对准的方向即为折射角，将折射角记录于表 5-11-4.

(3) 分别调节入射角至 30.0°，40.0°，转动活动臂找到对应的折射角，并记录于表 5-11-4.

(4) 设空气的折射率 n_1 为 1，根据折射定律，计算塑料棱镜的折射率.

表 5-11-4　测量塑料棱镜折射率数据记录表

测量次数	入射角 θ_1/(°)	折射角 θ_2/(°)	塑料棱镜的折射率 n_2
1	20.0		
2	30.0		
3	40.0		

5.11.4 偏振

实验目的

（1）了解微波经喇叭极化后的偏振现象，验证马吕斯定律.

（2）研究偏振板对微波偏振方向改变的规律.

实验原理

平面电磁波是横波，它的电场强度 $\boldsymbol{E}$、磁场强度 $\boldsymbol{H}$ 均与波的传播方向垂直. 由于电磁波中参与物质相互作用的是电场强度 $\boldsymbol{E}$，故电磁波中的振动矢量通常指 $\boldsymbol{E}$，称为光矢量. 在与传播方向垂直的二维平面内，光矢量 $\boldsymbol{E}$ 可能具有各个方向的振动. 如果 $\boldsymbol{E}$ 在该平面内的振动只限于某一确定方向（偏振方向），这样的电磁波称为极化波，在光学中也称为偏振波. 用来检测偏振状态的元件叫作检偏器，它只允许沿某一方向振动的光矢量 $\boldsymbol{E}$ 通过，该方向叫作检偏器的偏振化方向. 强度为 I_0 的偏振波通过检偏器时，透射波的强度 I 与夹角 θ（偏振波的偏振方向与检偏器的偏振化方向之间的夹角）遵循马吕斯定律：

$$I = I_0 \cos\theta. \qquad (5-11-2)$$

微波信号源输出的电磁波经喇叭后，光矢量方向与喇叭的宽边垂直，相应磁场强度与喇叭的宽边平行，垂直极化. 微波接收器组件由于其物理特性，只能接收到与接收喇叭口宽边相垂直的光矢量（对平行的光矢量有很强的抑制，可认为它接收不到与接收喇叭口宽边相平行的光矢量），所以当两喇叭的朝向（宽边）相差 θ 时，它只能接收一部分信号.

偏振板对入射波具有遮蔽和透过的作用，只让偏振方向与其偏振化方向一致的微波通过. 本实验将研究微波的偏振现象，找出偏振板是如何改变微波偏振的规律.

实验仪器

微波发射器组件（以下简称发射器），微波接收器组件（以下简称接收器），平台，中心支架，偏振板.

实验内容

（1）将发射器和接收器分别置于固定臂和活动臂上，喇叭口宽边水平，活动臂刻线与 180° 刻线对齐. 发射器和接收器距离中心平台中心约 35 cm. 打开电源，电流表挡位开关置于“×1”挡，调节发射器的微波强弱旋钮，使电流表的示数最大（100 μA）.

（2）松开接收器上的喇叭止动旋扭，旋转接收器，每转 10°（或其他角度）记录一次电流表的示数于表 5-11-5，直至旋转 90°.

（3）偏振板放置在中心支架上，中心支架上的白色刻线与转盘的 0° 刻线或 180° 刻线对齐，偏振板的栅条方向与竖直方向分别为 45°，90° 时，重复步骤（2）.

（4）将理论值、不加偏振板时的实验值及偏振板与竖直方向成 90° 时的实验值进行比较，分析各组数据. 试分析若偏振板栅条方向与竖直方向成 0° 时的实验结果.

表 5-11-5　微波偏振现象实验的数据记录表

初始条件：发射器、接收器距中心平台中心________ cm											
接收器转角 /(°)		0	10	20	30	40	50	60	70	80	90
理论值 $I_{理}$ /μA		100	97	88.3	75	58.7	41.3	25	11.7	3	0
无偏振板实验值 $I_{实}$ /μA											
偏振板栅条方向与竖直方向的夹角为 45° 和 90° 时的电流表读数	$I_{45°}$/μA										
	$I_{90°}$/μA										

注：表中 $I_{理}$ 为根据马吕斯定律计算出的理论电流值.

5.11.5　双缝衍射

实验目的

理解微波的双缝衍射原理，并应用此原理测量微波波长.

实验原理

当微波经过开有双缝的板时，若板上所开缝隙的宽度与微波波长在数值上很接近，则会发生明显的衍射现象，在板后的空间会出现衍射波的强度从极小到极大的分布.

双缝板后衍射波的强度随探测角的变化而变化. 若两缝之间的距离为 d，微波接收器组件距双缝板的距离 H 大于 $10d$，则当探测角 θ 满足 $d\sin\theta = N\lambda$ 时会出现衍射极大值（λ 为入射波的波长，N 为整数）. 仪器设置如图 5-11-3 所示.

实验中用到的双缝板的两条缝宽均为 15 mm，中间缝屏的宽度为 50 mm.

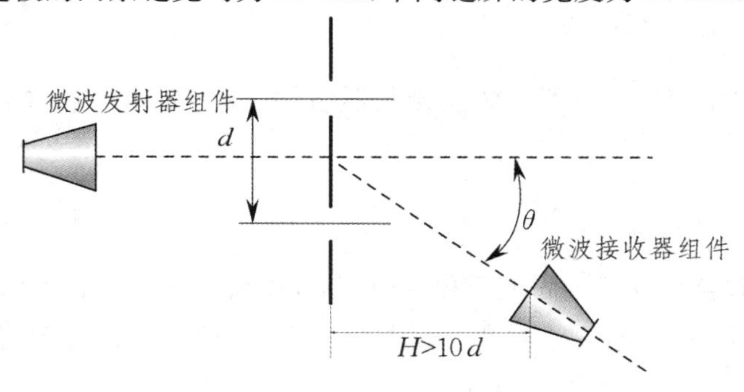

图 5-11-3　双缝衍射示意图

实验仪器

微波发射器组件（以下简称发射器），微波接收器组件（以下简称接收器），平台，中心支架，双缝板.

实验内容

（1）将发射器和接收器分别置于固定臂和活动臂上，发射器和接收器都处于水平偏振状态（喇叭口宽边与地面平行）. 发射器距离中心平台中心约 35.00 cm. 双缝板夹于中心支架上（中心支架的左、右边缘刚好对准双缝板刻度线），并将中心支架螺丝置于中心平台的中心孔中. 为保证微波垂直入射双缝，中心支架刻线应与中央平台的 0° 刻线或者 180° 刻线对齐.

（2）电流表挡位开关置于"×0.1"挡. 打开电源，将活动臂刻线与中央平台的 180° 刻线对齐，再左右转动活动臂，找到附近的一个使电流表指针偏转最大的位置. 然后移动接收器至距离中心平台中心约650.0 mm(接收臂刻度)后的第一个电流极大值处. 记录此时接收器在米尺上的位置于表5-11-7. 调节发射器的微波强弱旋钮，使电流表指针指向60～80(6.00～8.00 μA).

(3) 缓慢转动活动臂，从50°(活动臂刻线对准中心平台左边的130°刻线)转动至－50°(活动臂刻线对准中心平台右边的130°刻线)，按顺序找到3次电流表指针偏转最大时活动臂对应的角度θ_1,θ_2,θ_3，则$\theta_3-\theta_2$,$\theta_2-\theta_1$分别为第－1级和第＋1级衍射极大对应的夹角，将其填入表5-11-6对应位置.

表5-11-6　微波的双缝衍射数据记录表1

d/mm	65.0	
衍射极大对应的夹角θ/(°)		
级数n	－1	1
入射波波长λ/cm		
平均波长$\bar{\lambda}$/cm		
理论波长λ_0/cm	2.855 17	
相对误差/(%)		

(4) 以步骤(3)中测量出的θ_2为标准，校准表5-11-7中的角度后，再次将活动臂从50.0°缓慢转动至－50.0°，每隔5°记录电流表示数于表5-11-7(表格中的两个0.0°对应的电流值相同，应测一次记两次).

中心主极大校准方法：理论上中心主极大应该出现在180.0°(表5-11-7中的0.0°)处. 但因仪器误差，实际往往会稍有偏离，故测量时，应以180.0°－θ_2为偏移量，根据实际偏移方向(左或右)，将表5-11-7中的所有角度对应的中心平台角度全部以相同偏移方向(左或右)偏移180.0°－θ_2.

(5) 通过表5-11-6中的数据计算微波波长，通过表5-11-7中的数据绘制接收电流随转角变化的曲线图(双缝衍射强度分布图).

表5-11-7　微波的双缝衍射数据记录表2

初始条件：接收器距中心平台中心____ mm；顺时针为正，逆时针为负											
活动臂转角/(°)	50.0	45.0	40.0	35.0	30.0	25.0	20.0	15.0	10.0	5.0	0.0
电流值/μA											
活动臂转角/(°)	0.0	－5.0	－10.0	－15.0	－20.0	－25.0	－30.0	－35.0	－40.0	－45.0	－50.0
电流值/μA											

5.11.6　迈克耳孙干涉仪

实验目的

了解迈克耳孙干涉仪的工作原理，并测量微波波长.

实验原理

迈克耳孙干涉仪的结构如图5-11-4所示，A和B为反射板(全反射)，C为透射板(部分反射). 从微波发射器组件发出的微波经两条不同的光路到达微波接收器组件：一部分经C透射后射到A，经A反射后再经C反射进入微波接收器组件；另一部分从C反射到B，经B反射回C，最后透过C进入微波接收器组件. 两列微波在微波接收器组件处发生干涉.

若两列微波同相位，微波接收器组件将探测到信号的最大值. 移动任意一块反射板，改变其中一路光程，使两列微波不再同相，微波接收器组件探测到的信号就不再是极大值. 若反射板移过的距离为 $\lambda/2$（λ 为微波波长），光程将改变一个波长，相位改变 360°，在此过程中，微波接收器组件探测到的信号幅值将交替出现一次极小和极大，即接收信号幅值降低到极小值后又重新达到极大值.

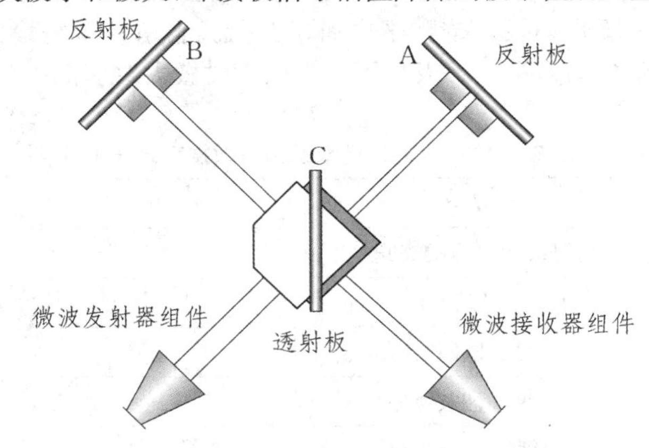

图 5－11－4　迈克耳孙干涉仪结构图

因此，可以通过反射板（A 或 B）改变的距离来计算微波波长，计算公式为

$$\Delta d = N\frac{\lambda}{2}, \tag{5－11－3}$$

式中 Δd 表示反射板改变的距离，N 为接收信号幅度交替出现极小值和极大值的次数.

实验仪器

微波发射器组件（以下简称发射器），微波接收器组件（以下简称接收器），平台，透射板，反射板（2 个），移动支架（2 个）.

实验内容

（1）按图 5－11－4 所示布置实验仪器，C 与各支架成 45°. 接通电源，调节电流表挡位开关及发射器的微波强弱旋钮，使电流表的示数适中.

（2）移动反射板 A，观察电流表示数的变化，当电流表的示数最大时，记下反射板 A 所处位置的刻度 X_1.

（3）向外（或内）缓慢移动 A，注意观察电流表示数的变化，当电流表示数交替出现 N（要求 $N \geqslant 10$）次极小值和极大值的变化并达到极大值时，记录这时反射板 A 所处位置的刻度 X_2 以及电流表示数交替出现极小值和极大值变化的次数 N.

（4）A 不动，移动 B，重复以上步骤，记录数据于表 5－11－8.

表 5－11－8　迈克耳孙干涉仪测量微波波长的数据记录表

改变方式	测量次数	X_1/cm	X_2/cm	$\Delta d = \lvert X_1 - X_2 \rvert$/cm	N	λ/cm	$\bar{\lambda}$/cm	$\bar{\lambda}$ 与理论值的误差
A 动，B不动	1							
	2							
	3							
	4							绝对误差：______
A 不动，B 动	1							相对误差：______
	2							
	3							
	4							

数据处理

(1) 完成表 5－11－1 到表 5－11－8.

(2) 利用计算机等工具，对所得数据进行曲线拟合，并计算相对误差.

注意事项

(1) 微波无法穿过人体. 实验调节过程中，不要让手臂遮挡住微波，造成实验误差.

(2) 透射板为玻璃制品，使用时请轻拿轻放，避免造成损坏.

预习思考题

(1) 微波和光波有何相似性？又有何区别？

(2) 在每个实验中，微波接收器组件应如何放置，试说明你选择这样放置的原因？

(3) 因每个实验使用的配件不同，故每个实验开始前，需先调节微波发射器组件的微波强弱旋钮到微波发射强度合适. 为了保证更好的测量结果，对每个实验，你应该如何操作才能将发射强度调到合适呢？

讨论思考题

(1) 观察表 5－11－1 中的测量数据，寻找规律，思考测量数据反映了微波的什么特性？

(2) 观察表 5－11－2 中的测量数据，寻找规律，思考测量数据反映了微波的什么特性？

(3) 反射实验中，为什么电流表示数达到最大时接收臂对应的方向是反射微波的方向？

(4) 偏振实验中，为什么偏振方向与偏振板开孔方向垂直的信号才可通过？

(5) 偏振实验中，信号通过偏振板后，最大电流值为什么明显变小？

(6) 双缝衍射实验中，测量前为什么要将接收器置于 650.0 mm 后第一个电流极大值处？

(7) 双缝衍射实验中，测量时为什么电流表指针难以稳定？

(8) 双缝衍射实验中，绘制的双缝衍射强度分布图是不是对称的？为什么？

拓展阅读

[1] 黄宏嘉. 从微波到光[J]. 电子学报，1979(3)：1－22.

[2] 张宇，任延宇，韩权. 大学物理：少学时[M]. 4 版. 北京：机械工业出版社，2021.

5.12 热辐射与红外扫描成像

引言

热辐射是 19 世纪发展起来的新研究领域，至 19 世纪末该领域的研究达到顶峰，量子理论就从这里诞生. 黑体辐射实验是量子理论得以建立的关键性实验之一，也是物理实验教学中的一个重要实验. 物体由于具有温度而向外辐射电磁波的现象称为热辐射. 热辐射的光谱是连续谱，波长覆盖范围理论上可从 0 到 ∞，而一般的热辐射主要辐射波长较长的可见光和红外线. 物体在向外辐射的同时，还将吸收从其他物体辐射来的能量，且物体辐射或吸收的能量与它的温度、表面积、黑度等因素有关.

实验目的

(1) 研究物体的辐射面、辐射体温度对物体辐射能力大小的影响，并分析原因.

(2) 测量改变测试点与辐射体的距离时，物体的辐射强度 P 和距离 s 以及距离的平方 s^2 的关系，并描绘 $P-s^2$ 曲线.

(3) 根据维恩位移律，测绘物体的辐射能量与波长的关系图.

(4) 测量不同物体的防辐射能力(选做).

(5) 了解红外成像原理，根据热辐射原理测量发热物体的形貌(红外成像).

实验原理

1. 热辐射的基本定律

热辐射的真正研究是从基尔霍夫开始的. 1859 年，他从理论上引入辐射本领、吸收本领和黑体概念，利用热力学第二定律证明了一切物体的热辐射本领 $r(\nu,T)$ 与吸收本领 $\alpha(\nu,T)$ 成正比，比值仅与频率 ν 和温度 T 有关，其表达式为

$$\frac{r(\nu,T)}{\alpha(\nu,T)}=F(\nu,T), \tag{5-12-1}$$

式中 $F(\nu,T)$ 为一个与物质无关的普适函数. 1861 年，他进一步指出，在一定温度下用不透光的壁包围起来的空腔中的热辐射等同于黑体的热辐射. 1879 年，斯特藩从实验中总结出了黑体辐射的辐射本领 R 与物体热力学温度 T 的四次方成正比的结论；1884 年，玻尔兹曼对上述结论给出了严格的理论证明，其表达式为

$$R_T=\sigma T^4, \tag{5-12-2}$$

式中 $\sigma=5.670\,51\times10^{-8}\ \mathrm{W/(m^2\cdot K^4)}$ 称为斯特藩常量. 这个结论称为斯特藩-玻尔兹曼定律.

1888 年，韦伯提出了辐射波长与热力学温度之积是一定的；1893 年，维恩从理论上对上述结论进行了证明，其表达式为

$$\lambda_{\max}T=b, \tag{5-12-3}$$

式中 $b=2.897\,8\times10^{-3}\ \mathrm{m\cdot K}$ 为一普适常量. 随着温度的升高，黑体光谱亮度的最大值对应的波长向短波方向移动，即维恩位移律. 图 5-12-1 给出了黑体不同色温(单位:K) 的频谱亮度随波长的变化曲线.

1896 年，维恩推导出黑体辐射谱的函数形式：

$$r(\lambda,T)=\frac{\alpha c^2}{\lambda^5}\mathrm{e}^{-\beta c/\lambda T}, \tag{5-12-4}$$

式中 α,β 为常量. 式(5-12-4) 与实验数据比较，在短波区域符合得很好，但在长波部分出现系统偏差. 式(5-12-4) 称为维恩公式. 维恩因在热辐射方面的卓越贡献获得了 1911 年的诺贝尔物理学奖.

1900 年，英国物理学家瑞利从能量按自由度均分定理出发，推出了黑体辐射的能量分布公式：

$$r(\lambda,T)=\frac{8\pi}{\lambda^4}kT. \tag{5-12-5}$$

式(5-12-5) 称为瑞利-金斯公式. 此式在长波部分与实验数据符合较好，但在短波部分却出现了无穷值，而实验结果是趋于零. 短波部分严重的背离在物理史上被称为“紫外灾难”.

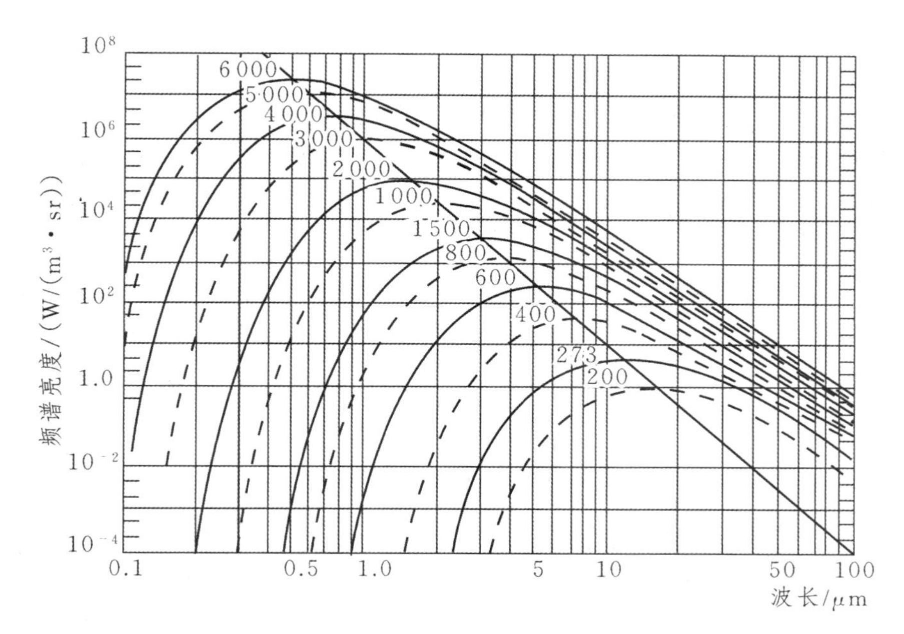

图 5-12-1　频谱亮度随波长的变化曲线

1900 年,德国物理学家普朗克在总结前人工作的基础上,采用内插法将适用于短波的维恩公式和适用于长波的瑞利-金斯公式衔接起来,得到了在所有波段都与实验数据符合很好的黑体辐射公式:

$$r(\lambda,T)=\frac{c_1}{\lambda^5}\cdot\frac{1}{e^{\frac{c_2}{\lambda T}}-1}, \tag{5-12-6}$$

式中 c_1,c_2 均为常量,但该公式的理论依据尚不清楚.

这一研究的结果促使普朗克进一步去探索式(5-12-6)所蕴含的更深刻的物理本质.他发现,如果要获得式(5-12-6),必须做如下"量子"假设:对于一定频率 ν 的电磁辐射,物体只能以 $h\nu$ 为单位吸收或发射它,即吸收或发射电磁辐射只能以"量子"的方式进行.每个"量子"的能量为 $E=h\nu$,称为能量子,式中 h 是一个用实验来确定的比例系数,称为普朗克常量,它的数值为 6.62559×10^{-34} J·s;式(5-12-6)中 c_1,c_2 可表述为 $c_1=2\pi hc^2$,$c_2=ch/k$(c 为真空中的光速,k 为玻尔兹曼常量),它们均与普朗克常量相关,分别称为第一辐射常量和第二辐射常量.

2. 红外扫描成像实验

热成像技术是以红外探测、成像技术和图像处理为基础的高新技术分支学科,目前广泛地应用于国防、科研以及工农业生产等各个领域.本实验的红外扫描成像系统用装在扫描平台上的红外热辐射传感器对成像物体进行扫描,以接收成像物体表面的辐射强度并转换成电信号,经过数据采集、图像分析及数据处理后将成像物体辐射强度分布转换成人眼可见的图像.

实验仪器

DHRH-Ⅰ 测试仪,黑体辐射测试架,红外成像测试架,红外热辐射传感器,半自动扫描平台,光学导轨(60 cm),计算机软件以及专用连接线等.

实验内容

1. 研究物体温度以及物体表面对物体辐射能力的影响

(1) 将黑体辐射测试架、红外热辐射传感器安装在光学导轨上，调整红外热辐射传感器的高度，使其正对模拟黑体（辐射体）中心，然后再调整黑体辐射测试架和红外热辐射传感器的距离，并锁紧测试架紧固螺丝、传感器紧固螺丝.

(2) 如图 5－12－2 所示，将黑体辐射测试架上的加热电流输入端口和控温传感器端口分别通过专用连接线与 DHRH－Ⅰ 测试仪面板上的相应端口相连；用专用连接线将红外热辐射传感器和 DHRH－Ⅰ 测试仪面板上的专用接口相连；检查连线是否无误，确认无误后，开启电源，对辐射体进行加热.

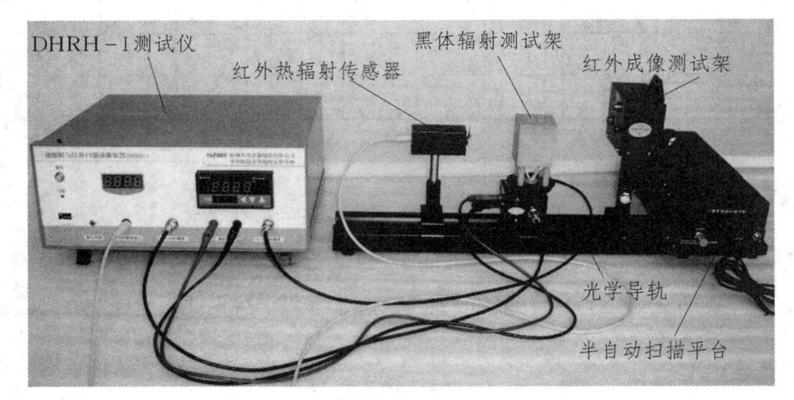

图 5－12－2　热辐射实验连线图

(3) 记录各辐射面不同温度时的辐射强度（用红外热辐射传感器测得的电压值表示），填入表 5－12－1. 设置控温器控温温度，等温度稳定灯熄灭时记录该温度下的辐射强度值，不同辐射面应与红外热辐射传感器距离相等.

表 5－12－1　黑体温度与辐射强度的数据记录表

<table>
<tr><td rowspan="6">辐射面类型</td><td rowspan="2">黑面</td><td>温度 t/℃</td><td>35</td><td>40</td><td>45</td><td>…</td><td>70</td></tr>
<tr><td>辐射强度 P/V</td><td></td><td></td><td></td><td></td><td></td></tr>
<tr><td rowspan="2">粗糙面</td><td>温度 t/℃</td><td>35</td><td>40</td><td>45</td><td>…</td><td>70</td></tr>
<tr><td>辐射强度 P/V</td><td></td><td></td><td></td><td></td><td></td></tr>
<tr><td rowspan="2">光面 1</td><td>温度 t/℃</td><td>35</td><td>40</td><td>45</td><td>…</td><td>70</td></tr>
<tr><td>辐射强度 P/V</td><td></td><td></td><td></td><td></td><td></td></tr>
</table>

(4) 控温表设置在 70 ℃，待温度稳定后，转动辐射体（辐射体较热，请戴上手套进行旋转，以免烫伤）测量不同辐射面上的辐射强度（实验时，保证红外热辐射传感器与待测辐射面距离相等，便于分析和比较），记录于表 5－12－2.

表 5－12－2　黑体面与辐射强度的数据记录表

黑体面	黑面	粗糙面	光面 1	光面 2（带孔）
辐射强度 P/V				

注：光面 2 上有通光孔，实验时可以分析光照对实验的影响.

(5) 黑体温度与辐射强度微机测量.

用计算机动态采集黑体温度与辐射强度之间的关系时，先按照步骤(2)进行连线，然后把黑体辐射测试架上的测温传感器PT100Ⅱ连至DHRH-Ⅰ测试仪面板上的“PT100Ⅱ传感器”，用USB电缆连接电脑与DHRH-Ⅰ测试仪面板上的USB接口.

具体实验界面的操作以及实验案例详见安装软件上的帮助文档.

2. 探究黑体辐射和距离的关系

(1) 按照实验内容1的步骤(2)把线连接好，连线图如图5-12-2所示.

(2) 将黑体辐射测试架紧固在光学导轨左端，红外热辐射传感器探头紧贴且对准辐射体中心，稍微调整辐射体和红外热辐射传感器的位置，直至红外热辐射传感器底座上的刻线对准光学导轨标尺上的一个整刻度，并以此刻度为两者之间距离的零点.

(3) 将辐射体的黑面转动至正对红外热辐射传感器.

(4) 将控温表设置在70 ℃，待温度稳定后，移动红外热辐射传感器，每移动20 mm记录测得的辐射强度于表5-12-3. 至少记录10个点.

表5-12-3　黑体辐射与距离关系的数据记录表

距离 s/mm	0	20	…	400
辐射强度 P/mV				

注：实验过程中，辐射体温度较高，禁止触摸，以免烫伤.

3. 依据维恩位移律，测绘物体辐射强度P与波长的关系曲线

(1) 仿照实验内容1测量辐射体在不同温度时的辐射强度并记录相关数据.

(2) 根据式(5-12-3)，求出辐射体在不同温度时的λ_{max}.

(3) 根据不同温度下的辐射强度和对应的λ_{max}，描绘$P-\lambda_{max}$曲线.

*4. 测量不同物体的防辐射能力(选做)

(1) 测量在辐射体和红外热辐射传感器之间放入物体板前后辐射强度的变化.

(2) 放入不同的物体板时，辐射体的辐射强度有何变化？哪种物质的防辐射能力较好？从中可以得到什么启发？

5. 红外成像实验(使用电脑)

(1) 将红外成像测试架上的加热电流输入端口和控温传感器端口分别通过专用连接线与DHRH-Ⅰ测试仪面板上的相应端口相连；将红外热辐射传感器安装在半自动扫描平台上，并用专用连接线将红外热辐射传感器和DHRH-Ⅰ测试仪面板上的专用接口相连，用USB连接线将DHRH-Ⅰ测试仪与电脑连接起来.

(2) 将一成像物体放置在红外成像测试架上，设定控温器的控温温度为70 ℃. 检查连线是否无误，确认无误后，开通电源，对成像物体进行加热.

(3) 温度稳定后，将红外成像测试架向半自动扫描平台移近，使成像物体尽可能接近红外热辐射传感器(不能紧贴，防止高温烫坏传感器测试面板)，并将红外热辐射传感器前端面的白色遮挡物旋转至与传感器的中心孔位置一致.

(4) 开启采集器，启动扫描电机，采集成像物体的横向辐射强度数据；手动调节红外成像测试架的纵向位置(每次向上移动相同的距离，调节杆上有刻度)，再次开启电机，采集成像物体的横向辐射强度数据；电脑上将会显示全部的采集数据点以及成像图，软件具体操作详见软件界面上的帮助

文档.

数据处理

(1) 根据表 5－12－1 中的数据，作各辐射面辐射强度与温度的关系曲线，分析曲线以及表 5－12－2 中的数据，研究物体温度以及物体表面对物体辐射能力的影响.

(2) 根据表 5－12－3 中的数据，作 $P-s$ 曲线和 $P-s^2$ 曲线，分析曲线，你能从中得出什么结论？黑体辐射是否具有类似光强与距离的平方成反比的规律？

(3) 作物体辐射强度与波长的关系曲线(见实验内容 3).

(4) 测量不同物体的防辐射能力(选做). 放入不同的物体板时，辐射体的辐射强度有何变化？分析原因.

注意事项

(1) 实验过程中，当辐射体的温度很高时，禁止触摸，以免烫伤.

(2) 测量不同辐射面对辐射强度的影响时，辐射温度不要设置太高，转动辐射体时，应戴手套.

(3) 实验过程中，电脑在采集数据时不要触摸测试架，以免干扰传感器.

(4) 辐射体的光面 1 光洁度较高，应避免受损.

预习思考题

温度相同的物体，其辐射能力是否相同？

讨论思考题

(1) 红外成像实验中，为什么要求成像物体尽量接近红外热辐射传感器并在传感器前加上光阑？

(2) 试分析本实验中影响红外成像质量的因素.

(3) 利用辐射强度和温度的关系设计简易红外温度计，并说明应用条件.

(4) 对黑体辐射实验现象的理论解释几经波折，先后经历了适用于短波的维恩公式和适用于长波的瑞利-金斯公式，最后才由普朗克将两者综合得到了在所有波段都与实验数据符合较好的黑体辐射公式.

结合本实验和黑体辐射公式的发展历程，思考实践与真理的辩证关系？对未知现象的探索需要用到哪些科学方法？实事求是的精神对于科学探索和人类技术进步有什么意义？

拓展阅读

[1] 邓泽微，熊永红，邱自成，等. 热辐射扫描成像系统的实验研究[J]. 大学物理实验，2005，18(1)：1－4.

[2] 李相迪，黄英，张培晴，等. 红外成像系统及其应用[J]. 激光与红外，2014，44(3)：229－234.

[3] 曾强，舒芳誉，李清华. 红外测温仪：工作原理及误差分析[J]. 传感器世界，2007(2)：32－35.

附录

控温表操作说明

仪器操作说明：

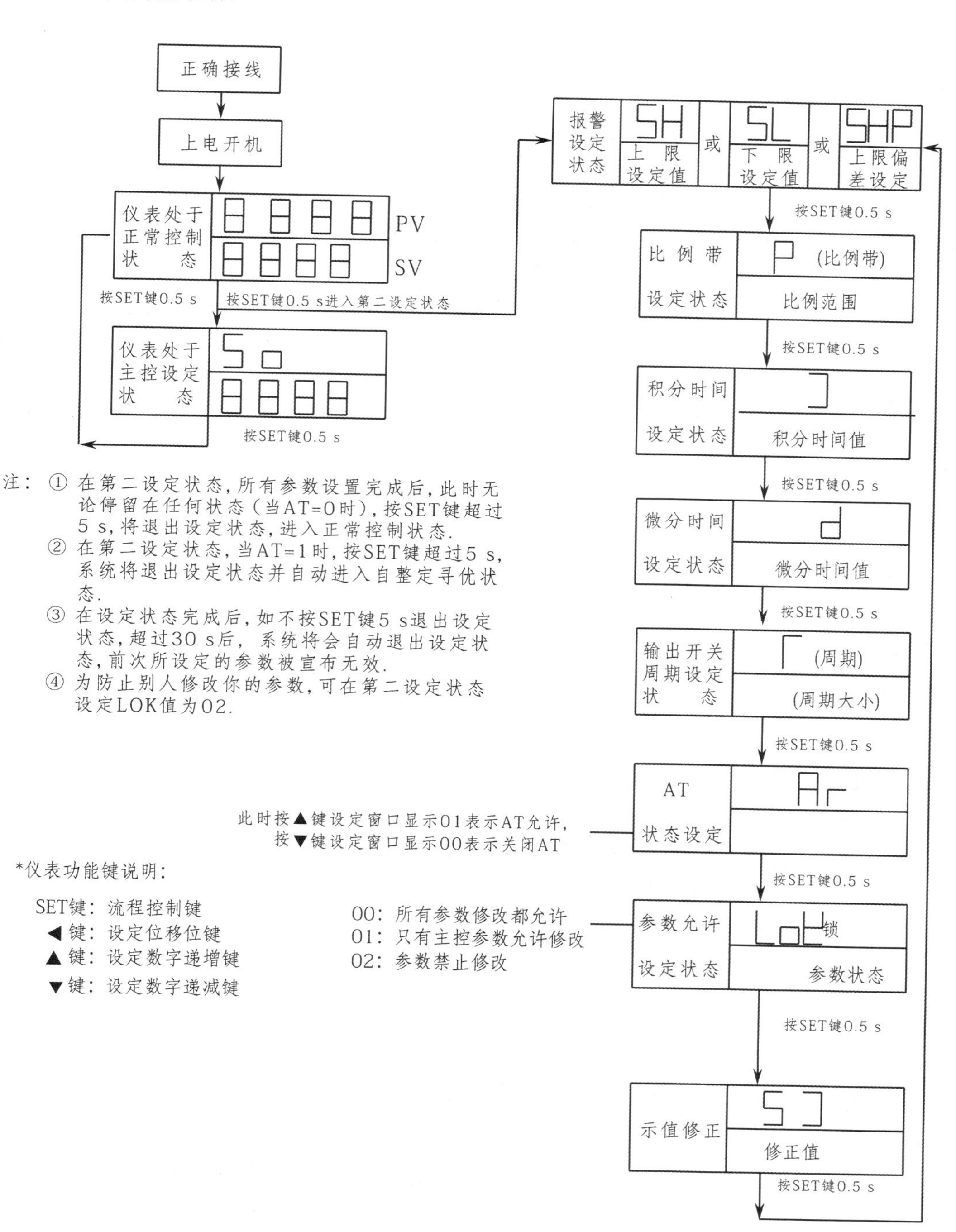

注：① 在第二设定状态，所有参数设置完成后，此时无论停留在任何状态（当AT=0时），按SET键超过5 s，将退出设定状态，进入正常控制状态.

② 在第二设定状态，当AT=1时，按SET键超过5 s，系统将退出设定状态并自动进入自整定寻优状态.

③ 在设定状态完成后，如不按SET键5 s退出设定状态，超过30 s后，系统将会自动退出设定状态，前次所设定的参数被宣布无效.

④ 为防止别人修改你的参数，可在第二设定状态设定LOK值为02.

*仪表功能键说明：

SET键：流程控制键
◀ 键：设定位移位键
▲ 键：设定数字递增键
▼ 键：设定数字递减键

5.13 LED综合特性实验

引言

1962年，美国通用电气公司的何伦亚克开发出了第一只发光二极管，简称为LED(light emitting diode)，LED早期主要作为指示灯使用. 20世纪80年代，LED的亮度有了很大的提高，开始广泛应用于各种大显示屏. 1994年，日本科学家中村秀二在氮化镓(GaN)基片上研制出了第一只蓝光LED. 1997年，诞生了蓝光LED芯片加荧光粉的白光LED，使LED的发展和应用进入了全彩应用及普通照明阶段.

LED是一种固态的半导体器件，它可以直接把电转化为光，具有体积小、耗电量低、易于控制、坚固耐用、寿命长、环保等优点. 照明、大显示屏、液晶显示屏的背光源、装饰工程，以及其他如交通信号灯、光纤通信的光源、仪器上的数码显示管等，都大量采用LED.

随着人们对LED的应用(尤其是大面积照明)提出越来越高的要求，LED在迅猛发展的同时，也暴露出了一些问题.

与白炽灯、荧光灯等传统照明光源的发光机理不同，LED属于电致发光器件，因此不能辐射散热，从而导致器件温度过高，严重影响LED的光通量、寿命及可靠性，并会导致LED的出射光发生红移，尤其是目前发展白光LED的主导方案是荧光粉加蓝光LED芯片，其中的荧光粉对温度特别敏感，最终会引起波长的漂移，造成颜色不纯等一系列问题. 据有关资料统计，LED器件大约70%的故障来自LED温度过高. 因此，研究温度对LED的影响有着重要的现实意义.

LED综合特性实验内容可分为两个部分：第一部分研究LED的伏安特性、电光转换特性、输出光空间分布特性；第二部分利用LED发出的三基色光观察混色现象，验证色光混合的相关定律.

实验目的

(1) 了解LED的发光原理.

(2) 测量LED的伏安特性、电光转换特性和输出光空间分布特性.

(3) 了解混色原理及相关定律.

(4) 验证代替律、补色律、中间色律和亮度相加律.

(5) 了解实现白光LED的方法.

实验原理

1. LED的发光原理

LED是由p型和n型半导体组成的二极管(见图5-13-1). p型半导体中有相当数量的空穴，几乎没有电子. n型半导体中有相当数量的电子，几乎没有空穴. 当两种半导体结合在一起形成pn结时，n区的电子(带负电)向p区扩散，p区的空穴(带正电)向n区扩散，在pn结附近形成空间电荷区与势垒电场. 势垒电场会使载流子(电子和空穴)向扩散的反方向做漂移运动，最终扩散与漂移达到平衡，使流过pn结的净电流为零. 在空间电荷区内，p区的空穴被来自n区的电子复合，n区的电子被来自p区的空穴复合，使空间电荷区内几乎没有能导电的载流子，所以该区又称

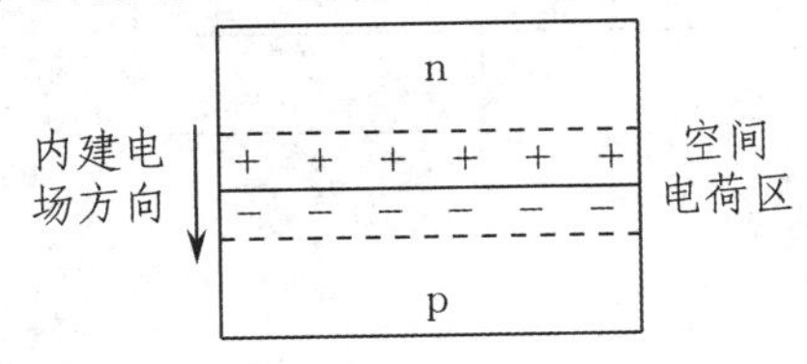

图5-13-1 pn结示意图

为结区或耗尽层.

当给 pn 结加上与势垒电场方向相反的正向偏压时,结区变窄,在外电场作用下,p 区的空穴和 n 区的电子做扩散运动,从而在 pn 结附近产生电子与空穴的复合,并以热能或光能的形式释放能量.采用适当的材料使复合能量以发射光子的形式释放,就构成了 LED. LED 发射光谱的中心波长由组成 pn 结的半导体材料的禁带宽度所决定,采用不同的材料及材料组分,可以获得发射不同颜色的 LED.

LED 的光谱线宽度一般有几十纳米,可见光的光谱范围为 380～780 nm. 白光 LED 一般采用三种方法形成. 第一种是在蓝光 LED 芯片上涂敷荧光粉,蓝光与荧光粉产生的宽带光谱合成白光. 第二种是将几种发不同颜色光的 LED 芯片封装在一个组件外壳内,通过不同颜色光的混合构成白光 LED. 第三种是紫外 LED 芯片加三基色荧光粉,三基色荧光粉的光谱合成白光.

2. LED 的伏安特性

LED 的伏安特性测试原理如图 5－13－2 所示.

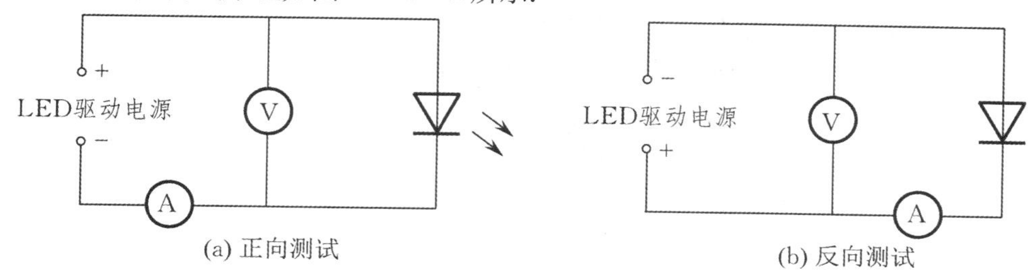

(a) 正向测试　　(b) 反向测试

图 5－13－2　LED 的伏安特性测试原理图

伏安特性反映了在 LED 两端加电压时,通过 LED 的电流与电压的关系,其伏安特性曲线如图 5－13－3 所示. 在 LED 两端加正向电压,当电压较小不足以克服势垒电场时,通过 LED 的电流很小. 当正向电压增大到超过死区电压 U_{th}(见图 5－13－3 中的正向拐点)后,电流随电压迅速增长.

正向工作电流是指 LED 正常发光时的正向电流值,根据不同 LED 的结构和输出功率的大小,其值在几十毫安到1 A 之间. 正向工作电压是指 LED 正常发光时加在 LED 两端的电压. 允许功耗是指加于 LED 的正向电压与电流乘积的最大值. 当功耗超过此值时, LED 会因过热而损坏.

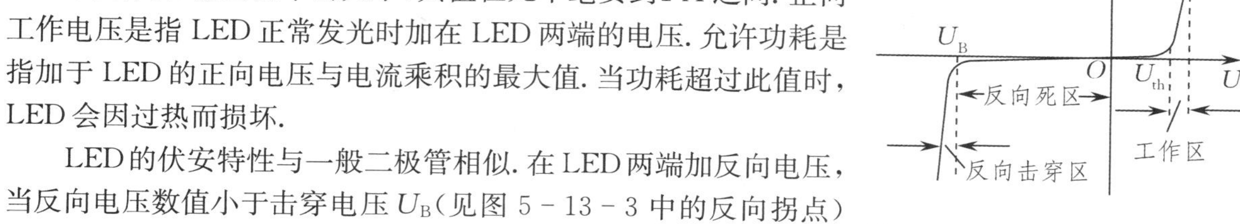

图 5－13－3　LED 的伏安特性曲线

LED 的伏安特性与一般二极管相似. 在 LED 两端加反向电压,当反向电压数值小于击穿电压 U_B(见图 5－13－3 中的反向拐点)时,只有微安级反向电流. 当反向电压超过击穿电压 U_B 后,LED 被击穿损坏. 为安全起见,激励电源提供的最大反向电压应低于击穿电压.

3. LED 的电光转换特性

LED 的电光转换特性测试原理如图 5－13－4 所示.

电光转换特性反映 LED 发出的光在某截面处的照度①与驱动电流的关系,LED 的电光转换特性曲线如图 5－13－5 所示,照度 E 与驱动电流 I 近似呈线性关系,这是因为驱动电流与注入 pn 结的电荷数成正比,在复合发光的量子效率一定的情况下,输出光通量(正比于照度)与注入电荷数成正比.

① 照度表示被照射主体表面单位面积上所得到的光通量,用 E 表示,单位为 lx(勒克斯). 当发光强度不变时,照度与光发射距离的平方成反比.

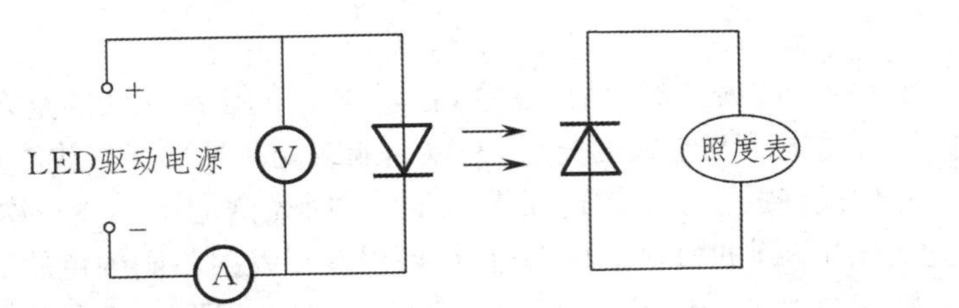

图 5-13-4　LED 的电光转换特性测试原理图

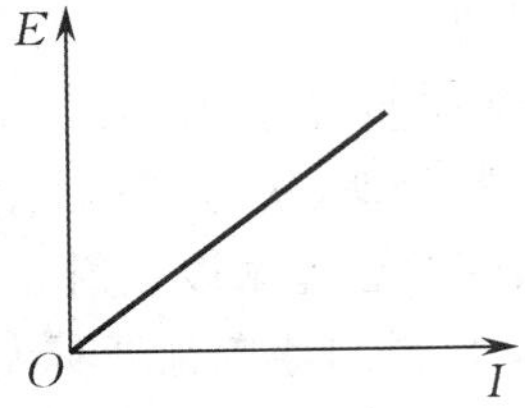

图 5-13-5　LED 的电光转换特性曲线

4. LED 的输出光空间分布特性

由于LED的芯片结构及封装方式不同，输出光的空间分布也不一样，图5-13-6给出其中两种不同封装的 LED 的输出光空间分布特性（实际 LED 的输出光空间分布特性可能与图示存在差异）.图 5-13-6 中的发射强度以最大值为基准，此时方向角定义为零度，发射强度定义为 100%. 当方向角改变时，发射强度相应改变. 发射强度降为最大值的一半时，对应的角度称为方向半值角. LED 出光窗口附有透镜，可使其指向性更好. 图 5-13-6(a) 所示为加装透镜的 LED 的输出光空间分布特性曲线，方向半值角大约为 ± 7°，可用于光电检测、射灯等要求出射光束能量集中的应用环境；图 5-13-6(b) 所示为未加透镜的 LED 的输出光空间分布特性曲线，方向半值角大约为 ± 50°，可用于普通照明及大显示屏等要求视角宽广的应用环境.

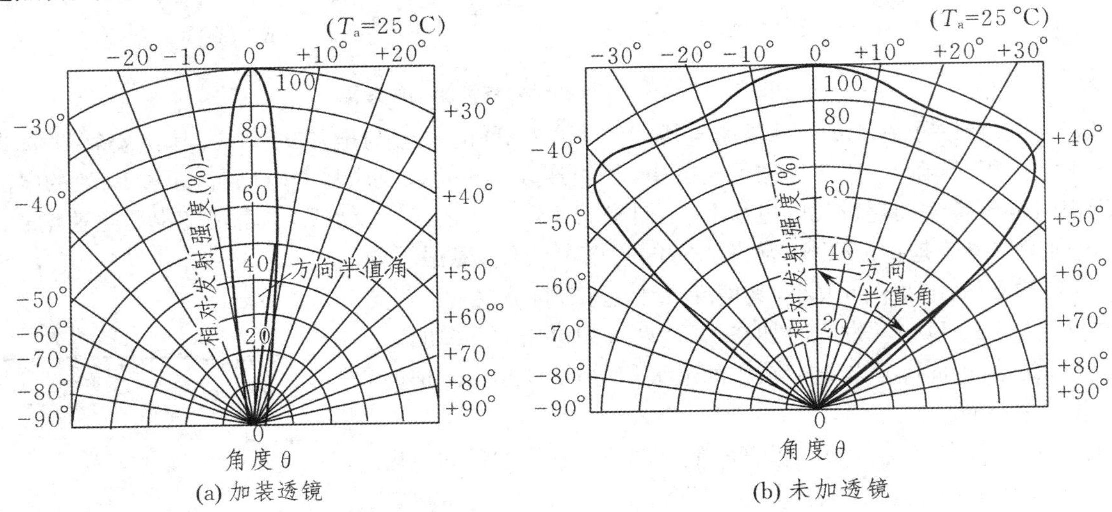

图 5-13-6　两种 LED 的输出光空间分布特性曲线

5. 混色理论

实验证明，各种颜色可以相互混合. 两种或几种颜色相互混合，将形成不同于原来颜色的新颜色. 颜色混合有两种方式：色光混合和色料混合（见图 5-13-7).

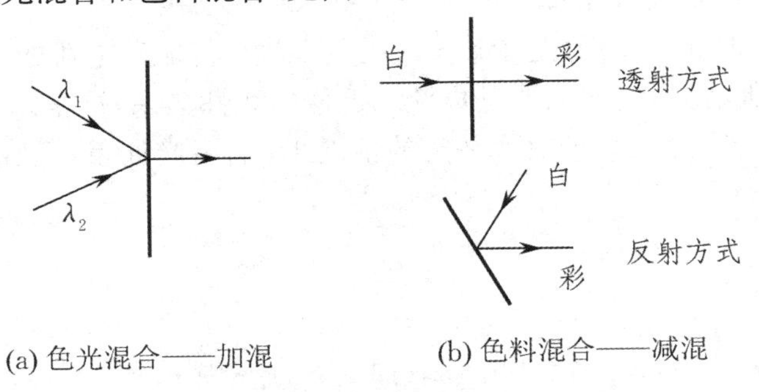

图 5-13-7　两种颜色混合方式示意图

色光混合是不同颜色光的直接混合. 混合色光为参加混合各色光之和,故色光混合又称为加混.

色料是指对光有强烈选择吸收的物质,它们在白光照明下呈现一定的颜色. 色料混合是从白光中去除某些色光,从而形成新的颜色,故又称之为减混.

(1) 格拉斯曼颜色混合定律.

大量的混色实验揭示了颜色混合的许多现象. 据此,格拉斯曼于 1854 年总结出色光混合的几个基本规律(格拉斯曼颜色混合定律),它是建立现代色度学的基础. 需要注意的是,格拉斯曼颜色混合定律适用于色光混合,不适用于色料混合.

① 颜色的属性.

人眼的视觉只能分辨颜色的三种特性:明度、色调、饱和度. 这三种特性可以统称为颜色的三属性.

明度是描述物体或光源表面相对明暗特性的一个参量. 发光物体的亮度越高,则明度越高;非发光物体反射比越高,明度越高.

色调是描述色彩彼此相互区分的一种特性. 可见光谱中不同波长的辐射在视觉上表现为各种色调,如红、橙、黄、绿、青、蓝、紫等.

饱和度是描述一种颜色与白色混合程度的一个参量. 可见光谱的各种单色光的饱和度最高,颜色最纯,白光的饱和度最低. 单色光掺入白光后,饱和度将降低;掺入白光越多,饱和度就越低,但它们的色调不变. 物体颜色的饱和度取决于物体表面反射光谱辐射的选择性程度. 若物体对光谱某一较窄波段的反射率很高,而对其他波段的反射率很低,这一波段的颜色的饱和度就很高.

② 补色律和中间色律.

在由两个成分组成的混合色中,如果一个成分连续变化,混合色的外貌(明度、色调、饱和度)也连续变化,由此导出两个定律:补色律和中间色律.

补色律:每种颜色都有一个相应的补色;某一颜色与其补色以适当的比例混合,便产生白色或灰色;以其他比例混合,便产生接近占有比例大的颜色的非饱和色.

中间色律:任何两种非补色混合,便产生中间色,其色调决定于两种颜色的相对数量,其饱和度主要决定于两者在色调顺序上的远近.

③ 代替律.

代替律指出外貌相同的颜色混合后仍相同.

如果

$$\text{颜色}\,A = \text{颜色}\,B,\quad \text{颜色}\,C = \text{颜色}\,D,$$

那么

$$\text{颜色}\,A + \text{颜色}\,C = \text{颜色}\,B + \text{颜色}\,D.$$

由代替律可知,只要在视觉上相同的颜色,便可以互相代替. 设颜色 A + 颜色 B = 颜色 C,如果没有颜色 B,而颜色 x + 颜色 y = 颜色 B,那么颜色 A + (颜色 x + 颜色 y) = 颜色 C. 这个由代替而产生的混合色与原来的混合色在视觉上是相同的.

④ 亮度相加律.

混合色光的总亮度等于组成混合色光的各颜色光亮度的总和. 假定参加混色的各颜色光的亮度分别为 $L_1, L_2, \cdots, L_n$,则混合色光的亮度为 $L = L_1 + L_2 + \cdots + L_n$.

(2) 颜色匹配.

通过改变参加混色的各颜色的量,使混合色与指定颜色达到视觉上相同的过程,称为颜色匹配. 从大量的颜色匹配实验中,可以得到如下的结论:

① 红、绿、蓝三种颜色以不同的量值(有的可能为负值) 相混合,可以匹配所有的颜色.

② 红、绿、蓝不是唯一的能匹配所有颜色的三种颜色. 三种颜色，只要其中的每一种颜色都不能用其他两种颜色混合产生出来，就可以用它们匹配所有的颜色.

能够匹配所有颜色的三种颜色，称为三基色. 人们通常选用红(R)、绿(G)、蓝(B) 作为三基色，其原因可能是用不同量的红、绿、蓝三种颜色直接混合，几乎可以得到经常使用的所有颜色；红、绿、蓝三种颜色恰与人的视网膜上的红视锥、绿视锥和蓝视锥细胞所敏感的颜色相一致.

(3) 白光的实现.

在能源日趋紧张和环保压力日益加大的情况下，使用白光 LED 照明是节能环保的重要途径.

白光是一种组合光，白光 LED 有单芯片、双芯片和三芯片等实现方式.

单芯片方式包括蓝光 LED + 黄荧光粉、蓝光 LED +（红 + 绿）荧光粉、紫外光 LED +（红 + 绿 + 蓝）荧光粉，其中蓝光 LED + 黄荧光粉是一种目前较为成熟的实现方式.

双芯片方式是指白光 LED 可由蓝光 LED + 黄光 LED、蓝光 LED + 黄绿光 LED 以及蓝绿光 LED + 黄光 LED 制成，此种器件成本比较便宜，但由于是两种颜色 LED 形成的白光，显色性较差，只能在显色性要求不高的场合使用.

三芯片方式是指红光 LED + 绿光 LED + 蓝光 LED 组合方式.

另外，还有四芯片方式，即红光 LED + 绿光 LED + 蓝光 LED + 黄光 LED 组合方式，可得到显色指数较高的白光.

实验仪器

LED 综合特性实验仪，其结构如图 5 - 13 - 8 所示，主要由激励电源、LED 特性测试仪、温控仪、温控测试台、照度检测探头、LED 光发射器、直线导轨、LED 样件盒、混色器、混色控制盒、白屏等组成.

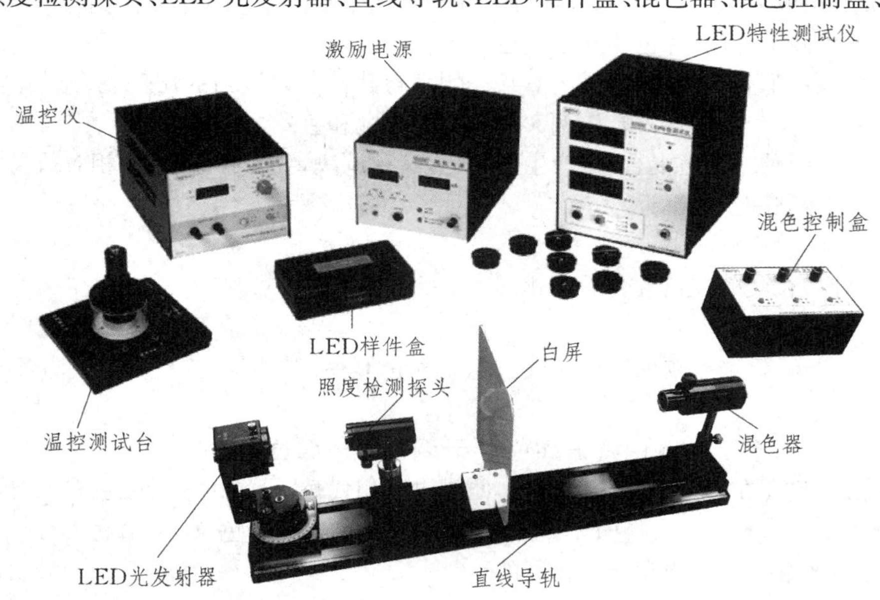

图 5 - 13 - 8　LED 综合特性实验仪示意图

(1) 激励电源.

激励电源为 LED 提供驱动电源，有稳压与稳流两种输出模式. 稳压模式分为 0 ~ 4 V 和 0 ~ 36 V 挡，稳流模式分为 0 ~ 40 mA 和 0 ~ 350 mA 挡，可通过激励电源面板上的按键进行挡位切换并可通过旋转输出调节旋钮来调节输出电压和输出电流的大小，顺时针旋转增加输出电压、电流，逆时针旋转减小输出电压、电流，且输出调节旋钮旋转越快，电压和电流改变幅度越大. 由于输出调节旋钮调节时存在一定的最小调节间隔，且不同挡位的最小调节间隔不同，因此电流或电压不能进行连续调节。当LED特性测试仪未处于测试状态时，若顺时针旋转输出调节旋钮，此时激励电源会出现报警，按红色复位键可停止报警。

稳压0～4 V挡用于LED正向伏安特性测试。

稳压0～36 V挡用于LED反向伏安特性测试。

稳流0～40 mA挡用于高亮型LED的输出光空间分布特性和正向伏安特性测试。

稳流0～350 mA挡用于功率型LED的输出光空间分布特性和正向伏安特性测试。

(2) LED特性测试仪。

LED特性测试仪(以下简称测试仪)显示部分包含电压表、电流表和照度表。

电压表显示范围：-9.99～9.999 V，最小分辨力为1 mV。

电流表显示范围：正向0～999.9 mA，最小分辨力为0.01 mA；反向-19.99～0 μA，最小分辨力为0.01 μA。

照度表显示范围：0～19 990 lx，最小分辨力为1 lx。

测试仪未处于测试状态时，三只表均只在最低位上显示一个“0”，以区别于测试状态时的实际测量值。

测试仪具有电压/电流方向切换功能，用于测量LED的正向或反向伏安特性。

测试仪在做正向伏安特性测量实验时具有直流/脉冲驱动切换功能，在脉冲模式下(脉宽为固定值10 μs)可选择三种不同的占空比，分别为1∶50，1∶100，1∶1 000(直流模式下占空比为1∶1)。长按直流/脉冲切换按钮2 s，可进行直流模式和脉冲模式之间的相互切换；短按直流/脉冲切换按钮，可对脉冲模式的三种不同占空比进行切换。

测试仪开机默认为直流模式，且处于正向未测试状态。

(3) LED样件盒。

装有红、绿、蓝、白光4种高亮型LED和红、绿、蓝、白光4种功率型LED，各LED的正向最大电压、最大电流值见其外壳表面，所有LED的反向电压均应小于等于4 V。

(4) LED光发射器。

用于方便地安装LED样件，并与LED样件结合构成LED光发射源。它可以正、反向90°旋转并由刻度盘指示旋转角度，用于测量LED的输出光空间分布特性。

(5) 照度检测探头。

用于检测当前位置LED出射光的照度值，并与测试仪的照度表一起构成照度计。照度检测探头所采用的照度传感器的光谱响应接近人眼视觉，峰值灵敏度波长为560 nm。请勿将照度检测探头用于本实验之外的场合，应特别注意勿对准强光。

(6) 温控测试台。

温控测试台包括加热腔、温度传感器、透明防风罩等。

(7) 温控仪。

温控仪的控温范围为室温～120.0 ℃(控温最小间隔为10 ℃)，控温精度优于0.5 ℃，温度显示分辨力为0.1℃。温控仪的控温方式为单向加热，且可自然散热，但无制冷功能。温度显示屏短暂显示目标温度，长时间显示测量温度。当温控仪上的工作/停止按钮切换为“工作”时，温度显示屏旁边的工作指示灯亮，加热腔将根据目标温度进行控温；当切换为“停止”时，温度显示屏旁边的工作指示灯灭，加热腔停止控温，但温控仪会显示测量温度。每次更换目标温度时，必须先按下温控仪上的工作/停止按钮，使其处于“停止”状态，然后重新设置目标温度，设置好目标温度后再按一次工作/停止按钮，使其处于“工作”状态。两次按下工作/停止按钮的间隔时间须大于3 s，否则加热腔可能无法正常工作。

(8) 混色器.

混色器内含三基色(红、绿、蓝)LED 各一个.混色器具有限流功能，避免各 LED 因电流过大而烧坏.出光孔与三基色 LED 所在平面的距离可调.出光孔处可外接荧光片.

(9) 混色控制盒.

混色控制盒与激励电源、混色器相连，采用三个数字电位器分别连续控制混色器上各色 LED 电流的大小，采用三个按键开关分别对各色 LED 进行通断切换.顺时针旋转数字电位器为增大电流.

(10) 白屏.

白屏用于接收来自混色器的图像，有助于理解相关混色理论.

在使用相关仪器时，应注意以下事项：

(1) 激励电源面板上显示的电压和电流值是激励电源输出端的参量，并非加载到LED上的参数，LED 的电压、电流值应查看测试仪上电压表和电流表的示数.

(2) 为保证LED正常工作，加载到LED上的电压、电流值勿超过LED封装外壳表面给出的最大电压或电流值，以免损坏 LED.

(3) 测试前需将激励电源输出电压调至小于 0.3 V 后才能开始测试，否则将报警.

(4) 当 LED 的正向电压超过 3.9 V(±0.1 V) 或 LED 的反向电压超过 4.85 V、反向电流超过 7.00 μA 或正向电流超过 350.0 mA 时，测试仪开始预报警，报警红灯闪烁并发出“嘟、嘟 ……” 的报警声.出现预报警时，可将该电学参量值调至低于预报警值，即可消除预报警.

(5) 当正向测试激励电源输出电压超过 4.0 V(±0.1 V) 或 LED 的反向电压超过 4.95 V、反向电流超过 10.00 μA 或正向电流超过 360.0 mA 时，测试仪将停止测试，电流表显示为“0”，同时测试仪上的报警红灯熄灭，而激励电源报警红灯常亮，报警声持续响亮，按激励电源上的复位键可停止报警.

(6) 测试过程中，测试仪方向选择功能一旦锁定，就无法通过点击方向按钮进行换向操作.

(7) 测试过程中，若驱动信号消失(如测试仪上的电源输出线或LED驱动输出线脱落)，测试仪会立即停止测试，激励电源报警.

(8) 若照度检测探头连接线脱落，照度表显示为“0”，但不会报警.重新连接好后，照度表恢复正常，显示当前实际照度.

(9) 若温度传感器连接线脱落，温度表显示会迅速溢出，只有最高位显示“1”.

实验内容

一、LED 基本特性实验

主要研究 LED 的电学、光学特性，包括 LED 的伏安特性、电光转换特性，以及输出光空间分布特性.用到的实验装置包括激励电源、测试仪、LED 样件盒、LED 光发射器、直线导轨和照度检测探头.

实验前打开激励电源和测试仪，预热 10 min.

1. 测量 LED 的伏安特性与电光转换特性

将LED样件紧固在LED光发射器上，LED光发射器方向指示线对齐 0° 刻线.将照度检测探头移至距 LED 灯 10 cm 处，调节探头的高度和角度，使其正对 LED 光发射器.

(1) 测量 LED 样件的反向伏安特性.

① 点击测试仪上的方向按钮，点亮反向指示灯.

② 激励电源输出模式选为“稳压”，电源输出选择 0 ～ 36 V 挡，“稳压，36 V 挡” 状态指示灯亮.点击测试仪上的测试按钮，点亮测试状态指示灯.

③ 顺时针旋转激励电源上的输出调节旋钮，记录 −1 ～ −4 V(间隔 1 V 左右) 各电压下的反向电

流值于表 5 - 13 - 1 或表 5 - 13 - 2(电压值以距设定值最近的实际电压值为准).

④ 数据记录完毕，点击复位按钮，电流归零，反向伏安特性实验结束.

(2) 测量 LED 样件的正向伏安特性和电光转换特性.

① 点击测试仪上的方向按钮，点亮正向指示灯.

② 激励电源输出模式选为“稳压”，电源输出选择 0 ～ 4 V 挡，“稳压，4 V 挡”状态指示灯亮.

③ 顺时针旋转激励电源上的输出调节旋钮，按表 5 - 13 - 1 或表 5 - 13 - 2(正向前三组，包括 0 V)设计的电压值调节电压，记录对应的电流和照度值(注意，由于材料特性，同类型的红光 LED 与其他颜色光 LED 的电学参数差异较大，绿、蓝、白光 LED 的电学参数相近).

④ 点击复位按钮，电流归零. 若样品为高亮型 LED，将激励电源输出模式切换为“稳流”，电源输出选择 0 ～ 40 mA 挡；若为功率型 LED(注意，功率型 LED 在电流较大时，由于热效应，随着通电时间的增加，其电压会逐渐降低，电流越大，热效应越明显，实验时，为减小热效应对伏安特性测量的影响，应尽量缩短做大电流驱动实验的时间)，选择“稳流”，电源输出选择 0 ～ 350 mA 挡. 顺时针旋转输出调节旋钮，按表 5 - 13 - 1 或表 5 - 13 - 2 设计的电流值改变电流(接近即可)，记录电压、照度值于表 5 - 13 - 1 或表 5 - 13 - 2.

(3) 数据记录完毕，点击复位按钮，电流归零. 点击测试按钮，测试状态指示灯灭，否则更换样件时可能出现短暂报警.

(4) 更换样件，重复以上测量步骤.

表 5 - 13 - 1　高亮型 LED 伏安特性与电光转换特性的测量数据记录表(以红光为例)

红光	电压 /V	−4	−3	−2	−1	0	0.5	1.0									
	电流 /mA								0.1	0.2	0.5	1	2	4	8	12	16	20
	照度 /lx	—	—	—	—													

表 5 - 13 - 2　功率型 LED 伏安特性与电光转换特性的测量数据记录表(以红光为例)

红光	电压 /V	−4	−3	−2	−1	0	0.5	1.0										
	电流 /mA								1	2	5	10	20	40	80	120	160	200
	照度 /lx	—	—	—	—													

注：表 5 - 13 - 1、表 5 - 13 - 2 中电流的单位为 mA，在记录反向电流值时应注意单位换算.

2. 测量 LED 的输出光空间分布特性

仪器操作方法与“测量 LED 样件的正向伏安特性和电光转换特性”实验相同，照度检测探头保持不动.

(1) 将 LED 样件紧固在 LED 光发射器上，在稳流模式下调节驱动电流至设定电流(对于高亮型 LED，驱动电流保持在 18 mA 左右；对于功率型 LED，驱动电流保持在 200 mA 左右).

(2) 为记录 LED 样件真实的输出光空间分布状态，本实验不考虑零差(以照度最大处对应的角度为基准 0°，并记录基准 0° 与 0° 刻线的差值)，规定俯视时以 0° 刻线为准，顺时针方向为负，逆时针方向为正，记录实际的转动角度.

(3) 对于高亮型 LED，每隔 2° 测量一次照度的变化，实验数据记入表 5 - 13 - 3；对于功率型 LED，每隔 10° 测量一次照度的变化，实验数据记入表 5 - 13 - 4.

(4) 数据记录完毕，点击复位按钮，电流归零. 点击测试按钮，测试状态指示灯灭，否则更换样件时可能出现短暂报警.

(5) 更换样件，重复以上测量步骤.

表 5-13-3　高亮型 LED 输出光空间分布特性的测量数据记录表

实际转动角度 /(°)		−14	−12	−10	−8	−6	−4	−2	0	2	4	6	8	10	12	14
照度 /lx	红光															
	绿光															
	蓝光															
	白光															

表 5-13-4　功率型 LED 输出光空间分布特性的测量数据记录表

实际转动角度 /(°)		−70	−60	−50	−40	−30	−20	−10	0	10	20	30	40	50	60	70
照度 /lx	红光															
	绿光															
	蓝光															
	白光															

二、三基色 LED 混色实验

主要利用 LED 产生的红、绿、蓝三基色研究色光混合的基本规律，如验证代替律、补色律、中间色律、亮度相加律，并了解实现白光 LED 的方法. 用到的仪器包括激励电源、测试仪、直线导轨、照度检测探头、混色器、混色控制盒及白屏.

实验前打开激励电源和测试仪，预热 10 min.

1. 观察色光混合现象，验证代替律

混色器置于直线导轨的一端并固定，白屏置于直线导轨中央位置附近. 激励电源的电源输出端口与混色控制盒的输入端口相连，混色控制盒的输出端口与混色器相连. 激励电源设置为“稳压”，电源输出选择 0 ～ 36 V 挡，通过旋钮调节电压输出为 36 V. 将混色控制盒上的 3 个 LED 调为导通状态，并根据激励电源上显示的电流变化情况将 3 个 LED 的电流调至最大(光源点亮后请勿直视光源). 将白屏移近光源至能观察到类似图 5-13-9 所示的图像(图中数字编号除外).

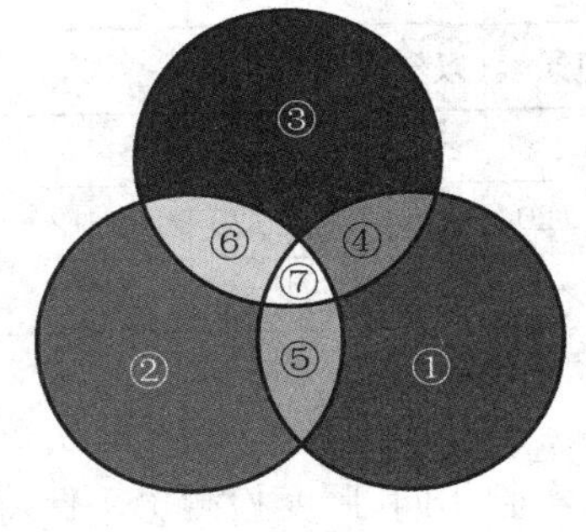

图 5-13-9　白屏上成像示意图

图 5-13-9 中所示各种颜色用带圈的数字表示. 通过控制三色 LED 的电路通断，分别观察 ①+③，①+②，②+③，①+②+③ 共计 4 种颜色的光混合时交叠区域的颜色，验证以下说法：

(1) ④ 号色为 ① 号色和 ③ 号色直接混合形成的颜色(④↔①+③).

(2) ⑤ 号色为 ① 号色和 ② 号色直接混合形成的颜色(⑤↔①+②).

(3) ⑥ 号色为 ② 号色和 ③ 号色直接混合形成的颜色(⑥↔②+③).

(4) ⑦ 号色为 ①，②，③ 号色同时混合形成的颜色(⑦↔①+②+③).

若上述说法正确，可导出：⑦↔①+②+③↔①+⑥↔②+④↔③+⑤↔④+⑤+⑥，即验证了代替律.

2. 验证补色律

(1) 适当调节 3 个 LED 的各路电流的大小，使红、绿、蓝三色的混合色为白色或灰色.

(2) 保持绿光、蓝光 LED 的电流大小不变，调节红光 LED 的电流值(增大或减小)，观察混合色的变化，验证红色比例越大，混合色越偏红，红色比例越小，混合色越偏绿蓝.

(3) 重复步骤(1)，按照步骤(2) 的方法分别改变绿光或蓝光 LED 的电流值，验证类似说法.

3. 验证中间色律

打开任意2种颜色的光的LED，调节2个LED的电流值，观察2个LED在不同电流比例下混合色的色调与饱和度的变化，验证中间色律.

4. 通过蓝光LED＋黄荧光粉实现白光

关闭红光和绿光LED，点亮蓝光LED. 在自然白光下观察荧光片的颜色，然后将荧光片安装在混色器的出光孔处，再次观察荧光片上的颜色是否发生变化. 通过调节蓝光LED的电流大小，观察透过荧光片的颜色的变化.

5. 验证亮度相加律

由于照度与亮度在实验条件下近似呈正比关系，可通过测量照度间接验证亮度相加律.

移去白屏，将照度检测探头的进光孔与混色器的出光孔正对放置. 分别调节3个LED的电流至任意值，然后分别仅导通其中1个LED，测量单路照度值，再打开3个LED，测量组合照度值，将实验数据记入表5-13-5.

调节3个LED的电流至任意值，再进行实验，实验次数不少于3次.

表5-13-5　验证亮度相加律的数据记录表

测量序号	1	2	3	…
红光LED照度 E_R/lx				
绿光LED照度 E_G/lx				
蓝光LED照度 E_B/lx				
红光、绿光、蓝光LED组合照度 $E_{组合}$/lx				
红光、绿光、蓝光LED计算照度 $E_{计算}$/lx				
$E_{组合}$ 与 $E_{计算}$ 的相对误差 ω				

注：$E_{计算} = E_R + E_G + E_B$.

数据处理

(1) 根据表5-13-1、表5-13-2中的数据，分别作出4个高亮型LED和4个功率型LED的伏安特性及电光转换特性曲线，并与图5-13-3、图5-13-5进行分析比较. 普通硅二极管的死区电压为$U_{th} \approx 0.7$ V，锗二极管的死区电压为$U_{th} \approx 0.2$ V，试比较LED样件与普通二极管的异同.

(2) 根据表5-13-3、表5-13-4中的数据，分别作出4个高亮型LED和4个功率型LED的输出光空间分布特性曲线，读出方向半值角.

注意事项

(1) 为保证使用安全，三芯电源线须可靠接地.

(2) 请勿直视光源.

(3) 严禁在反向伏安特性测量时使用电流源作为LED的驱动电源.

(4) 严禁在正向电流较大时(高亮型LED＞2 mA，功率型LED＞20 mA)使用稳压源作为LED的驱动电源.

(5) 实验之前，请确认短时间内周围环境温度不会出现较大波动.

预习思考题

(1) 为什么LED可以发出不同颜色的光?

(2) 如何理解LED的光通量与驱动电流之间的关系?

(3) 解释发光强度、光通量和照度. 哪些方法可以提高LED的发光强度?

(4) 白光LED可采用什么方法制成?

讨论思考题

(1) 以红光高亮型LED为例,实验中做其正向伏安特性测量时,为什么在电压加到1 V后激励电源输出要选择稳流模式?

(2) 测得的LED样件的输出光空间分布特性曲线的对称性如何? 若对称性较差,可能的原因有哪些?

(3) 红、绿、蓝色的补色分别是什么颜色? 如何得到?

拓展阅读

[1] 王悦,李泽深,刘维. LED发光二极管特性测试[J]. 物理实验,2013,33(2):21-24,28.

[2] 苏亮,尚国庆,吴群勇,等. LED光源谱线宽度测试实验[J]. 物理实验,2014,34(7):24-26.

[3] 王瑷,潘葳,徐如凤,等. 发光二极管峰值波长偏移对色度的影响[J]. 物理实验,2015,35(2):8-11.

[4] 毕建峰,邹念育,高英明,等. 交流LED与高压LED的特性实验研究[J]. 半导体光电,2013,34(6):975-978.

[5] 李松宇,郭伟玲,孙捷,等. 结温对高压白光LED光谱特性的影响[J]. 光谱学与光谱分析,2017,37(1):37-41.

5.14 用波尔振动仪研究振动

振动是自然界中最普遍的现象之一. 各种形式的物理现象,如声、光、热等都包含振动. 在工程技术领域中,振动现象比比皆是. 例如,桥梁和建筑物在阵风或地震激励下的振动,飞机和船舶在航行中的振动,控制系统中的自激振动,等等.

在许多情况下,振动被认为是消极因素. 例如,振动会影响精密仪器设备的功能,降低加工精度和光洁度,加剧构件的疲劳和磨损,从而缩短设备的使用寿命,振动还可能引起结构的大变形破坏,有的桥梁曾因振动而坍毁.

然而,振动也有积极的一面. 例如,振动是通信、广播、电视、雷达等领域的基础. 工程上也利用振动进行研磨、抛光、沉桩、消除内应力等,极大地提高劳动生产率.

各个不同领域中的振动现象虽然各具特色,但往往有着相似的数学描述. 正是在这种共性的基础上,我们可以建立某种统一的理论来处理各种振动问题. 人们正是在研究振动现象的机理及基本规律的基础上,克服振动的消极因素,利用其积极因素,为合理解决实践中遇到的各种振动问题提供理论依据的.

实验目的

(1) 利用波尔振动仪观察阻尼振动,测量阻尼系数.

(2) 研究受迫振动的幅频特性及共振现象.

(3) 观测波尔振动的频谱特性.

(4) 观测波尔振动仪的相图,认识摆动过程中机械能的转换.

实验原理

本实验采用波尔振动仪(扭摆)定量研究多种与振动有关的物理量和规律.

1. 扭摆的阻尼振动和自由振动

在有阻力矩的情况下,将扭摆在某一摆角位置释放,使其开始摆动. 此时扭摆受到两个力矩的作用:一是扭摆的弹性恢复力矩 M_E,它与扭摆的扭转角 θ 成正比,即 $M_E=-c\theta$(c 为扭转恢复力矩系数);二是阻力矩 M_R,在摆角不太大的情况下,可近似认为它与摆动的角速度成正比,即 $M_R=-r(\mathrm{d}\theta/\mathrm{d}t)$($r$ 为阻力矩系数). 若扭摆的转动惯量为 I,则根据转动定律可列出扭摆的运动方程:

$$I\frac{\mathrm{d}^2\theta}{\mathrm{d}t^2}=M_E+M_R=-c\theta-r\frac{\mathrm{d}\theta}{\mathrm{d}t}, \tag{5-14-1}$$

即

$$\frac{\mathrm{d}^2\theta}{\mathrm{d}t^2}+\frac{r}{I}\frac{\mathrm{d}\theta}{\mathrm{d}t}+\frac{c}{I}\theta=0. \tag{5-14-2}$$

令 $r/I=2\beta$(β 称为阻尼系数),$c/I=\omega_0^2$(ω_0 称为固有角频率),则方程(5-14-2)变为

$$\frac{\mathrm{d}^2\theta}{\mathrm{d}t^2}+2\beta\frac{\mathrm{d}\theta}{\mathrm{d}t}+\omega_0^2\theta=0, \tag{5-14-3}$$

其解为

$$\theta=A_0\mathrm{e}^{-\beta t}\cos\omega t=A_0\mathrm{e}^{-\beta t}\cos(2\pi t/T), \tag{5-14-4}$$

式中 A_0 为扭摆的初始角振幅;T 为扭摆做阻尼振动的周期;ω 为扭摆做阻尼振动的角频率,且 $\omega=2\pi/T=\sqrt{\omega_0^2-\beta^2}$.

由式(5-14-4)可知,扭摆的角振幅随着时间呈指数规律衰减. 若测得扭摆的初始角振幅 A_0 及第 n 个周期时的角振幅 A_n,并测得扭摆摆动 n 个周期所用的时间 $t=nT$,则有

$$\frac{A_0}{A_n}=\frac{A_0}{A_0\mathrm{e}^{-\beta nT}}=\mathrm{e}^{\beta nT}, \tag{5-14-5}$$

所以

$$\beta=\frac{1}{nT}\ln\frac{A_0}{A_n}. \tag{5-14-6}$$

若扭摆在摆动过程中不受阻力矩的作用,即 $M_R=0$,则方程(5-14-3)左端第二项不存在,$\beta=0$. 由式(5-14-5)可知,不论扭摆摆动的次数如何,均有 $A_n=A_0$,角振幅始终保持不变,扭摆处于自由振动状态.

2. 扭摆的受迫振动

当扭摆在有阻尼的情况下还受到外加简谐力矩的作用时,就会做受迫振动. 设外加简谐力矩的角频率为 ω,角幅度为 θ_0,则 $M_0=c\theta_0$ 为外加简谐力矩的幅度,因此外加简谐力矩可表示为 $M_{ext}=M_0\cos\omega t$. 扭摆的运动方程变为

$$\frac{\mathrm{d}^2\theta}{\mathrm{d}t^2}+\frac{r}{I}\frac{\mathrm{d}\theta}{\mathrm{d}t}+\frac{c}{I}\theta=\frac{M_{ext}}{I}=h\cos\omega t, \tag{5-14-7}$$

式中 $h=M_0/I$. 在稳态情况下,方程(5-14-7)的解是

$$\theta=A\cos(\omega t+\varphi), \tag{5-14-8}$$

式中 A 为扭摆的角振幅,其表达式为

$$A=\frac{h}{[(\omega_0^2-\omega^2)^2+4\beta^2\omega^2]^{1/2}}, \tag{5-14-9}$$

而扭摆的角位移 θ 与外加简谐力矩之间的相位差 φ 则可表示为

$$\varphi = \arctan \frac{2\beta\omega}{\omega^2 - \omega_0^2}. \tag{5-14-10}$$

式(5-14-8)说明，不论扭摆一开始的振动状态如何，在外加简谐力矩的作用下，扭摆的振动都会逐渐趋于角振幅为 A、角频率与外加简谐力矩的角频率相同的角谐振动. 通常用幅频特性和相频特性来表征受迫振动的性质.

(1) 幅频特性.

由式(5-14-9)可知，由于 $h = M_0/I = c\theta_0/I = \omega_0^2\theta_0$，当 $\omega \to 0$ 时，角振幅 $A \to h/\omega_0^2$，接近外加简谐力矩的角幅度 θ_0. 随着 ω 的逐渐增大，角振幅 A 随之增加，当 $\omega = \sqrt{\omega_0^2 - 2\beta^2}$ 时，角振幅 A 有最大值，此时称为共振，此角频率称为共振角频率 ω_{res}. 当 $\omega > \omega_{res}$ 或 $\omega < \omega_{res}$ 时，角振幅 A 都将减小；当 ω 很大时，角振幅 A 趋于零. 共振角频率与阻尼的大小有关系，当 $\beta = 0$ 时，$\omega_{res} = \omega_0$，即扭摆的共振角频率等于固有角频率，但根据式(5-14-9)，此时的角振幅将趋于无穷大而损坏设备. 故要建立稳定的受迫振动，必须存在阻尼. 图 5-14-1 所示为不同阻尼状态下的幅频特性曲线.

(2) 相频特性.

由式(5-14-10)可知，当 $0 \leqslant \omega \leqslant \omega_0$ 时，有 $0 \geqslant \varphi \geqslant (-\pi/2)$，即受迫振动的相位落后于外加简谐力矩的相位；在共振情况下，相位落后接近于 $\pi/2$. 在 $\omega = \omega_0$ 时(有阻尼但不是共振状态)，相位正好落后 $\pi/2$. 当 $\omega > \omega_0$ 时，有 $\tan\varphi > 0$，此时应有 $-\pi < \varphi < (-\pi/2)$，即相位落后得更多. 当 $\omega \gg \omega_0$ 时，$\varphi \to -\pi$，接近反相. 在已知 ω_0 及 β 的情况下，可由式(5-14-10)计算出各 ω 值所对应的 φ 值. 图 5-14-2 所示为不同阻尼状态下的相频特性曲线.

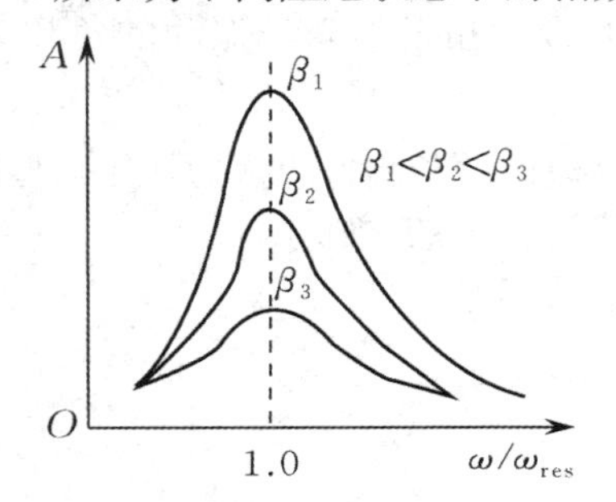

图 5-14-1 不同阻尼状态下的幅频特性曲线

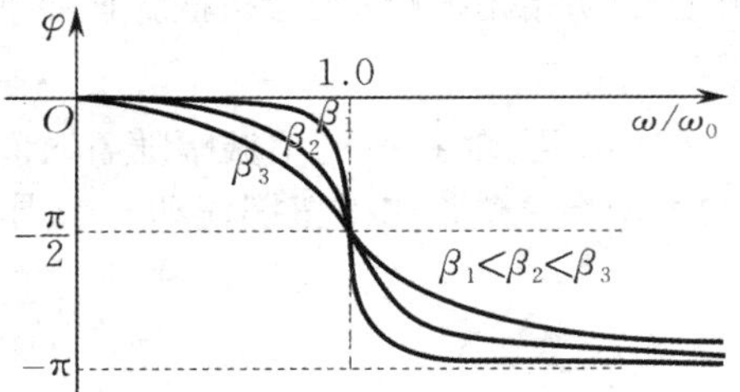

图 5-14-2 不同阻尼状态下的相频特性曲线

3. 振动的频谱

任何周期性的运动均可分解为简谐振动的线性叠加. 用数据采集器和转动传感器采集一组如图 5-14-3 所示的扭摆角位移随时间变化的数据后，对其进行傅里叶变换，可以得到一组相对振幅随频率变化的数据. 以频率为横坐标，相对振幅为纵坐标可作出一条如图 5-14-4 所示的曲线，即波尔振动的频谱. 在自由振动状态下，峰值对应的频率就是波尔振动仪的固有振动频率.

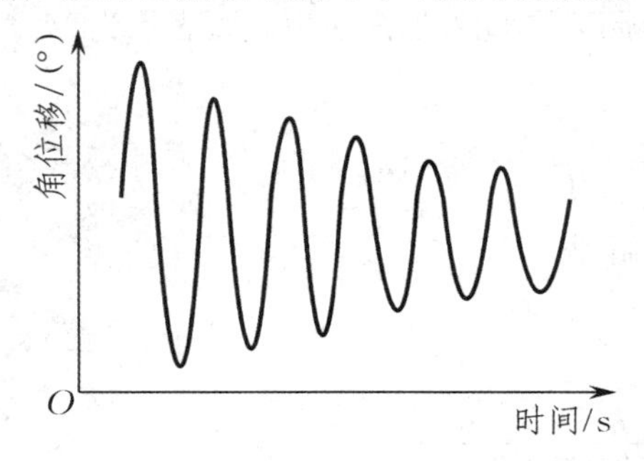

图 5-14-3 扭摆角位移随时间变化的关系

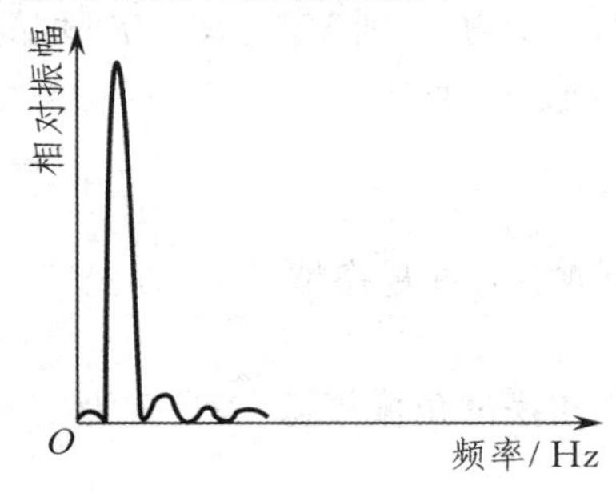

图 5-14-4 波尔振动的频谱

4. 拍频

当扭摆做受迫振动时，由于外加简谐力矩的频率与扭摆的固有振动频率不相等，在扭摆上施加外加简谐力矩后，扭摆从初始运动状态逐渐过渡到受迫振动的稳定状态过程中，其运动为阻尼振动和受迫振动两种振动过程的叠加. 由于两种振动过程的频率接近，将会出现“拍”的现象. 若阻尼振动的角频率为 ω_1，外加简谐力矩的角频率为 ω_2，则扭摆的角位移随时间变化的关系曲线的振幅将会起伏变化，其包络线的角频率约为 $|\omega_1-\omega_2|$. 在受迫振动状态下，频谱图会出现双峰，其中一个峰值对应的频率为波尔振动的固有振动频率，而另一个峰值对应的频率为外加简谐力矩的频率. 在共振频率附近，双峰融合成单峰.

5. 相图和机械能

扭摆的摆动过程中存在势能和动能的转换，其势能和动能为

$$\begin{cases}\text{势能}:E_{\mathrm{p}}=\dfrac{1}{2}K\theta^2,\\ \text{动能}:E_{\mathrm{k}}=\dfrac{1}{2}I\left(\dfrac{\mathrm{d}\theta}{\mathrm{d}t}\right)^2,\end{cases}\tag{5-14-11}$$

式中 K 为扭摆的恢复力矩，θ 为扭摆的角位移，$\mathrm{d}\theta/\mathrm{d}t$ 为扭摆的角速度. 对于特定的一台波尔振动仪来说，I 和 K 恒定，故扭摆的势能与角位移 θ 的平方成正比，动能与角速度 $\mathrm{d}\theta/\mathrm{d}t$ 的平方成正比. 若以角位移为横坐标，角速度为纵坐标画出两者的关系曲线(称为系统的相图)，通过相图可直观观测扭摆摆动过程中势能与动能的变化关系. 图 5-14-5 所示为阻尼振动的相图，机械能不断损耗，相图面积逐渐缩小至中心点. 图 5-14-6 所示为理想的自由振动的相图，势能和动能相互转换，但总的机械能始终保持不变，相图为一个面积保持不变的椭圆.

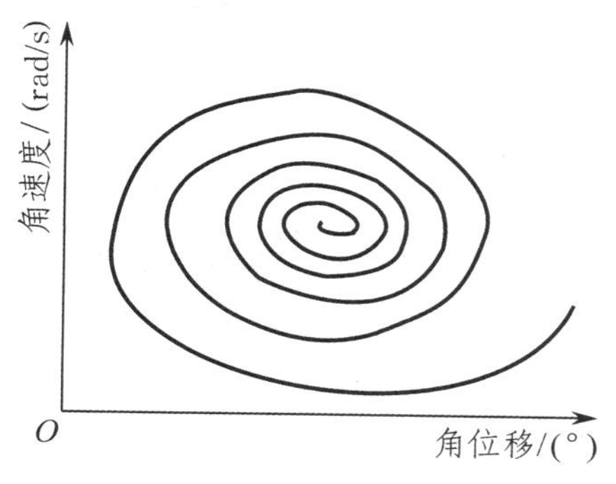

图 5-14-5　阻尼振动的相图

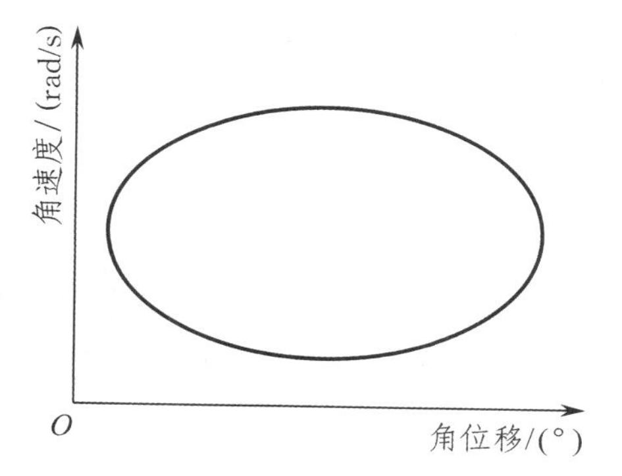

图 5-14-6　自由振动的相图

实验仪器

本实验的装置包括：波尔振动仪、直流稳压稳流电源、秒表、转动传感器、数据采集器和安装了用 LabVIEW 编写的测控程序的计算机. 后两设备一起构成波尔振动仪摆轮角位移和角速度的自动测量系统，用于替代原设备的光电门，其角度测量精度可以达到 0.1°.

(1) 波尔振动仪.

波尔振动仪的结构如图 5-14-7 所示，圆形摆轮 7 安装在支撑架 3 上，涡卷弹簧 5 的一端与摆轮的轴相连，另一端通过弹簧夹持螺钉 8 固定在摇杆 22 上. 在弹簧弹性力的作用下，摆轮可绕轴往复摆动. 在支撑架下方有一带有铁芯的阻尼线圈 2，摆轮边缘正好在铁芯的空隙中. 当阻尼线圈中通有直流电流后，摆轮将受到一个电磁阻尼力矩的作用，改变电流的大小即可改变阻尼力矩. 为使摆轮做受迫振动，在驱动电机 16 的轴上装有偏心轮，通过连杆 20 和摇杆 22 带动摆轮.

棉线 10 同时环绕在摆轮转轴 9 和角位移传感器转盘 14 上，在重约 10 g 的砝码 15 的带动下，使角

位移传感器跟随摆轮转轴转动，可按一定比例测得摆轮的角位移，进而用数据采集器加以记录.

(2) 直流稳压稳流电源.

直流稳压稳流电源为波尔振动仪的阻尼线圈和驱动电机提供电源. 电压调节精度达到1 mV，可精确控制加于驱动电机上的电压，使电机的转速在 30 ～ 45 r/min 连续可调，即外加简谐力矩的频率在 0.5 ～ 0.75 Hz 连续可调.

(3) 秒表.

用于测量波尔振动仪的摆动周期和简谐力矩的驱动频率.

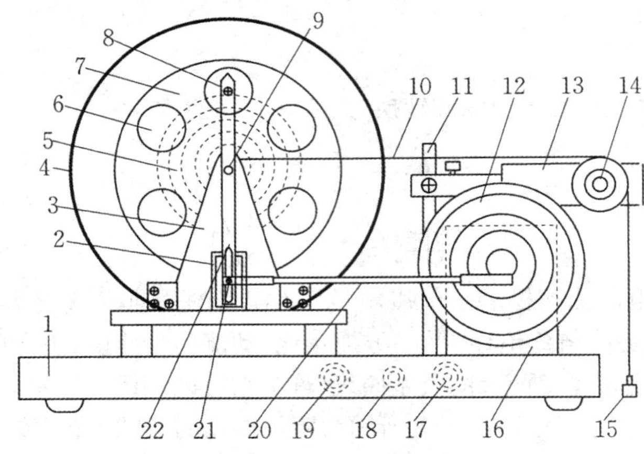

1 —底座；2 —阻尼线圈；3 —支撑架；4 —摆轮角度盘；5 —涡卷弹簧；6 —摆轮指拨孔；7 —圆形摆轮；8 —弹簧夹持螺钉；9—摆轮转轴；10—棉线；11—传感器支撑柱；12—有机玻璃转盘；13—角位移传感器；14—角位移传感器转盘；15 —砝码；16 —驱动电机(在转盘后面)；17 —电机插孔(后部)；18 —驱动电机转速调节旋钮(后部)；19 —电磁铁插孔(后部)；20 —连杆；21 —摇杆松紧调节螺丝；22 —摇杆

图 5 - 14 - 7　波尔振动仪结构图

实验内容

连接实验仪器，用 USB 线将波尔振动仪与计算机相连接，两个直流稳压稳流电源分别连接波尔振动仪上的电磁铁插孔和电机插孔. 波尔振动仪的插孔都在底座背后.

1. 测量扭摆在准自由状态下的固有振动角频率

(1) 阻尼线圈不加电流，尽量减小阻尼. 用手将摆轮转动到某一不太大的初始角度 θ_0 使其偏离平衡位置.

(2) 释放摆轮，让其自由摆动，观察摆动现象，用秒表记录摆轮来回摆动若干次后的时间，填入表 5 - 14 - 1，计算摆轮的固有振动周期 T_0 和固有振动角频率 ω_0.

表 5 - 14 - 1　扭摆在准自由状态下固有振动角频率的测量数据记录表

测量次数 i	1	2	3	4	5	6	平均值	T_0/s	ω_0/(rad/s)
$20T$/s									

注：$\omega_0 = 2\pi/T_0$.

问题：扭摆静止时，指针可能不指 0 位置，为什么？实验过程中应如何处理？

2. 观察阻尼振动现象，测量阻尼系数 β

(1) 给阻尼线圈加 6 V 电压. 将细绳端头打结卡进摆轮转轴径向切口(在背面)，绕轴大半圈，再绕角位移传感器转盘一圈，下挂重约 10 g 的砝码，使角位移传感器转盘可跟随摆轮绕摆轮转轴转动.

(2) 打开计算机桌面上的波尔振动软件，点选数据采集选项卡，点击开始采集按钮，软件左上窗口中开始绘制阻尼振动曲线. 点击曲线刷新按钮，绘制适合窗口的曲线.

(3) 当曲线角振幅衰减到 0 时，点击软件的停止采集按钮，读取振动曲线第 i 个波峰、波谷的角位移 θ_{pi}，θ_{ti} 和第 $i+n$ 个波峰、波谷的角位移 $\theta_{p(i+n)}$，$\theta_{t(i+n)}$，再用秒表测量 n 个振动周期的时间 nT，将数据记入表 5 - 14 - 2.

(4) 给阻尼线圈加 8 V 电压，重复步骤(2)，(3).

表 5 - 14 - 2　阻尼振动阻尼系数及振动角频率的数据记录表

阻尼线圈电压	$\theta_{pi}/(°)$	$\theta_{ti}/(°)$	$\theta_{p(i+n)}/(°)$	$\theta_{t(i+n)}/(°)$	n	nT/s	T/s	$\beta/(rad/s)$	$\omega/(rad/s)$	$\omega_0/(rad/s)$
6 V										
8 V										

注：$\beta=\frac{1}{nT}\ln\frac{A_0}{A_n}=\frac{1}{nT}\ln\left|\frac{\theta_{pi}-\theta_{ti}}{\theta_{p(i+n)}-\theta_{t(i+n)}}\right|$，$\omega=\frac{2\pi}{T}$，$\omega_0=\sqrt{\omega^2+\beta^2}$.

3. 测量驱动电机转速调节旋钮位置与简谐力矩角频率之间的对应关系

(1) 驱动电机转速调节旋钮(见图 5 - 14 - 7)为十圈可调电位器. 将旋钮逆时针调到底，用秒表记录驱动电机转动若干周的时间，记入表 5 - 14 - 3.

(2) 顺时针转动驱动电机转速调节旋钮，每隔 0.5 圈，重复步骤(1).

(3) 计算简谐力矩的角频率 ω，并作 ω 与旋钮位置的关系曲线. 角频率应覆盖扭摆的固有振动角频率，否则，调节涡卷弹簧的长度，使固有振动角频率在简谐力矩的角频率范围内.

4. 观测受迫振动的幅频特性和共振现象

(1) 给驱动电机加 8 V 电压，给阻尼线圈加 6 V 电压，驱动电机转速调节旋钮逆时针旋到底.

(2) 让软件开始采集数据并刷新曲线，耐心观察并等待，直至曲线的振幅不再发生变化，停止采集，将驱动电机转速调节旋钮顺时针旋半圈，让新的简谐力矩作用于扭摆，以减少等待时间. 读取曲线振幅稳定后的峰、谷角位移 θ_p，θ_t 记入表 5 - 14 - 3.

(3) 给驱动电机加 8 V 电压，给阻尼线圈加 8 V 电压，重复步骤(2)，直至驱动电机转速调节旋钮顺时针旋到底. 重复过程中振幅应出现峰值.

表 5 - 14 - 3　简谐力矩角频率及受迫振动幅频特性的数据记录表

驱动电机电压取 8 V　阻尼线圈电压分别取 6 V 和 8 V

		α/ 圈	1.0	1.5	2.0	2.5	3.0	3.5	4.0	4.5	5.0	5.5	6.0	6.5	7.0
驱动电机转速调节旋钮刻度与振动角频率		$20T/s$													
		$\omega/(rad/s)$													
角振幅	6 V	$\theta_p/(°)$													
		$\theta_t/(°)$													
		$A/(°)$													
	8 V	$\theta_p/(°)$													
		$\theta_t/(°)$													
		$A/(°)$													

注：$A=(\theta_p-\theta_t)/2$.

5. 观察波尔振动的频谱

(1) 当扭摆处于受迫振动稳定状态(阻尼线圈电压分别取 6 V 和 8 V)，再次开始采集数据并刷新曲线，观察并记录计算机软件窗口中振动曲线下方的频谱曲线. 重点观察曲线形状和尖峰对应的频率.

(2) 将驱动电机转速调节旋钮逆时针旋转 2 圈，记录频谱曲线的变化过程和最终稳定后峰值对应的频率.

6. 观测波尔振动的相图

(1) 点击振动曲线窗口纵、横坐标旁的角度按钮和时间按钮，使纵、横坐标分别变为“速度”“角度”，此时窗口动态地描绘相图. 若相图紊乱，点击曲线刷新按钮.

(2) 观察并记录阻尼振动(阻尼线圈电压大于 6 V，驱动电机电源关闭) 和受迫振动(驱动电机电压大于 8 V) 的相图.

数据处理

(1) 由表 5 - 14 - 1 中的数据计算准自由振动的周期 T_0 和角频率 ω_0.

(2) 由表 5 - 14 - 2 中的数据计算阻尼系数 β、振动角频率 ω 和固有角频率 ω_0.

(3) 根据表 5 - 14 - 3 中的数据，以 ω 为横坐标，振幅 A 为纵坐标，作出不同阻尼线圈电压下的受迫振动幅频特性曲线. 从幅频特性曲线上找到共振角频率，与表 5 - 14 - 2 所得角频率进行比较.

注意事项

(1) 摆轮运动时不要将手指伸入摆轮孔中，以免受伤.

(2) 摆轮下方在电磁铁狭窄间隙中，启动摆轮时不要施轴向力，以免摆轮变形擦碰电磁铁.

(3) 避免共振时出现过大振幅损坏仪器，须给摆轮施加足够的阻尼力矩，建议用 6 V 电磁铁电压.

预习思考题

(1) 设按动秒表的反应误差为 0.2 s，对于振动周期约为 1.5 s 的驱动源，若要求周期测量的相对误差 $\leqslant 1\%$，需测量多少周期?

(2) 本实验中的哪种振动过程中会出现拍现象? 为什么?

讨论思考题

(1) 受迫振动达到稳定状态需要的时间与阻尼大小有何关系? 为什么?

(2) 阻尼振动的相图与受迫振动的相图有何相同之处? 有何不同之处? 如何利用相图理解振动过程中的机械能转换?

拓展阅读

[1] 李百宏，强蕊. 用波尔共振仪研究混沌现象[J]. 大学物理实验，2016，29(2)：17 - 20.

[2] 姜向前，骆素华，赵海发. 波尔共振实验中基于旋转矢量的相位差分析[J]. 大学物理，2017，36(8)：36 - 37，45.

[3] 郑瑞华，姜泽辉，吴安彩，等. 波尔受迫振动下波尔摆稳定的实验判据[J]. 大学物理实验，2017，30(5)：53 - 55.

[4] 全红娟，潘渊，朱婧，等. 波尔共振仪实验的不确定度分析[J]. 大学物理实验，2014，27(5)：100 - 102，112.

[5] 董霖，王涵，朱洪波. 波尔共振实验“异常现象” 的研究[J]. 大学物理，2010，29(2)：57 - 60.

5.15 电激励磁悬浮实验

引言

磁悬浮概念由英国科学家恩肖于 1842 年首次提出，在其后的 100 多年里，伴随着材料学、固体电子学、自动化控制系统等多个领域技术的发展，磁悬浮技术从理论走向了实际，是目前各类悬浮技术中最为成熟的一种，磁悬浮轴承和磁悬浮列车则是近几年来磁悬浮技术最为典型的应用热点. 研究表明，仅仅依靠磁源和被作用体之间的静磁场所形成的相互之间引力或斥力很难实现大范围内的稳定平衡，因此主动控制悬浮成为磁悬浮技术研究和应用中广泛使用的控制手段. 本实验以电磁铁为磁源，通过比例积分微分(proportional integral derivative，PID) 控制系统对不同相对磁导率、不同结构形式的被作用体实现磁悬浮控制.

实验目的

(1) 了解利用磁路基尔霍夫定律计算磁力的近似求解方法.

(2) 了解电涡流位移传感器的测量原理，测量传感器的输出特性.

(3) 在悬浮状态下，测试钢球的平衡特性，研究磁力、电流、空气层间距之间的关系.

(4) 了解 PID 控制过程中，比例、积分和微分参数在控制过程中发挥的作用.

实验原理

1. 导电线圈电磁力的求解分析

电磁场的边值问题实际上是求解给定边界条件下的麦克斯韦方程组(或延伸的偏微分方程)，从技术手段上可分为解析求解和数值求解两类.

(1) 磁路法求解近似解析解.

由于计算量大、边值条件多，对结构各异、边界条件复杂的实际情况往往无法进行精确求解. 在尝试使用解析方式求解时，首先对实际模型进行如图5-15-1所示的近似简化，同时假设铁磁材料为线性材料、各段磁场均匀，且忽略漏磁等. 设 x_j，B_j，Φ_j，A_j，μ_j 分别为第 j 段磁路的磁路长度、磁感应强度、磁通量、磁通面积、磁导率，那么各段磁路的体积为 $V_j = A_j x_j$，各段磁路的磁阻为 $R_j = x_j/A_j\mu_j$. 另外，假设各段铁磁材料各向同性，则磁场强度为 $H_j = B_j/\mu_j$. 用 Ni 表示外加激励电流的安匝数(磁动势单位，匝数 N 乘以线圈电流 i)，x 为空气层间距，$\mu_j \gg \mu_0 (j \neq 0)$.

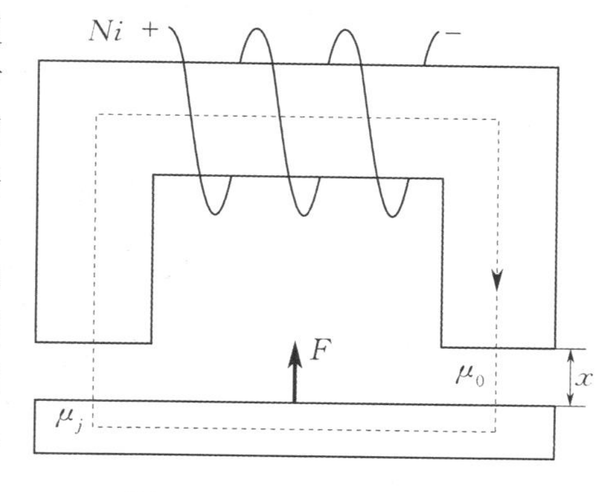

图 5-15-1　近似简化模型

建立如下方程组：

$$
\begin{cases}
\xi = Ni = \sum\limits_j \Phi_j R_j, & (5-15-1a) \\
\Phi_j = B_j A_j \equiv \Phi, & (5-15-1b) \\
W_m = \dfrac{1}{2}\sum\limits_j B_j H_j V_j, & (5-15-1c) \\
F(i,x) = -\dfrac{\partial W_m(x,i)}{\partial x}. & (5-15-1d)
\end{cases}
$$

上述方程(5-15-1a) 是磁路的基尔霍夫定律，它是安培环路定理在磁路下的近似. 方程(5-15-1b) 代表磁路串联，无漏磁，各段磁路的磁通量一致，都为 Φ. 由方程(5-15-1a)，(5-15-1b) 可得各段磁路的磁感应强度. 方程(5-15-1c) 中的 W_m 表示磁场储能. 方程(5-15-1d) 表示静磁场磁力 F 为保守力，其表达式为

$$F(i,x) = K(i/x)^2, \tag{5-15-2}$$

式中 K 为常系数，取决于线圈匝数、线圈截面积和空气磁导率，此处取为 $2.1\times10^{-3}\ \mathrm{N\cdot m^2/A^2}$. 在磁悬浮系统中，式(5-15-2) 表明悬浮物质量一定的前提下，线圈电流 i 应该和空气层间距 x 满足线性关系. 必

须指出，在悬浮过程中，影响磁力的因素和边界条件远比该简化模型复杂. 因此，根据悬浮物结构、材料属性的不同，实际情况往往表现为线圈电流 i 和空气层间距 x 呈非线性关系，该理论公式的计算结果与实际磁力大小存在较大差异.

(2) 有限单元法求解数值解.

有限单元法是利用变分原理把满足一定边界条件的电磁场问题等价为泛函求极值问题，以导出有限单元方程组. 其具体步骤是将整个求解区域分割为许多很小的子区域，将边界问题的求解过程应用于每个子区域，通过选取恰当的目标函数对每个子区域进行重复计算并叠加，便可以得到整个区域的解. 分割的子区域体积越小，求解精度越高，其计算过程也越复杂，甚至远远超出人力计算的范围. 因此，本实验采用相应的有限元分析软件 ANSOFT Maxwell(注意，本实验仅采用该软件进行示例，也可采用 ANSYS，COMSOL 等其他有限元分析软件进行计算) 进行建模分析，并进行数值求解.

先建立实物的3D模型，赋予各材料自身电磁特性(如磁化曲线)、附加激励条件(如驱动电流)、边界条件并建立合适的剖分网络以及设定求解精度等，再根据方程，即可通过 Maxwell 3D 静磁场模块得到磁场分布解. 基于麦克斯韦方程组，根据磁场分布可以得到磁场储能(非线性系统) 为

$$W_{\mathrm{m}} = \iint\limits_{V\,B} H\,\mathrm{d}B\mathrm{d}V,$$

最后采用虚位移原理即可求出磁力为

$$F(i,x_j) = -\frac{\partial W_{\mathrm{m}}(x_j,i)}{\partial x_j}.$$

图 5-15-2(a) 为根据实物建立的实验仪器仿真3D模型，其中励磁铁芯为纯铁，励磁绕组为耐热漆包铜线绕制，导磁钢球为 Q235 材料. 图 5-15-2(b) 为某一间距下，钢球稳定悬浮时，励磁铁芯某个中心切面内的磁场分布.

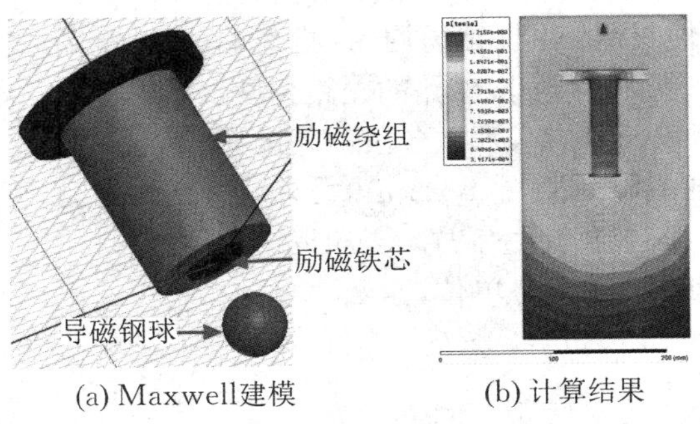

(a) Maxwell建模　　(b) 计算结果

图 5-15-2　Maxwell 建模和计算结果

对空心和实心两种导磁钢球，当其与电磁铁取不同的间距，由 Maxwell 3D 静磁场模块的有限元数值分析，得到的平衡特性曲线如图 5-15-3 所示.

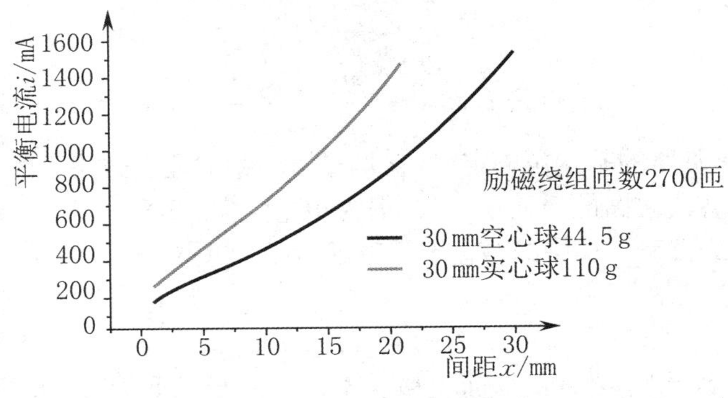

图 5-15-3　悬浮平衡特性曲线

提取平衡特性曲线的计算点，得到导磁钢球与电磁铁的间距和平衡电流的关系，如表 5 - 15 - 1 所示.

表 5 - 15 - 1　导磁钢球与电磁铁的间距和平衡电流的关系

间距 x/mm	平衡电流 i/mA		间距 x/mm	平衡电流 i/mA	
	30 mm 空心球	30 mm 实心球		30 mm 空心球	30 mm 实心球
1	151.9	239.3	16	684.4	1078.1
2	196.3	307.8	17	730.0	1151.1
3	231.5	362.6	18	777.0	1227.0
4	263.3	414.1	19	826.3	1305.6
5	293.7	462.2	20	877.4	1389.6
6	324.1	509.6	21	930.7	1475.9
7	354.4	557.8	22	986.7	
8	385.9	607.0	23	1044.4	
9	417.8	657.6	24	1104.4	
10	451.1	709.8	25	1167.8	
11	486.5	765.2	26	1233.0	
12	522.6	822.4	27	1300.7	
13	560.7	882.2	28	1374.1	
14	600.4	944.8	29	1448.9	
15	641.5	1010.0	30	1526.3	

采用有限单元法进行数值求解的结果和实验结果能较好地吻合.

2. PID 控制系统

PID 控制系统是连续系统动态品质校正的一种有效方法，其参数整定方式简便，结构改变灵活.本实验使用 PID 控制系统对目标物体的悬浮状态进行控制，控制过程中使用电涡流位移传感器对目标物体的悬浮状态进行监测.

(1) 电涡流位移传感器.

电涡流位移传感器是一种常见的高精度非接触传感器，具有测量范围大、响应快、灵敏度高、抗干扰能力强、不受油污影响等优点.本实验采用电涡流位移传感器所测得的位置信号作为励磁线圈电流（磁力）调节的依据.其结构示意图和等效电路模型如图 5 - 15 - 4 所示.

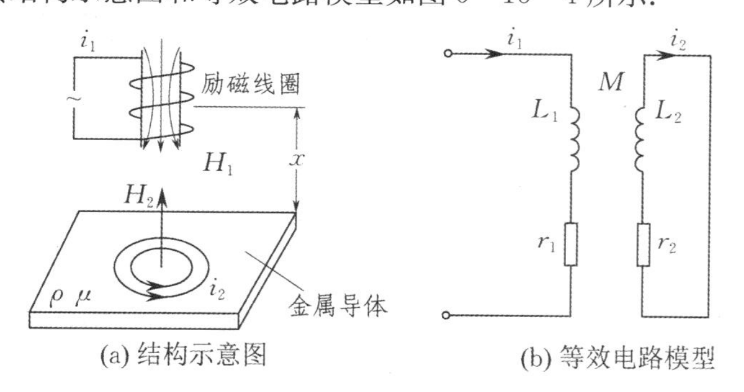

图 5 - 15 - 4　电涡流位移传感器

励磁线圈中存在高频电流 i_1，使金属导体处于高速变化的磁场中，导体内就会产生感应电流，这种电流像水中漩涡那样处于导体内部，称为电涡流. 电涡流也将产生交变磁场，由于该磁场的反作用，将影响原磁场，从而导致励磁线圈的电感、阻抗和品质因数发生变化.

根据电磁场理论，电涡流的大小与金属导体的电阻率ρ、磁导率μ、厚度d、励磁线圈与金属导体之间的距离x、励磁线圈的激磁角频率ω以及励磁线圈的参数都有关. 在其他参数不变的前提下，当励磁线圈与金属导体之间的距离x发生变化时，导体内部的电涡流将产生显著变化. 电涡流位移传感器正是基于该原理制成的.

(2) 悬浮物体的运动状态.

物体在悬浮过程中，除静止(稳定悬浮) 外一般有四种常见运动状态，分别为零阻尼、过阻尼、临界阻尼和欠阻尼运动状态. 各运动状态下，悬浮物体在垂直方向的位移-时间曲线如图 5-15-5 所示. 处于零阻尼运动状态时，物体在悬浮状态下的运动为简谐运动，阻尼系数为零，物体不会达到静止状态. 在引入阻尼系数后，物体会进入欠阻尼运动状态，在有限次经过平衡位置后最终会达到静止状态. 当阻尼系数逐步增大，物体会在某个阻尼系数下达到临界阻尼运动状态，该状态下物体不会越过平衡位置，而是在较快时间内达到静止状态. 随着阻尼系数的进一步增大，物体的运动状态变为过阻尼运动状态，物体同样不会越过平衡位置，而是根据阻尼系数的不同，经过较长时间后在某一位置静止.

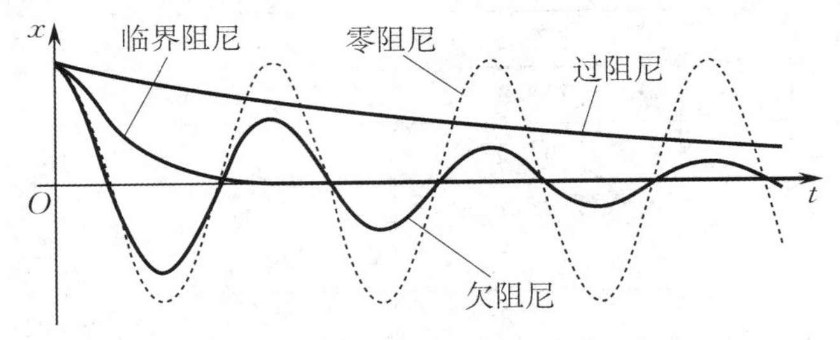

图 5-15-5　悬浮物体的四种运动状态

当物体被置入电磁线圈下方时，在重力的作用下物体首先会垂直下落. 此时，系统会根据电涡流位移传感器所测得的物体位置、速度和加速度信息及时为电磁线圈施加合适的电流. 在重力和磁力的共同作用下，物体将可能出现如图 5-15-5 所示的四种运动状态. 为了尽快使物体达到稳定悬浮，所施加的磁力应尽可能地让物体第一时间进入临界阻尼运动状态.

(3) PID 控制系统的实际工作原理.

悬浮物体的 PID 控制流程如图 5-15-6 所示.

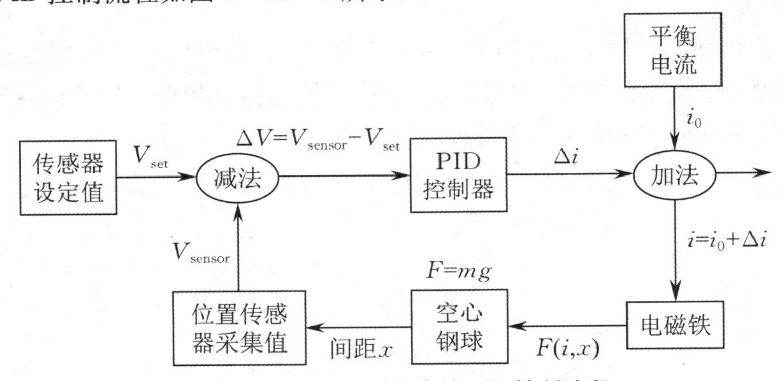

图 5-15-6　悬浮物体的 PID 控制流程

假定实验中的初始电流为i_0，输出量电流的变化Δi是由输入量传感器电压V_{sensor}的变化决定的. 忽略电涡流位移传感器的非线性，即假设$V_{sensor}\propto x$，则 PID 控制过程输出量电流为

$$i=i_0+\Delta i=i_0+k_p\Delta x+k_d\frac{d(\Delta x)}{dt}+k_i\int\Delta x dt, \tag{5-15-3}$$

式中k_p为比例参数，k_i为积分参数，k_d为微分参数. 显然，式(5-15-3) 表示一个高阶非线性系统，为

便于计算，在(i_0, x_{set})处进行线性化近似，有

$$F(i,x)=F_0+\mathrm{d}F=F_0+\left.\frac{\partial F}{\partial i}\right|_{(i_0,x_{set})}\Delta i+\left.\frac{\partial F}{\partial x}\right|_{(i_0,x_{set})}\Delta x. \tag{5-15-4}$$

系统的动力学方程为$m\dfrac{\mathrm{d}^2(\Delta x)}{\mathrm{d}t^2}=mg-F(i,x)$，结合式(5-15-3)和(5-15-4)有

$$m\frac{\mathrm{d}^2(\Delta x)}{\mathrm{d}t^2}+K_p\Delta x+K_d\frac{\mathrm{d}(\Delta x)}{\mathrm{d}t}+K_i\int\Delta x\mathrm{d}t+(F_0-mg)=0, \tag{5-15-5}$$

式中$K_p=k_p\left.\dfrac{\partial F}{\partial i}\right|_{(i_0,x_{set})}+\left.\dfrac{\partial F}{\partial x}\right|_{(i_0,x_{set})}$，$K_d=k_d\left.\dfrac{\partial F}{\partial i}\right|_{(i_0,x_{set})}$，$K_i=k_i\left.\dfrac{\partial F}{\partial i}\right|_{(i_0,x_{set})}$.

将式(5-15-5)对变量t求导，得

$$\frac{\mathrm{d}^3(\Delta x)}{\mathrm{d}t^3}+\frac{K_d}{m}\frac{\mathrm{d}^2(\Delta x)}{\mathrm{d}t^2}+\frac{K_p}{m}\frac{\mathrm{d}(\Delta x)}{\mathrm{d}t}+\frac{K_i}{m}\Delta x=0. \tag{5-15-6}$$

式(5-15-6)的解由特征方程$\lambda^3+\dfrac{K_d}{m}\lambda^2+\dfrac{K_p}{m}\lambda+\dfrac{K_i}{m}=0$的根$\lambda_j=\alpha_j+\mathrm{i}\beta_j$决定，式中$j$可取1,2,3. 由该结果易知，PID控制过程中的三个参数是相互影响、相互制约的，实际控制过程中PID的参数调节经常会出现顾此失彼的情况. 因此，精确分析某一个参数的作用是不合理的，为了对PID控制过程进行说明，这里对三个参数所发挥的主要作用进行简要分析.

由式(5-15-3)不难看出，比例参数k_p主要基于物体偏离平衡点处的位置发挥作用，偏离位置越远，由该参数所贡献的电磁牵引力(线圈电流)越大. 若仅有积分参数k_i发挥作用，物体将处于零阻尼运动状态，在平衡位置两侧反复运动，无法达到稳定悬浮状态.

微分参数k_d主要基于物体当前的运动速度发挥作用，根据物体的运动速率和方向，该参数将提供一个负向牵引力，尽可能地通过阻尼的方式使得物体的运动发生衰减和收敛. 过大的微分参数k_d会对信号中的高频干扰、噪声同样起到放大作用，不利于悬浮控制.

在比例参数k_p和微分参数k_d的共同作用下，物体通常会在某一时刻达到稳定悬浮状态，但稳定悬浮时所处的位置有可能并不处于预设的平衡位置. 此时积分参数k_i则根据当前偏离平衡位置的距离对时间的积分提供相应大小的牵引力，使得物体回到平衡位置. 若物体已经在平衡位置稳定悬浮，调节该参数为零将改变物体所处的悬浮高度.

实验仪器

电激励磁悬浮实验仪(由电激励磁悬浮控制仪和悬浮实验装置构成，见图5-15-7)，可控电流源.

(1) 电激励磁悬浮控制仪.

方向按键：由方向键▲▼◀▶组成，可进行光标的移动(参见开机提示内容).

确认键：功能确认，以及作为阶跃测试选项的阶跃信号调节按键.

参数调节旋钮：当光标所在位置为参数调节项时，可通过该旋钮调节该项参数.

控制输出接口：输出控制信号，主要用于连接可控电流源的控制输入接口.

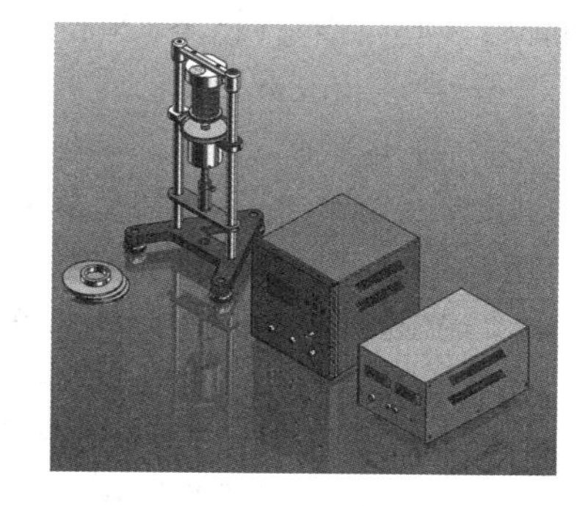

图5-15-7 电激励磁悬浮实验仪及组件

传感器接口：主要是连接悬浮实验装置的传感器输出接口，提供仪器位置信号.

传感器检测接口：连接示波器，监测电涡流位移传感器的输出电压，以便研究控制的稳态或阶跃响

应情况.

液晶显示屏:主要显示操作提示、实验选择菜单、实验操作内容等.

(2) 悬浮实验装置.

如图 5-15-8 所示,悬浮实验装置主要包含励磁铁芯、电涡流位移传感器、升降杆、A 型基座和配套试件.

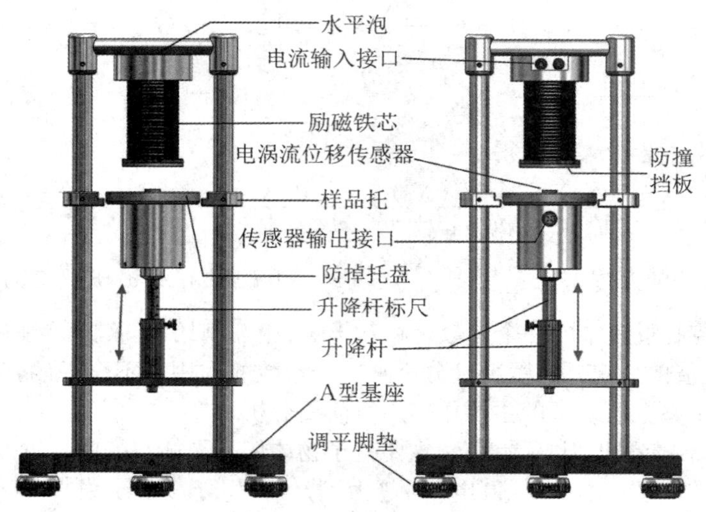

图 5-15-8　悬浮实验装置

励磁铁芯:励磁铁芯由耐热漆包线绕制在导磁铁芯上形成,绕制匝数 2 700 匝;其上端有电流输入接口,实验中连接可控电流源的电流输出接口.

电涡流位移传感器:测试行程 0 ~ 8 mm,输出 0 ~ 7.5 V,输出分辨率为 0.01 V;有传感器输出接口,实验中连接电激励磁悬浮控制仪的传感器接口.

升降杆:旋转该升降杆的套筒,可改变电涡流位移传感器的上下位置;标尺刻度为 0 ~ 40 mm,精度为 1 mm.

A 型基座:A 型基座配合调平脚垫,可调节装置水平(参照水平泡),使磁力方向与重力方向基本一致.

悬浮样件:钢球 1(Q235,直径 30 mm,质量 44.5 g),钢球 2(Q235,直径 30 mm,质量110 g),钢球 3(Q235,直径 35 mm,质量 176 g),圆环(Q235,外直径 60 mm,内直径 44 mm,厚度 12 mm),螺钉(外六角,M8×45),铝盘(直径 120 mm,厚度 5 mm),不锈钢盘(直径 120 mm,厚度 5 mm),Q235 钢盘(直径 120 mm,厚度 5 mm).

(3) 可控电流源.

电流显示窗口:显示所加负载的输出电流(实验中为励磁电流).

电压显示窗口:显示所加负载的输出电压(实验中为励磁电压).

电流输出接口:用于连接外部负载.

控制输入接口:用于连接外部控制信号.

输出开关:开关处于“开”状态时(中央电源输出指示灯亮),电流源为负载供电;处于“关”状态时(中央电源输出指示灯不亮),电流源不给负载供电.

实验内容

1. 实验准备

(1) 水平调节:调节 A 型基座的调平脚垫,使水平泡居中,以保证磁力方向与重力方向基本一致.

(2) 连接仪器：用两根电源线将可控电流源、电激励磁悬浮控制仪连接到室内电源；用康尼线(红 / 黑色两根) 将可控电流源的电流输出接口与悬浮实验装置上的电流输入接口相连；用 5 芯线将可控电流源的控制输入接口与电激励磁悬浮控制仪的控制输出接口相连；用 4 芯线将电激励磁悬浮控制仪的传感器接口与悬浮实验装置上的传感器输出接口相连.

2. 电涡流位移传感器特性测试

(1) 打开可控电流源，使输出开关处于"关" 状态，负载线圈无供电，同时打开电激励磁悬浮控制仪并进入"传感器特性实验" 界面.

(2) 将铝盘放在样品托上，旋转升降杆，使电涡流位移传感器与铝盘完全接触，反方向调节升降杆，降低电涡流位移传感器直到输出电压刚好发生改变，将此时升降杆标尺刻度作为起始刻度记录于表 5 - 15 - 2 间距为 0.0 所对应的标尺刻度位置.

(3) 从起始位置起，使电涡流位移传感器远离铝盘，每间隔 1.0 mm 记录电涡流位移传感器的输出电压值，共记录 10 次采样数据.

(4) 将上述数据填入表 5 - 15 - 2，并整理为电涡流位移传感器的输出电压与距离的关系.

(5) 将铝盘分别更换为不锈钢盘和 Q235 钢盘，重复步骤(2) ～ (4) 测量不同材料的输出特性.

表 5 - 15 - 2　电涡流位移传感器特性测试的数据记录表

铝盘			不锈钢盘			Q235 钢盘		
标尺刻度 /mm	间距 /mm	电压 /V	标尺刻度 /mm	间距 /mm	电压 /V	标尺刻度 /mm	间距 /mm	电压 /V
	0			0			0	
	1.0			1.0			1.0	
	2.0			2.0			2.0	
	3.0			3.0			3.0	
	4.0			4.0			4.0	
	5.0			5.0			5.0	
	6.0			6.0			6.0	
	7.0			7.0			7.0	
	8.0			8.0			8.0	
	9.0			9.0			9.0	

3. 悬浮平衡特性测试

(1) 打开电激励磁悬浮控制仪并进入"传感器特性实验" 界面，使钢球 1(直径 30 mm，质量 44.5 g) 吸附于励磁铁芯下方，调节升降杆至界面上电涡流位移传感器电压值达到 4.5 V.

(2) 取下钢球 1，退出"传感器特性实验" 界面，进入"磁悬浮特性实验" 界面，设定"悬浮调整" 值为 4.5 V 并将钢球 1 置入.

(3) 观察可控电流源的电流显示窗口，若电流稳定则记录此时升降杆标尺刻度(起始刻度) 和励磁电流读数于表 5 - 15 - 3，间距记为 0.0；若此时电流出现显著上升，则可缓慢下调升降杆，直至电流出现下降趋势，等待电流下降至稳定状态后进行读数.

(4) 从当前位置起，缓慢下调升降杆，每间隔 1.0 mm 记录当前升降杆标尺刻度和励磁电流读数于表 5 - 15 - 3，共记录 10 次采样数据.

(5) 利用公式 $F(i,x) = K(i/x)^2$ 估算磁力大小，式中 i 为励磁电流大小，x 为电涡流位移传感器到圆盘之间的距离，该距离为步骤(4) 中所记录的升降杆标尺刻度减去步骤(3) 中所测得的起始刻度，并将该磁力大小与钢球 1 所受重力进行对比分析.

(6) 分别更换为钢球 2(直径 30 mm,质量 110 g) 和钢球 3(直径 35 mm,质量 176 g),重复步骤 (3) ~ (5),测量钢球 2 和钢球 3 在悬浮平衡过程中的特性.

表 5 - 15 - 3　钢球悬浮特性的数据记录表

钢球 1(直径 30 mm,质量 44.5 g)			
标尺刻度 /mm	间距 x/mm	励磁电流 i/mA	磁力 F_1/N
	0		
	1.0		
	2.0		
	3.0		
	4.0		
	5.0		
	6.0		
	7.0		
	8.0		
	9.0		
钢球 2(直径 30 mm,质量 110 g)			
标尺刻度 /mm	间距 x/mm	励磁电流 i/mA	磁力 F_2/N
	0		
	1.0		
	2.0		
	3.0		
	4.0		
	5.0		
	6.0		
	7.0		
	8.0		
	9.0		
钢球 3(直径 35 mm,质量 176 g)			
标尺刻度 /mm	间距 x/mm	励磁电流 i/mA	磁力 F_3/N
	0		
	1.0		
	2.0		
	3.0		
	4.0		
	5.0		
	6.0		
	7.0		
	8.0		
	9.0		

4. 测量积分参数对控制系统的影响

(1) 打开可控电流源，使输出开关处于“开”状态，打开电激励磁悬浮控制仪并进入“磁悬浮特性实验”界面.

(2) 使钢球1进入稳定悬浮状态，并仔细调节位置、比例参数和微分参数，使钢球1在稳定悬浮状态下励磁电流处于750 mA左右.

(3) 将积分参数 k_i 从默认值调节为0，观察调节过程中钢球1位置的变化，且记录界面上“传感器电压”与“悬浮调整”电压的电压差.

(4) 在钢球1处于稳定悬浮状态的前提下，缓慢降低比例参数 k_p 直至钢球恢复稳定悬浮状态，参照表5-15-4中所给出的数值依次改变比例参数 k_p，查看并记录界面上“传感器电压”读数的变化，根据实验数据，分析 $k_i=0$ 时比例参数 k_p 对静态误差的影响.

表5-15-4　积分参数对电涡流位移传感器电压的影响的数据记录表

$k_i=0$ 时电压差/V	
比例参数 k_p	传感器电压/V
30	
40	
50	
60	
70	
80	
90	
100	

5. 模拟干扰条件下PID的控制特性实验(选做)

(1) 将示波器CH1通道连接到电激励磁悬浮控制仪的传感器检测接口，打开示波器电源.

(2) 使钢球1进入稳定悬浮状态，并仔细调节位置和比例参数 k_p(积分参数 k_i 和微分参数 k_d 分别保持125和240不变)，使此时励磁电流达到750 mA左右.

(3) 缓慢减小比例参数 k_p 直到系统出现振幅明显的稳定振荡(零阻尼运动状态)，调节合适的示波器显示比例，记录此时电涡流位移传感器输出电压的波形图(至少包含两个以上的完整振荡周期).

(4) 缓慢增大比例参数 k_p 直至钢球刚好稳定悬浮，将界面上的“阶跃测试”状态变更为“ON”，此时电激励磁悬浮控制仪将以固定的周期以阶跃信号的方式干扰悬浮系统，调节合适的示波器显示比例，记录此时电涡流位移传感器输出电压的波形图(至少包含一个完整的钢球从零阻尼运动到稳定悬浮的控制过程).

6. 非中心对称结构物体的悬浮特性实验(选做/☆进阶)

(1) 参照实验内容3中的步骤，选取合适的PID参数，使得圆环和螺钉稳定悬浮.

(2) 计算并分析非中心对称结构物体在悬浮过程中采用简化模型近似的实验误差.

(3) 采用有限单元法对实验进行建模计算，并和实验结果进行对比.

数据处理

(1) 根据电涡流位移传感器输出电压与位置的关系，以及表5-15-2中的测量结果分别绘制三种材料的间距-电压曲线，通过曲线分别计算电涡流位移传感器测量不同材料时的灵敏度(取线性阶段前50%进行计算).

(2) 根据实验中所测三种钢球的悬浮特性,使用 $F(i,x)=K(i/x)^2$ 估算钢球处于不同悬浮位置时磁力的理论值,并分析使用磁路法计算的结果和实际测量结果的误差.

基于近似模型估算的磁力平均值分别为

$$\overline{F_1}=\_\_\_\_\_\_\_\_,\quad \overline{F_2}=\_\_\_\_\_\_\_\_,\quad \overline{F_3}=\_\_\_\_\_\_\_\_.$$

取重力加速度为 $g=9.8\ \mathrm{m/s^2}$,则采用磁路法近似求解的平均磁力和实际重力 $G_i=m_i g$ $(i=1,2,3)$ 之间的相对误差为(请写出计算过程)

$$\overline{E_1}=\frac{|\overline{F_1}-G_1|}{G_1}=\_\_\_\_\_\_\_\_,$$

$$\overline{E_2}=\frac{|\overline{F_2}-G_2|}{G_2}=\_\_\_\_\_\_\_\_,$$

$$\overline{E_3}=\frac{|\overline{F_3}-G_3|}{G_3}=\_\_\_\_\_\_\_\_.$$

(3) 根据实验内容 4 所测量的结果,绘制 $k_{\mathrm{i}}=0$ 时传感器电压-比例参数 k_{p} 曲线,观察两者之间的关系.

注意事项

(1) 实验开始前请务必采用水平泡检查 A 型基座是否处于水平状态.

(2) 物体处于悬浮状态时应避免碰撞支座,请勿直接断开电源或大幅度调节 PID 参数.

(3) 在悬浮平衡特性测试实验的调节过程中,若目标物体出现较大幅度振荡,应及时回调其位置或 PID 参数以增大阻尼系数,防止物体脱离悬浮控制.

(4) 实验完成后,应该先取出悬浮物体,关闭可控电流源,然后再关闭电激励磁悬浮控制仪,避免关闭控制仪产生的突变或干扰信号,使可控电流源产生剧烈变化,从而引起悬浮物体的剧烈运动.

预习思考题

(1) 为了尽快使物体达到稳定悬浮,应该调节 PID 参数使得物体处于哪种阻尼运动状态?

(2) 在 PID 控制系统中,根据 PID 参数调节的不同,悬浮物体会出现零阻尼、欠阻尼、过阻尼和临界阻尼四种运动状态. 请从运动角度简述四种运动状态的区别.

(3) 当物体处于稳定悬浮状态时,如果悬浮高度发生改变,最可能的是 PID 参数中的哪个参数被调整了? 调整到了多少? 为什么?

讨论思考题

(1) 已知实验中所使用的铝盘、Q235 钢盘和不锈钢盘的相对磁导率分别约为 1,1 000 和 1.5,电阻率分别约为 $3.4\times10^{-6}\ \Omega\cdot\mathrm{m}$,$7.2\times10^{-5}\ \Omega\cdot\mathrm{m}$ 和 $1.5\times10^{-5}\ \Omega\cdot\mathrm{m}$. 被测材料的这两种参数对电涡流位移传感器灵敏度有何影响?

(2) 在实验内容 4 中,$k_{\mathrm{i}}=0$ 时可观察到"传感器电压"和"悬浮调整"电压存在一定差值,若将积分参数 k_{i} 分别调整为 1 和 10,钢球重新回到平衡位置的时间是否一致? 为什么?

第6章 研究性实验

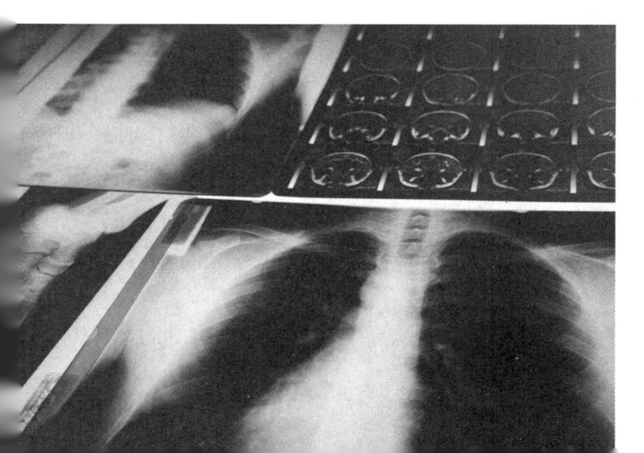

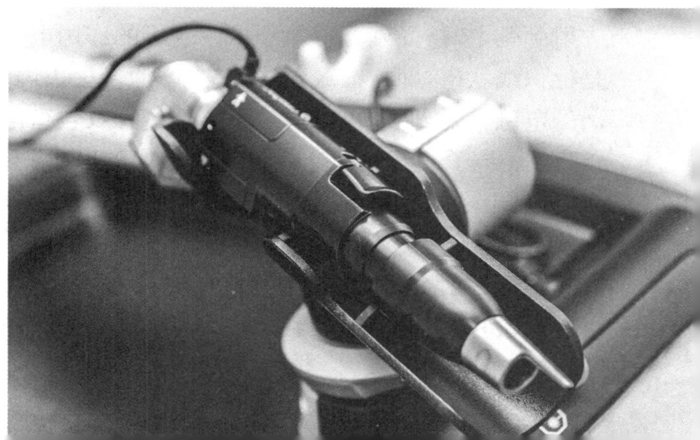

6.1 特征 X 射线谱测量及 X 射线吸收实验

引言

X射线是波长介于紫外线和γ射线之间的电磁波，是德国物理学家伦琴在1895年研究阴极射线时发现的，故又称伦琴射线. 由于X射线具有很高的穿透本领，能透过许多对可见光不透明的物质，因此在医学诊断、金属探伤等方面有重要的应用价值(如能透过人体显示骨骼、能穿过薄金属显示其中的缺陷等)，而且为许多科学领域提供了一种有效的研究手段. 伦琴因此获得了1901年的诺贝尔物理学奖.

X射线自发现后，许多科学家开始探索其本质和性质. 英国物理学家巴克拉在研究X射线的性质时发现元素具有特征X射线谱，即从各种元素发出的特征X射线谱带有原子内部的结构信息. 特征X射线谱的发现，有助于现代原子结构理论的建立，因此巴克拉获得了1917年的诺贝尔物理学奖. 后来莫塞莱在巴克拉的基础上发现了元素发出的特征X射线能量与原子序数之间的关系，根据这个关系，人们可以确定未知元素的原子序数.

特征X射线谱测量及X射线吸收实验属于近代核物理实验，能让学生直接接触到产生和探测X射线的过程，但是由于核物理实验设备通常价格比较昂贵，实验条件比较苛刻，特别是传统核物理实验是采用真实核源作为放射源，危险性较大，存在严重的安全隐患，因此无法对学生特别是非物理专业的学生开设此类实验课程. 本实验平台采用虚实结合的设计，使用虚拟核仿真信号源产生核脉冲信号，通过通用数据采集器真实采集并分析此信号. 通过本实验，学生可以了解X射线与物质的相互作用，以及直观地学习探测X射线的基本方法.

实验目的

(1) 了解元素的特征X射线能量与原子序数之间的关系，通过测量不同元素的特征X射线谱，掌握对多道谱仪定标的方法.

(2) 了解X射线与物质的相互作用及其在物质中的吸收规律，测量不同能量的X射线在铝中的吸收系数.

实验原理

1. 特征X射线谱

X射线是一种电磁波，波长在0.01～100 Å. 在X射线管中阴极发射出的电子经高压加速轰击阳极靶产生的X射线谱有两类，一类是连续谱，其波长连续分布，这是由韧致辐射产生的，即当高速电子入射到靶上时，受到靶材原子核库仑场的作用电子的速度骤减，其动能被转换成辐射能放出；另一类是标识线状谱，即特征X射线谱，是靶原子失去内层电子后外层电子向内层跃迁以填补电子空位时发出的电磁辐射. 原子可以通过核衰变过程及轨道电子俘获，也可以通过外部射线如X射线，β射线(电子束)，α粒子或其他带电粒子与原子中的电子相互作用，打出内层电子. 当原子产生内层电子空位时，外层电子就有可能跃迁到这个空位上，同时释放出等于相应能级差的能量. 这个能量通常以两种形式放出，一种是将能量直接传递给更外层的电子，使之脱离原子而向外发射，即俄歇电子；另一种形式是电磁辐射，即特征X射线或标识X射线.

通常，把主量子数n等于1，2，3，… 的壳层分别称为K，L，M，… 壳层. 电子跃迁到K壳层时放出的X

射线称为K线系. 根据玻尔的原子理论,电子由 n_2 能级跃迁到 n_1 能级所发射的特征X射线的能量为

$$h\nu = Z^2 \frac{2\pi^2 m_0 e^4}{h^2}\left(\frac{1}{n_1^2}-\frac{1}{n_2^2}\right), \tag{6-1-1}$$

式中 n_1,n_2 为电子终态、始态所处壳层的主量子数,对于 K_α 线系,$n_1=1$,$n_2=2$,对于 L_α 线系,$n_1=2$,$n_2=3$;m_0 为电子的质量;h 为普朗克常量;e 为元电荷;Z 为原子序数. 根据特征X射线的能量,可以辨认激发原子的原子序数 Z.

英国物理学家莫塞莱在实验中发现,轻元素的原子序数与 K_α 及 L_α 线系特征X射线的频率 $\nu^{\frac{1}{2}}$ 基本呈线性关系. 对于 K_α 线系可以表示为

$$\nu^{\frac{1}{2}} = C_1(Z-1); \tag{6-1-2}$$

对于 L_α 线系可以表示为

$$\nu^{\frac{1}{2}} = C_2(Z-7.4), \tag{6-1-3}$$

式中 C_1,C_2 为常量,这一线性关系叫作莫塞莱定律. 因为原子内存在的K,L,… 层电子对核场有屏蔽作用,使有效电荷小于 Ze. 而不同的壳层,屏蔽效应不同,L层电子跃迁到K层,其有效屏蔽常数为1,M层电子跃迁到L层,其有效屏蔽常数为7.4.

2. X射线的吸收

当一束单色的X射线垂直入射并穿过密度均匀的吸收体时,其强度会减弱. 如图6-1-1所示,设该吸收体的厚度为 d,每立方厘米有 N 个原子. 若能量为 $h\nu$ 的准直光束单位时间内垂直入射到吸收体单位面积上的光子数为 I_0,那么通过厚度为 x 的物质后,透射出去的光子数为 $I(x)$,并且

$$I(x) = I_0 e^{-\mu x}, \tag{6-1-4}$$

式中 μ 为线性吸收系数,$\mu = N\sigma$,这里 σ 为效应截面,其单位为 cm^2/原子,μ 的单位为 cm^{-1}. 式(6-1-4)表明,通过吸收体的X射线强度服从指数衰减规律. 这种衰减来源于两种因素:其一是光电吸收,其二是散射. 散射也分为两种,一种是波长不改变的散射,X射线使原子中的电子发生振动,振动的电子向各方向辐射电磁波,其频率与X射线的频率相同,这种散射叫作汤姆孙散射;另一种是波长改变的散射,即康普顿散射. 如果将铝作为吸收体,当X射线的能量低于0.04 MeV时,光电效应占优势,康普顿散射可以忽略.

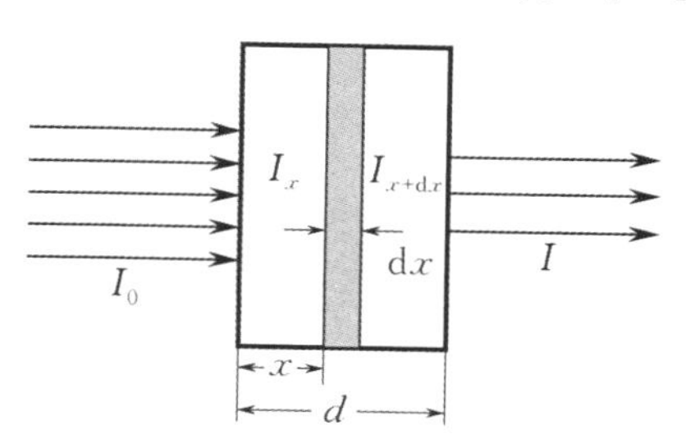

图6-1-1　X射线通过物质时的示意图

那么对于原子序数为 Z 的原子,K层的光电效应截面(单位为 cm^2/电子)为

$$\sigma_{ph} = \varphi_0 Z^5 \alpha^4 2^{\frac{5}{2}} \cdot (m_0 c^2/h\nu)^{\frac{7}{2}}, \tag{6-1-5}$$

式中 $\varphi_0 = \frac{8}{3}\pi r_0^2$,这里 $r_0 = \frac{e^2}{m_0 c^2}$;$\alpha = 2\pi e^2/hc \sim \frac{1}{137.04}$.

对于汤姆孙散射,每一个电子的效应截面为

$$\sigma_T = 0.665\,2\times 10^{-24}\ cm^2/\text{电子}. \tag{6-1-6}$$

总的线性吸收系数 μ 可以写成两种因素之和,即

$$\mu = \mu_{ph} + \mu_T = N\sigma_{ph} + NZ\sigma_T. \tag{6-1-7}$$

实际上,X射线与吸收体的相互作用决定于单位体积内所含原子数目以及这些原子的组成. 所以,X射线通过吸收体后的衰减与吸收体的密度有关,如果引入质量吸收系数为 $\mu_m = \frac{\mu}{\rho}$(ρ 为吸收体的密度),那么式(6-1-4)又可表示为

$$I = I_0 e^{-\mu_m \rho x}. \tag{6-1-8}$$

一般情况下，元素的质量吸收系数随波长而变化. 实验证明，元素的质量吸收系数与入射 X 射线的波长以及该元素的原子序数有关，其关系为

$$\mu_m = C_3\lambda^3 Z^3, \tag{6-1-9}$$

式中 C_3 为常量. 由此可见，元素的原子序数越大，其对 X 射线的吸收能力越强；而对一定的吸收元素，X 射线的波长越短，元素的质量吸收系数越小，X 射线的穿透能力越强. 但是对于个别元素而言，随着入射 X 射线波长变短，元素的质量吸收系数并非呈连续的变化，而是在某些波长位置发生突变，出现吸收限. 实验表明，吸收系数随着 X 射线波长变短而减小，出现突然下降的波长(吸收限)与 K 线系激发限的波长很接近. 在长波长区还有 L 突变与 M 突变的存在，由于 L 层和 M 层构造的复杂性，这些突变不如 K 突变那么明显，并且有几个最大值. 各种元素对不同波长入射 X 射线的吸收系数由实验确定.

3. 低能 X 射线谱仪

低能 X 射线谱仪由正比计数器、电荷灵敏放大器、线性放大器、多道分析仪等仪器组成.

正比计数器以气体作为工作物质，其输出脉冲幅度与初始电离数有正比关系. 该仪器可以用来计数单个粒子，并根据输出信号的脉冲幅度来确定入射粒子的能量. 入射粒子与筒内气体原子碰撞使原子电离，产生电子和正离子. 在电场作用下，电子向中心阳极丝运动，正离子以比电子慢得多的速度向阴极漂移. 电子在阳极丝附近受强电场作用加速获得能量可使原子再次电离. 因而最后收集到的电离数比初始电离数大很多，并且在确定的工作条件下，气体放大倍数与初始电离数无关，因此正比计数器既输出较大的脉冲，又能保持与初始电离数的正比关系，这就使得正比计数器既能用于粒子探测器，又能用作能谱测量.

本实验中要测量元素的特征 X 射线经过准直片入射到正比计数器中，输出的电压脉冲信号经过电荷灵敏放大器放大后进入通用数据采集器，使用多道分析功能，对脉冲信号进行线性放大并进行多道能谱测量与分析，脉冲幅度以谱线峰位在多道分析器中的道址来表示，因此 X 射线的能量 E 和道址 N 存在线性关系：

$$E = aN + b, \tag{6-1-10}$$

式中 a,b 为系数.

当正比计数器工作条件(工作电压等)固定时，X 射线的能量和道址的关系固定. 可以用已知元素的特征 X 射线能量定标，确定特征 X 射线的能量和道址的关系. 通过测量未知样品的特征 X 射线谱，即可由谱线峰位求出未知样品的特征 X 射线能量，从而确定未知样品成分.

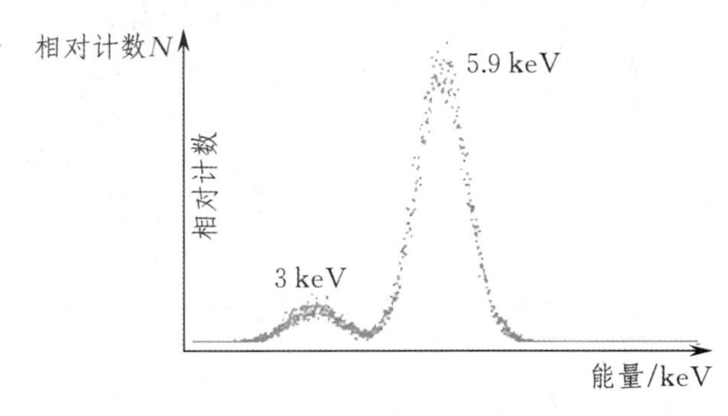

图 6-1-2 ^{55}Fe 源的 X 射线谱图

在低能情况下，由于入射 X 射线在气体中的吸收主要是光电效应，在能谱上最显著的谱形是一个相当于 X 射线的光电峰. 但在工作气体中会有特征 X 射线放出，它有可能从正比计数器中逃逸出去，因此在能谱上也会看到逃逸峰. 用一个充氩气的正比计数器测量 ^{55}Fe 源的 X 射线谱，所得结果如图 6-1-2 所示. 从图中可以看出低能部分就有逃逸峰. 光电峰与逃逸峰的能量差就是工作气体所产生的特征 X 射线能量. 对于 Ar, Xe，它们特征 X 射线的能量分别为 2.96 keV 与 29.7 keV. 在复杂 X 射线谱的分析中要仔细辨别逃逸峰.

实验仪器

实验装置如图 6-1-3 所示，包括虚拟核仿真信号源、通用数据采集器、电脑、X 射线特征谱测量

及X射线吸收实验软件和多道分析仪软件. 实验中使用虚拟核仿真信号源产生核脉冲信号,代替放射源、正比计数器、高压电源与电荷灵敏放大器的使用;使用通用数据采集器的多道分析功能,对虚拟核仿真信号源输出的核脉冲进行多道能谱测量与分析. 通过实验软件控制虚拟核仿真信号源的电压值、靶材料、放射源、吸收片厚度等状态量,得到相应的核脉冲信号,此信号经过通用数据采集器后连接到电脑并用多道分析仪软件采集.

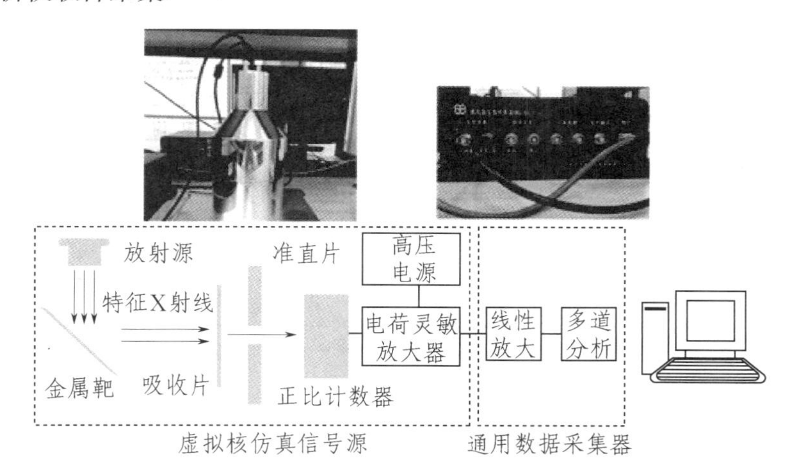

图 6-1-3　特征 X 射线谱测量及 X 射线吸收实验的装置图

实验内容

1. 测量不同元素的特征 X 射线谱

(1) 用连接线将虚拟核仿真信号源上的电源接口和输出接口分别与通用数据采集器后面板的次级电源接口和前面板的多道分析接口相连,虚拟核仿真信号源上的 USB 接口和通用数据采集器前面板网口分别用 USB 线和网线与电脑相连.

(2) 开启电脑与通用数据采集器的电源.

(3) 打开实验软件,软件默认步骤一是测量特征 X 射线谱,进行多道定标实验,放置^{238}Pu 放射源,加载正比计数器的电压,预热 5 min.

(4) 添加 Pb 靶样品,当信号输出灯闪烁时说明有信号输出. 打开多道分析仪软件,设置测量时间为 300 s.

(5) 点击开始按钮,测量 Pb 靶的特征 X 射线谱,测量结束后寻峰(点击游标按钮,在界面最左端会出现一条竖直亮线,用鼠标将其拖至靠近峰的左侧,再拖至靠近峰的右侧,点击寻峰按钮出现寻峰范围对话框,最后点击确定按钮即可) 并记录其特征峰位道址,将数据填入表 6-1-1.

(6) 依次将靶换成 Zn,Cu,Fe 后,点击复位按钮,重复步骤(5).

(7) 添加 Ni 靶样品,将其作为未知样品,按照前面的操作步骤,测出其特征 X 射线谱的峰位道址,并记录于表 6-1-1.

表 6-1-1　特征 X 射线能量-峰位道址关系的测量数据记录表

靶材料	Pb	Zn	Cu	Fe	Ni
特征 X 射线能量 /keV					
峰位道址					

2. 测量不同能量的特征 X 射线在 Al 中的吸收系数

(1) 点击实验软件上的步骤二:测量 Cu 和 Zn 的特征 X 射线在 Al 中的吸收系数. 将 Cu 样品作为

靶片，吸收片从 0 片开始，打开多道分析仪软件，点击复位按钮，设置测量时间为 300 s.

(2) 点击开始按钮，测量 Cu 靶的特征 X 射线谱，测量结束后固定每次的多道寻峰范围(在点击寻峰按钮时出现的寻峰范围对话框中，固定每次的起点道址和终点道址)，并记录所选区域的计数(净面积)，填入表 6-1-2.

(3) 依次增加吸收片至 5 片(Al 片的厚度为 40 μm)，点击复位按钮，重复步骤(2).

(4) 将样品更换为 Zn，重复上面的操作.

表 6-1-2　特征 X 射线净面积-Al 片厚度关系的数据记录表

Al 片厚度 /μm	0	40	80	120	160	200
Cu 的特征 X 射线净面积						
Zn 的特征 X 射线净面积						
Cu 的特征 X 射线强度 $\ln(I/I_0)$	—					
Zn 的特征 X 射线强度 $\ln(I/I_0)$	—					

数据处理

(1) 从资料中查出相应样品的特征 X 射线能量，填入表 6-1-1，然后画出能量-峰位道址关系曲线，拟合求得多道谱仪定标公式.

(2) 根据已知样品的特征 X 射线能量 E 及其原子序数 Z，作 $\sqrt{E}-Z$ 关系曲线，并拟合出对应公式.

(3) 将未知样品 Ni 靶的特征 X 射线谱的峰位道址代入(1) 中拟合出的多道谱仪定标公式，算出其特征 X 射线能量，再根据数据处理(2) 中拟合的 $\sqrt{E}-Z$ 关系公式，求出未知样品的原子序数，验证莫塞莱定律.

(4) 根据表 6-1-2 中的数据求 Cu 和 Zn 的特征 X 射线强度值 $\ln(I/I_0)$(I/I_0 等于有吸收片时特征 X 射线净面积 / 无吸收片时特征 X 射线净面积) 并填入表 6-1-2. 作出 $\ln(I/I_0)$ 随 Al 片厚度变化的关系曲线，并算出吸收系数.

注意事项

(1) 第一次打开多道分析仪软件时，点击开始采集按钮可能出现没有数据的情况，可以依次点击停止按钮、复位按钮后重新点击开始采集按钮.

(2) 用多道分析仪软件寻峰时，出现对话框后不要点击关闭按钮，只能点击确定按钮.

预习思考题

(1) 如何根据特征 X 射线能量确定原子序数?

(2) X 射线通过吸收体时一般会发生哪些过程?

讨论思考题

(1) ^{238}Pu 源的特征 X 射线能量范围为 11.6 ～ 21.6 keV，试分析其能否激发 Ag 的 K_α 线.

(2) 假设一束非理想准直束，其发射角为10°，25°，试分析其对铝的线性吸收系数实验值的影响.

拓展阅读

[1]　沙振舜，周进，周非. 当代物理实验手册[M]. 南京：南京大学出版社，2012.

[2]　熊俊. 近代物理实验[M]. 北京：北京师范大学出版社，2007.

[3]　孙汉城，寅新艺. 核物理与粒子物理[M]. 哈尔滨：哈尔滨工程大学出版社，2015.

6.2 外腔面发射激光器的原理及应用综合实验

引言

激光与原子能、计算机、半导体并称为20世纪的四大发明，其理论基础需要追溯到1900年普朗克提出的量子假说.爱因斯坦在普朗克量子假说的基础上提出了光子假说，并进一步提出了光与物质相互作用的理论，建立了受激辐射等基本概念，预测到光可以产生受激辐射放大.1960年，美国休斯公司实验室的梅曼在红宝石晶体中首次观察到了激光.激光的问世使得古老的光学理论和光学技术获得了新生.经过近70年的发展，激光已在科技、经济、生产生活及国防军事等许多领域都具有十分重要的应用.

作为一种新型半导体激光器，外腔面发射激光器可以同时兼具高功率输出和高光束质量的优点.另外，由于其外腔灵活，可以在谐振腔内放置频率变换或波长调谐的光学元件，使得外腔面发射激光器具有极宽的光谱覆盖范围，并可实现诸如腔内锁模、脉冲调制等功能.

实验目的

(1) 了解激光产生的基本原理及外腔面发射激光器的工作原理.

(2) 掌握谐振腔的设计及基本调节方法，测量激光器的主要性能参数.

(3) 掌握谐振腔内倍频激光器的调节要领，研究影响倍频转换效率的主要因素.

(4) 了解激光波长调谐的原理和主要调谐方式，学会使用标准具进行调谐.

实验原理

1.激光器的工作原理

当材料受到激励，它的原子(分子)能级分布满足高能级的粒子数多于低能级粒子数，即实现粒子数反转分布时，该材料就能够实现与能级差相应频率的受激辐射放大.如能进一步使受激辐射在谐振腔中形成谐振，然后放大、输出，即可产生激光.

激光器主要由泵浦源、增益介质、谐振腔三部分组成，如图6-2-1所示.

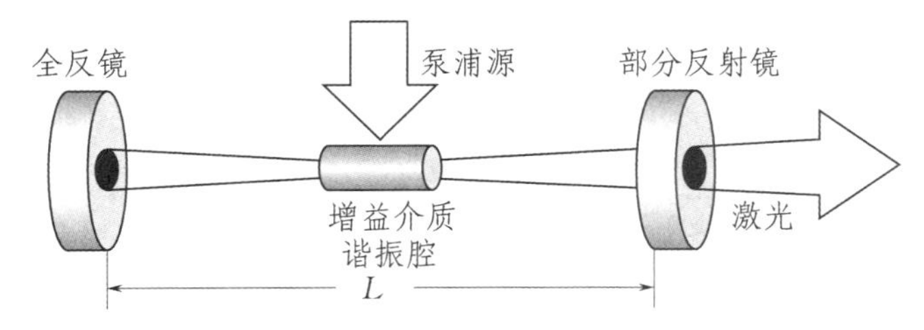

图6-2-1 激光器的基本结构

泵浦源的作用是为增益介质中的工作物质的粒子提供可被吸收的能量，从而在工作物质中形成粒子数反转分布.泵浦源提供的能量大部分被转化为激光的能量，少部分被转化成热量或直接不被利用而损失掉.泵浦源提供的能量形式可以是光、电、化学能、太阳能等.

增益介质的作用是为受激辐射提供增益.增益介质中的工作物质的粒子吸收泵浦源提供的能量后，被激发到激光上能级，形成粒子数反转分布.反转分布的粒子跃迁到激光下能级的过程中，产生受激辐射并放大受激辐射，即为激光波长提供增益.增益介质可以是固体、气体、液体、半导体等媒质.

激光器中除增益介质提供的增益之外，同时还存在反射、散射、衍射等光学损耗，以及其他元件对激光的吸收、耦合输出等损耗. 激光器平衡掉这些损耗，产生激光振荡所需的最小泵浦功率，称为激光器的阈值.

谐振腔的作用是为受激辐射提供正反馈，将受激辐射进行放大，同时对激光频率进行选择，对其方向进行限制，并将部分激光耦合输出. 在增益介质左、右两端分别放置一块全反镜和部分反射镜，两者相互平行，且垂直于增益介质的轴线，这样就能起到谐振腔的作用.

谐振腔决定激光的振荡频率必须满足

$$\nu_q = q\frac{c}{2L}, \tag{6-2-1}$$

这些频率称为谐振腔模式，也称为激光的纵模. 式中 q 为纵模序数，c 为真空中的光速，L 为谐振腔的长度. 要在谐振腔内建立激光振荡，光线必须在腔内往返无穷多次而不溢出，由此可采用几何光学法，利用光学元件对光线的变换矩阵，计算得到谐振腔的稳定条件.

对如图 6-2-1 所示的谐振腔，光线在自由空间的变换矩阵为

$$\begin{pmatrix} 1 & L \\ 0 & 1 \end{pmatrix}, \tag{6-2-2}$$

曲率半径为 ρ 的球面反射镜对光线的变换矩阵为

$$\begin{pmatrix} 1 & 0 \\ -2/\rho & 1 \end{pmatrix}, \tag{6-2-3}$$

则光线在谐振腔内往返一周的变换矩阵为

$$\begin{pmatrix} A & B \\ C & D \end{pmatrix} = \begin{pmatrix} 1 & 0 \\ -2/\rho_1 & 1 \end{pmatrix}\begin{pmatrix} 1 & L \\ 0 & 1 \end{pmatrix}\begin{pmatrix} 1 & 0 \\ -2/\rho_2 & 1 \end{pmatrix}\begin{pmatrix} 1 & L \\ 0 & 1 \end{pmatrix}, \tag{6-2-4}$$

式中 ρ_1，ρ_2 分别为左、右两端腔镜的曲率半径；矩阵元可由四个变换矩阵的乘积求得，即

$$\begin{cases} A = 1 - \dfrac{2L}{\rho_2}, \\ B = 2L\left(1 - \dfrac{L}{\rho_2}\right), \\ C = -\left[\dfrac{2}{\rho_1} + \dfrac{2}{\rho_2}\left(1 - \dfrac{2L}{\rho_1}\right)\right], \\ D = -\left[\dfrac{2L}{\rho_1} - \left(1 - \dfrac{2L}{\rho_1}\right)\left(1 - \dfrac{2L}{\rho_2}\right)\right]. \end{cases} \tag{6-2-5}$$

可以证明，要光线在谐振腔内往返无穷多次而不溢出，上述矩阵的元素须满足

$$\left|\frac{A+D}{2}\right| < 1. \tag{6-2-6}$$

将式(6-2-5)中的 A 和 D 代入式(6-2-6)，可得

$$0 < \left(1 - \frac{L}{\rho_1}\right)\left(1 - \frac{L}{\rho_2}\right) < 1, \tag{6-2-7}$$

由此可得谐振腔长度 L 与腔镜曲率半径 ρ_1 及 ρ_2 之间的关系. 式(6-2-7)也称为谐振腔的稳定条件，如果定义两个参数 $g_1 = 1 - \dfrac{L}{\rho_1}$ 和 $g_2 = 1 - \dfrac{L}{\rho_2}$，则谐振腔的稳定条件也可简单地表示为

$$0 < g_1 g_2 < 1. \tag{6-2-8}$$

$g_1 g_2$ 取值大于 1 的谐振腔称为非稳腔，取值等于 1 的谐振腔称为临界腔，取值小于 1 的谐振腔称为稳定腔.

2. 外腔面发射激光器

外腔面发射激光器的结构如图 6-2-2 所示. 泵浦源一般使用光纤耦合输出的半导体激光器，泵

浦光经过准直聚焦系统，以一定角度入射在半导体增益芯片上. 如图 6－2－3 所示，半导体增益芯片主要由前端面、多量子阱有源区和后端高反射率的分布布拉格反射镜(DBR) 组成，DBR 在外腔面发射激光器中为谐振腔的一个后端镜. 耦合输出镜与 DBR 一起构成谐振腔，在激光器中起到调节、稳定光腔和选模的作用. 高热导率的热沉键合在半导体增益芯片的后端，为激光器提供散热.

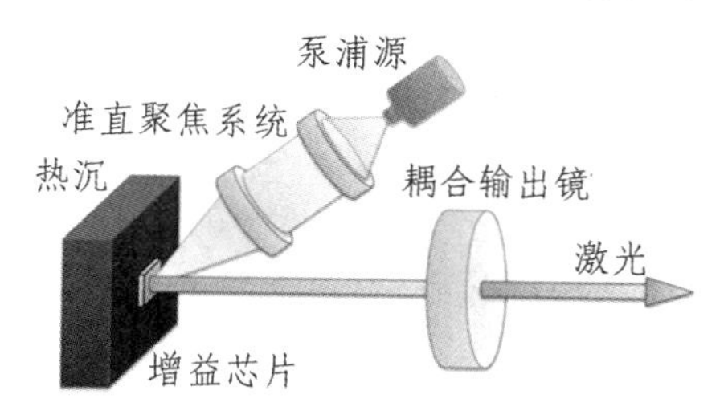

图 6－2－2　外腔面发射激光器结构图

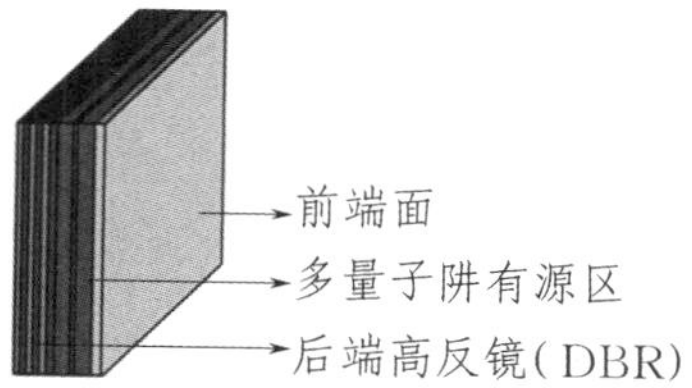

前端面
多量子阱有源区
后端高反镜(DBR)

图 6－2－3　半导体增益芯片外延生长结构

当泵浦光入射到半导体增益芯片时，量子阱的势垒区吸收泵浦光子的能量，产生光生载流子. 光生载流子扩散，被量子阱俘获，在量子阱中发生辐射跃迁，为激光波长提供增益. 辐射光在谐振腔内多次往返形成激光振荡，谐振腔对激光频率进行选择，耦合输出激光. 由于菲涅耳反射，半导体增益芯片前端的半导体-空气界面对激光形成约 30% 的反射率，该界面与半导体增益芯片后端的 DBR 一起构成一个微腔. 激光在此微腔中形成驻波，而每个量子阱理论上都应该处于激光驻波的波峰处，满足谐振周期增益结构，以使激光器获得最大的增益.

3. 激光倍频技术

激光倍频技术又称为二次谐波技术，是最早在实验上发现的非线性光学效应. 通过解三波相互作用的耦合方程，可以得到小信号近似下非线性晶体中产生二次谐波的转换效率为

$$\eta=\frac{8\pi^2 d_{\text{eff}}^2 L^2}{\varepsilon_0 n_\omega^2 n_{2\omega}\lambda_\omega^2 c}\cdot I_\omega\cdot \operatorname{sinc}^2\left(\frac{\Delta k L}{2}\right), \tag{6-2-9}$$

式中 λ_ω 为基频光的真空波长，d_{eff} 为非线性晶体的有效非线性系数，L 为非线性晶体的长度，I_ω 为基频光强，n_ω 和 $n_{2\omega}$ 分别为非线性晶体对基频光和倍频光的折射率，c 为真空中的光速，ε_0 为真空中介电常量，

$$\Delta k=2k_\omega-k_{2\omega}=\frac{4\pi(n_\omega-n_{2\omega})}{\lambda_\omega} \tag{6-2-10}$$

为基频光和倍频光的波矢差. 由式(6－2－9) 和(6－2－10) 可知，当 $\Delta k=0$ 时，二次谐波的转换效率最高. 对于一般的光学介质来说，由于存在正常色散效应($n_{2\omega}>n_\omega$)，因此在一般情况下，$\Delta k\neq 0$. 但大多数的光学各向异性晶体都有双折射性，即不同振动方向的线偏振光，在沿晶体不同的方向传播时，具有不同的折射率. 这样就可以选择某一个特定方向使晶体本身所具有的双折射效应抵消色散效应，满足 $n_{2\omega}=n_\omega$，从而实现 $\Delta k=0$(此式称为相位匹配条件).

以单轴晶体为例，o 光和 e 光在晶体中传播时折射率的关系为

$$n_{\mathrm{e}}(\theta)=\frac{n_{\mathrm{o}}n_{\mathrm{e}}}{\sqrt{n_{\mathrm{o}}^2\sin^2\theta+n_{\mathrm{e}}^2\cos^2\theta}}, \tag{6-2-11}$$

式中 θ 为光线的入射角，n_{o} 和 n_{e} 分别为晶体对 o 光和 e 光的折射率. 图 6－2－4 画出了负单轴晶体($n_{\mathrm{o}}>n_{\mathrm{e}}$) 的 o 光及 e 光的折射率对角度的依赖情况，下标 ω 和 2ω 分别表示基频光和倍频光. θ_{pm} 为相位匹配角，光在晶体中沿此方向传播时，满足相位匹配条件.

基频光偏振态的配置方式有平行式和正交式，相应的相位匹配方式称为 Ⅰ 类和 Ⅱ 类. 在正常色散条件下，可以得到单轴晶体的 Ⅰ 类和 Ⅱ 类方式相位匹配角的解析表达式. 倍频转换效率较高的晶体(KTP，BNN，LBO) 大多是双轴晶体，而双轴晶体的折射率曲面不再是关于 z 轴对称的旋转曲面，所以相位匹配条件的空间轨迹是复杂的双叶曲面，且相位匹配方向不仅与相位匹配角有关，还与方位

角有关.因此,相位匹配角的计算要复杂得多,双轴晶体的相位匹配角的计算可参见有关文献.

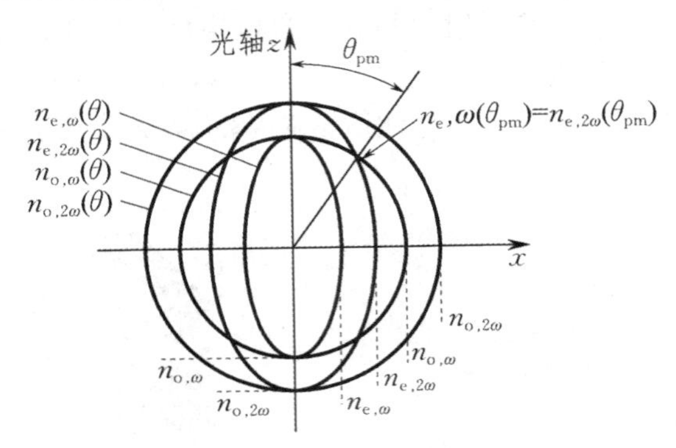

6-2-4　负单轴晶体折射率对角度依赖关系的示意图

4. 激光波长调谐

理论上讲,只要具有一定的色散作用,能够把不同频率成分的光分开的元件,都可以用于激光波长的调谐.常用的激光波长调谐元件包括双折射滤波片、光栅、棱镜以及标准具等.由于本实验所使用的外腔面发射激光器属于弱增益型激光器,较大的插入损耗会影响激光器的正常运转,所以选用了结构简单、插入损耗相对较小的标准具作为滤波元件.

熔融石英标准具制作相对简单,是可调谐外腔面发射激光器中使用较多的滤波元件.标准具可以在未镀膜的情况下使用,若要获得窄线宽的滤波效果,还可以对标准具的两个通光面做镀膜处理,提高反射率,增加其精细度.

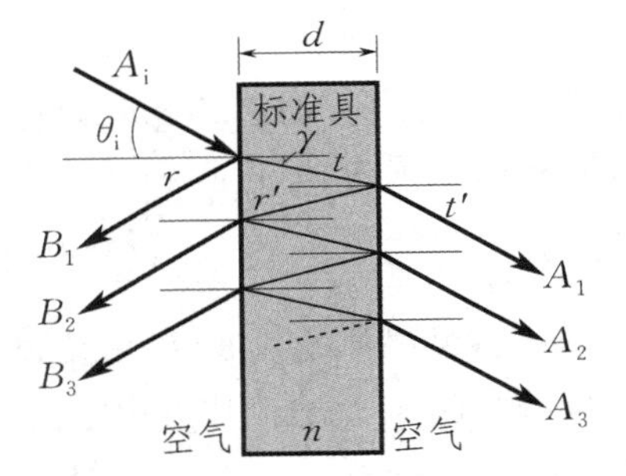

图 6-2-5　光在标准具中传播的示意图

光在厚度为 d,折射率为 n 的石英标准具中的传播示意图如图 6-2-5 所示. A_i 和 θ_i 分别为入射光的振幅和入射角.光从空气进入标准具时的反射系数记为 r,透射系数记为 t;从标准具进入空气时的反射系数记为 r',透射系数记为 t'. $A_1, A_2, A_3, \cdots$ 分别表示第一、第二、第三……次经过标准具后的透射光振幅; $B_1, B_2, B_3, \cdots$ 分别表示第一、第二、第三……次从标准具界面上反射的光的振幅.

光在标准具中往返一次获得的相位为

$$\delta = \frac{4\pi nd\cos\gamma}{\lambda}, \tag{6-2-12}$$

式中 γ 是光在标准具中的折射角.

图 6-2-5 中的各束透射光的振幅可分别写为

$$A_1 = tt'A_i,\quad A_2 = tt'r'^2 e^{i\delta}A_i,\quad A_3 = tt'r'^4 e^{i2\delta}A_i,\quad \cdots. \tag{6-2-13}$$

由此可得总的透射光振幅为

$$A_t = tt'(1 + r'^2 e^{i\delta} + r'^4 e^{i2\delta} + \cdots)A_i = \frac{tt'}{1 - r'^2 e^{i\delta}}A_i. \tag{6-2-14}$$

进一步可得到透射光强与入射光强的比值,即标准具的透射率

$$T = \frac{I_t}{I_i} = \frac{A_t A_t^*}{A_i A_i^*} = \frac{(tt')^2}{(1 - r'^2 e^{-i\delta})(1 - r'^2 e^{i\delta})}. \tag{6-2-15}$$

在不考虑表面散射及标准具本身的吸收等损耗下,有 $r = r'$, $r^2 + tt' = 1$.再利用反射率关系 $R = |r|^2$,式(6-2-15)可改写为

$$T=\frac{1}{1+\frac{4R}{(1-R)^2}\sin^2(\delta/2)}=\frac{1}{1+\frac{4F^2\sin^2(\delta/2)}{\pi^2}},\tag{6-2-16}$$

式中 $F=\frac{\pi\sqrt{R}}{1-R}$ 称为标准具的精细度.

图 6-2-6 反映了标准具表面反射率对透过率的影响,已知标准具的厚度为 40 μm,入射光垂直入射. 图中虚线是未镀膜厚度为 40 μm 的石英标准具(石英折射率取 1.46,由此得到的标准具表面反射率为 $R=3.5\%$)的透过率曲线,中心波长取 1 050 nm. 由图可知,标准具的表面反射率 R 越大,透射峰越尖锐,即标准具对波长的选择性越强.

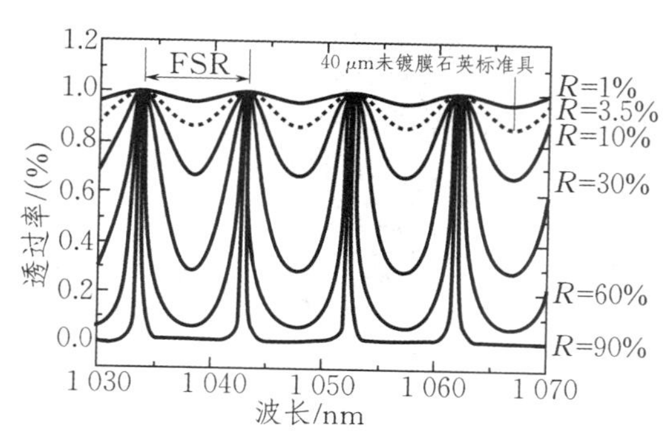

图 6-2-6　标准具的透过率曲线

在标准具的透过率曲线图中,相邻两个透射峰之间的距离称为标准具的自由光谱范围(FSR). FSR 可用频率表示为

$$(\mathrm{FSR})_{\mathrm{frequency}}=\nu_{q+1}-\nu_q=\frac{c}{2nd},\tag{6-2-17}$$

式中 ν_q 为式(6-2-1)所示的激光的纵模,激光器的纵模常用法布里-珀罗扫描干涉仪来观察记录. FSR 用波长可表示为

$$(\mathrm{FSR})_{\mathrm{wavelength}}=\lambda_q-\lambda_{q+1}\approx\frac{\lambda_q^2}{c}(\mathrm{FSR})_{\mathrm{frequency}}.\tag{6-2-18}$$

由式(6-2-17)可知,标准具的 FSR 随其厚度的变化而改变. FSR 会直接限制标准具在可调谐外腔面发射激光器中对波长的调谐范围. 一般来讲,越薄的标准具,FSR 越大,对激光器波长的调谐范围才可能越大.

5. 激光器的主要性能指标

(1) 激光波长和光谱线宽.

激光波长 λ 是激光器主要的性能指标,它取决于工作物质的能级结构(发射光谱 / 增益谱)、谐振腔和腔镜的镀膜参数,以及谐振腔内的其他滤波或调谐元件等. 一般激光器的激光波长指中心波长,光谱线宽 $\Delta\lambda$ 用半高全宽度(FWHM)来表示.

(2) 输出功率.

激光器的输出功率表征了工作物质把泵浦能量转化为激光能量的能力大小,与工作物质的种类、激光模式体积、泵浦功率、耦合输出率、环境温度等因素有关.

(3) 纵模与横模.

激光在谐振腔内需要满足谐振腔的驻波条件,从而形成分离的频率取值,如式(6-2-1)所示. 这些分离的频率称为激光的纵模,即光场沿谐振腔轴向传播的振动模式.

激光在谐振腔内振荡,往返数次之后,光强的横向分布形成稳定的自再现模式,从衍射光学出发,可以计算得到这种自再现模式的具体光强分布规律. 把光强在与轴向垂直的横截面内的稳定分布称为激光的横模.

横模一般用 TEM_{mn} 表示,TEM 是电磁横波的缩写. 在轴对称横模中,m,n 分别表示光束横截面内在 x 方向和 y 方向出现的暗区(节点)数,如 TEM_{12} 模在 x 方向有 1 个暗区,在 y 方向有 2 个暗区. 不同横模光强分布图样如图 6-2-7 所示.

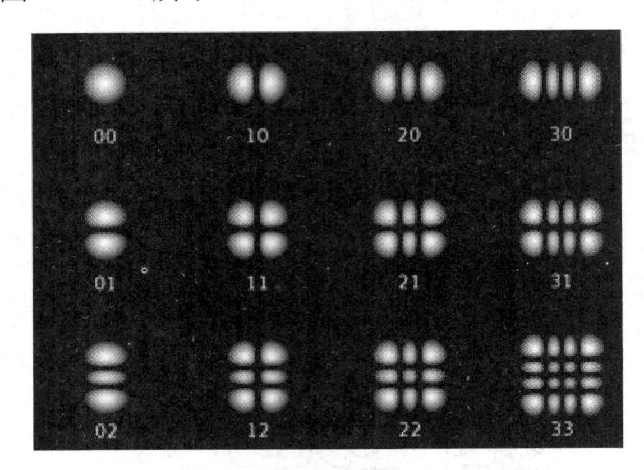

图 6-2-7　不同横模光强分布图样

激光器工作在 $m>0$,$n>0$ 的高阶模式时,输出功率一般更高. 但基模(也叫基横模,或者单横模,即 TEM_{00} 模)的光强呈高斯分布,更具规律性,方便准直聚焦,也方便导入光纤中,所以在激光加工等实际应用中更为普遍.

实验仪器

实验装置如图 6-2-8 所示,主体结构包括光学平台、泵浦源(含准直聚焦系统)、工作物质及谐振腔(含半导体增益芯片、耦合输出镜)、倍频元件(倍频晶体)、调谐元件(倍频晶体、法布里-珀罗(F-P)标准具)、准直光源以及实验结果测试仪器(电脑、光谱仪、功率计).

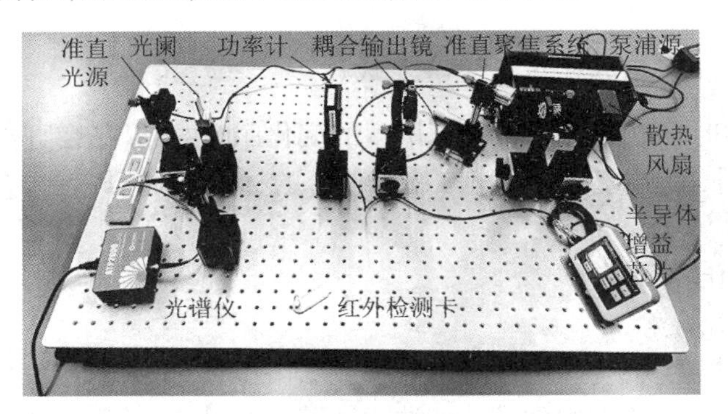

图 6-2-8　外腔面发射激光器实验装置

(1) 泵浦源及准直聚焦系统.

泵浦源为光纤耦合输出半导体激光器,中心波长为 $\lambda=(808\pm5)\,\mathrm{nm}$,最大输出功率为 $P=3\ \mathrm{W}$. 泵浦源的工作电流为 $0\sim3\ \mathrm{A}$,可调,工作环境温度为 $15\sim45\ ℃$. 光纤的芯径为 $200\ \mu\mathrm{m}$,数值孔径为 0.22,长度为 1 m. 从泵浦源光纤输出的激光束经过准直聚焦系统,以小于 30° 的入射角照射在半导体增益芯片上.

准直聚焦系统由两个相同的消色差透镜构成,通过 1∶1 耦合,将光纤端面成像于半导体增益芯片前端面. 两个透镜的焦距均为 $f=40\ \mathrm{mm}$. 两个消色差透镜已安装于准直聚焦套筒内,此套筒可固定在准直聚焦套筒调节架内,调节架二维可调,用以改变聚焦光斑在半导体增益芯片上的位置. 同时,为了更方便地调节聚焦效果，将调节架固定在一维平移台上.

（2）工作物质及谐振腔.

半导体增益芯片的尺寸为 $4 \times 4\ \mathrm{mm}^2$，实验前已与铜热沉键合好，实验之前先将铜热沉与散热器连接，并固定在增益芯片调节架内. 增益芯片调节架二维可调，用以改变半导体增益芯片的偏转和俯仰，保证半导体增益芯片与谐振腔光轴的垂直.

谐振腔为典型的平凹腔，左端镜是半导体增益芯片底部的 DBR，右端镜为平凹输出镜（耦合输出镜），对激光波长具有一定的透过率.

耦合输出镜有两种镀膜（镀膜 Ⅰ，S1 面 HR@980 nm&490 nm，980 nm 反射率 $> 99.9\%$；镀膜 Ⅱ，S1 面 HR@980 nm&AR@490 nm，980 nm 反射率 $> 99.5\%$，S2 面 AR@490 nm 镀膜，490 nm 透过率 $> 95\%$）并分别备有三种曲率半径，具体选择及使用方法参见实验内容.

（3）倍频、调谐元件.

倍频晶体 LBO 的晶体切割角为 $\theta = 90°$，$\Phi = 16.8°$，通光端面的镀膜为 $S1$ 面及 $S2$ 面 AR@980 nm&490 nm. 晶体尺寸备有 $3\times3\times5\ \mathrm{mm}^3$，$3\times3\times10\ \mathrm{mm}^3$ 两种规格，通光长度分别为 5 mm 和 10 mm. LBO 晶体通过传导冷却，两种规格的晶体均已安装于夹具之中，夹具可固定在倍频晶体调节架内，如图 6－2－9 所示.

(a)

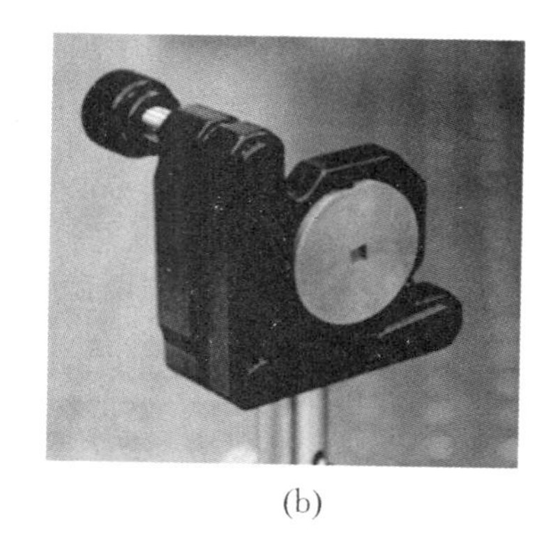

(b)

图 6－2－9　倍频晶体及其安装

F－P 标准具为熔融石英材质，其通光端面未镀膜. F－P 标准具的厚度有 0.15 mm 和 0.30 mm 两种规格，均已安装于夹具之中，夹具可固定在标准具调节架内，如图 6－2－10 所示.

(a)

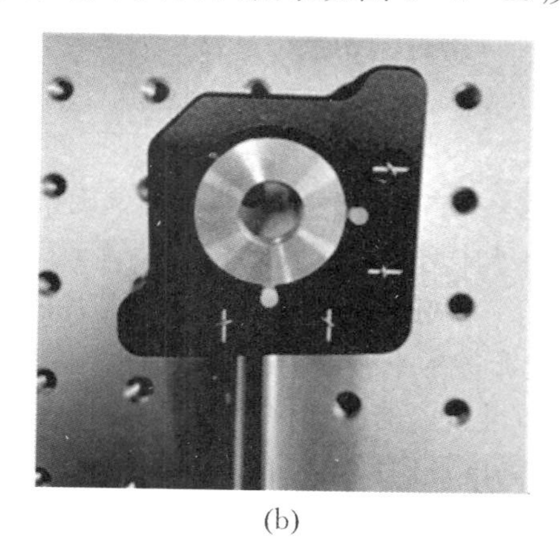

(b)

图 6－2－10　F－P 标准具及其安装

（4）准直光源.

准直光源用作光路调节过程中的参考光，为发出红色可见光的激光二极管，其中心波长为 $\lambda =$

650 nm,功率为 $P=5$ mW.

(5) 测试仪器.

实验中用功率计测量激光器的输出功率,功率计的探头为热电探头,量程为 2 W. 测量时将探头对准激光束,并使激光光斑落在探头能探测的范围之内.

光谱仪用于测量激光器的中心波长. 实验中使用的光谱仪为光纤耦合输入的微型光谱仪. 因为需要同时观测基频光(波长约为 980 nm) 和倍频光(波长约为 490 nm) 的激光光谱,所以本实验选配的光谱仪为 400 ～ 1100 nm 波段. 使用过程中,只需要有少量激光的散射光进入光谱仪的光纤头即可,无须将光纤头对准激光束. 光谱仪的具体使用详见仪器说明书.

实验内容

1. 实验准备

根据谐振腔长度与腔镜曲率半径之间的关系,即式(6-2-7),分别计算使用不同曲率半径的外腔镜(耦合输出镜) 时,谐振腔的稳定条件,将计算结果填入表 6-2-1.

要使激光器的效率最佳,即充分利用激光光斑以扩大有源区内的激光模式体积,以及充分利用泵浦光,最大限度地减少能量浪费,就要求半导体增益芯片上的泵浦光斑比激光光斑略大一些,此条件称为激光器的模式匹配. 计算出分别使用不同曲率半径的耦合输出镜时,满足激光器的模式匹配的谐振腔长度,将计算结果填入表 6-2-1(实验所用的准直聚焦系统使泵浦光斑在半导体增益芯片上的直径约为 200 μm,而对于实验所用的谐振腔,激光光斑在半导体增益芯片上的直径 ω_{chip} 满足 $\omega_{\text{chip}}^2=\frac{4\lambda L}{\pi}\sqrt{\frac{\rho_2-L}{L}}$,式中 λ 为中心波长,L 为谐振腔长度,ρ_2 为耦合输出镜的曲率半径).

表 6-2-1　不同曲率半径耦合输出镜对应的谐振腔稳定条件以及模式匹配时的谐振腔长度的数据记录表

外腔镜曲率半径 /mm	谐振腔稳定条件	谐振腔长度 L_1	谐振腔长度 L_2
100			
150			
200			

2. 激光器的搭建、准直与调节

选择镀膜 Ⅰ(透过率 $T=0.1\%$)、曲率半径为 100 mm 的耦合输出镜,根据上面计算所得的谐振腔稳定条件以及模式匹配下的谐振腔长度要求,按照图 6-2-8 所示搭建谐振腔. 搭建、准直、调节谐振腔的步骤如下:

① 调节光学平台底板底部的四个可调旋钮,使光学平台底板水平.

② 固定半导体增益芯片及增益芯片调节架,确定半导体增益芯片的高度(以芯片中心计算),此高度应留有上下可调的余地. 半导体增益芯片的高度为后续各元件高度的基准.

③ 准直光源的水平调节. 参照半导体增益芯片的高度,确定准直光的高度. 把光阑分别靠近及远离准直光,调节准直光的俯仰,微调准直光的高度,如此反复,直至准直光能通过近处及远处的光阑. 此后准直光的高度及俯仰不可再调.

④ 放置准直光源使其大致垂直入射半导体增益芯片. 靠近准直光源放置光阑,调节光阑高度,使准直光完全通过光阑入射半导体增益芯片. 此后光阑的高度不可再调.

⑤ 微调半导体增益芯片的偏转及俯仰,使准直光从半导体增益芯片反射后通过光阑. 至此半导体增益芯片完成准直,可视为与准直光(光轴) 垂直. 此后半导体增益芯片不可再调.

⑥ 安装耦合输出镜及耦合输出镜调节架，使准直光大致垂直通过耦合输出镜的中心，并使谐振腔的长度大致等于前面计算所得的腔长数值.

⑦ 调节耦合输出镜的俯仰及偏转，使其后端平面所反射回来的准直光斑(细小亮斑)通过光阑中心的小孔，则耦合输出镜基本与光轴垂直.

⑧ 调节耦合输出镜的 X 轴及 Y 轴位移，使其前端球面所反射回来的准直光斑(较大光斑)中心与光阑中心的小孔重合，则光轴通过了耦合输出镜的中心，即耦合输出镜已与光轴同轴. 至此谐振腔的初步调节已完成.

⑨ 安装准直聚焦套筒于准直聚焦套筒调节架内，将调节架固定在一维平移台上. 参照半导体增益芯片的高度来确定准直聚焦套筒的高度.

⑩ 将泵浦源的输出光纤接入准直聚焦套筒. 固定一维平移台使准直聚焦套筒前端透镜至半导体增益芯片的距离大致等于透镜焦距(40 mm). 打开泵浦源，使少量泵浦光(以肉眼可见为宜)入射在半导体增益芯片上. 注意，泵浦光在半导体增益芯片上的入射角不宜超过 30°.

⑪ 调节准直聚焦套筒的俯仰及偏转，使泵浦光斑与半导体增益芯片上的准直光斑重合. 调节一维平移台，使泵浦光斑在半导体增益芯片上的聚焦效果达到最好.

⑫ 缓慢增加泵浦源的功率，如果谐振腔的准直效果理想，当泵浦源的功率达到激光器的阈值(约为 1 W)时，有激光输出. 用红外检测卡探测是否有激光输出.

⑬ 如泵浦源的功率大于激光器的阈值，但仍没有激光输出，则微调耦合输出镜的 X 轴及 Y 轴位移，即可有激光输出.

⑭ 在保证激光器出光的条件下，微调耦合输出镜的 X 轴及 Y 轴位移，使激光输出偏离基横模状态，即可观察到不同阶次的激光横模模式. 此横模模式可在红外检测卡上显现.

3. 激光器性能参数的测量与计算

(1) 用光谱仪测量激光器的输出光谱，读出中心波长 λ 和光谱线宽 $\Delta\lambda$，并记录于表 6-2-2.

(2) 改变泵浦源的功率，用功率计测出激光器的输出功率，填入表 6-2-2.

(3) 更换不同曲率半径的耦合输出镜，重复实验内容 2 的步骤，在模式匹配的情况下，获得激光输出，再改变泵浦源的功率，用功率计测出激光器的输出功率，填入表 6-2-2.

表 6-2-2　激光器输出功率($T = 0.1\%$)的数据记录表

$\lambda =$ ________　$\Delta\lambda =$ ________

曲率半径/mm	功率									
100	泵浦源功率/W									
	激光器输出功率/mW									
150	泵浦源功率/W									
	激光器输出功率/mW									
200	泵浦源功率/W									
	激光器输出功率/mW									

4. 激光倍频实验

(1) 基频光调试运行利用镀膜Ⅱ、曲率半径为 100 mm 的耦合输出镜，重复实验内容 2 的步骤，在模式匹配的情况下，获得基频激光输出，基频激光的透过率为 $T = 0.5\%$. 再改变泵浦源的功率，用功率计测出激光器的输出功率，填入表 6-2-3.

(2) 在已经完成调试运行的基频激光器腔内插入通光长度为 5 mm 的倍频晶体 LBO，倍频晶体的调节要点如下：

① 将 LBO 晶体插入谐振腔，使晶体尽可能靠近半导体增益芯片. 粗调 LBO 晶体的 X，Y 轴位置及其偏转和俯仰，使准直光通过晶体中心，且晶体大致与谐振腔光轴垂直，此时可在光阑上观察到晶体前、后两端面所反射的准直光光斑.

② 调节 LBO 晶体的俯仰及偏转，使晶体前、后两端面所反射的准直光光斑重合在光阑中心的小孔，此时即可观察到蓝色的倍频激光产生.

③ 仔细调节 LBO 晶体的 X 及 Y 轴位移，使基频激光和倍频激光都通过晶体中心. 仔细优化晶体的偏转和俯仰，使倍频激光的输出功率达到最大.

(3) 用光谱仪测量基频激光的光谱及倍频激光的光谱，读出基频激光及倍频激光的中心波长(λ 和 $\lambda_{2\omega}$) 和光谱线宽($\Delta\lambda$ 和 $\Delta\lambda_{2\omega}$)，并记录于表 6-2-3.

(4) 实验中耦合输出镜所输出的激光束中，仍然包含了基频激光. 可用对基频激光高反射率、对倍频激光高透过率的 45° 入射分光平片滤掉基频激光，也可简单地在输出光束上再放置一片对基频激光高反射率、对倍频激光高透过率的平凹镜，滤掉基频激光，然后对倍频激光的输出功率进行测量.

(5) 逐渐改变泵浦源的功率，依次测量倍频激光的输出功率，将测量结果填入表 6-2-3.

(6) 在保持晶体位置大致不变的情况下，在谐振腔中插入通光长度为 10 mm 的 LBO 晶体，测量基频激光的输出功率和倍频激光的输出功率，将结果填入表 6-2-3.

表 6-2-3　激光器基频激光和倍频激光输出功率($T=0.5\%$) 的数据记录表

$\lambda=$ ________　$\Delta\lambda=$ ________　$\lambda_{2\omega}=$ ________　$\Delta\lambda_{2\omega}=$ ________

晶体通光长度 /mm	功率									
5	泵浦源功率 /W									
	基频激光输出功率 /mW									
	倍频激光输出功率 /mW									
10	泵浦源功率 /W									
	基频激光输出功率 /mW									
	倍频激光输出功率 /mW									

5. 激光波长调谐实验

(1) 未插入 F-P 标准具前激光器的调试运行选用镀膜 Ⅰ、曲率半径为 100 mm 的耦合输出镜，重复实验内容 2 的步骤，在模式匹配的情况下，获得激光输出，激光的透过率为 $T=0.1\%$.

(2) 根据实验内容 3 的测量结果，选择合适的泵浦源功率使得输出激光的功率最强，用功率计测量输出激光的功率，用光谱仪测量输出激光光谱，记录输出激光的功率、中心波长和光谱线宽于表 6-2-4，同时导出光谱数据，以中心波长命名.

(3) 在谐振腔中插入厚度为 0.15 mm 的 F-P 标准具，在上一步骤中已经有激光输出，但 F-P 标准具插入后激光振荡会终止，需要对 F-P 标准具进行调节. 对 F-P 标准具的粗调过程类似于激光倍频实验中对倍频晶体 LBO 的调节过程，当 F-P 标准具的俯仰及偏转都调节合适，即 F-P 标准具垂直于谐振腔光轴时，即可在原来已经振荡出光的谐振腔中重新获得激光输出.

(4) 测量此时输出激光的功率和光谱，相应数据填入表6-2-4，同时导出光谱数据，以中心波长命名.

(5) 保持F-P标准具的俯仰不变，连续微调F-P标准具的偏转角度，即可改变激光入射到F-P标准具表面的入射角，从而改变F-P标准具的透射峰值波长，即测量光谱的中心波长，重复以上测量8次.

(6) 将原先的F-P标准具更换为厚度为0.30 mm的F-P标准具，重复上述实验步骤.

表6-2-4　F-P标准具对激光波长的调谐数据记录表

F-P标准具厚度/mm	测量物理量	无标准具	有标准具								
0.15	中心波长/nm										
	光谱线宽/nm										
	输出功率/mW										
0.30	中心波长/nm										
	光谱线宽/nm										
	输出功率/mW										

数据处理

(1) 根据表6-2-2中的数据画出三种不同曲率半径耦合输出镜的激光器输出功率随泵浦源的功率变化的关系曲线.

(2) 根据表6-2-3中的数据分别画出不同通光长度倍频晶体下基频激光和倍频激光输出功率随泵浦源的功率变化的关系曲线，并计算出不同基频激光输出功率下的倍频转换效率.

(3) 将激光波长调谐实验中的F-P标准具在不同偏转角度下输出激光的光谱数据用画图软件绘制在一幅图中(横坐标为激光波长，纵坐标为光谱数据中光谱强度归一化后的数值乘以测得的激光输出功率)，得到可调谐激光器的调谐曲线.

注意事项

(1) 操作过程中，不要直视激光光束，不要戴手表、首饰等反射较强的饰品.

(2) 严禁用手触碰各光学元件的光学表面.

(3) 实验完成后需将半导体增益芯片取下，放入干燥柜中.

(4) 泵浦源的输出功率不可超过3 W.

预习思考题

(1) 简述激光产生的基本原理.

(2) 在什么条件下，二次谐波的转换效率最高？请简要说明如何实现此条件.

(3) 如何用F-P标准具观察激光的纵模？F-P标准具的FSR指的是什么？F-P标准具的FSR对其调谐能力有何种限制？

讨论思考题

(1) 激光器的谐振腔长度如果超出所谓的“稳区”，激光器是否就一定不能振荡出激光？

(2) 激光器在多横模状态工作时输出功率大，还是在单横模状态工作时输出功率大？

(3) 倍频晶体的通光长度对倍频转换效率有何影响？试用相关理论进行分析说明.

(4) 根据实验结果对比插入 F-P 标准具前、后输出激光的光谱线宽以及计算所得的 F-P 标准具透射峰的谱线宽度，分析讨论 F-P 标准具对激光振荡谱线的线宽压窄作用.

拓展阅读

[1] 张鹏. 光泵浦外腔面发射激光器：理论、实验及应用[M]. 北京：科学出版社，2015.
[2] 周炳琨，高以智，陈倜嵘，等. 激光原理[M]. 7 版. 北京：国防工业出版社，2014.
[3] 蓝信钜，等. 激光技术[M]. 3 版. 北京：科学出版社，2009.
[4] 赵凯华，钟锡华. 光学：重排本[M]. 2 版. 北京：北京大学出版社，2017.
[5] 姚启钧，华东师大光学教材编写组. 光学教程[M]. 6 版. 北京：高等教育出版社，2018.

附　录

附录A　中华人民共和国法定计量单位

我国现行的法定计量单位(简称法定单位)包括:① 国际单位制(SI)的基本单位(见表A-1);② 国际单位制中具有专门名称的导出单位(见表A-2);③ 国家选定的非国际单位制单位(见表A-3);④ 由以上单位构成的组合形式单位;⑤ 由SI词头和以上单位所构成的十进倍数和分数单位(见表A-4).

表A-1　国际单位制的基本单位

量的名称	单位名称	单位符号	量的名称	单位名称	单位符号
长度	米	m	热力学温度	开[尔文]	K
质量	千克(公斤)	kg	物质的量	摩[尔]	mol
时间	秒	s	发光强度	坎[德拉]	cd
电流	安[培]	A			

表A-2　SI导出单位

量的名称	单位名称	单位符号	用SI基本单位表示	用SI导出单位表示
[平面]角	弧度	rad		
立体角	球面度	sr		
频率	赫[兹]	Hz	s^{-1}	
力	牛[顿]	N	$kg \cdot m/s^2$	
压力,压强,应力	帕[斯卡]	Pa	$kg/(m \cdot s^2)$	N/m^2
能[量],功,热量	焦[耳]	J	$kg \cdot m^2/s^2$	$N \cdot m$
功率,辐[射能]通量	瓦[特]	W	$kg \cdot m^2/s^3$	J/s
电荷[量]	库[仑]	C	$A \cdot s$	
电位(电势),电压,电动势	伏[特]	V	$kg \cdot m^2/(s^3 \cdot A)$	W/A
电容	法[拉]	F	$s^4 \cdot A^2/(kg \cdot m^2)$	C/V
电阻	欧[姆]	Ω	$kg \cdot m^2/(s^3 \cdot A^2)$	V/A
电导	西[门子]	S	$s^3 \cdot A^2/(kg \cdot m^2)$	A/V
磁通[量]	韦[伯]	Wb	$kg \cdot m^2/(s^2 \cdot A)$	$V \cdot s$
磁通[量]密度,磁感应强度	特[斯拉]	T	$kg/(s^2 \cdot A)$	Wb/m^2
电感	亨[利]	H	$kg \cdot m^2/(s^2 \cdot A^2)$	Wb/A
摄氏温度	摄氏度	℃		
光通量	流[明]	lm	$cd \cdot sr$	
[光]照度	勒[克斯]	lx	$cd \cdot sr/m^2$	lm/m^2
[放射性]活度	贝可[勒尔]	Bq	s^{-1}	

续表

量的名称	单位名称	单位符号	用SI基本单位表示	用SI导出单位表示
吸收剂量,比授[予]能,比释动能	戈[瑞]	Gy	m^2/s^2	J/kg
剂量当量	希[沃特]	Sv	m^2/s^2	J/kg

表 A-3　可与SI单位并用的我国法定计量单位

量的名称	单位名称	单位符号	换算关系和说明
时间	分 [小]时 天(日)	min h d	1 min = 60 s 1 h = 60 min = 3 600 s 1 d = 24 h = 86 400 s
[平面]角	[角]秒 [角]分 度	″ ′ °	1″ = (π/648 000) rad(π为圆周率) 1′ = 60″ = (π/10 800) rad 1° = 60′ = (π/180) rad
体积	升	L,(l)	1 L = 1 dm^3 = 10^{-3} m^3
质量	吨 原子质量单位	t u	1 t = 10^3 kg 1 u ≈ 1.660 539 066 60(50) × 10^{-27} kg
旋转速度	转每分	r/min	1 r/min = (1/60) s^{-1}
长度	海里	n mile	1 n mile = 1 852 m(只用于航行)
速度	节	kn	1 kn = 1 n mile/h = (1 852/3 600) m/s(只用于航行)
能	电子伏	eV	1 eV ≈ 1.602 176 634 × 10^{-19} J
级差	分贝	dB	用于对数量
线密度	特[克斯]	tex	1 tex = 10^{-6} kg/m
面积	公顷	hm^2	1 hm^2 = 10^4 m^2

表 A-4　SI 词头

因数	词头名称		符号	因数	词头名称		符号
	英文	中文			英文	中文	
10^{24}	yotta	尧[它]	Y	10^{-1}	deci	分	d
10^{21}	zetta	泽[它]	Z	10^{-2}	centi	厘	c
10^{18}	exa	艾[可萨]	E	10^{-3}	milli	毫	m
10^{15}	peta	拍[它]	P	10^{-6}	micro	微	μ
10^{12}	tera	太[拉]	T	10^{-9}	nano	纳[诺]	n
10^{9}	giga	吉[咖]	G	10^{-12}	pico	皮[可]	p
10^{6}	mega	兆	M	10^{-15}	femto	飞[母托]	f
10^{3}	kilo	千	k	10^{-18}	atto	阿[托]	a
10^{2}	hecto	百	h	10^{-21}	zepto	仄[普托]	z
10^{1}	deca	十	da	10^{-24}	yocto	幺[科托]	y

注:1.周、月、年(年的符号为a)为一般常用时间单位.
2.方括号中的字,在不致引起混淆、误解的情况下,可以省略.
3.圆括号中的字是它前面的名称的同义词.
4.平面角单位度、分、秒的符号,在组合单位中应采用(°),(′),(″)的形式.例如,不用°/s而用(°)/s.
5.升的单位符号中,小写字母l为备用符号.
6.r为"转"的符号.
7.人民生活和贸易中,质量习惯称为重量.

8. 公里为千米的俗称,符号为 km.

9. 10^4 称为万、10^8 称为亿、10^{12} 称为万亿,这类词的使用不受词头名称的影响,但不应与词头混淆.

附录B　基本物理常量

表 B-1　基本物理常量

物理量	符号	数值
真空中的光速	c	299 792 458 $m \cdot s^{-1}$
真空磁导率	μ_0	$1.256\ 637\ 062\ 12(19)\times10^{-6}$ $N \cdot A^{-2}$
真空电容率	ε_0	$8.854\ 187\ 812\ 8(13)\times10^{-12}$ $F \cdot m^{-1}$
引力常量	G	$6.674\ 30(15)\times10^{-11}$ $m^3 \cdot kg^{-1} \cdot s^{-2}$
普朗克常量	h	$6.626\ 070\ 15\times10^{-34}$ $J \cdot s$
元电荷	e	$1.602\ 176\ 634\times10^{-19}$ C
里德伯常量	R_∞	10 973 731.568 160(21) m^{-1}
玻尔半径	a_0	$5.291\ 772\ 109\ 03(80)\times10^{-11}$ m
电子静止质量	m_e	$9.109\ 383\ 701\ 5(28)\times10^{-31}$ kg
质子静止质量	m_p	$1.672\ 621\ 923\ 69(51)\times10^{-27}$ kg
中子静止质量	m_n	$1.674\ 927\ 498\ 04(95)\times10^{-27}$ kg
阿伏伽德罗常量	N_A	$6.022\ 140\ 76\times10^{23}$ mol^{-1}
普适气体常量	R	8.314 462 618 … $J \cdot mol^{-1} \cdot K^{-1}$
玻尔兹曼常量	k	$1.380\ 649\times10^{-23}$ $J \cdot K^{-1}$
斯特藩常量	σ	$5.670\ 374\ 419\cdots\times10^{-8}$ $W \cdot m^{-2} \cdot K^{-4}$
电子伏	eV	$1.602\ 176\ 634\times10^{-19}$ J
原子质量单位	u	$1.660\ 539\ 066\ 60(50)\times10^{-27}$ kg
标准大气压	atm	101 325 Pa
玻尔磁子	μ_B	$9.274\ 010\ 078\ 3(28)\times10^{-24}$ $J \cdot T^{-1}$
核磁子	μ_N	$5.050\ 783\ 746\ 1(15)\times10^{-27}$ $J \cdot T^{-1}$
里德伯能量	hcR_∞	$2.179\ 872\ 361\ 103\ 5(42)\times10^{-18}$ J
精细结构常数	α	$7.297\ 352\ 569\ 3(11)\times10^{-3}$
氘核静止质量	m_d	$3.343\ 583\ 772\ 4(10)\times10^{-27}$ kg
约化普朗克常量	$\hbar$	$1.054\ 571\ 817\cdots\times10^{-34}$ $J \cdot s$

注:表中数据为国际科学技术数据委员会(CODATA)2018 年的国际推荐值.

陈群宇. 大学物理实验:基础和综合分册[M]. 北京:电子工业出版社,2003.
戴启润. 大学物理实验[M]. 郑州:郑州大学出版社,2008.
刘延君，褚润通. 大学物理实验[M]. 兰州:兰州大学出版社,2007.
刘智敏. 不确定度及其实践[M]. 北京:中国标准出版社,1999.
沙定国. 误差分析与测量不确定度评定[M]. 北京:中国计量出版社,2003.
熊永红,张昆实,任忠明,等. 大学物理实验:第 1 册[M]. 北京:科学出版社,2007.